高效随身查

PPT 高效办公应用技巧

赛贝尔资讯　编著

清华大学出版社

北　京

内 容 简 介

怎样成为职场高效能人士？怎样从职场办公中脱颖而出？怎样提高办公效率享受美好生活？……，看看这本随身查小书吧，一册在手，办公无忧。

《PPT 高效办公应用技巧》全书共 13 章，分别讲解了 PPT 的设计理念与思路，幻灯片页面美化和布局，图形、表格和图表在工作型 PPT 中的使用，动画效果应用，音频和视频应用，以及幻灯片的放映、输出和打印技巧，第 13 章还列出了 PPT 使用中的常见问题集，为读者提供查阅参考。

本书适合办公人员、文秘人员作为随身速查手册。

图书在版编目（CIP）数据

PPT 高效办公应用技巧/赛贝尔资讯编著. —北京：清华大学出版社，2014
（高效随身查）
ISBN 978-7-302-35364-5

I. ①P… II. ①赛… III. ①图形软件 IV. ①TP391.41

中国版本图书馆 CIP 数据核字（2014）第 020902 号

责任编辑：赵洛育
封面设计：李志伟
版式设计：文森时代
责任校对：王　云
责任印制：王静怡

出版发行：清华大学出版社
网　址：http://www.tup.com.cn，http://www.wqbook.com
地　址：北京清华大学学研大厦 A 座　**邮　编：**100084
社总机：010-62770175　**邮　购：**010-62786544
投稿与读者服务：010-62776969，c-service@tup.tsinghua.edu.cn
质　量　反　馈：010-62772015，zhiliang@tup.tsinghua.edu.cn
印 刷 者：清华大学印刷厂
装 订 者：三河市新茂装订有限公司
经　销：全国新华书店
开　本：130mm×185mm　**印　张：**12.125　**字　数：**433 千字
版　次：2014 年 7 月第 1 版　**印　次：**2014 年 7 月第1 次印刷
印　数：1～5000
定　价：29.80 元

产品编号：051952-01

前 言

Preface

您是否觉得工作似乎永远堆积如山、加班加点还忙不完?

您是否用百度搜索花费了很多时间却找不到确切的答案?

您是否让大好时光耗费在了日常办公、电脑维修日常琐事上?

您是否看到有些人工作很高效、很利索、很专业?

您是否看到有些人早早把工作做完，早早下班享受生活?

您是否注意到职场达人大多是高效能人士?

工作方法有讲究，提高效率有捷径:

一两个技巧，可以节约您半天时间;

一两个技巧，可以解除您一天的烦恼;

一两个技巧，让您少走许多弯路;

一本小册子，可以让您从菜鸟成为高手;

一本小册子，可以让您从职场中脱颖而出;

一本小册子，可以让您不必再加班、早早回家享受生活。

来吧，看看这本专业教您掌握日常办公技巧、提高效率的小册子吧。

一、这是一本什么样的书?

1．着重于解决日常疑难问题和提高工作效率：与市场上很多同类图书不同，本书不是全面系统讲述工具使用，而是点对点地快速解决日常办公、电脑使用中的疑难和技巧，着重帮助提高工作效率的。

2．注意解决一类问题，让读者触类旁通：日常工作问题可能很多，各有不同，事事列举问题既非常繁杂也无必要，本书在选择问题时注意选择一类问题，给出思路、方法和应用扩展，方便读者触类旁通。

3．应用技巧详尽、丰富：本书选择了几百个应用技巧，足够满足日常办公、电脑维护方面的工作应用。

4．图解方式，一目了然：读图时代，大家都需要缓解压力，本书图解的方式可以让读者学起来毫不费力。

二、这本书是写给谁看?

1．想成为职场“白骨精”的小 A：高效、干练，企事业单位的主力骨干，

白领中的精英，高效办公是必需的！

2．想干点“更重要”的事的小 B：日常办公耗费了不少时间，其实掌握点技巧，可节省 2/3 的时间！去干点个人发展的事更重要啊。

3．想获得领导认可的文秘小 C：把工作及时、高效、保质保量做好，让领导满意，最好掌握点办公绝活。

4．想早早下班逗儿子的小 D：人生苦短，莫使金樽空对月，享受生活是小 D 的人生追求，一天的事情半天搞定，满足小 D 早早回家陪儿子的愿望。

5．不善于求人的小 E：事事求人，给人的感觉好像很谦虚，但有时候也可能显得自己很笨，所以小 E 这类人，还是自己多学两招。

三、此书的创作团队是什么人？

本书由赛贝尔资讯组织编写。赛贝尔资讯是由企事业单位的办公达人和专业作者团队组成的松散组织。参与编写的人员有：陈媛、汪洋慧、周倩倩、王正波、沈燕、杨红会、姜楠、朱梦婷、音凤琴、谢黎娟、许琴、吴保琴、毕胜、陈永丽、程亚丽、高亚、胡凤悦、李勇、牛雪晴、彭丹丹、阮厚兵、宋奇枝、王成成、夏慧文、王涛、王鹏程、杨进晋、余曼曼，在此对他们表示感谢！

编　者

目　录

Contents

Note

Note

Note

Note

Note

第 1 章　优秀 PPT 设计制胜要领

1.1　怎样才能做出优秀的幻灯片

技巧 1　文字过多的幻灯片怎么处理

在设计商务演示文稿的过程中，一张幻灯片中的文字内容如果比较多，会显得整个版面拥挤且单调，如图 1-1 所示。

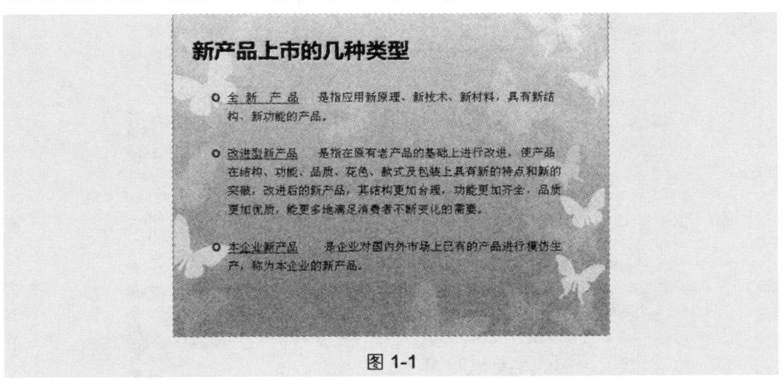

图 1-1

通过以下几种方式可以有效改善这种情况。

❶ 压缩文本，转换文本表达方式，如让文本图示化，效果如图 1-2 所示。

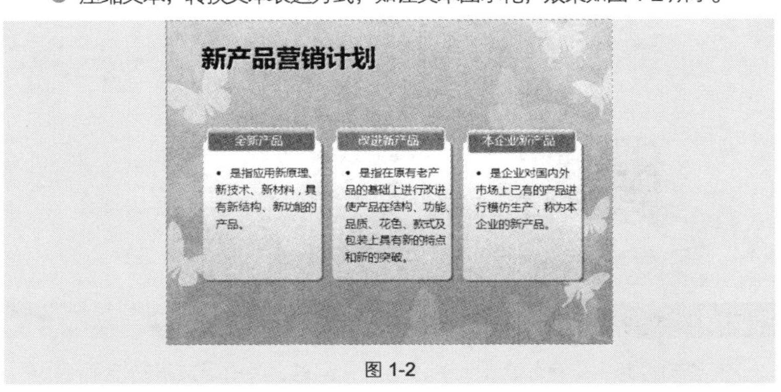

图 1-2

❷ 对于无法精简的文本可以设置文本条目化，如改变文本级别、添加项目符号等，效果如图 1-3 所示。

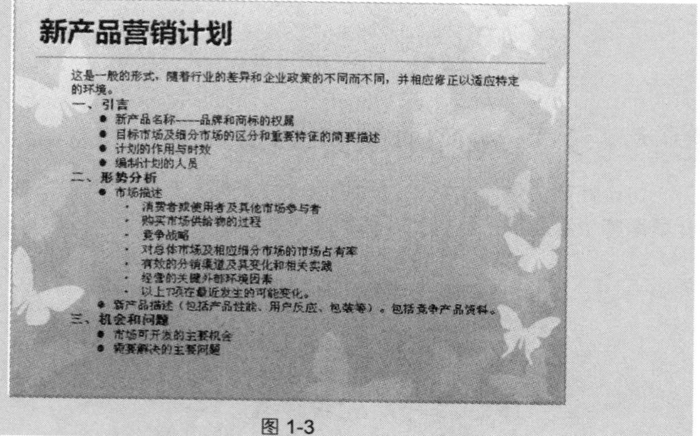

图 1-3

❸ 提炼关键词或者保留关键段落，其余的可以采用建立批注的方式，效果如图 1-4 所示。

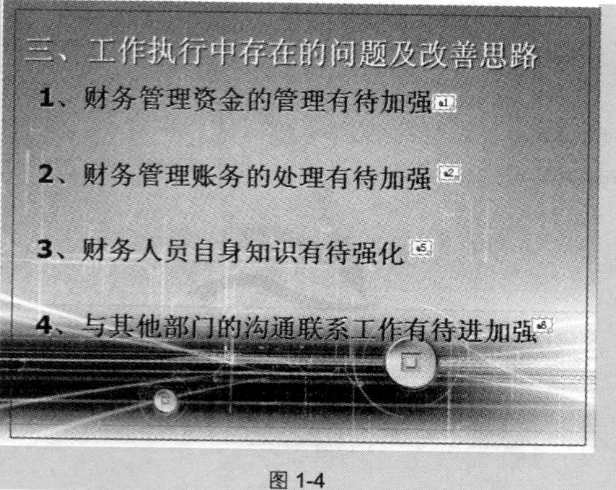

图 1-4

技巧 2 文字排版不讲究，结构零乱

有些幻灯片中本身包含的元素没有任何问题，但由于文字的排版不讲究，

导致结构显示比较零乱，如图 1-5 所示。

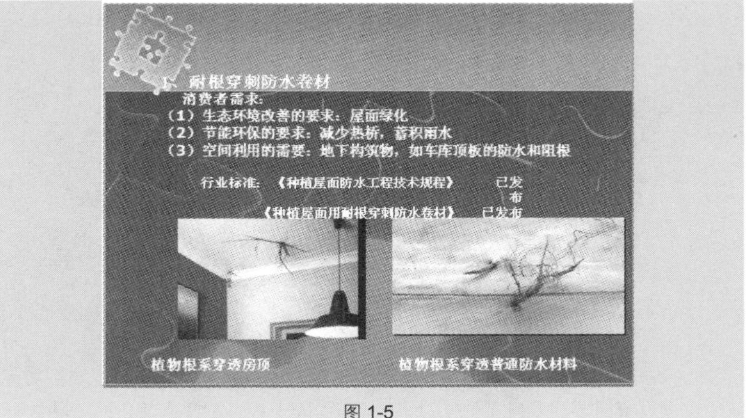

图 1-5

解决问题的方法是对文本重新排版并添加项目符号，分清级别，让文本按条目来显示，设置后效果如图 1-6 所示。

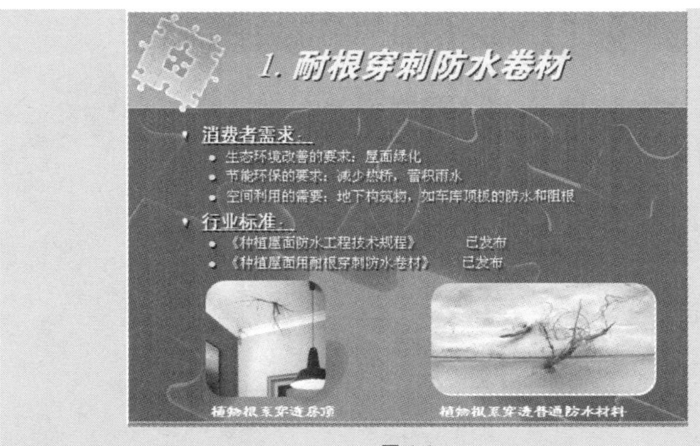

图 1-6

技巧 3 文本忌用过多效果

在建立文本型幻灯片时，为了区分各项不同内容，会为不同的文本设置不同的格式，如图 1-7 所示。但由于表现形式比较混乱，导致整体效果较差。

Note

四、营销战略
——新产品战略的一般模式

定位战略
也称为更新、反应、防御和适应战略。
目的：进行一些发展、维持竞争地位。
竞争领域：产品和顾客群。
市场营销为主。
模仿。

创新战略
也称为进攻、领先、先导战略。
目的：发展和收益。
竞争领域：更可能是最终用户活动或技术。
来源于市场营销或技术，经常是二者的结合。
也许是富于发明精神或迅速而又决断的反应、适应能力。

冒险战略
也称为先导、多样化、创业战略。
目的：迅速获利。
竞争领域：常常是最终用户和（或）市场发展。
发明型的创新，也许率先进入市场。
风险很大，困难重重，需要提供特殊的需要或机会。

图 1-7

文本设置时要注意避免使用过多的颜色，同一级别的文本使用同一种效果，这样就可以避免各种混乱的效果。另外也可以增加多种表现形式，例如加线条间隔（如图 1-8 所示），或者将文本转换为图示来表示。

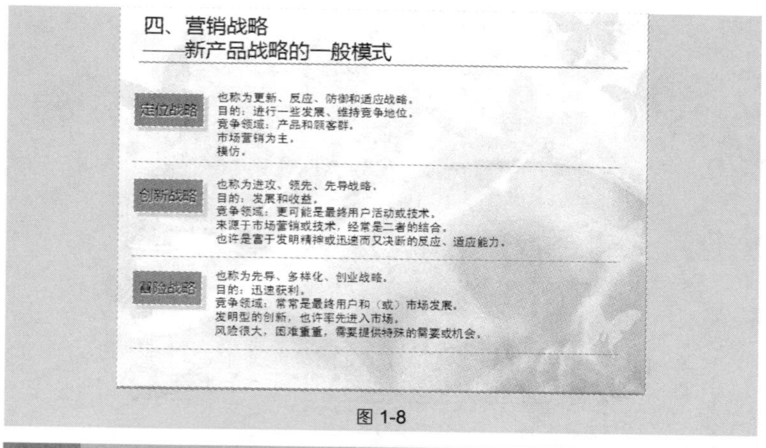

图 1-8

技巧 4　全文字也可以设计出好版式

“全文字”版面的设计最需要注意的就是文字段落格式的设置，可以配合使用文本框、线条、字体等来设置，效果如图 1-9 和图 1-10 所示。

Note

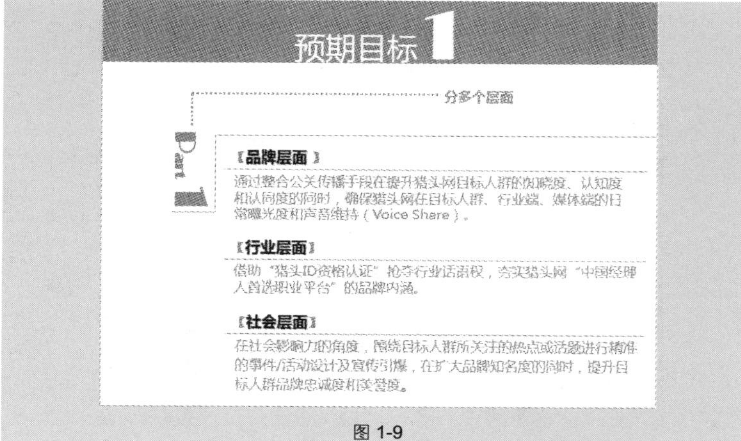

图 1-9

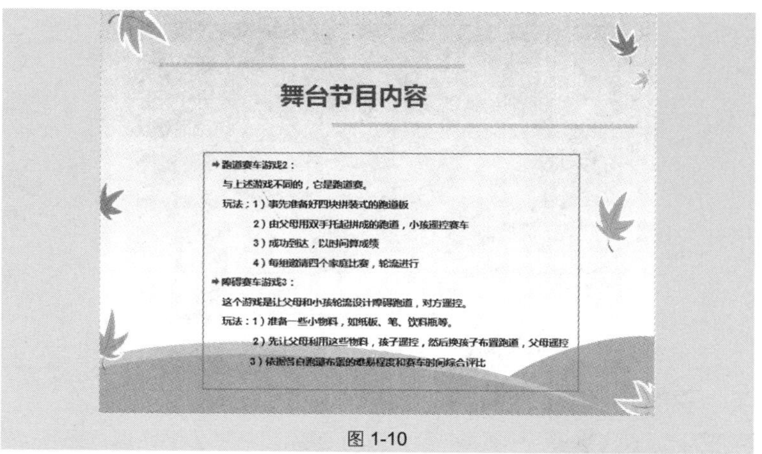

图 1-10

技巧 5　字体与背景分离要鲜明

背景颜色与字体颜色不搭调、字体的颜色不突出、文字颜色过暗、字体过小，都会使得幻灯片的表现效果差强人意，如图 1-11 所示。

合理的做法是尽量设置背景为单一色彩，选用的图片要契合文字主题，且与文字颜色对比鲜明，达到令人一目了然的效果，如图 1-12 所示。

Note

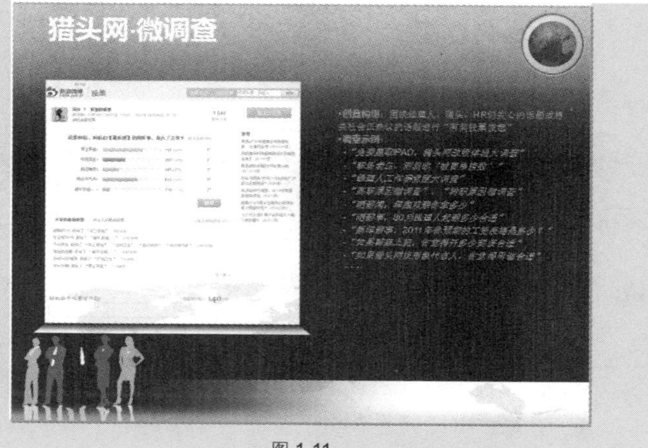

图 1-11

图 1-12

技巧 6　虚化背景突出文字

在设计 PPT 的过程中，当文字与图片重叠时，会让文字看不清或者显得背景模糊，令观众无法看清幻灯片的内容。因此，用户在布局设计中需要掌握处理文字与图像的技巧。

在幻灯片中可以对插入的图片进行柔化边缘或者虚化背景的处理，从而使图片的颜色与底色背景完美融合，然后输入相关文字，如图 1-13 所示。

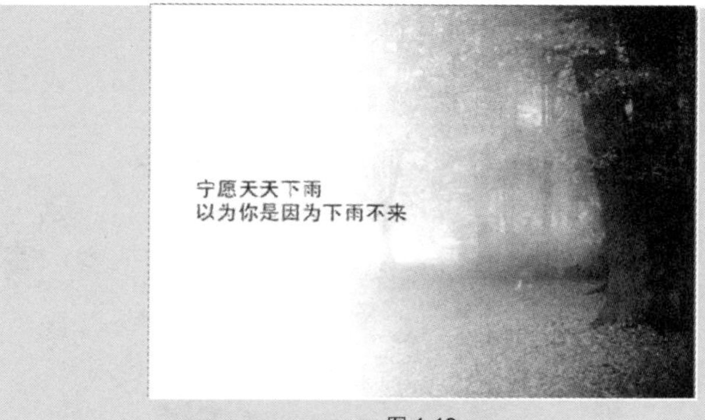

图 1-13

技巧 7　巧妙点缀

简约并不等于简单，其设计不需要过多复杂的效果，但是能够体现出一种和谐的美感。突出主题的模板设计可以让演讲者在介绍演示文稿内容时，让观众感受到精心设计的 PPT 中所蕴含的思想与活力。

巧妙点缀，让设计简约而不简单。例如可以采用符号、标点、图表等方式，对文本进行修饰，如图 1-14 所示。

图 1-14

技巧 8　忌滥用渐变效果

如图 1-15 所示的幻灯中各图形都应用了不同的渐变效果，这样会使得幻

Note

灯片颜色过多，整个图解不美观，显得不够大气明了。

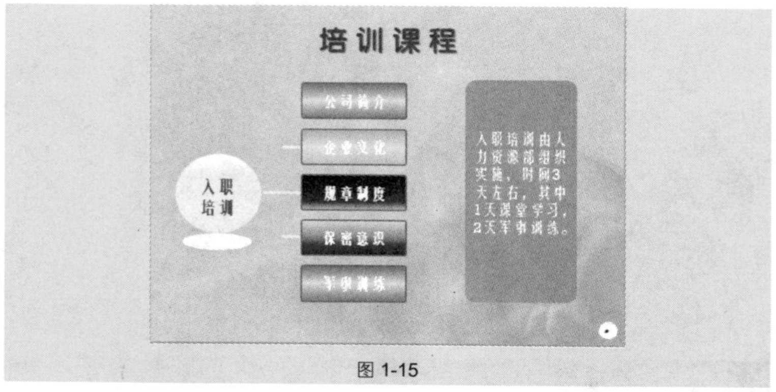

图 1-15

当在幻灯片设计中使用多种颜色，尤其是渐变颜色时，如果随意用色容易给人造成繁杂的感觉，因此最好在选定主题色后，再选择同色系的颜色来设置渐变。

如图 **1-16** 所示是针对同一张幻灯片重新设置后的效果，有效避免了滥用渐变造成的视觉问题。

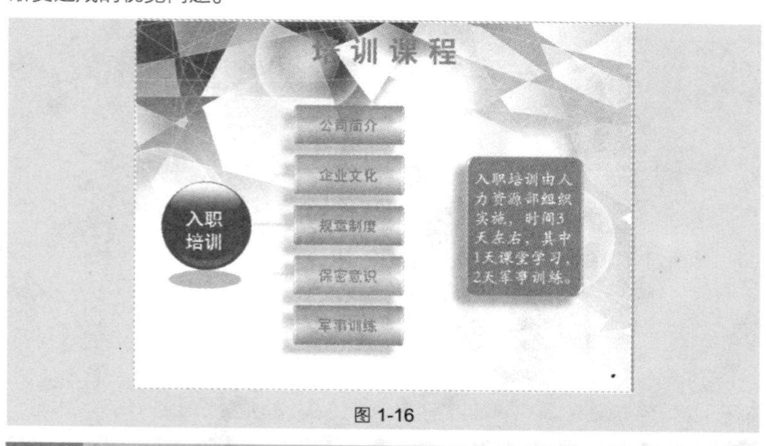

图 1-16

技巧 9　图示，幻灯片必不可少的武器

在工作型幻灯片中，图示扮演着非常重要的角色，它表示了列举、流程、

循环、层次等多种关系。人们对大篇幅的文本没有过多的阅读兴趣，而简洁明了的一个图示就胜似千言万语。

图示可以使用程序自带的 SmartArt 图形，并巧加编辑，如图 1-17 所示。

图 1-17

图示也可以使用图形编辑功能来进行自定义设置，巧妙的编辑设置可以表达出任意关系，如图 1-18 所示。

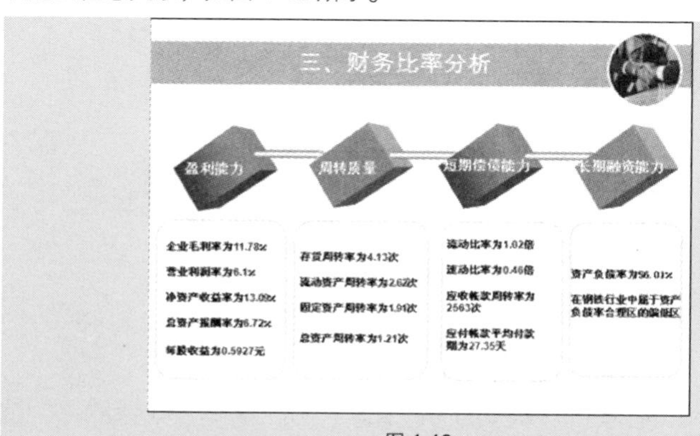

图 1-18

技巧 10　数据比较时用图形代替表格

如图 1-19 所示的幻灯片中利用了表格来显示比较型的数据，但是表格显示数据不够直观，用户不能对数据最终的比较效果一目了然。

Note

中国网民数量最多

- 中国互联网用户的数量巨大，用户使用电子商务的习惯正在逐步形成。中国互联网络信息中心（CNNIC）发布报告显示，截止2012年12月，中国网民数量达3.56亿，成为世界上网民数量最多的国家

国家名称	网民人数（单位：亿）
中国	3.56
美国	1.98
日本	1.23
加拿大	0.87

图 1-19

这张幻灯片经过处理达到了如图 **1-20** 所示的效果。在处理时做到了以下几点：

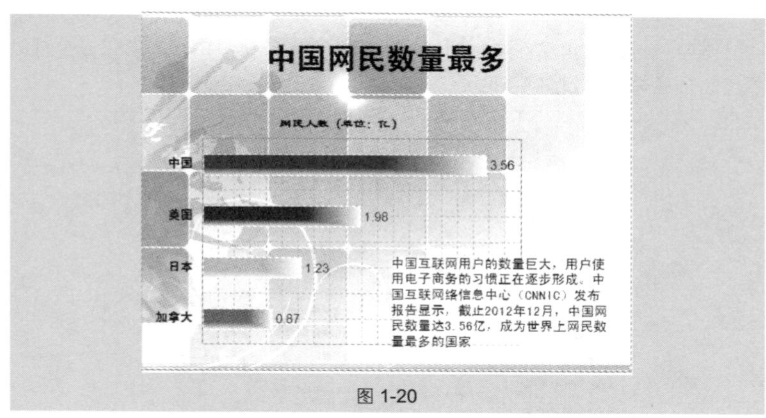

图 1-20

❶ 利用图表代替表格来直观显示数据的变化。

❷ 灵活使用颜色。虽然使用过多的颜色会带来混乱感，但是使用过少的颜色则又会显得比较单调，难以一眼观察到重点，所以为图标设置合适的颜色很重要。

❸ 合理的布局。由于这张条形图数据是从大到小显示的，所以会造成右下角的空缺，可以将文字描述移至右下角处，这样整个版面就会比较均衡。

Note

技巧 11　背景过于花哨，掩盖了主题

背景设计不能过于花哨，可以选取一些高质量且符合主题需要的图片作为背景，或者将背景图片虚化，以突出主题。

如图 1-21 所示的背景虽然与主题比较吻合，但是由于图片过于鲜亮，会使得幻灯片主题不突出，有些喧宾夺主。

这种情况下可以对图片的背景设置虚化效果，如图 1-22 所示是对背景图片的透明度进行了调整，这样整体效果就会比较和谐。

图 1-21

图 1-22

技巧 12　不要使用过多的直角

自古以来中国人信奉中庸之道，讲究处事圆润。在 PPT 的设计过程中，也可以借鉴此古语，因此在设计时直角方形因其棱角鲜明（如图 1-23 所示），应当尽量少用。

在设计中最简单的做法即是用圆角矩形代替矩形或者尽量少用直角图形，这样设计的图片效果也会更加美观柔和，如图 1-24 所示。

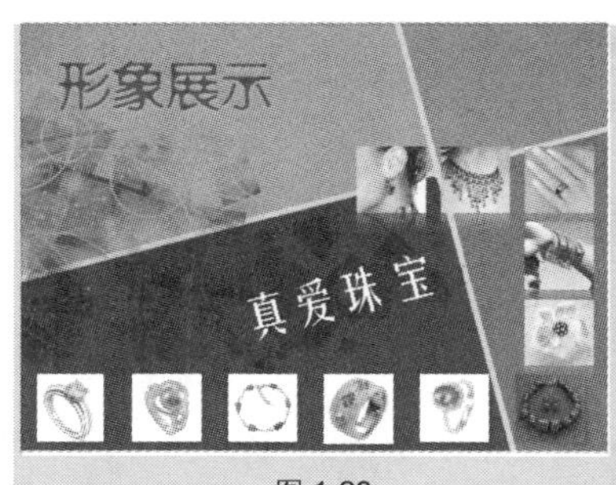

图 1-23

图 1-24

1.2 演示文稿色彩和布局设计

Note

技巧 13 颜色组合原则

要设计出优秀的幻灯片，仅按照预定义的主题颜色是不够的，并且在进行多种颜色的组合时必须是相近色系。简单地说就是要具备统一的色感，例如淡蓝，淡黄，淡绿；或者土黄，土灰，土蓝。从更深层次说，就是要让色彩突出，具有层次感，如图 1-25 所示。

图 1-25

在进行色彩组合时还应尽量遵循三色原则，即用色不超过 3 种，包括同类色配色、对比色配色、相似色配色等，保持幻灯片色彩的流畅，如图 1-26 所示。

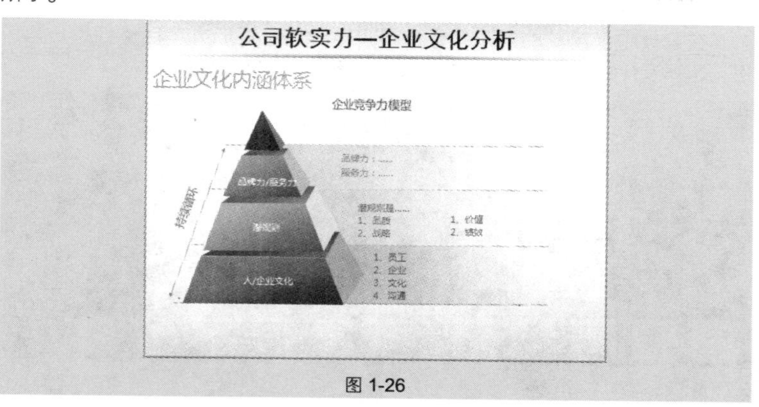

图 1-26

Note

技巧 14　根据演示文稿的类型确定主体色调

根据演示文稿的类型不同，很容易联想到配什么样的色调更加合适。做到这一点能够在讲演的同时给观众以美的享受。

如图 1-27 和图 1-28 所示的幻灯片采用了与类型相配的主体色调。

图 1-27　　图 1-28

技巧 15　色彩忌过于差异化

色彩过于差异，会使得幻灯片的整体画面不好，如图 1-29 所示。仍然是要遵循同一色系或相近色系的原则。

图 1-29

技巧 16　配色小技巧——邻近色搭配

邻近色搭配是保障配色效果不会出错的基本技巧，如图 1-30 和图 1-31

所示效果。

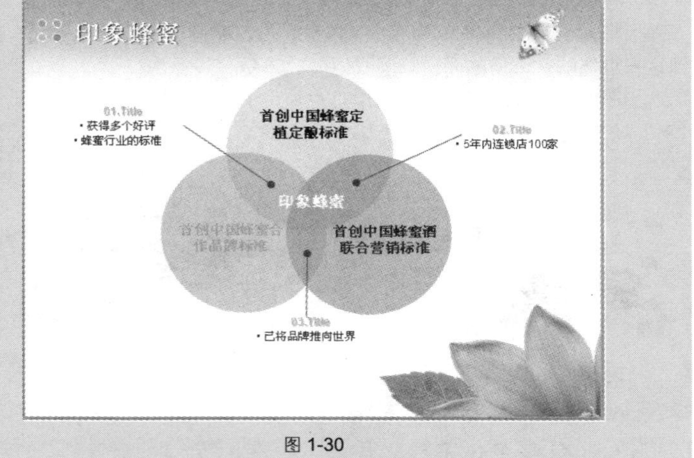

图 1-30

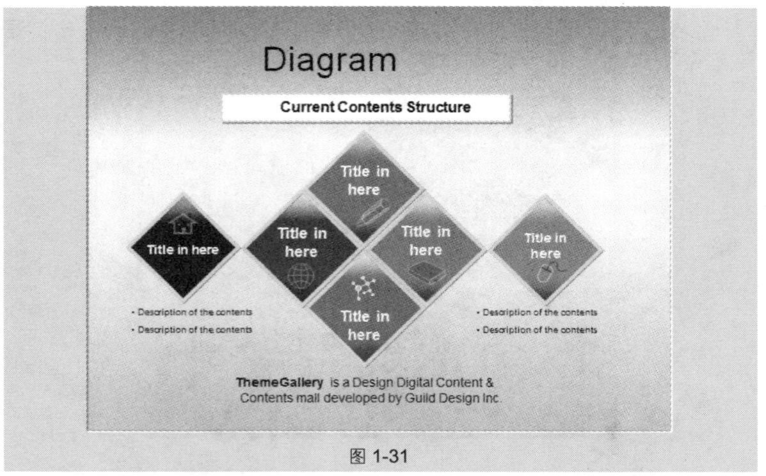

图 1-31

技巧 17　背景色彩要柔和舒服

PPT 制作的目的是让别人看到文字，理解幻灯片的内容，而选择柔和舒服

的背景配合深色字体，可以突出对比度，使观看者不会产生视觉疲劳，因此往往能获得较好的放映效果，如图 1-32 和图 1-33 所示。

图 1-32

图 1-33

技巧 18　幻灯片布局的统一原则

构成演示文稿的每一张幻灯片都应该具有统一的模板、页边距、色彩等，

Note

这样整体效果会更优美，更加符合人们的审美观念，如图 1-34 和图 1-35 所示。

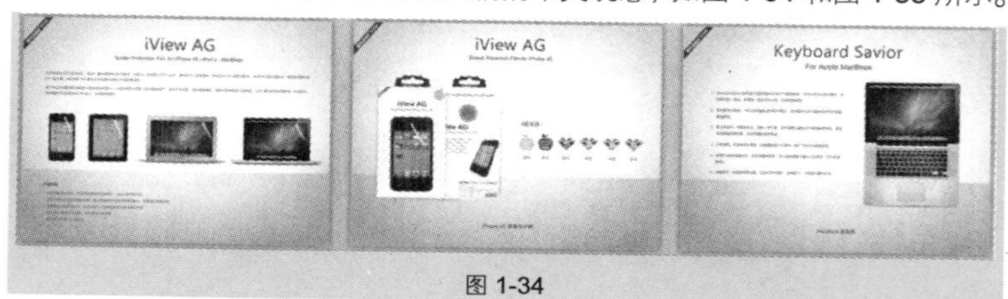

图 1-34

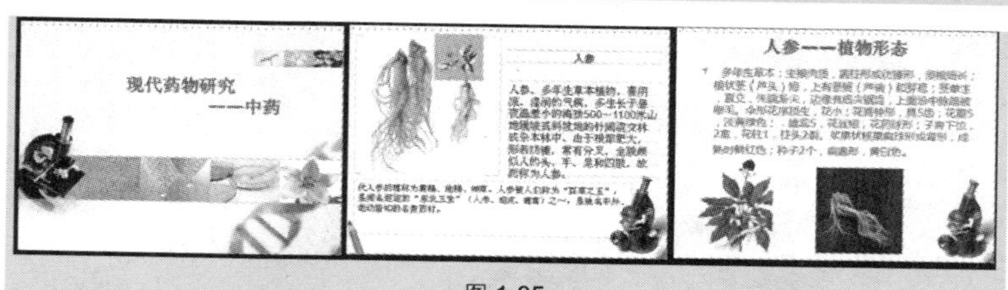

图 1-35

技巧 19 幻灯片布局的均衡原则

当幻灯片过于突出标题或图像时，会破坏整体的设计均衡感。

如图 1-36 所示的效果过于突出图像，如图 1-37 所示为调整后的效果，达到了左右均衡。

图 1-36　　图 1-37

如图 1-38 所示的幻灯片整体给人以方方正正、稳重的感觉，比较符合幻灯片主题。

图 1-38

技巧 20　幻灯片布局的强调原则

准确强调幻灯片内容中的核心内容或最终结论，可以让观众一目了然，印象深刻，如图 1-39 和图 1-40 所示。

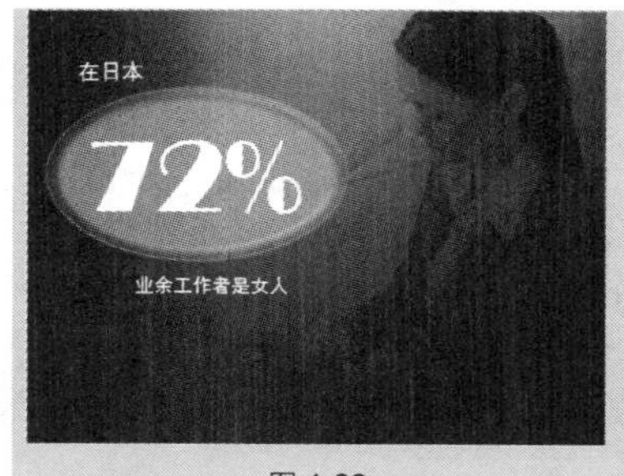

图 1-39

图 1-40

第 2 章　幻灯片页面的快速美化与布局（套用主题、模板、背景）

2.1　主题的应用技巧

技巧 21　快速应用主题美化演示文稿

默认创建的演示文稿采用的是空白页，而根据当前所建立的幻灯片的内容来选择一个主题是首要的工作。如图 2-1 所示为应用了“角度”主题后的效果。

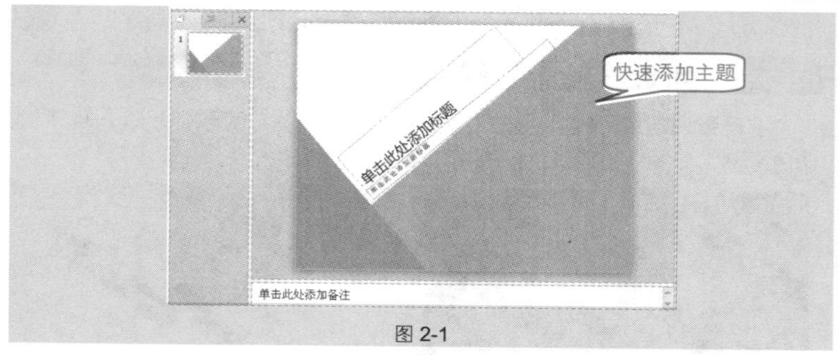

图 2-1

❶ 在“设计”→“主题”选项组中单击按钮，显示程序内置的所有主题，如图 2-2 所示。

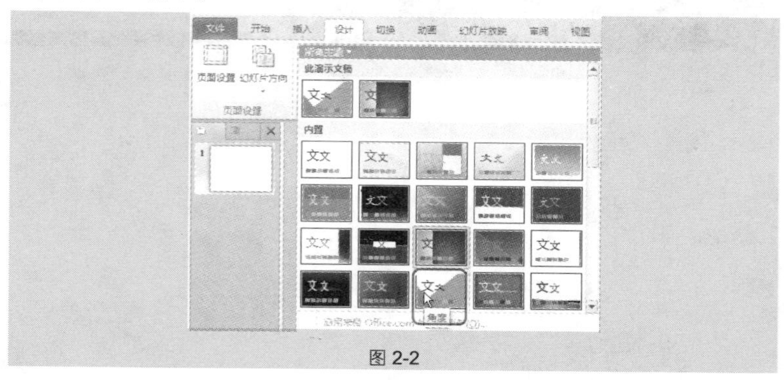

图 2-2

❷ 单击“角度”主题，即可为演示文稿应用选中的主题。

技巧22 在同一个演示文稿中设置不同的主题

在为新建的演示文稿添加主题后，此时新建的幻灯片都会自动套用前一主题。如果想让同一演示文稿中的幻灯片使用不同的主题（如图 2-3 所示的演示文稿，其第 1 张与最后 1 张使用了同一主题，第 2、3 张使用同一主题、第 4、5 张使用了同一主题），可以按如下方法操作。

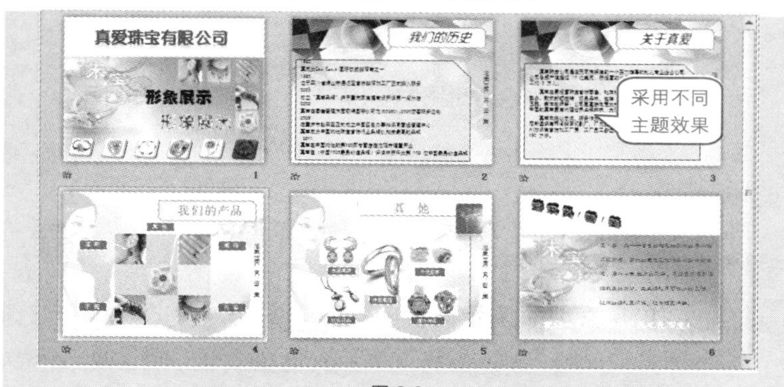

图 2-3

❶ 选中要更改模板的幻灯片，在“设计”→“主题”选项组中单击按钮，显示出程序内置的所有主题，在选用的主题上单击鼠标右键，在弹出的快捷菜单中选择“应用于选定幻灯片”命令，如图 2-4 所示。

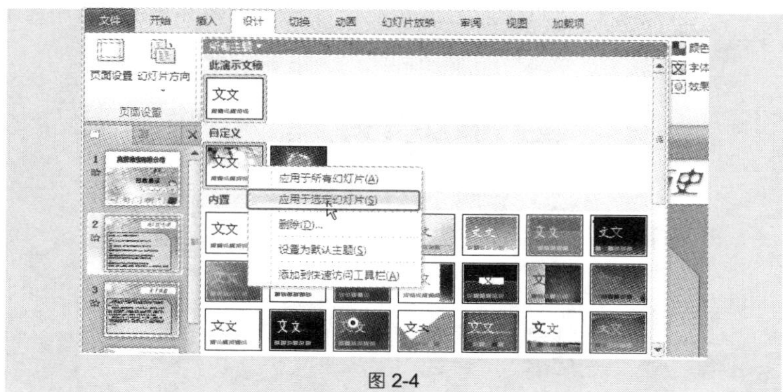

图 2-4

Note

❷ 即可为选定的幻灯片应用主题，效果如图 2-5 所示。

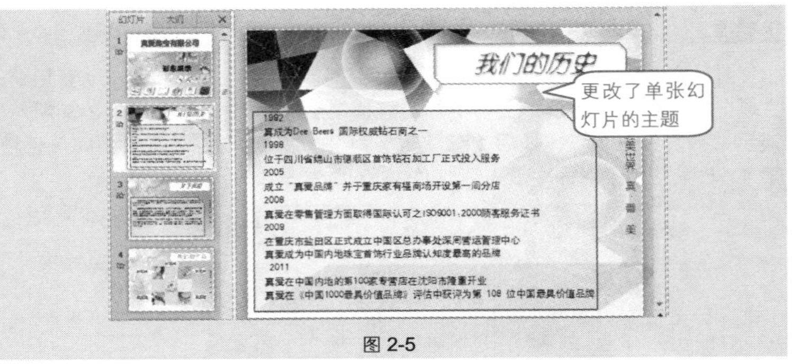

图 2-5

专家点拨

如果需要设置的幻灯片不止一张，可以按住 Ctrl 键不放，使用鼠标依次单击需要设置的幻灯片，然后设置主题。

技巧 23 自定义创建演示文稿时的默认主题

在新建演示文稿时，默认使用的主题都是"空白页"，用户可以在程序内置的主题中选择一个主题作为默认的主题。通过这样的设置后，以后所有新建的演示文稿都会自动套用这一主题。

❶ 在"设计"→"主题"选项组中单击按钮，显示出程序内置的所有主题。

❷ 在需要设置为默认的主题上单击鼠标右键，在弹出的快捷菜单中选择"设置为默认主题"命令即可，如图 2-6 所示。

图 2-6

技巧 24　设计好幻灯片的背景效果后将其保存为程序内置主题

当自定义了幻灯片的背景效果后可以将其保存为程序内置的主题，从而实现让这一效果不仅能应用于当前的幻灯片，而且还可以供新建幻灯片时直接套用。

❶ 如图 2-7 所示为设置好效果的幻灯片背景。

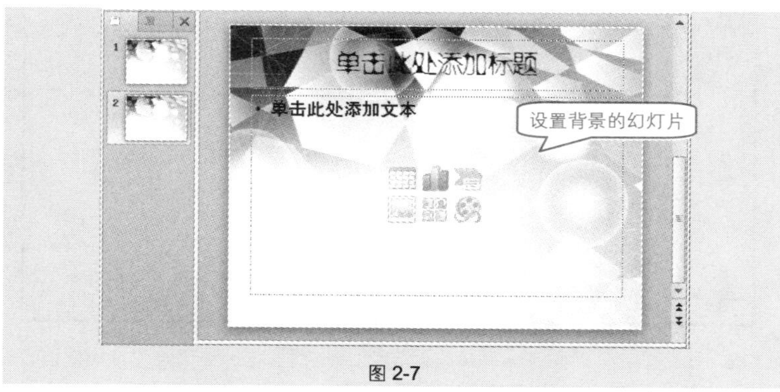

图 2-7

❷ 在“设计”→“主题”选项组中单击按钮，在展开的下拉列表中选择“保存当前主题”命令（如图 2-8 所示），打开“保存当前主题”对话框。

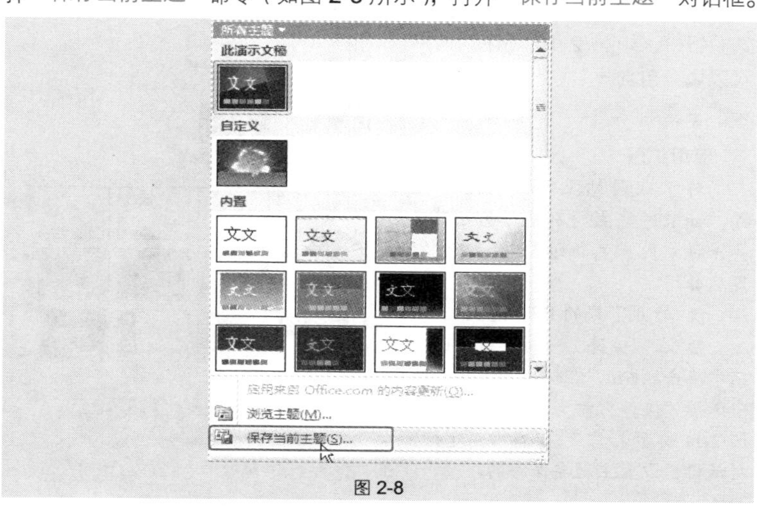

图 2-8

Note

❸ 保持默认的保存位置，设置文件名为“我的主题 1”，如图 2-9 所示。

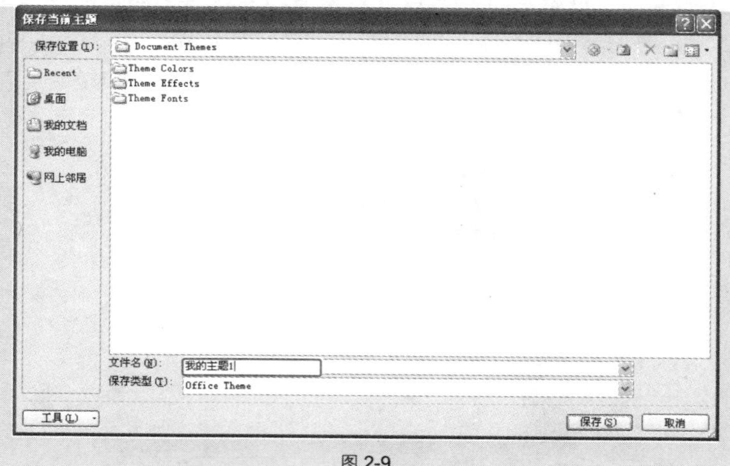

图 2-9

❹ 单击“保存”按钮即可保存成功。

❺ 完成上面的操作后，建立的主题会显示于“设计”→“主题”选项组中，如图 2-10 所示。用户可以像套用其他主题一样套用自定义的主题。

图 2-10

应用扩展

对于从网站上下载的演示文稿，如果感觉主题不错，也可以将其保存到内置主题列表中，以方便日后套用。

❶ 打开下载的 PPT 模板。

❷ 在“设计”→“主题”选项组中单击按钮，在弹出的下拉列表中选择“保存当前主题”命令（如图 2-11 所示），打开“保存当前主题”对话框，设置主题要保存的路径，单击“保存”按钮即可。

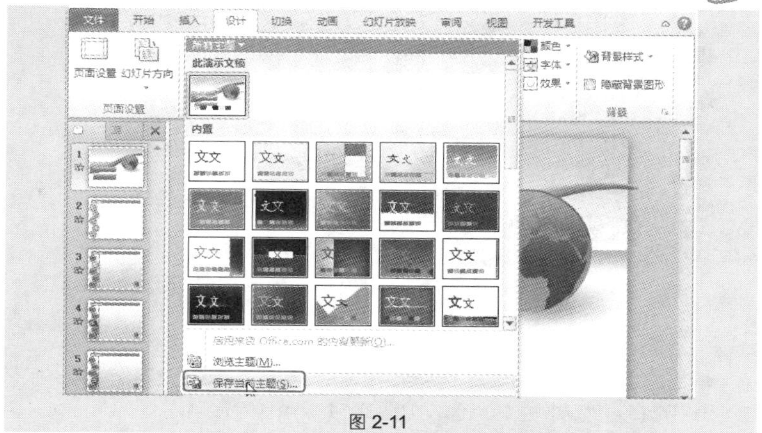

图 2-11

技巧 25　快速更改主题的颜色和字体

主题颜色是程序设置好的一种配色方案，主题字体也是程序设置好的字体格式，例如标题使用哪种字体、正文文本使用哪种字体等。不同的主题所默认的主题颜色与主题字体都不相同，当套用了某个主题后，可以对默认的主题颜色和主题字体进行修改。

如图 2-12 所示为当前主题的默认颜色与字体，如图 2-13 所示为更改了主题颜色与字体后的效果。

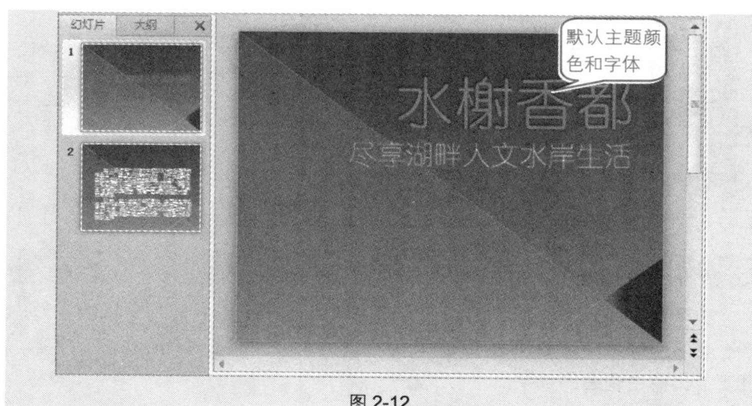

图 2-12

Note

图 2-13

❶ 在“设计”→“主题”选项组中单击“颜色”下拉按钮，在弹出的下拉列表中选择“跋涉”主题颜色，如图 2-14 所示。

❷ 单击“字体”下拉按钮，在弹出的下拉列表中选择“Office 经典 2”字体样式，如图 2-15 所示。

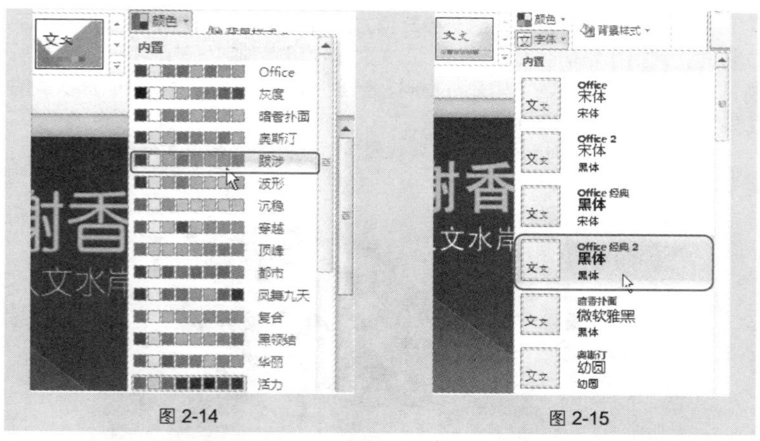

图 2-14　　图 2-15

技巧 26　应用本机中保存的演示文稿的主题

除了程序内置的主题，用户还可以将保存在本机中的演示文稿的主题应用于当前幻灯片中。如图 2-16 所示为当前主题，如图 2-17 所示为应用了本机演示文稿主题后的效果。

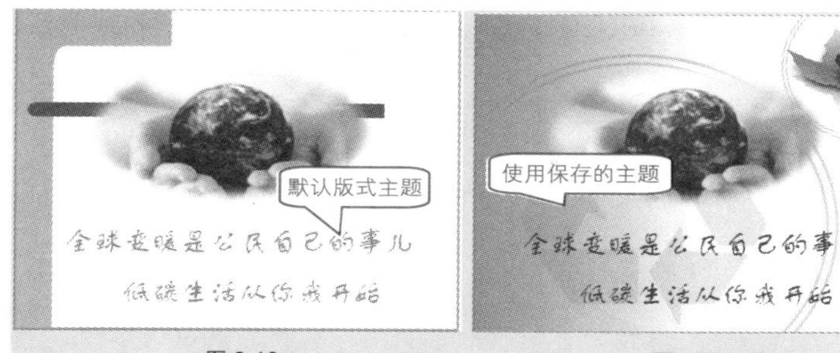

图 2-16　　　　图 2-17

❶ 在“设计”→“主题”选项组中单击 按钮，在展开的下拉列表中选择“浏览主题”命令，如图 2-18 所示。

图 2-18

❷ 打开“选择主题或主题文档”对话框，选择要使用其主题的演示文稿，如图 2-19 所示。

❸ 单击“应用”按钮，即可将该演示文稿的主题应用于当前幻灯片中。

Note

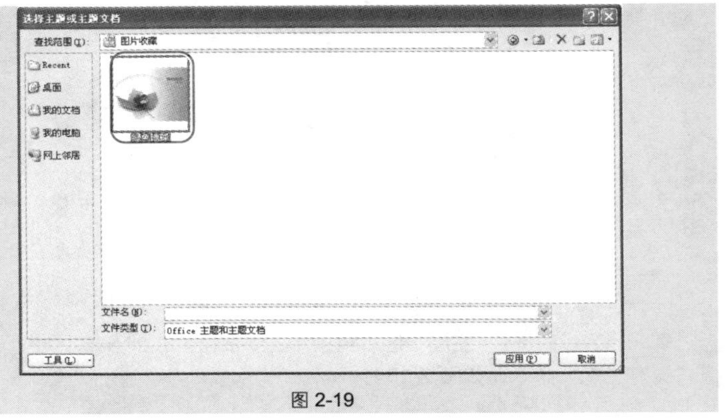

图 2-19

2.2　模板的使用

技巧 27　新建演示文稿时套用模板

在新建演示文稿时可以套用模板来建立，有的模板是为了提供主题，有的模板是提供了一些专用幻灯片的建立模式。套用模板新建演示文稿后，可以为后面的幻灯片的制作节约很多时间。

❶ 选择“文件”→“新建”命令，在右侧“**Office.com** 模板”栏中单击“幻灯片背景”选项，如图 **2-20** 所示。

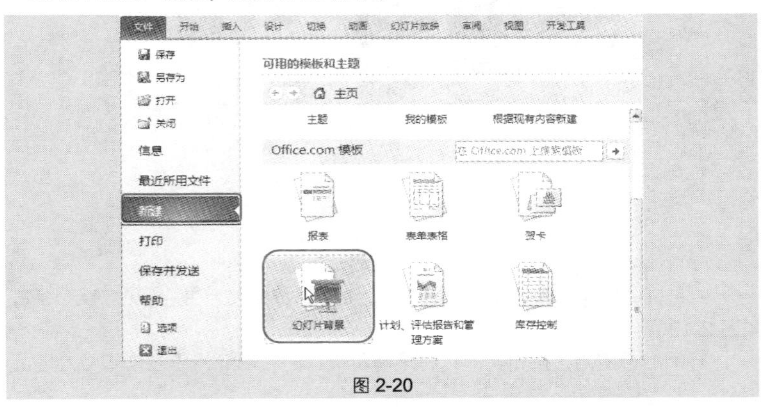

图 2-20

❷ 系统自动切换到“幻灯片背景”下的模板，单击“保护地球日”文件夹，如图 2-21 所示。

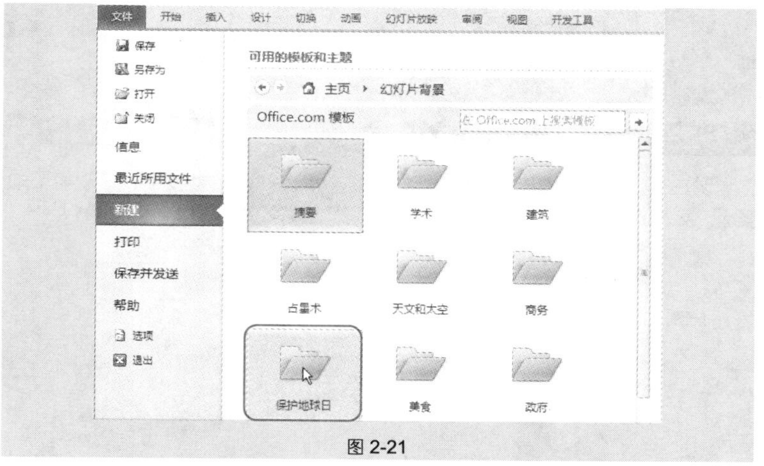

图 2-21

❸ 在打开的“保护地球日”文件夹下选中“绿色地球设计模板”，单击“下载”按钮，如图 2-22 所示。

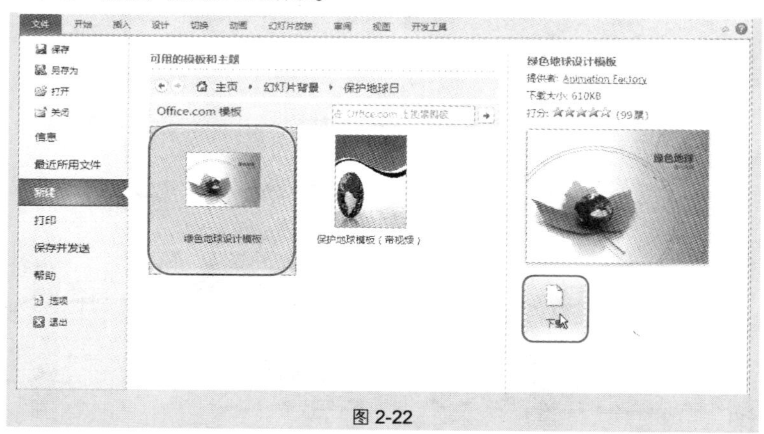

图 2-22

❹ 系统弹出“正在下载模板”提示，如图 2-23 所示，当下载完成后，程序会自动打开下载的模板。

Note

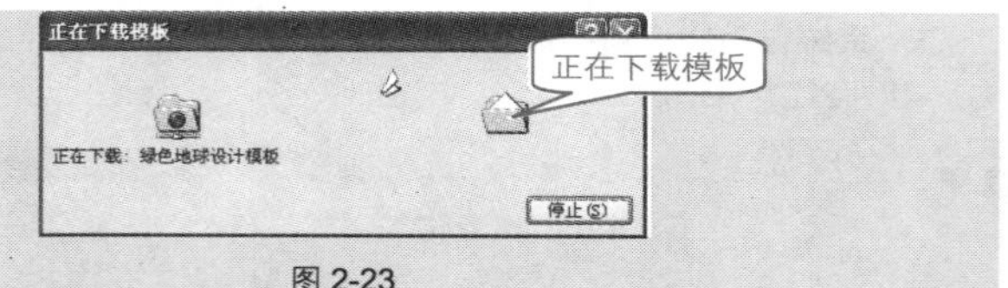

图 2-23

技巧 28　下载使用网站上的模板

现在有很多提供 **PPT** 模板的网站，用户可以在网站上搜索和下载需要的模板。如图 **2-24** 所示为在无忧 **PPT** 网站上下载的“创造性会议”模板。

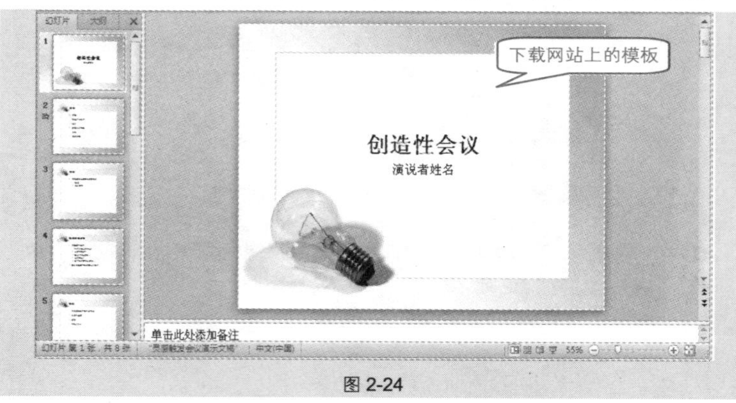

图 2-24

❶ 打开“无忧 **PPT**”网页，在“**PPT** 导航”区域选择“会议 **PPT** 模板”，如图 **2-25** 所示。

图 2-25

❷ 打开“会议模板”列表，如图 2-26 所示，单击“创造性会议”模板，打开“创造性会议”网页，如图 2-27 所示。

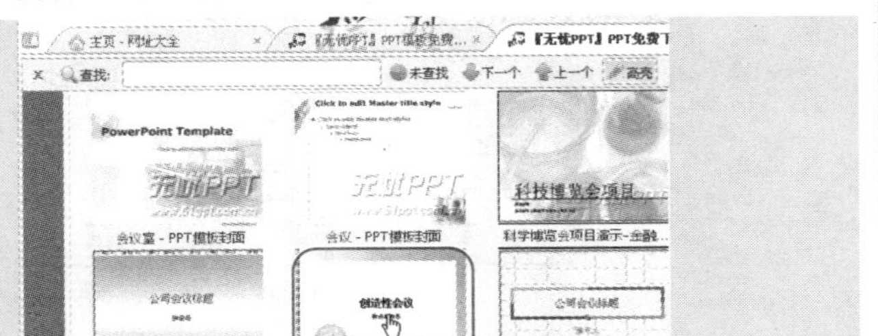

图 2-26

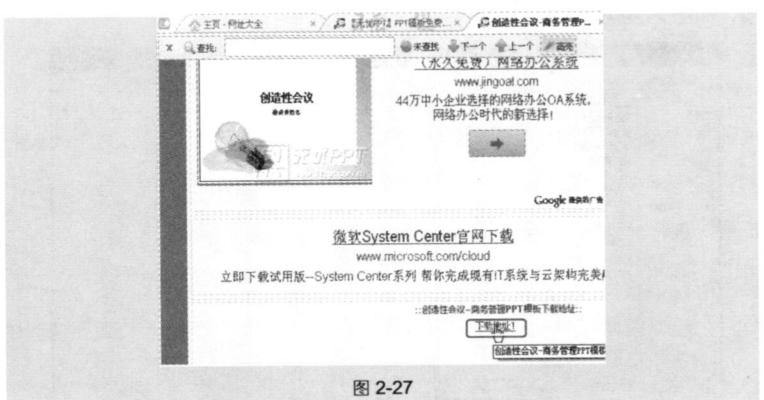

图 2-27

❸ 单击“下载地址”超链接，设置好下载模板存放的路径，如图 2-28 所示。

❹ 单击“下载”按钮，下载完成后，即可打开下载的模板并使用。

专家点拨

“无忧 PPT”、“泡泡糖模板”、“3Lian 素材”是目前几家不错的 PPT 网

站。用户可以根据这些网站上提供的站内搜索，来搜索需要的模板。

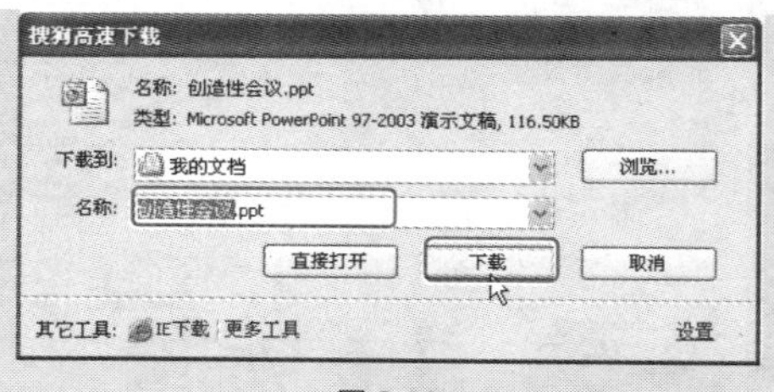

图 2-28

技巧 29　将下载的演示文稿保存为我的模板

为了方便后期对下载模板的使用，可以将下载的模板保存到“我的模板”中。设置好后当用户在新建文档时，就可以快速地套用这个模板。

❶ 下载演示文稿后，选择“文件”→“另存为”命令，打开“另存为”对话框。

❷ 在“保存类型”下拉列表框中选择“PowerPoint 模板（*.potx）”选项，如图 2-29 所示。

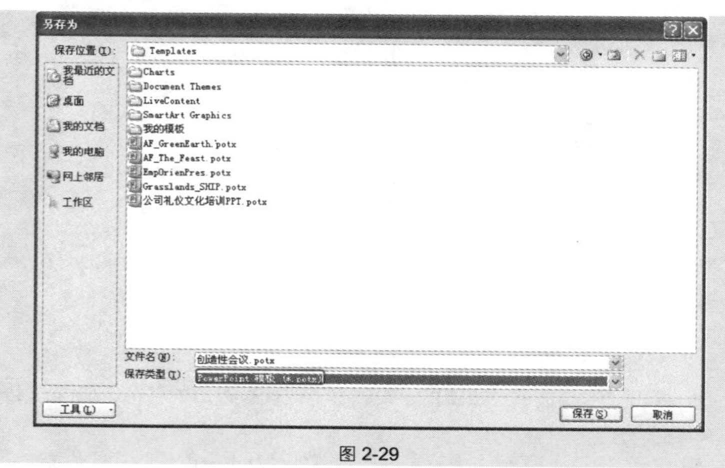

图 2-29

❸ 单击“保存”按钮，即可将演示文稿模板保存到“我的模板”中。

❹ 在新建演示文稿时，选择“我的模板”，即可在“个人模板”选项卡

中看到保存的模板，如图 2-30 所示。

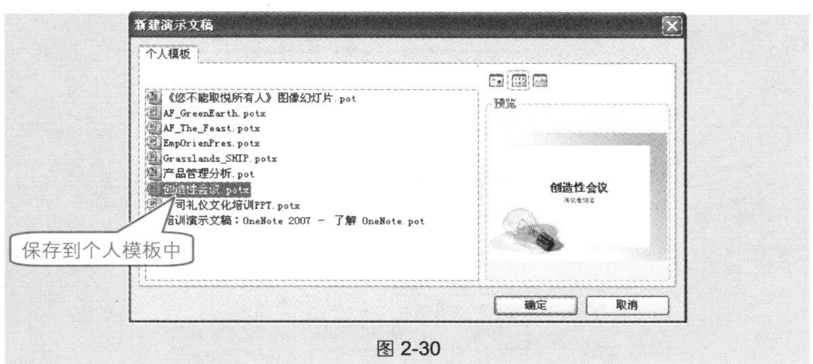

图 2-30

专家点拨

在“保存类型”下拉列表框中选择“PowerPoint 模板（*potx）”选项后，保存位置就会自动定位到 PPT 模板的默认保存位置，注意不要修改这个位置，否则无法在“我的模板”中看到所保存的模板。

应用扩展

当演示文稿编辑完成后，如果后期也需要使用类似的演示文稿，则也可以将其保存为模板。

演示文稿编辑完成后，选择“文件”→“另存为”命令，打开“另存为”对话框，按上面相同的步骤操作即可。

技巧 30 对模板进行加密保护

如果想将某个演示文稿保存为模板，并且希望对该模板进行密码保护（想套用该模板创建新文件会提示输入密码，如图 2-31 所示），可以按如下步骤操作。

图 2-31

❶ 选择“文件”→“信息”命令，在右侧单击“保护演示文稿”按钮，在下拉列表中选择“用密码进行加密”命令，如图 2-32 所示。

Note

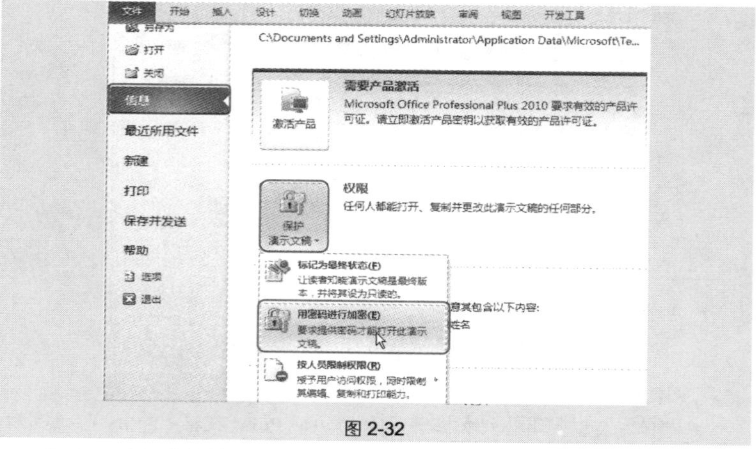
图 2-32

❷ 打开“加密文档”对话框，在“密码”文本框中输入密码，如图 2-33 所示。单击“确定”按钮，打开“确认密码”对话框，在“重新输入密码”文本框中再次输入设置的密码。

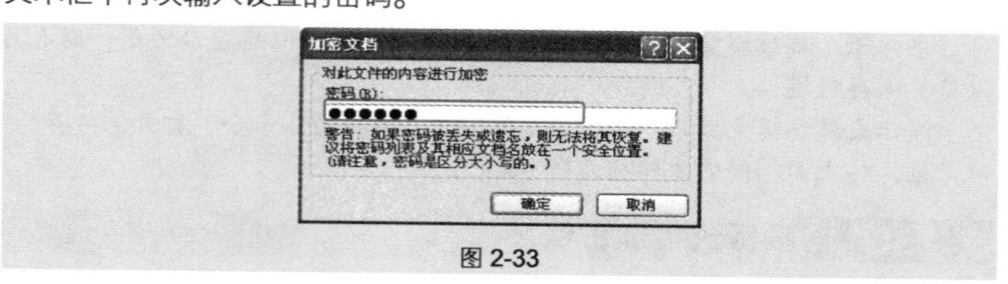

图 2-33

❸ 单击“确定”按钮，即可为演示文稿添加密码保护。

❹ 选择“文件”→“另存为”命令，打开“另存为”对话框，在“保存类型”下拉列表框中选择“PowerPoint 模板”选项，将演示文稿保存为模板。

依次完成上述操作后，当他人需要使用模板新建演示文稿时，就需要输入密码打开进行新建。

2.3 背景的设置技巧

技巧 31 使用图片作为背景

图片在幻灯片编辑中的应用是非常广泛的，我们通常会根据当前演示文

Note

稿的表达内容、主题等来选用合适的图片作为背景。如图 2-34 所示为使用了电脑中保存的图片来作为背景。

图 2-34

❶ 在“设计”→“背景”选项组中单击“背景样式”下拉按钮，在下拉列表中选择“设置背景格式”命令，打开“设置背景格式”对话框，如图 2-35 所示。

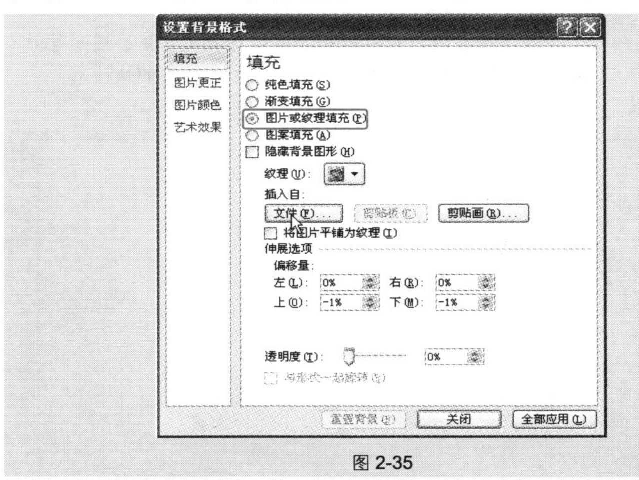

图 2-35

❷ 单击“文件”按钮，打开“插入图片”对话框，找到图片所在路径并选中，如图 2-36 所示。

❸ 单击“插入”按钮，即可将选中的图片应用为演示文稿的背景。

Note

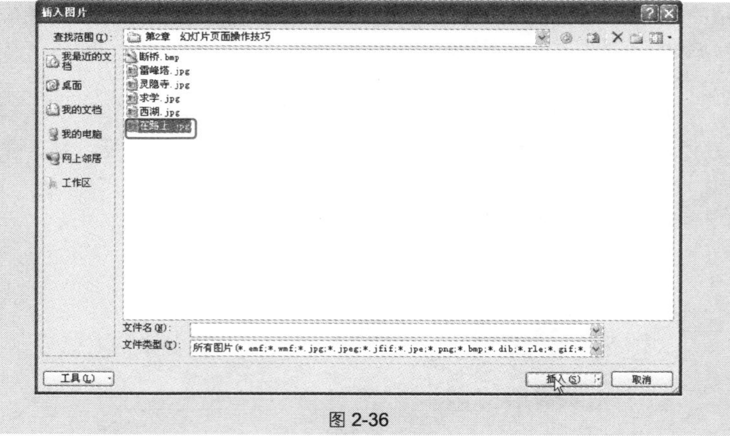

图 2-36

应用扩展

当在欣赏别人的演示文稿时，如果非常喜欢其中的一张背景，也可以将背景保存为图片，作为以后备用的素材。

❶ 右击幻灯片背景（如果幻灯片中包含了占位符、文本框、图形等对象时，注意要在这些对象以外的空白处单击鼠标右键），在弹出的快捷菜单中选择“保存背景”命令，如图 2-37 所示。

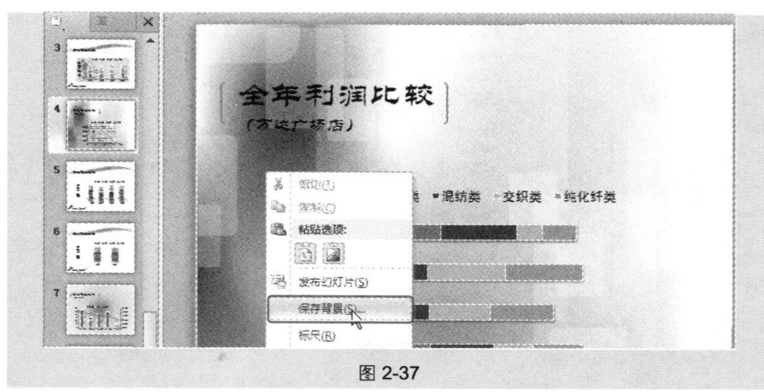

图 2-37

❷ 打开“保存背景”对话框，设置好保存位置与文件名，单击“保存”按钮即可。

技巧32 设置图案背景效果

除了为图片设置背景效果外，还可以使用图案填充效果，如图2-38所示即为应用了图案填充后的效果。

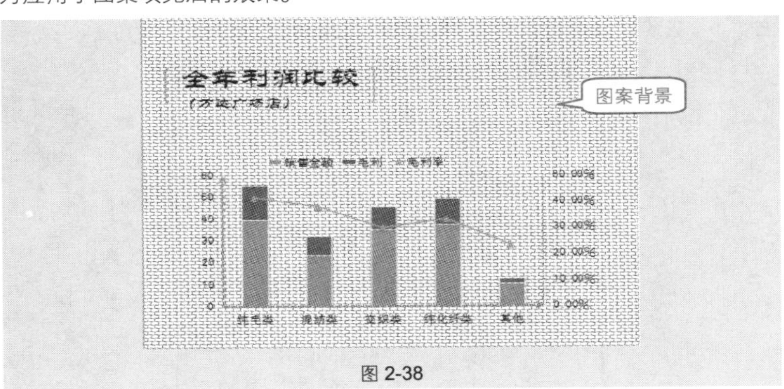

图2-38

❶ 在幻灯片的空白位置单击鼠标右键，在弹出的快捷菜单中选择“设置背景格式”命令，打开“设置背景格式”对话框。在“填充”区域选中“图案填充”单选按钮，在列表中选择“横向砖形”样式，并设置好前景色与背景色，如图2-39所示。

图2-39

❷ 单击“关闭”按钮，即可完成图案背景的设置。

Note

应用扩展

除了可以使用图案填充外，还可以设置渐变填充，方法如下：

❶ 打开“设置背景格式”对话框，在“填充”区域选中“渐变填充”单选按钮，设置“类型”为“射线”、“方向”为“中心辐射”，在“渐变光圈”上有3个设置点，分别设置为“橙色”到“浅橙色”的渐变，如图2-40所示。

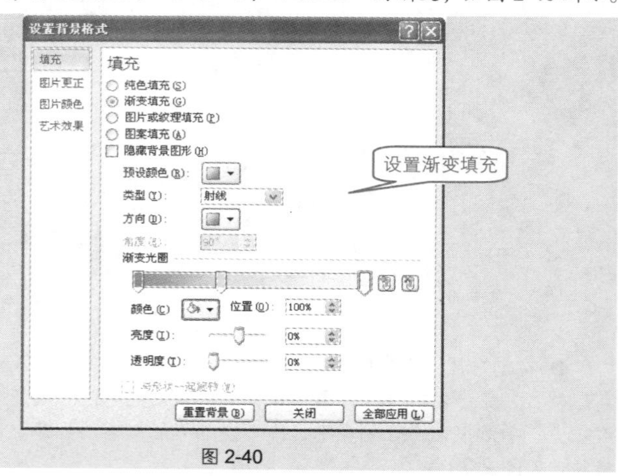

图2-40

❷ 单击“关闭”按钮，即可为当前的幻灯片背景设置渐变填充效果，如图2-41所示。

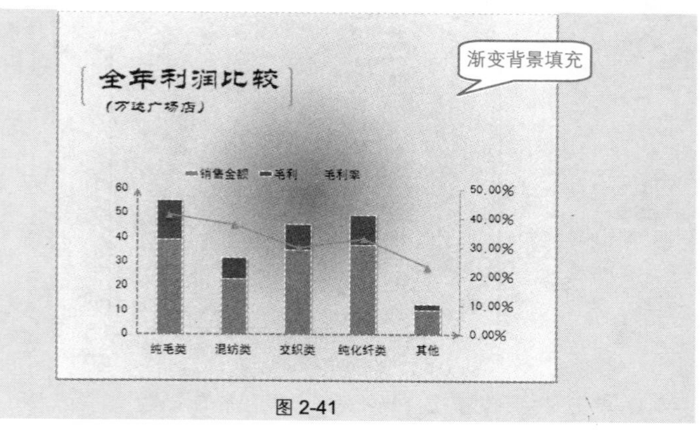

图2-41

Note

技巧 33　设置了主题的背景样式后如何快速还原

设置了主题的背景样式后如果不想再使用，可以快速将其还原到初始状态。只需选中目标幻灯片，在“设计”→“背景”选项组中单击“背景样式”下拉按钮，在下拉列表中选择“重置幻灯片背景”命令（如图 2-42 所示）即可。

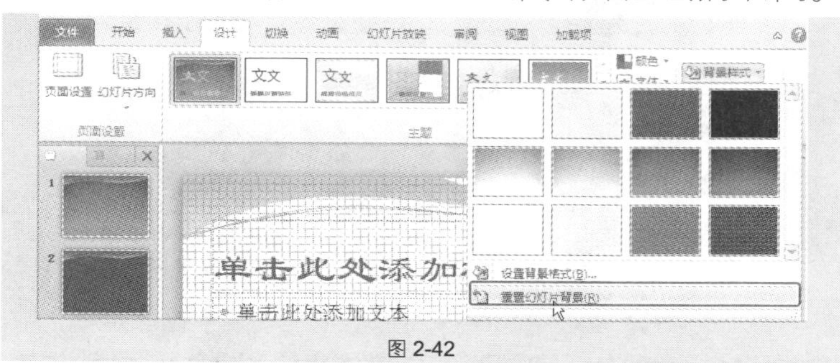

图 2-42

技巧 34　设置了幻灯片的背景后快速应用于所有幻灯片

当选中某张幻灯片并为其设置背景效果时，默认只将效果应用于当前幻灯片，如果想让所设置的效果应用于当前演示文稿中所有的幻灯片，则可以按如下方法操作。

❶ 在幻灯片的空白位置单击鼠标右键，在弹出的快捷菜单中选择“设置背景格式”命令，打开“设置背景格式”对话框。在“填充”区域选中“图案填充”单选按钮，在列表中选择“大纸屑”样式，并设置好前景色与背景色，如图 2-43 所示。

图 2-43

❷ 单击“全部应用”按钮，即可让演示文稿中的所有幻灯片都使用相同的背景样式，如图 2-44 所示。

Note

图 2-44

技巧 35　以图片作为幻灯片背景时设置半透明柔化显示

当设置图片作为幻灯片的背景时，如果图片本身色彩艳丽，那么设置后其效果会有喧宾夺主之意，如图 2-45 所示。这里可以通过设置让背景图片以半透明柔化的效果显示，如图 2-46 所示。

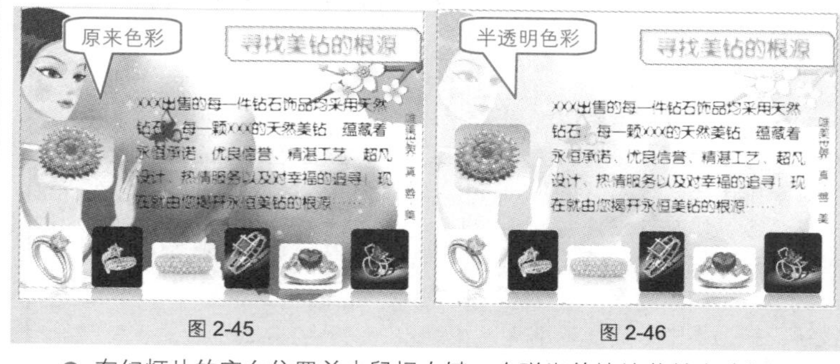

图 2-45　图 2-46

❶ 在幻灯片的空白位置单击鼠标右键，在弹出的快捷菜单中选择“设置背景格式”命令，打开“设置背景格式”对话框。选择图片填充后回到“设置背景格式”对话框，拖动“透明度”滑块设置透明度，如图 2-47 所示。

❷ 调整后关闭“设置背景格式”对话框即可。

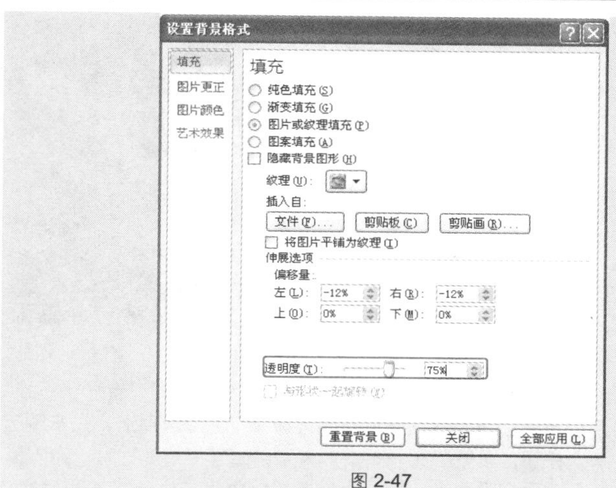

图 2-47

技巧 36　虚化部分图片与背景融合

当使用比较复杂的图片作为幻灯片背景时，可以对其进行相关处理，从而达到虚化部分图片与背景融合的效果。如图 2-48 所示为原图，可以看到图片中的文字显示不突出；如图 2-49 所示为处理后的效果，图片后半部分被虚化，效果比较好。

图 2-48

图 2-49

❶ 在“插入”→“插图”选项组中单击“形状”下拉按钮，在下拉列表中选择“矩形”形状样式，如图 2-50 所示。

❷ 拖动鼠标在幻灯片中绘制如图 2-51 所示的“矩形”图形。

Note

图 2-50　　图 2-51

❸ 选中图形并单击鼠标右键，在弹出的快捷菜单中选择“设置形状格式”命令，打开“设置形状格式”对话框。在左侧选择“填充”选项卡，在右侧选中“渐变填充”单选按钮，设置填充“类型”为“线性”，“角度”为“**90°**”，在“渐变光圈”上使用两个设置点，第一个设置点颜色为“白色”，“透明度”为“**0%**”，如图 **2-52** 所示，第二个设置点颜色为“白色”，“透明度”为“**100%**”，如图 **2-53** 所示。

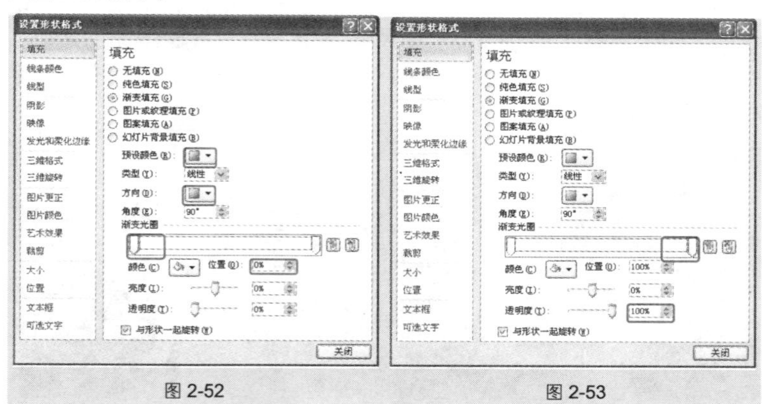

图 2-52　　图 2-53

❹ 关闭“设置形状格式”对话框，可以看到“矩形”图形的填充效果，如图 **2-54** 所示。

❺ 选中“矩形”图形并单击鼠标右键，在弹出的快捷菜单中依次选择“置于底层”→“置于底层”命令，如图 **2-55** 所示，即可达到效果图中的显示效果。

图 2-54

图 2-55

2.4　版式和母版设置技巧

技巧 37　自定义幻灯片页面大小

PowerPoint 2010 默认幻灯片页面大小为全屏显示（4:3），如图 2-56 所示。现在需要将其更改为 20×20 的正方形页面，如图 2-57 所示。

图 2-56

❶ 在“设计”→“页面设置”选项组中单击“页面设置”按钮，打开“页面设置”对话框。

Note

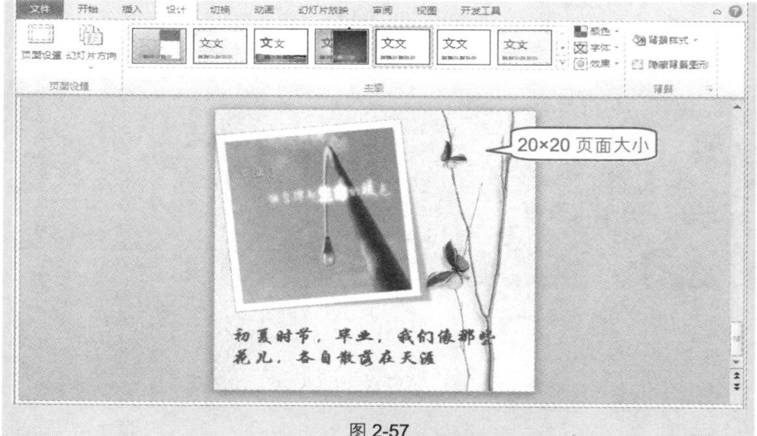

图 2-57

❷ 分别在“宽度”和“高度”文本框中输入“**20**”，如图 2-58 所示。

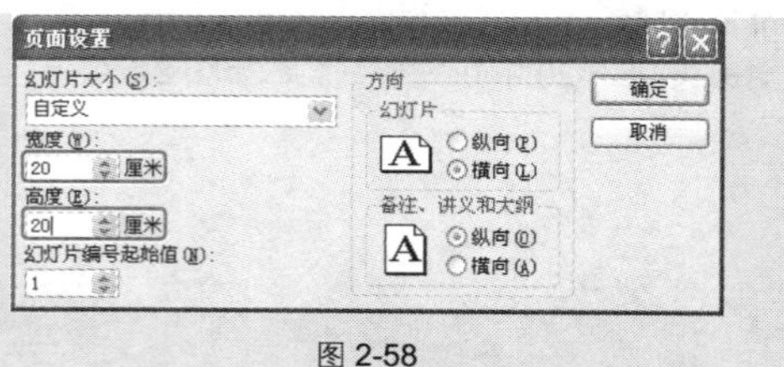

图 2-58

❸ 单击“确定”按钮，幻灯片即可呈现出如图 2-57 所示的页面效果。

应用扩展

在“页面设置”对话框的“幻灯片大小”下拉列表框中可以选择需要设置的页面大小，如图 2-59 所示。

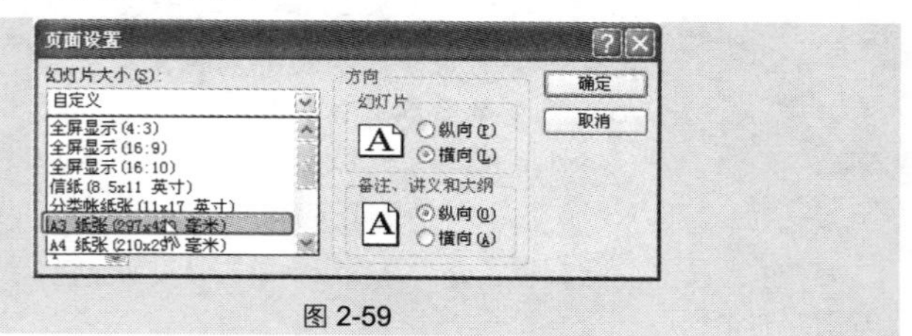

图 2-59

Note

技巧 38 幻灯片方向快速更改

建立幻灯片时，默认的方向是横向的，如图 2-60 所示。根据实际需要还可以将幻灯片方向更改为纵向显示，如图 2-61 所示。

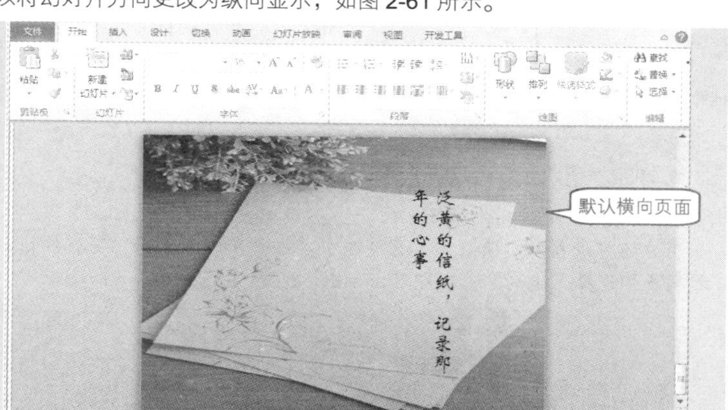

图 2-60

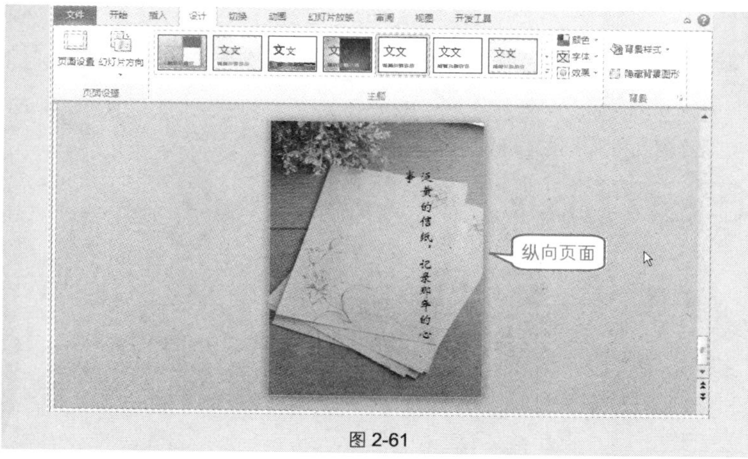

图 2-61

❶ 在“设计”→“页面设置”选项组中单击“页面设置”按钮，打开“页

面设置"对话框。在"幻灯片"栏中选中"纵向"单选按钮，接着在"备注、讲义和大纲"栏中选中"纵向"单选按钮，如图 2-62 所示。

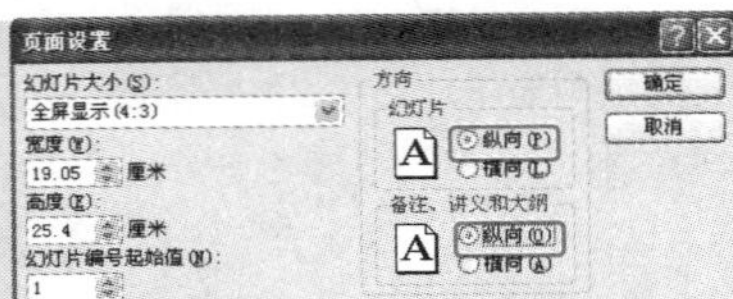

图 2-62

❷ 单击"确定"按钮，即可将幻灯片更改为纵向。

应用扩展

用户还可以在"页面设置"选项组中单击"幻灯片方向"下拉按钮，在下拉列表中选择"纵向"选项即可，如图 2-63 所示。

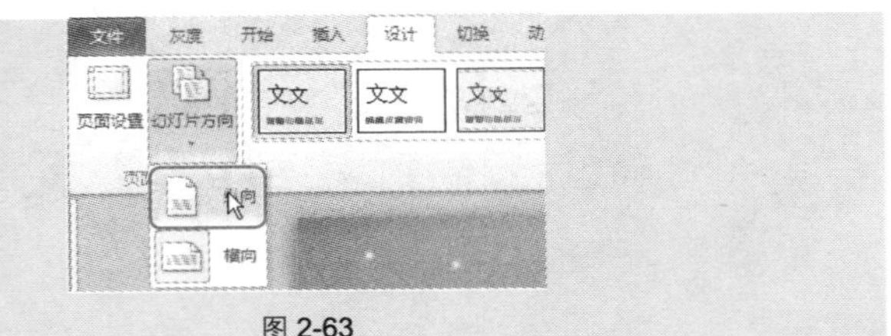

图 2-63

技巧 39　快速变换幻灯片版式

如图 2-64 所示，幻灯片版式为"两栏内容"，不能很好地突出幻灯片中的图片，现在需要将其更改为如图 2-65 所示的"内容与标题"版式。

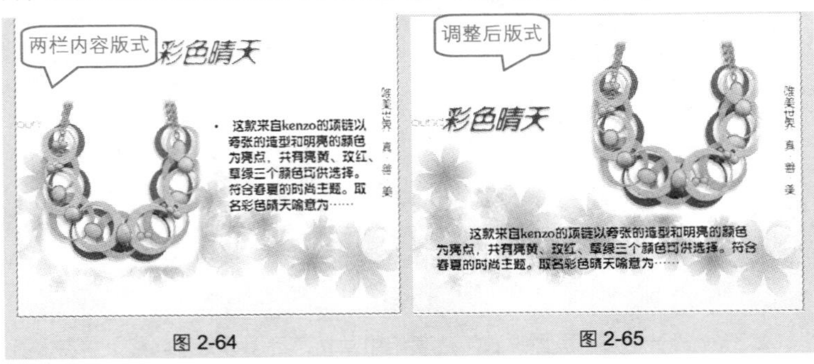

图 2-64　　图 2-65

❶ 在“开始”→“幻灯片”选项组中单击“版式”下拉按钮，在弹出的下拉列表中选择“内容与标题”选项，如图 2-66 所示。

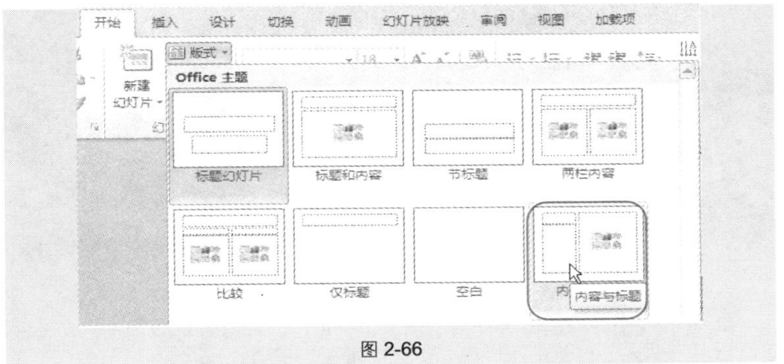

图 2-66

❷ 将“文本”占位符调整到图片下方并输入文字，然后稍稍调整一下标题框的位置即可。

技巧 40　在母版中定制标题文字与正文文字的格式

在套用模板或主题时，不仅应用了背景效果，同时标题文字与正文文字的格式也是设定好的。如果想更改整篇演示文稿中的文字格式，可以进入幻灯片母版中进行操作。在幻灯片母版中的所有操作将会自动应用于整篇演示文稿的每张幻灯片，而且新建的幻灯片也会采用相同的格式。

如图 2-67 所示为当前演示文稿的文字格式。

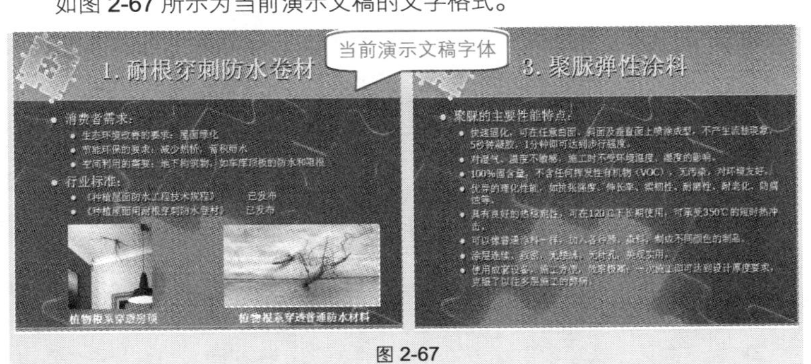

图 2-67

要求通过设置实现一次性让演示文稿中的每张幻灯片文字都显示为图 2-68

所示的格式。

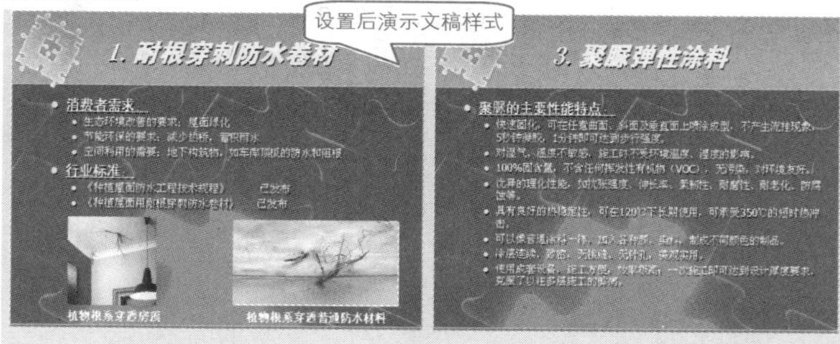

图 2-68

❶ 在“视图”→“母版视图”选项组中单击“幻灯片母版”按钮，进入母版视图中，在左侧选中“标题和内容”版式，如图 2-69 所示。

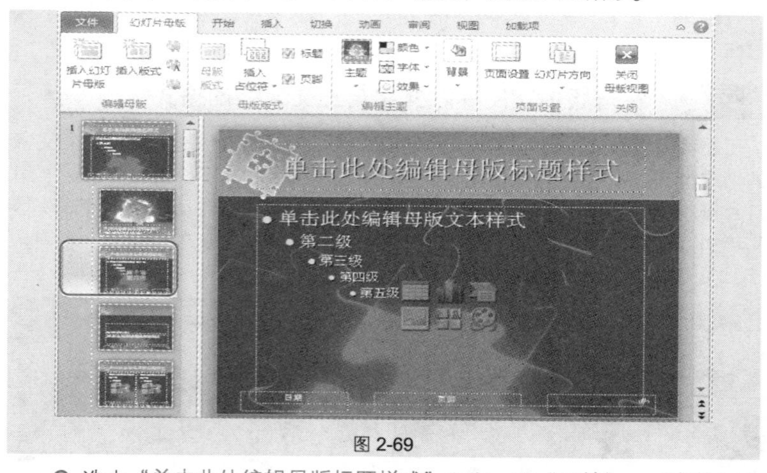

图 2-69

❷ 选中“单击此处编辑母版标题样式”文字，在“开始”→“字体”选项组中设置文字格式（字体、字形、颜色等），如图 2-70 所示。

❸ 选中“单击此处编辑母版文本样式”文字，在“开始”→“字体”选项组中设置文字格式（字体、字形、颜色等），如图 2-71 所示。

❹ 在“关闭”选项组中单击“关闭母版视图”按钮回到幻灯片中，可以看到所有幻灯片标题文本与一级文本的格式都已按照在母版中所设置的效果

显示。

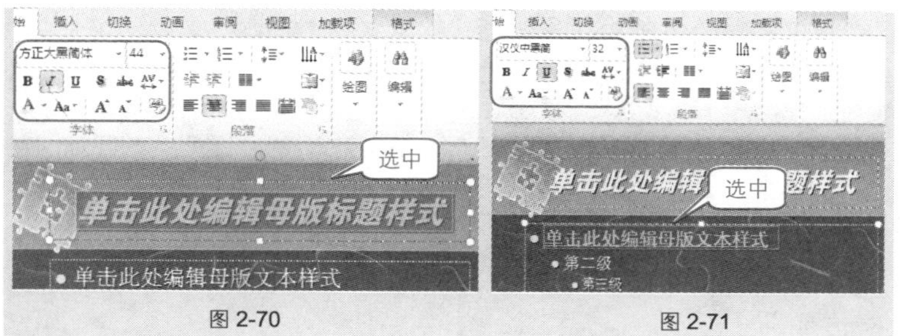

图 2-70　　图 2-71

专家点拨

由于幻灯片有多种版式，因此在母版视图中，左侧显示了各个版式的母版。当前选中哪一种版式的母版进行编辑，所做的编辑将应用于演示文稿中使用该版式的幻灯片中，不是该版式的则不会应用。因此如果幻灯片分别使用了不同的版式，在母版中进行一系列统一规划操作时，就需要选择不同版式的母版分别进行编辑。

将光标定位于左侧的版式上时，停顿片刻，就会提示当前演示文稿中哪几张幻灯片使用了该版式（如图 2-72 所示），当某个版式没有任何幻灯片使用时，则会显示“任何幻灯片都不使用”文字。

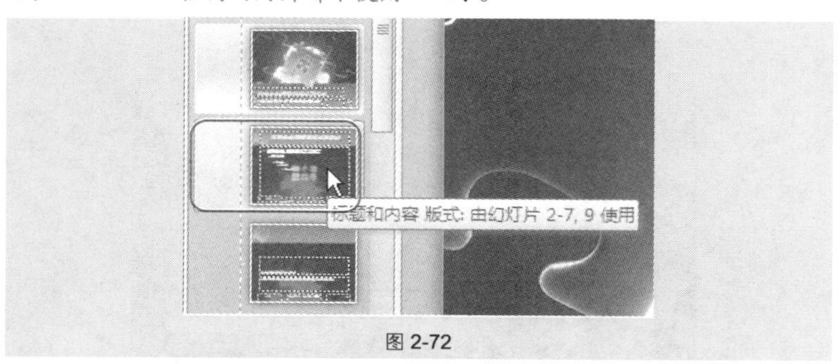

图 2-72

技巧 41 在母版中统一定制文本的项目符号

幻灯片中的文本是分级别显示的，而不同的级别有其默认的项目符号，如果默认的项目符号不美观，可以进入母版中统一进行定制。

如图 2-73 所示为默认的项目符号，如图 2-74 所示为设置后的项目符号。

❶ 在“视图”→“母版视图”选项组中单击“幻灯片母版”按钮，进入母版视图中，在左侧选中“标题和内容”版式。

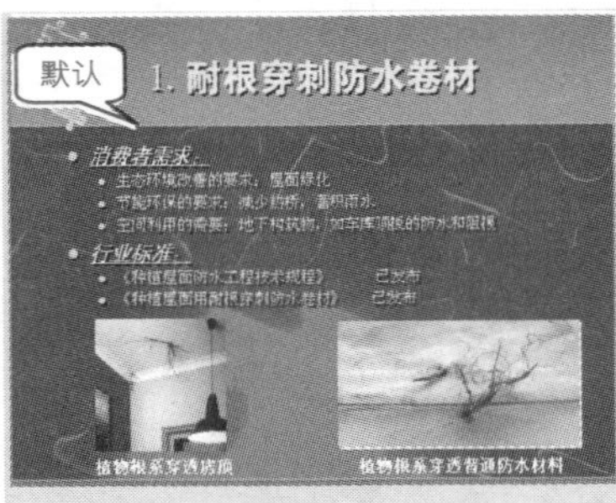

图 2-73

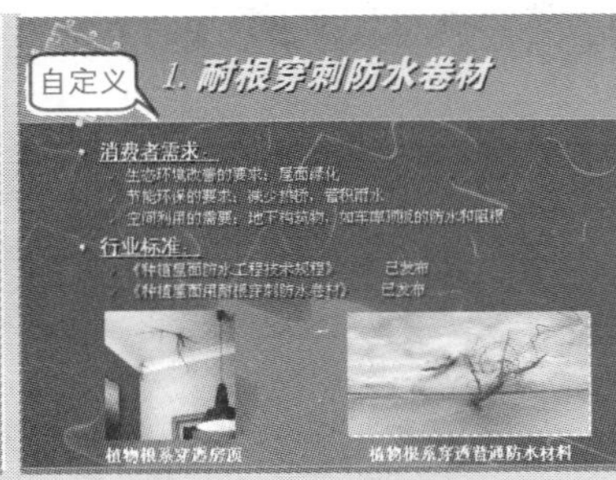

图 2-74

❷ 选中“单击此处编辑母版文本样式”文字，在“开始”→“段落”选项组中单击“项目符号”下拉按钮，在打开的下拉列表中选择“项目符号和编号”命令（如图 2-75 所示），打开“项目符号和编号”对话框，如图 2-76 所示。

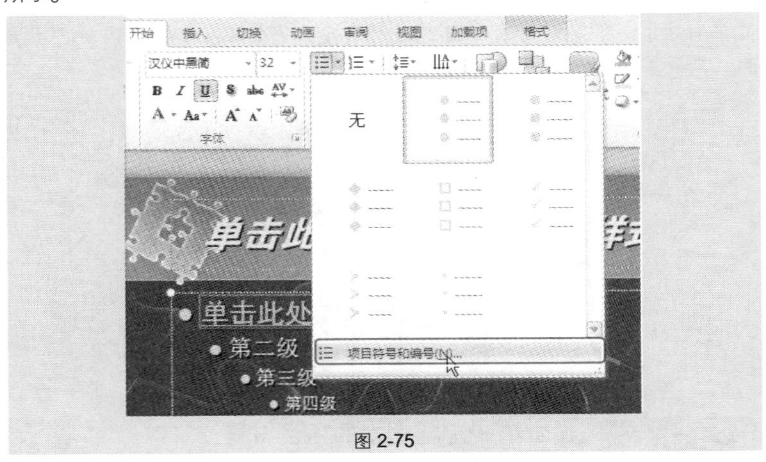

图 2-75

❸ 单击“图片”按钮，打开“图片项目符号”对话框，选择一幅图片作为项目符号显示，如图 2-77 所示。

❹ 依次单击“确定”按钮完成设置。在母版中选中“第二级”文字，按

相同的步骤重新设置项目符号即可，效果如图 2-78 所示。

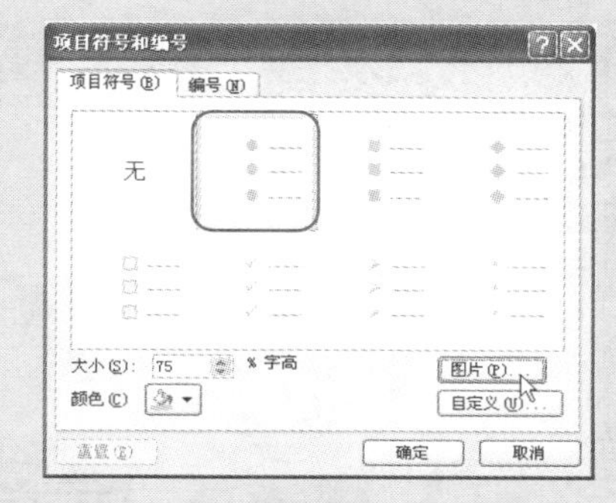

图 2-76

图 2-77

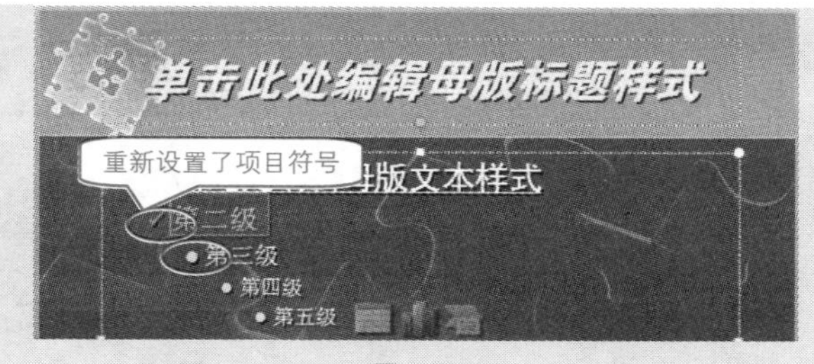

图 2-78

技巧 42 利用母版设置统一的背景效果

前面介绍了将图片设置为幻灯片背景的技巧，当进入母版视图中进行背景的设置后，那么设置的背景效果就会应用于所有幻灯片中。

❶ 在“视图”→“母版视图”选项组中单击“幻灯片母版”按钮，进入母版视图中。在占位符以外的位置单击鼠标右键，在弹出的快捷菜单中选择“设置背景格式”命令（如图 2-79 所示），打开“设置背景格式”对话框。

❷ 选中“图片或纹理填充”单选按钮，单击“文件”按钮，打开“插入图片”对话框，找到图片所在路径并选中，单击“插入”按钮回到“设置背景格式”对话框，如图 2-80 所示。

❸ 单击“全部应用”按钮，可以看到母版中无论哪一种版式都应用了所设置的背景，如图 2-81 所示。

❹ 退出母版视图，也可以看到整篇演示文稿都使用了刚才所设置的背景。

Note

Note

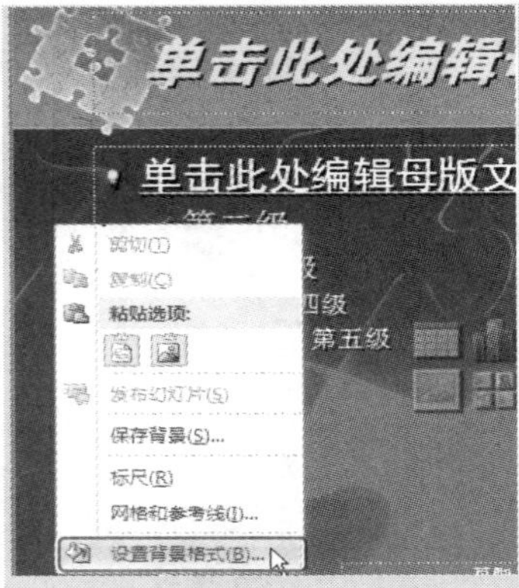

图 2-79

图 2-80

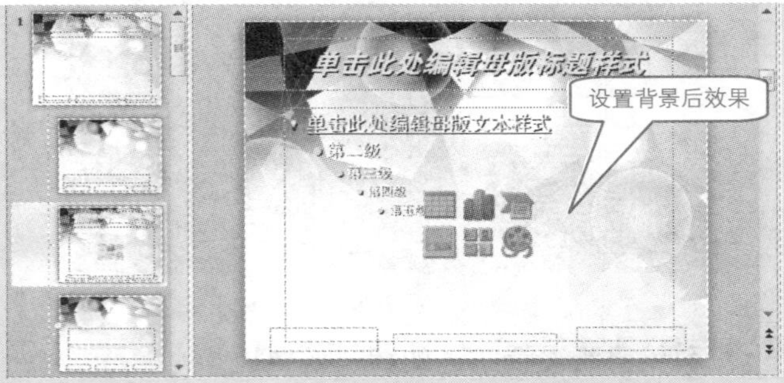

图 2-81

技巧 43　为幻灯片添加统一的页脚效果

如果希望所有幻灯片都使用相同的页脚效果，也可以进入母版视图中进行编辑。

如图 2-82 所示为所有幻灯片都使用“发现需求，创造需求，满足需求”页脚的效果。

❶ 在“视图”→“母版视图”选项组中单击“幻灯片母版”按钮，进入母版视图中。在“插入”→“文本”选项组中单击“页眉和页脚”按钮，如图 2-83 所示。

❷ 打开“页眉和页脚”对话框，选中“页脚”复选框，在下面的文本框

中输入页脚文字，选中“标题幻灯片中不显示”复选框，如图 2-84 所示。

图 2-82

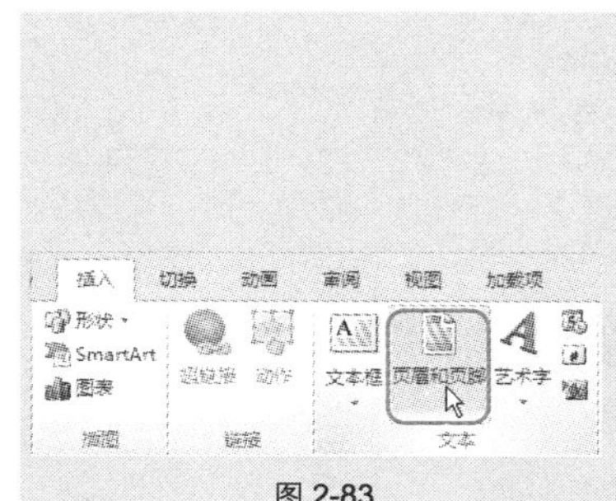

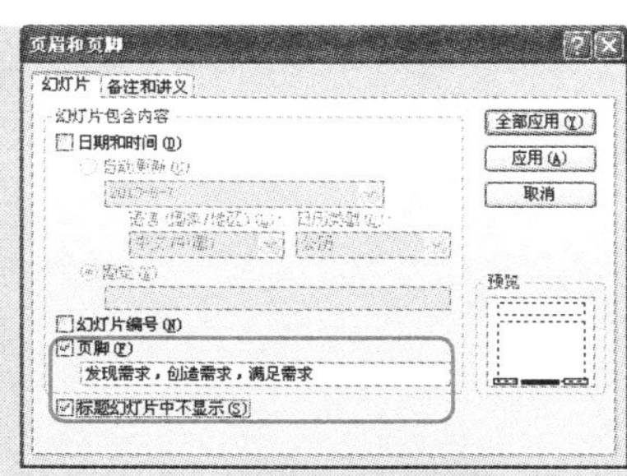

图 2-83　　图 2-84

❸ 单击“全部应用”按钮，即可在母版中看到页脚文字，如图 2-85 所示。

图 2-85

❹ 对文字进行格式设置，可以设置字体、字号、字形或艺术字等，如图 2-86 所示。

图 2-86

❺ 设置完成后，关闭母版视图即可看到每张幻灯片都显示了相同的页脚。

技巧 44 更改页脚到其他位置

页脚默认显示在幻灯片的正下方，也可以将页脚统一移动到其他位置。这项操作也需要在幻灯片母版中进行，本技巧将延续上一技巧进行操作。

❶ 进入母版视图中，选中之前插入的默认位置上的页脚，在“开始”→“段落”选项组中单击“文字方向”下拉按钮，在下拉列表中选择“竖排”选项，如图 2-87 所示。

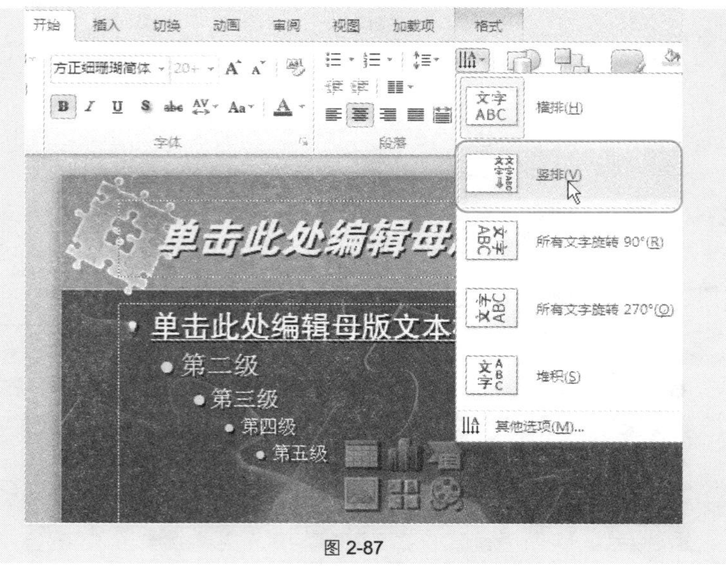

图 2-87

❷ 将页脚文字移至幻灯片右侧边线位置，如图 2-88 所示。

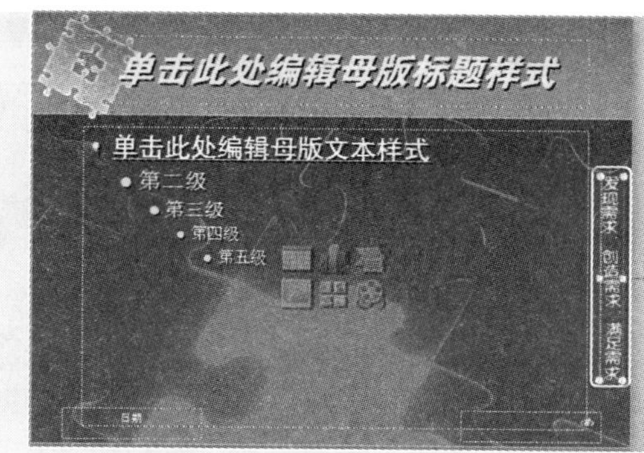

图 2-88

③ 设置完成后，关闭母版视图即可看到每张幻灯片的页脚都显示于右侧边线上，如图 2-89 所示。

图 2-89

技巧 45 根据当前演示文稿的内容自定义幻灯片版式

幻灯片默认有 11 种不同类型的版式，当默认的版式不符合当前演示文稿的需要时，可以进入母版中自由设计版式。

❶ 如图 2-90 所示为当前演示文稿默认的版式，添加内容后的效果如图 2-91 所示。

❷ 进入母版视图中，在左侧选中“标题和内容”版式，将标题占位符移至如图 2-92 所示的位置，然后删除其他所有的占位符。

❸ 在“幻灯片母版”→“母版版式”选项组中单击“插入占位符”下拉按钮，在下拉列表中选择“图片”选项，如图 2-93 所示。

Note

图 2-90

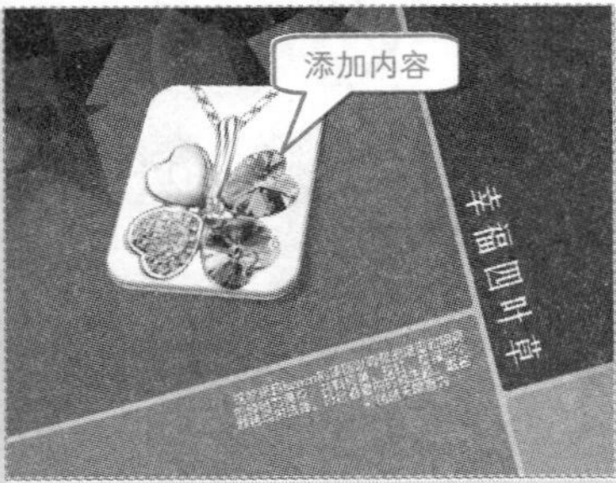

图 2-91

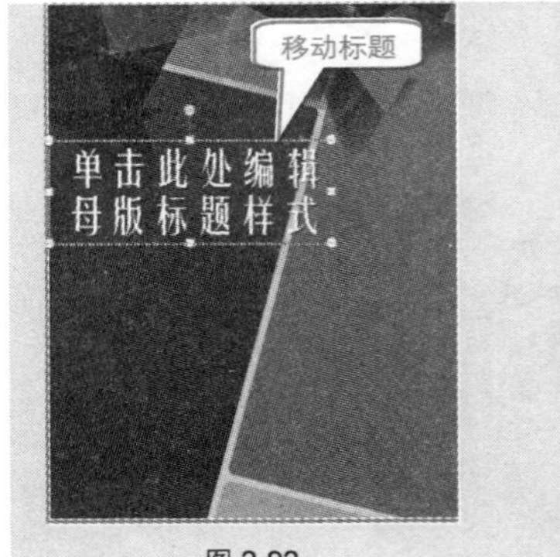

图 2-92

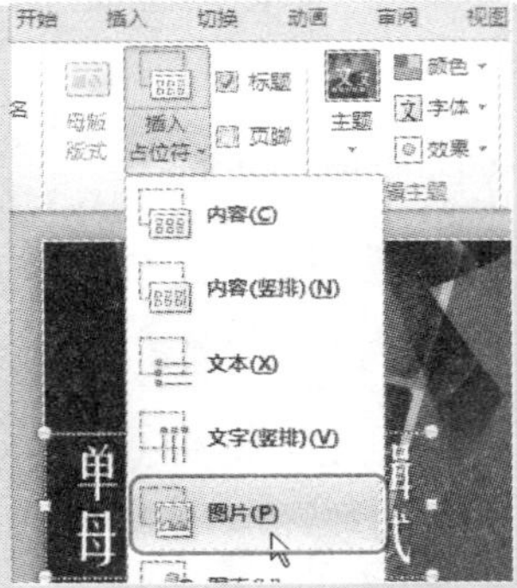

图 2-93

④ 将插入的图片占位符移动到如图 2-94 所示的位置上。接着按相同的方法在如图 2-95 所示的位置上添加一个文本占位符，并横向调整其大小。

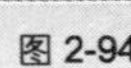

图 2-94

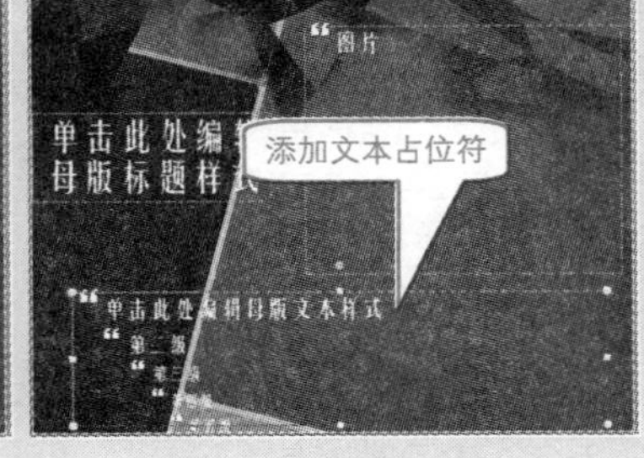

图 2-95

❺ 完成上面的操作后，返回到幻灯片中，可以看到幻灯片已按照所设置的版式进行显示，如图 2-96 所示。

图 2-96

技巧 46　将自定义的版式保存下来

选择了某个主题后，在“开始”→“幻灯片”选项组中单击“新建幻灯片”下拉按钮，在下拉列表中会显示使用的主题与版式。那么在母版中自定义了版式后，也可以将其保存下来，并显示于此，从而方便新建幻灯片时直接套用。

❶ 在母版视图中完成对版式的自定义后，在右侧选中母版并单击鼠标右键，在弹出的快捷菜单中选择“重命名版式”命令，如图 2-97 所示。

❷ 打开“重命名版式”对话框，在“版式名称”文本框中输入“标题、图片和文本”，如图 2-98 所示。

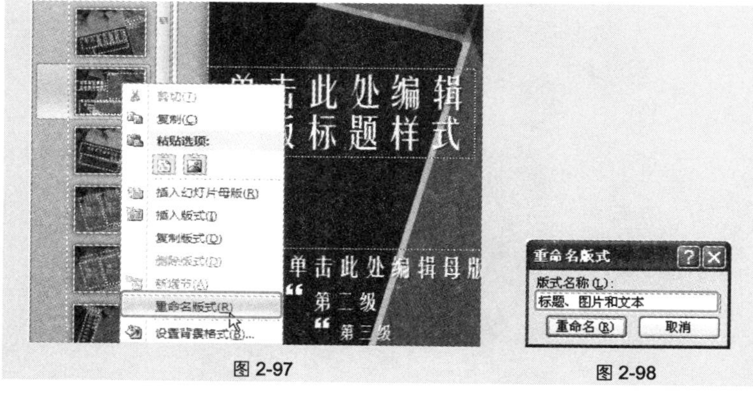

图 2-97　　图 2-98

Note

❸ 单击“重命名”按钮，关闭母版视图回到幻灯片中。在“开始”→“幻灯片”选项组中单击“新建幻灯片”下拉按钮或“版式”按钮，都可以看到被保存的自定义版式，如图 2-99 所示。

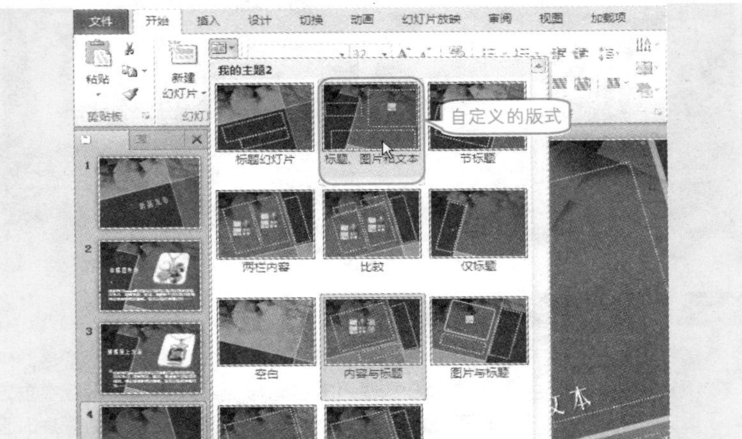

图 2-99

第 3 章　演示文稿文件的管理及基本编辑技巧

3.1　演示文稿文件管理

技巧 47　一次性快速打开多个演示文稿

如果想一次性编辑多个演示文稿，可以一次性将它们都打开。

❶ 选择“开始”→“打开”命令，打开“打开”对话框，按住 Ctrl 键依次选中多个文件，如图 3-1 所示。

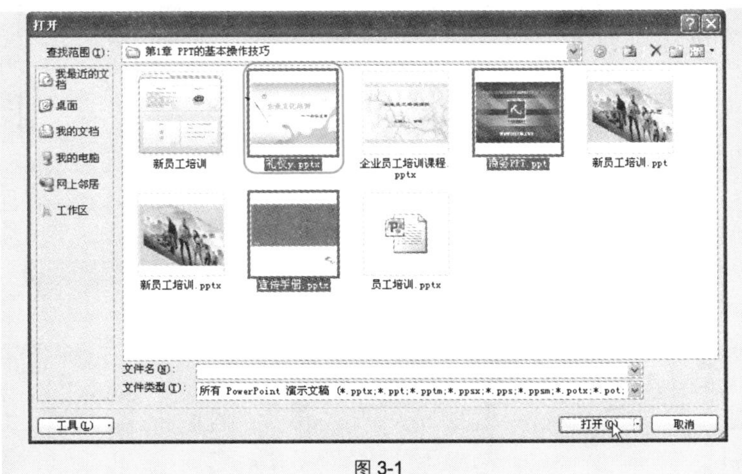

图 3-1

❷ 单击“打开”按钮，即可一次性快速打开多个演示文稿。

专家点拨

需要一次性打开的演示文稿必须保存在同一文件夹下。

技巧 48　通过搜索的方式打开演示文稿

如果只知道演示文稿保存在 D 盘中，却不记得其具体保存位置和保存名称，则可以利用搜索的方法实现查询并打开。

❶ 打开“本地磁盘（D:）”对话框，单击“搜索”按钮，显示出“搜

索”窗格。

❷ 在“要搜索的文件或文件夹名为”文本框中输入“ppt”，接着在“包含文字”文本框中输入“礼仪”（如图 3-2 所示），单击“立即搜索”按钮，系统会自动搜索出名称中包含“礼仪”的幻灯片。

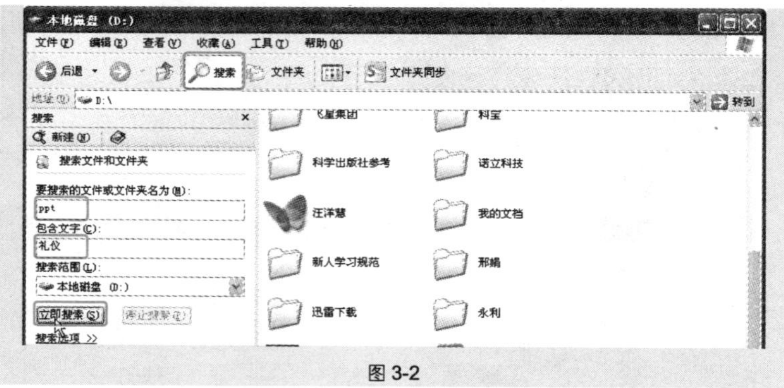

图 3-2

❸ 找到需要打开的演示文稿，在右键菜单中选择“打开”命令，即可打开演示文稿，如图 3-3 所示。

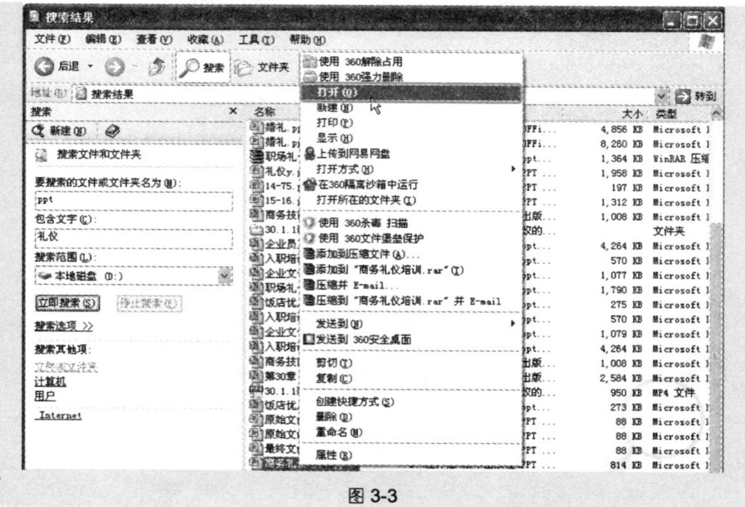

图 3-3

技巧 49　设置用快捷键打开演示文稿

如果日常工作中经常需要启动 PowerPoint 程序来创建演示文稿，则可以为程序的启动操作建立一个快捷键，具体实现操作如下。

❶ 选中 PowerPoint 快捷方式图标并单击鼠标右键，在弹出的快捷菜单中选择“属性”命令（如图 3-4 所示），打开“Microsoft PowerPoint 2010 属性”对话框。

❷ 在对话框的“快捷键”文本框中，设置快捷键为“F8”，如图 3-5 所示。

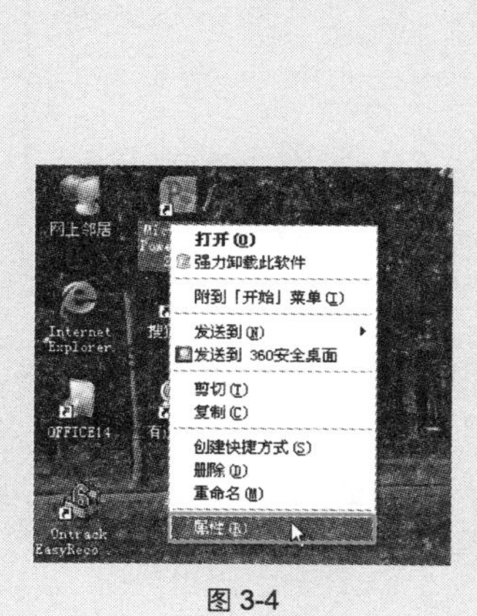

图 3-4

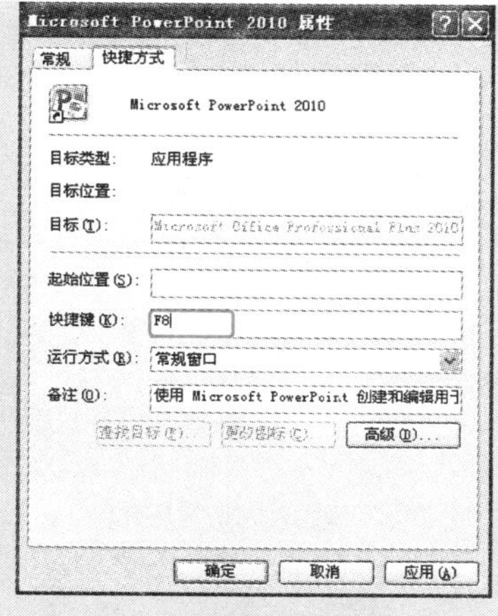

图 3-5

❸ 单击“确定”按钮，即可为 PowerPoint 2010 创建启动快捷键。

技巧 50　加密保护演示文稿

如果想要加强保护编辑完成的演示文稿不被修改，用户可以为演示文稿添加密码。当设置密码后，再次打开演示文稿时，就会弹出如图 3-6 所示的“密码”对话框，提示用户输入正确的密码。

图 3-6

❶ 选择“文件”→“另存为”命令，打开“另存为”对话框，单击“工具”下拉按钮，在下拉列表中选择“常规

Note

选项”命令，如图 3-7 所示。

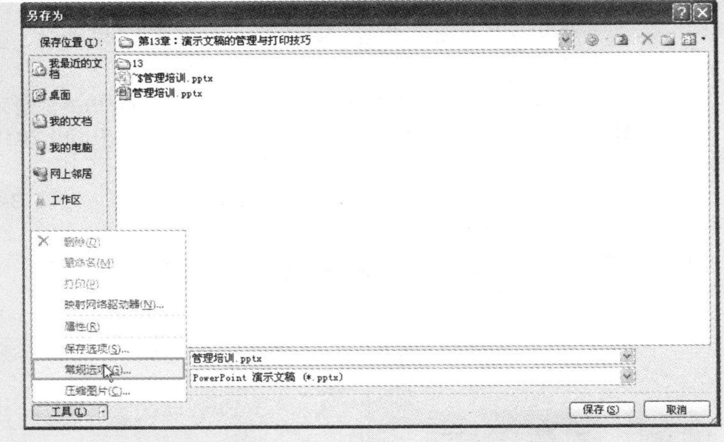

图 3-7

❷ 打开“常规选项”对话框，在“打开权限密码”文本框中输入密码，如图 3-8 所示。

❸ 单击“确定”按钮，打开“确认密码”对话框，在“重新输入打开权限密码”文本框中再次输入密码，如图 3-9 所示。

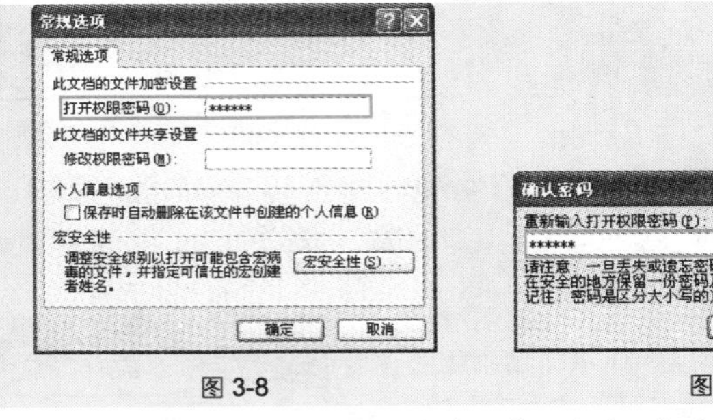

图 3-8　　图 3-9

❹ 单击“确定”按钮，即可完成为演示文稿添加密码保护。

应用扩展

为演示文稿添加打开密码后，只要打开了文稿，即可对其进行修改，如果只想让别人查看演示文稿内容，禁止对其做任何修改，可以为演示文稿添

加“修改权限密码”。

❶ 打开“常规选项”对话框，在“修改权限密码”文本框中输入密码，如图 3-10 所示。

❷ 单击“确定”按钮，打开“确认密码”对话框，在“重新输入修改权限密码”文本框中再次输入密码，如图 3-11 所示。

❸ 单击“确定”按钮，即可为演示文稿添加修改权限密码。

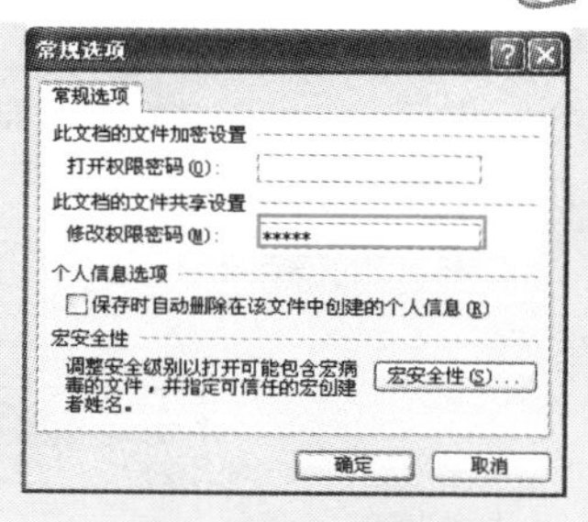

图 3-10

❹ 再次打开演示文稿时，系统弹出“密码”对话框，如图 3-12 所示。

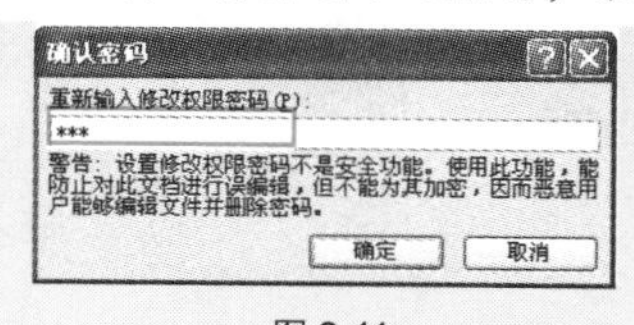

图 3-11

图 3-12

❺ 可以输入密码打开演示文稿并编辑，不知道密码的用户可以单击“只读”按钮打开演示文稿。如图 3-13 所示，打开的演示文稿显示“只读”标记，并且功能区的操作按钮都呈现灰色的不可用状态。

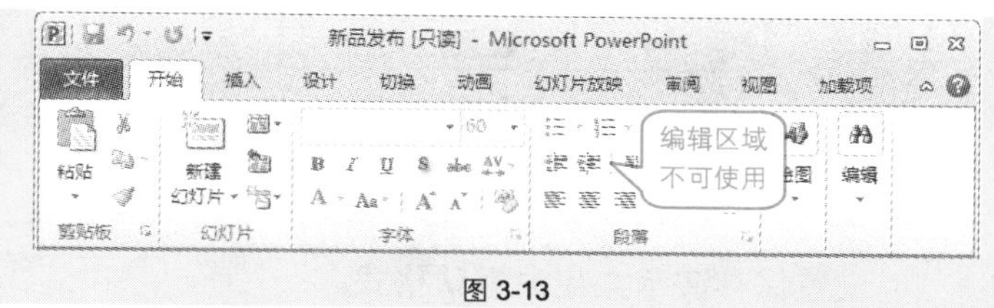

图 3-13

技巧 51 快速修改或删除密码

在为演示文稿设置密码后，若用户觉得当前密码太过简单，可以重新更改演示文稿的密码。

❶ 选择“文件”→“信息”命令，在右侧单击“保护演示文稿”下拉按钮，在下拉列表中选择“用密码进行加密”命令，如图 3-14 所示。

❷ 打开“加密文档”对话框，在“密码”文本框中重新输入密码，如图 3-15 所示。

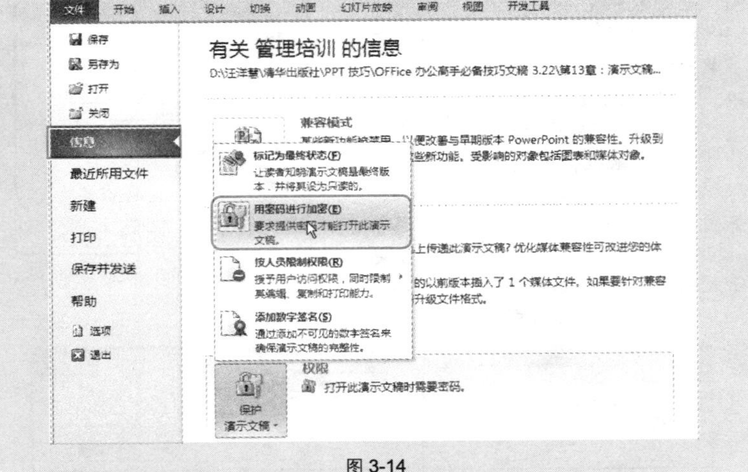

图 3-14

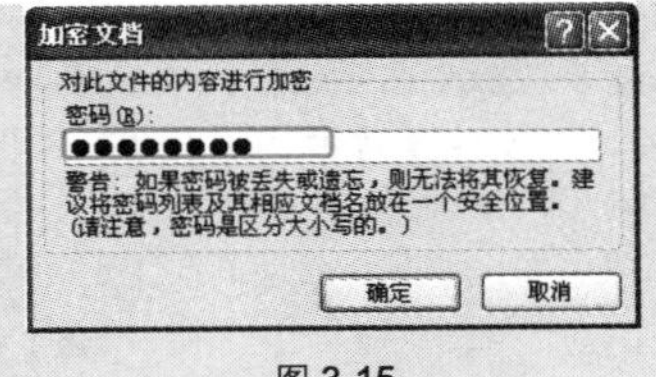

图 3-15

❸ 单击“确定”按钮，打开“确认密码”对话框，再次输入密码。单击“确定”按钮，即可对密码进行修改。

技巧 52 设置保存演示文稿的默认格式

在 PowerPoint 2010 中编辑完成演示文稿后，将演示文稿保存为 PowerPoint 97-2003 格式，可以解决兼容性问题。如果每次建立的演示文稿都需要保存为此格式，则可以通过如下方法进行设置。

❶ 选择“文件”→“选项”命令，打开“PowerPoint 选项”对话框。在左侧选择“保存”选项，单击“将文件保存为此格式”后面的下拉按钮，选择“PowerPoint 97-2003 演示文稿”，如图 3-16 所示。

❷ 单击“确定”按钮完成设置。当下次需要保存演示文稿时，将自动保存为 PowerPoint 97-2003 格式。

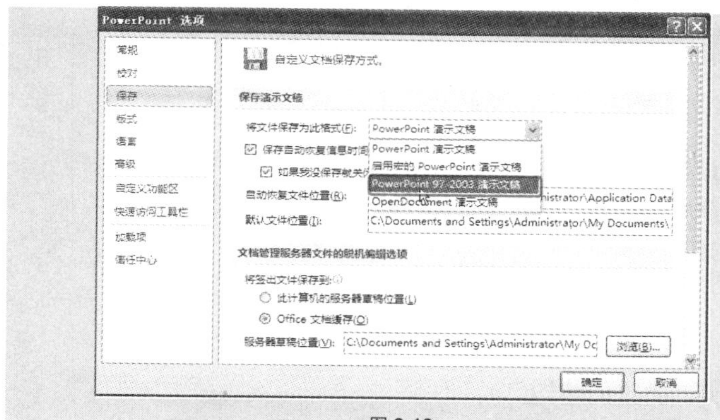

图 3-16

技巧 53　给庞大的演示文稿瘦身

演示文稿编辑过程中往往需要使用大量的图片，因此当编辑完成后，文件通常会变得很大，此时可以按如下方法将庞大的演示文稿瘦身。

❶ 打开需要压缩的演示文稿，选择“开始”→“另存为”命令，打开“另存为”对话框。单击左下角的“工具”下拉按钮，从下拉列表中选择“压缩图片”命令，如图 3-17 所示。

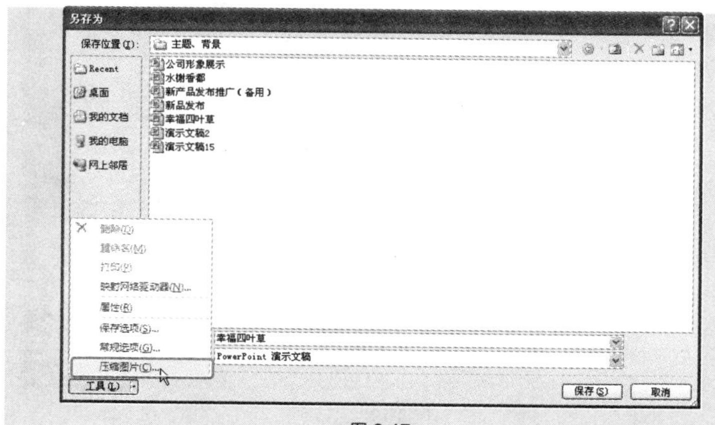

图 3-17

❷ 打开“压缩图片”对话框，可以看到这里提供了 3 种不同的输出方式，可以选择“屏幕”或“电子邮件”方式，如图 3-18 所示。

❸ 单击“确定”按钮，然后单击“保存”按钮即可。

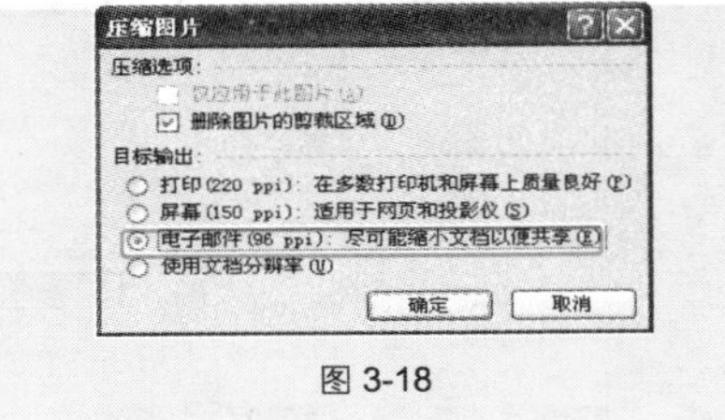

图 3-18

3.2 幻灯片的操作技巧

技巧 54 快速调整幻灯片次序

对制作好的演示文稿进行一些调整是不可避免的，调整演示文稿中各幻灯片的次序，主要有以下几种方法。

方法一：在演示文稿左侧的幻灯片窗格中选中幻灯片，按住鼠标左键拖动（如图 3-19 所示），到达目标位置后，松开鼠标即可看到幻灯片被更换了次序，如图 3-20 所示。

方法二：在“视图”→“演示文稿视图”选项组中单击“幻灯片浏览”按钮，切换到幻灯片浏览视图下，选中要调整的幻灯片，按住鼠标左键进行拖动即可进行调整，如图 3-21 所示。

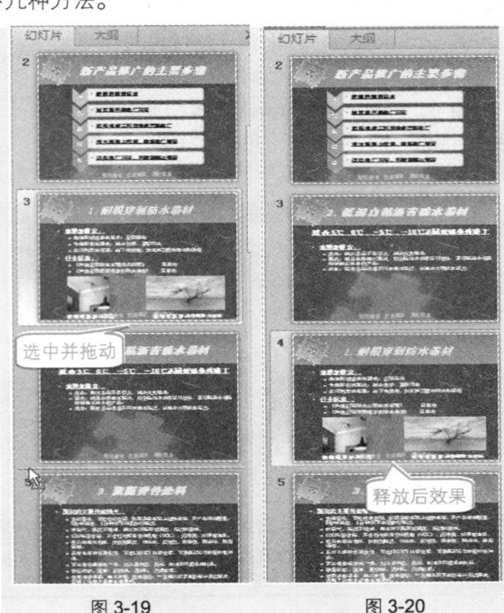

图 3-19　　图 3-20

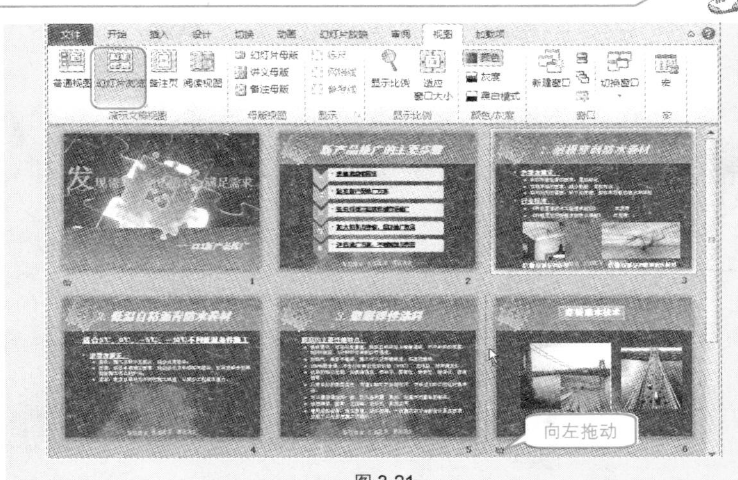

图 3-21

Note

技巧 55　隐藏不需要放映的幻灯片

在窗口左侧的幻灯片窗格中显示了所有幻灯片的缩略图，在实际工作中可能不是每张幻灯片都需要播放的，那么如何实现在不删除幻灯片的情况下又可以跳过播放该幻灯片呢？

❶ 在幻灯片窗格选中需要隐藏的幻灯片并单击鼠标右键，在弹出的快捷菜单中选择"隐藏幻灯片"命令，如图 3-22 所示。

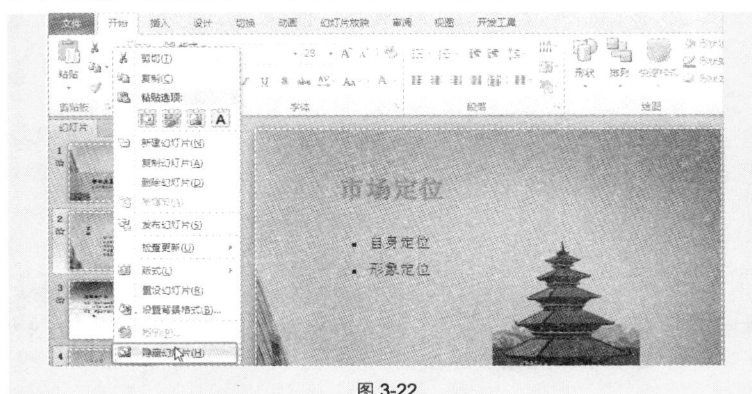

图 3-22

Note

❷ 执行该命令后，被隐藏的幻灯片编号前会添加一个“\”标记，如，如图 3-23 所示。

图 3-23

应用扩展

选中目标幻灯片后（可以按住 Ctrl 键，用鼠标依次选中多张需要隐藏的幻灯片），在“幻灯片放映”→“隐藏”选项组中单击“隐藏幻灯片”按钮，也可以将选中的幻灯片隐藏起来，如图 3-24 所示。

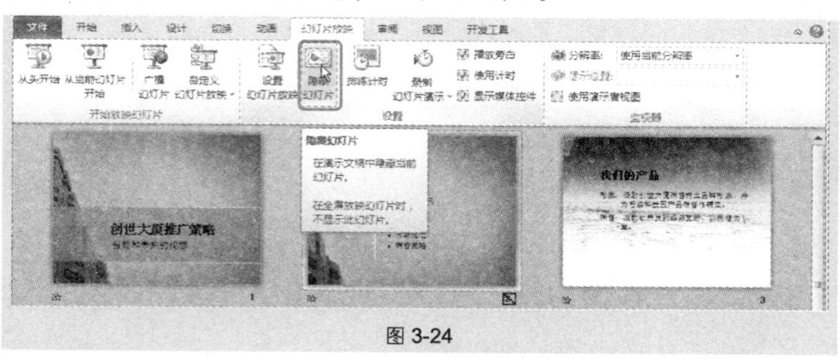

图 3-24

专家点拨

对于演示文稿内多余的幻灯片，用户可以直接将其删除。删除的方法有两种：选中幻灯片，单击鼠标右键，在弹出的快捷菜单中选择“删除幻灯片”命令即可；选中幻灯片，直接按 Delete 键即可。

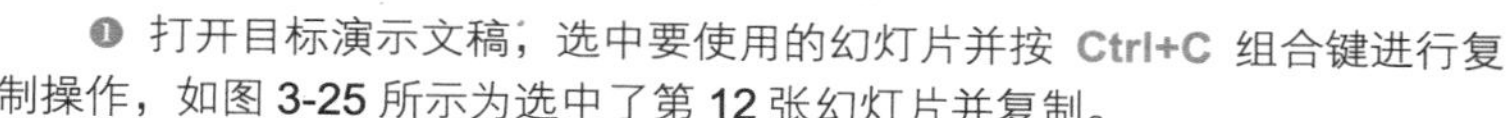

技巧 56　复制其他演示文稿中的幻灯片

如果当前建立的演示文稿需要使用其他演示文稿中的某张幻灯片，可以将其复制过来使用。

❶ 打开目标演示文稿，选中要使用的幻灯片并按 **Ctrl+C** 组合键进行复制操作，如图 3-25 所示为选中了第 12 张幻灯片并复制。

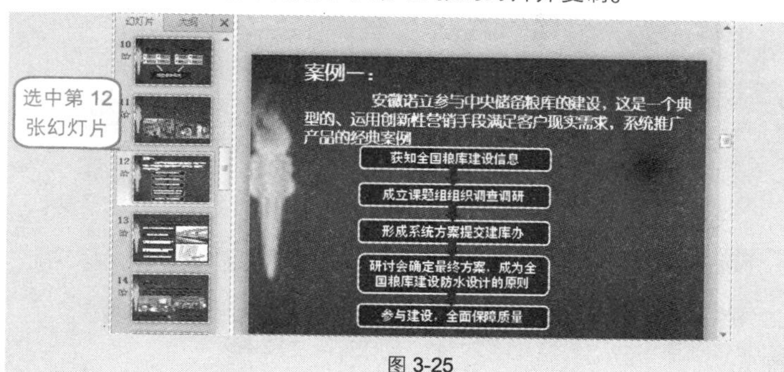

图 3-25

❷ 切换到当前幻灯片中，在窗口左侧的“幻灯片”窗格中定位光标的位置，按 **Ctrl+V** 组合键进行粘贴，如图 3-26 所示。

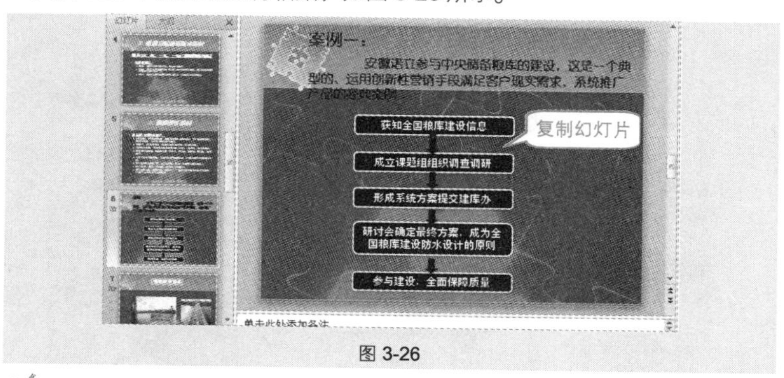

图 3-26

应用扩展

复制得来的幻灯片默认自动应用当前演示文稿的主题，如果想让复制得到的幻灯片保持原有主题，操作如下：

复制幻灯片后，不要直接粘贴，而是在“开始”→“剪贴板”选项组中

Note

单击"粘贴"按钮的下拉按钮，在打开的下拉列表中单击"保留源格式"按钮，如图 3-27 所示。粘贴后即可保留原幻灯片的主题，如图 3-28 所示。

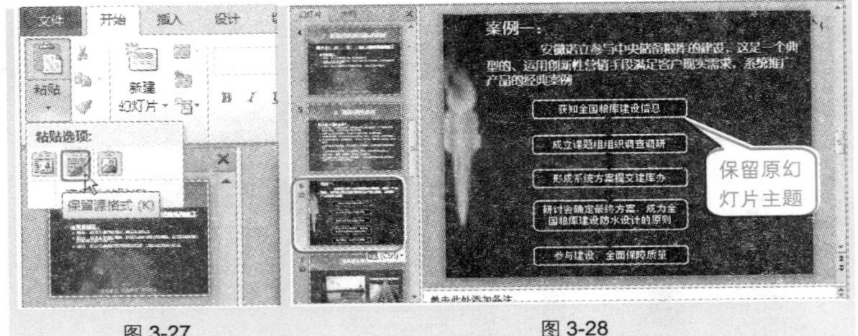

图 3-27　　　　图 3-28

技巧 57　将一篇演示文稿的所有幻灯片都插入到当前演示文稿中

如果当前编辑的演示文稿需要使用其他演示文稿，通过下面的方法可以将整篇演示文稿中各张幻灯片都复制到当前演示文稿中。

❶ 在"开始"→"幻灯片"选项组中单击"新建幻灯片"下拉按钮，在下拉列表中选择"幻灯片（从大纲）"命令，如图 3-29 所示。

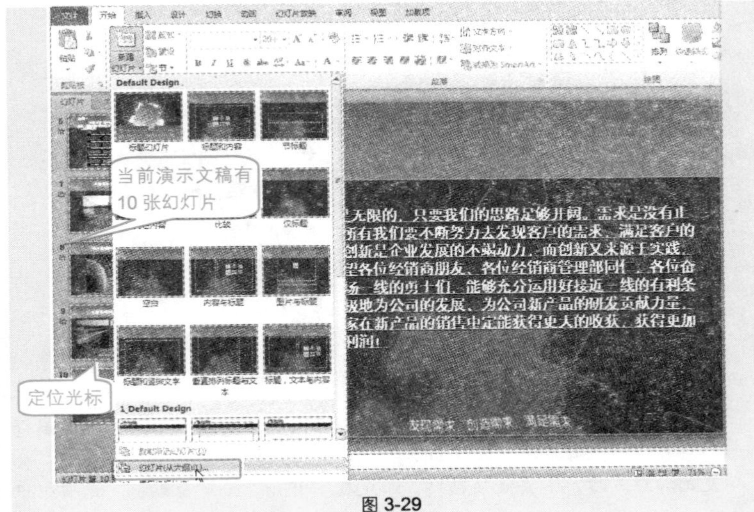

图 3-29

❷ 打开“插入大纲”对话框，在“文件类型”下拉列表框中选择“所有文件”选项，接着找到所需幻灯片保存路径并选中，如图 3-30 所示。

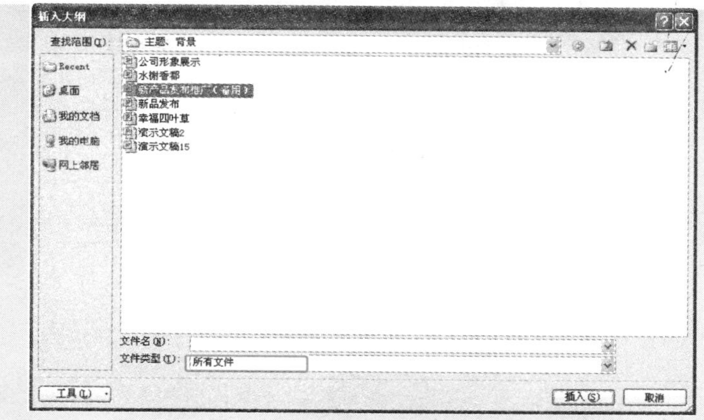

图 3-30

❸ 单击“插入”按钮，即可将选中演示文稿中的所有幻灯片插入当前演示文稿，如图 3-31 所示。

图 3-31

专家点拨

在进行批量插入幻灯片时，使用快捷键更快捷。用户可以选定多张幻灯片，按 Ctrl+C 组合键进行复制，然后按 Ctrl+V 组合键进行粘贴即可。若在同一演示文稿内操作，可以选中多张幻灯片后按 Ctrl+D 组合键快速插入多张幻灯片。

技巧 58 多窗口操作同时比较多张幻灯片

如果一篇演示文稿包括多张幻灯片，并且有些幻灯片的内容需要做仔细对比，则可以建立两个或多个窗口，然后分别选中需要比较的幻灯片即可。如图 3-32 所示为在两个窗口中对第 3 张与第 5 张幻灯片进行比较。

❶ 在“视图”→“窗口”选项组中单击“新建窗口”按钮（如图 3-33 所示），即可新建一个名称为“当前演示文稿 2”的窗口。

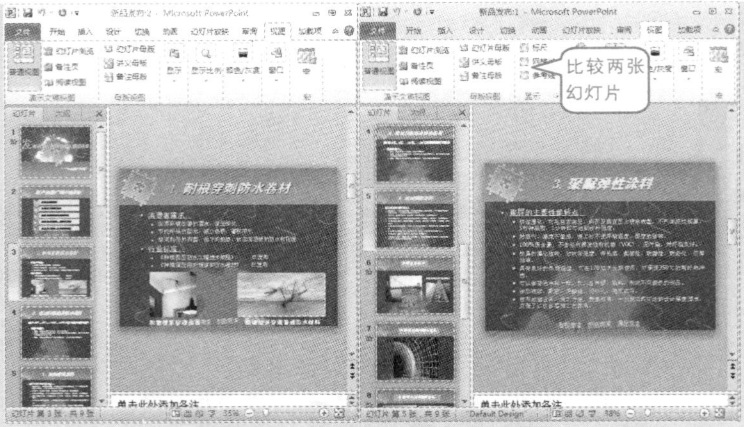

图 3-32

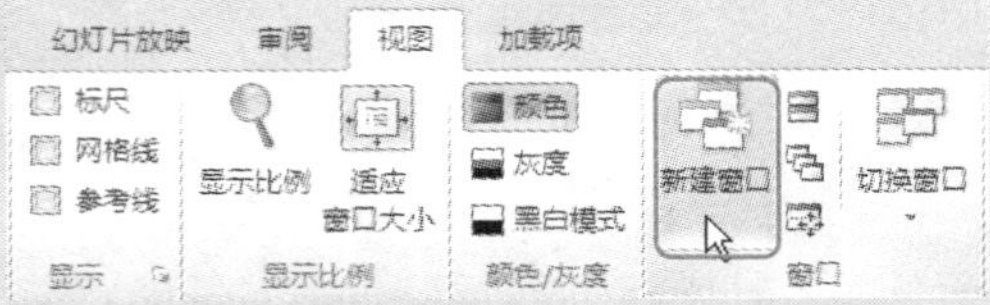

图 3-33

❷ 单击“全部重排”按钮，即可将两个窗口并排放置，两个窗口可以分别定位于不同的幻灯片中，从而方便比较。

技巧 59 给幻灯片添加时间印迹

系统默认创建的演示文稿是没有日期标识的，如图 3-34 所示，为了标识

出制作日期，用户需要在演示文稿中添加如图 3-35 所示的日期。

图 3-34　　图 3-35

❶ 在“插入”→“文本”选项组中单击“日期和时间”按钮，打开“页眉和页脚”对话框。

❷ 选中“日期和时间”复选框，接着选中“固定”单选按钮，在文本框中输入“**2013 年 5 月 4 日**”，如图 3-36 所示。

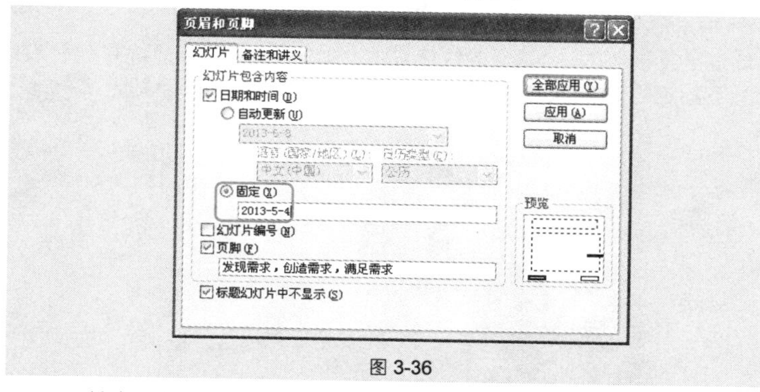

图 3-36

❸ 单击“应用”按钮将为当前选中的幻灯片添加日期，单击“全部应用”按钮将为所有幻灯片添加日期。

应用扩展

如果要插入自动更新的日期和时间，操作如下：

在“页眉和页脚”对话框中选中“日期和时间”复选框，接着选中“自动更新”单选按钮，在“日期”下拉列表框中选择一种日期样式，单击“全部应用”按钮即可，如图 3-37 所示。

Note

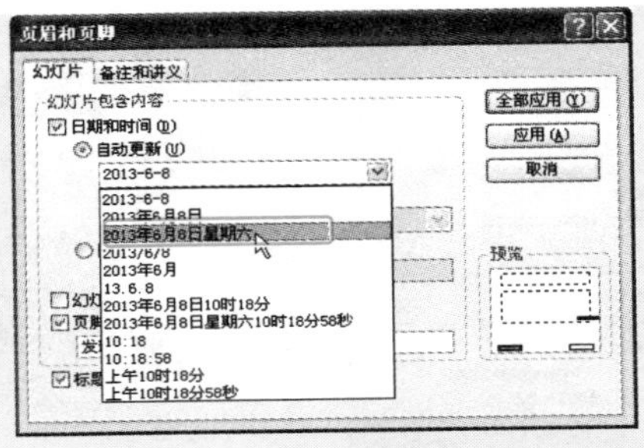

图 3-37

专家点拨

插入日期后，可以选中并进行文字格式设置或调整位置，但是如果想一次性设置日期的文字格式，需要进入母版视图中进行操作。进入母版视图后，选中“时间”页脚框，在“开始”→“字体”选项组中进行设置即可。

技巧 60　为幻灯片文字添加网址超链接

超链接实际上是一个跳转的快捷方式，单击含有超链接的对象，将会自动跳转到指定的幻灯片、文件夹或者网址等。如图 3-38 所示即为“华越育体育用品公司”文字添加了超链接。

图 3-38

❶ 选中文字所在文本框，在“插入”→“链接”选项组中单击“超链接”按钮，如图 3-39 所示。

❷ 打开“插入超链接”对话框，在“地址”文本框中输入网址，如图 3-40 所示。

图 3-39

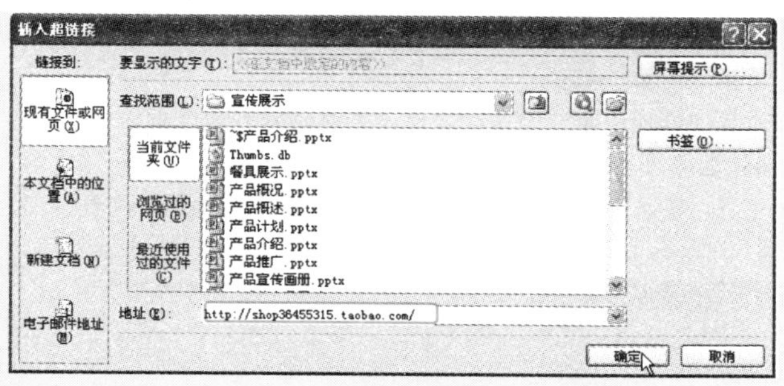

图 3-40

❸ 单击“确定”按钮完成设置。选中该文本，在右键菜单中选择“打开超链接”命令（如图 3-41 所示），即可跳转到该网址。

图 3-41

技巧 61 巧妙链接到其他幻灯片

在设计幻灯片的过程中，若需要引用其他幻灯片的内容，只要为其创建一个超链接即可轻松实现。如图 3-42 所示即为“防护产品”创建了超链接。

❶ 选中文字所在文本框，在“插入”→“链接”选项组中单击“动作”按钮，如图 3-43 所示。

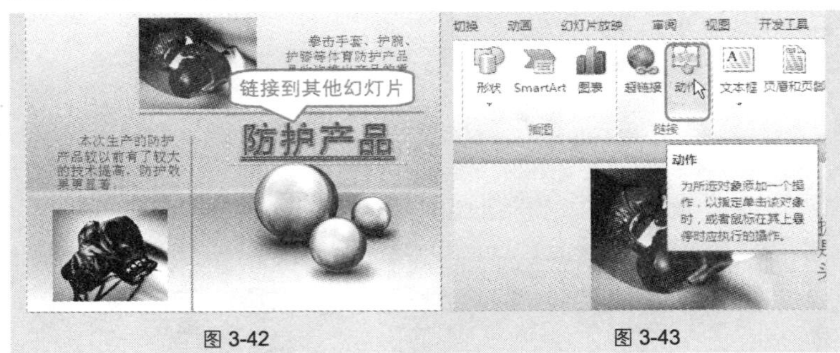

图 3-42　　图 3-43

❷ 打开“动作设置”对话框，在“超链接到”下拉列表框中选择“幻灯片”选项，如图 3-44 所示，即可更新文档中的目录。

❸ 打开“超链接到幻灯片”对话框，在“幻灯片标题”列表框中选中“5. 产品数量”，如图 3-45 所示。

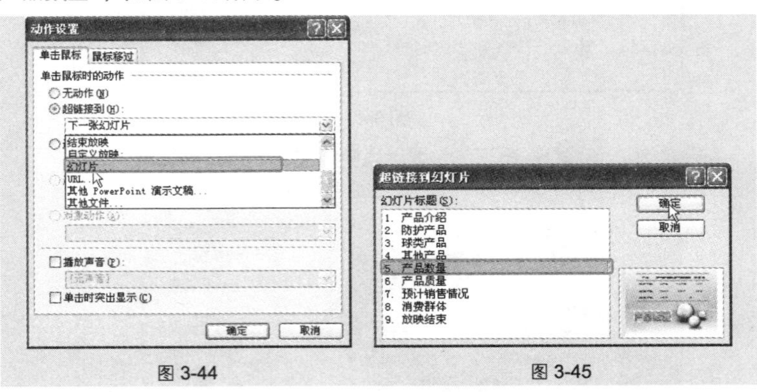

图 3-44　　图 3-45

❹ 单击“确定”按钮，即可为幻灯片添加超链接。选中该文本，在右键菜单中选择“打开超链接”命令（如图 3-46 所示），即可跳转到指定的幻灯片。

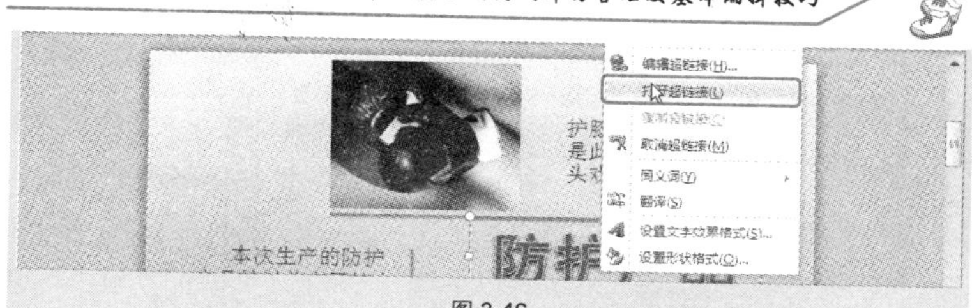

图 3-46

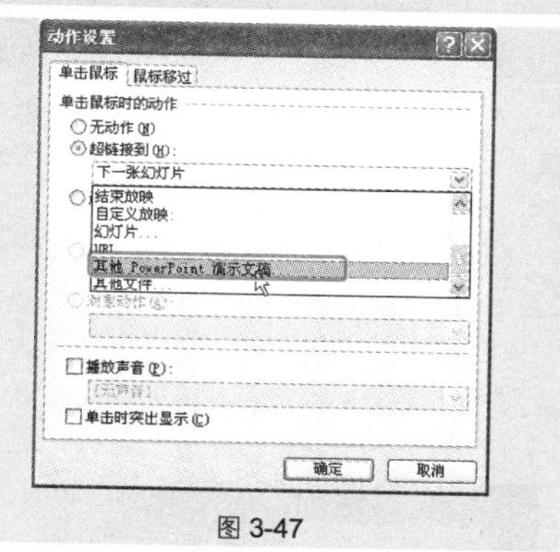

图 3-47

应用扩展

还可以设置链接到其他演示文稿中的幻灯片，操作如下：

❶ 选中文字所在文本框，打开“动作设置”对话框，在“超链接到”下拉列表框中选择“其他 PowerPoint 演示文稿”选项，如图 3-47 所示。

❷ 打开“超链接到其他 PowerPoint 演示文稿”对话框，选择需要作为超链接的演示文稿，如图 3-48 所示。

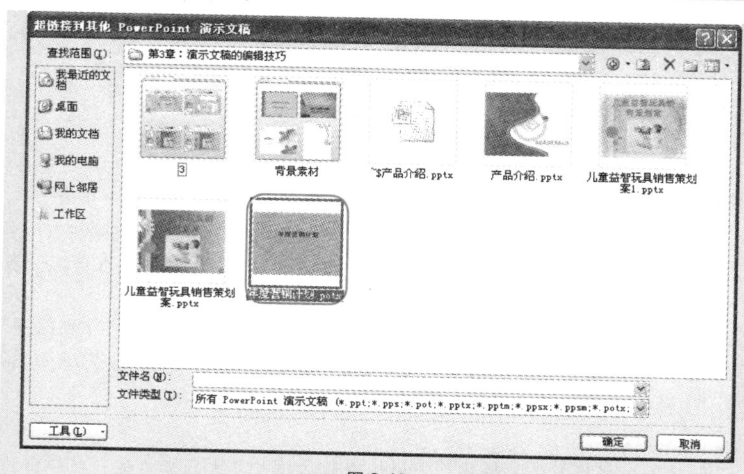

图 3-48

Note

❸ 单击“确定”按钮，打开“超链接到幻灯片”对话框，在“幻灯片标题”列表框中选中“9.市场结构分析”，如图 3-49 所示。

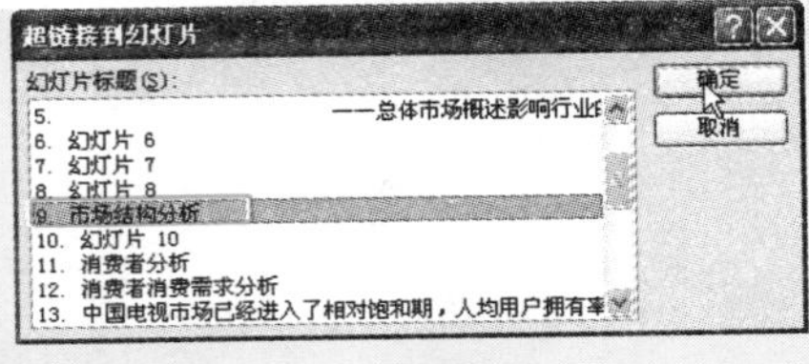

图 3-49

❹ 单击“确定”按钮，即可为幻灯片添加超链接。选中该文本，在右键菜单中选择“打开超链接”命令，即可跳转到指定的幻灯片。

技巧 62 设置超链接访问前后显示不同颜色

创建超链接后，会发现超链接的文字颜色发生了更改并显示出下划线，利用常规修改字体颜色的方法并不能改变链接文字的颜色，通过本技巧的设置则可以实现在访问超链接后就变色显示。

如图 3-50 所示的红色，访问后颜色即变成如图 3-51 所示的绿色。

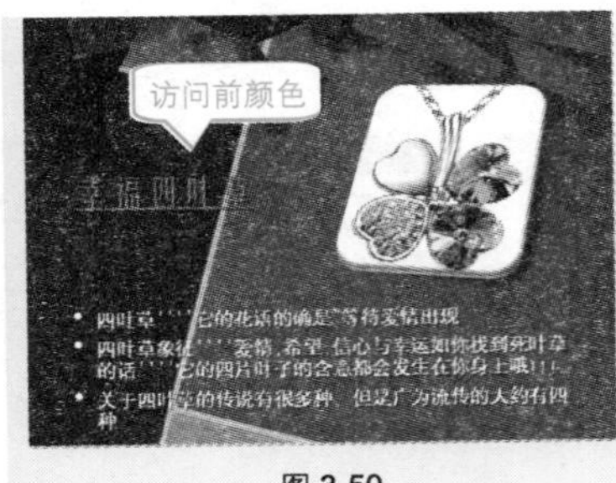

图 3-50

图 3-51

❶ 在“设计”→“主题”选项组中单击“颜色”下拉按钮，在下拉列表中选择“新建主题颜色”命令，如图 3-52 所示。

❷ 打开“新建主题颜色”对话框，单击“超链接”颜色框右侧的下拉按钮，并选择“红色”，接着设置“已访问的超链接”颜色为“绿色”，如图 3-53 所示。

❸ 单击“确定”按钮即可完成设置。

专家点拨

如果要取消插入的超链接，可以选中超链接并单击鼠标右键，在弹出的

快捷菜单中选择“删除超链接”命令即可。

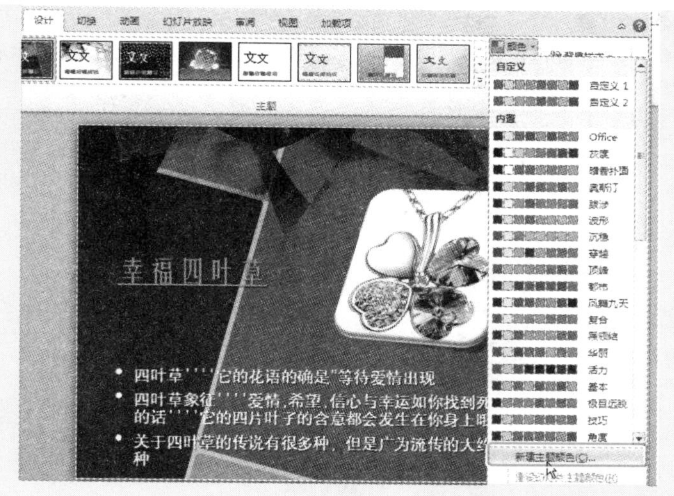

图 3-52

图 3-53

技巧 63 为超链接添加声音

添加超链接后，为了让文稿中的超链接突出显示，用户还可以为其添加声

Note

音提示，当光标移至超链接处时可以发出声音，提示用户此处设置了超链接。

❶ 在“插入”→“动作”选项组中单击“动作”按钮，如图 3-54 所示。

❷ 打开“动作设置”对话框，选中“播放声音”复选框，在下拉列表框中选择“风铃”选项，如图 3-55 所示。

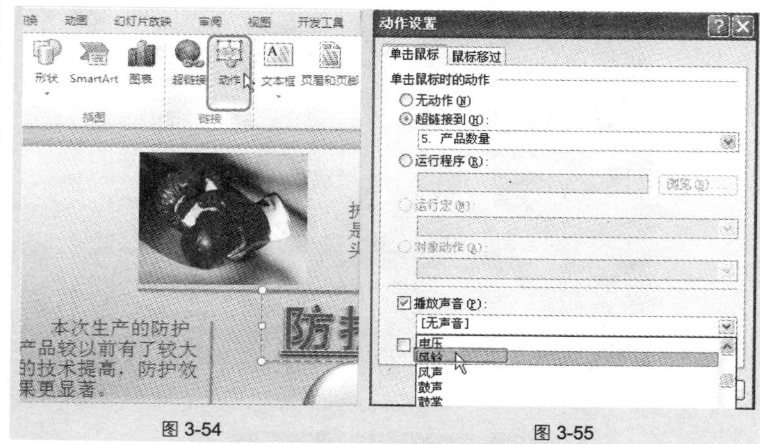

图 3-54　　图 3-55

❸ 选中下面的“单击时突出显示”复选框，单击“确定”按钮，即可为选择的超链接添加声音。

技巧 64　为幻灯片添加批注

幻灯片在演示时具有极高的观赏性，在设置版本时易简不易繁，忌讳大篇幅文字，因此对于一些需要特殊说明的概念，可以为其添加批注。批注是一种备注，它可以使注释对象的内容或者含义更易于理解，如图 3-56 所示即为图片添加了批注。

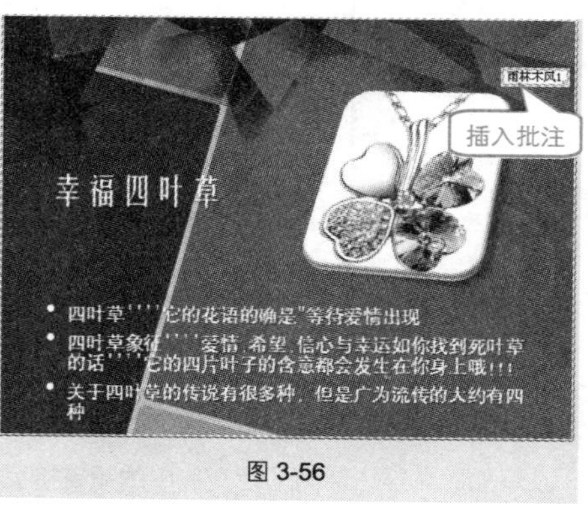

图 3-56

❶ 选中要插入批注的对象，在“审阅”→“批注”选项组中单击“新建批注”

按钮，如图 3-57 所示。

图 3-57

❷ 程序自动插入一个批注文本框，光标会出现在批注中，输入批注内容即可，如图 3-58 所示。

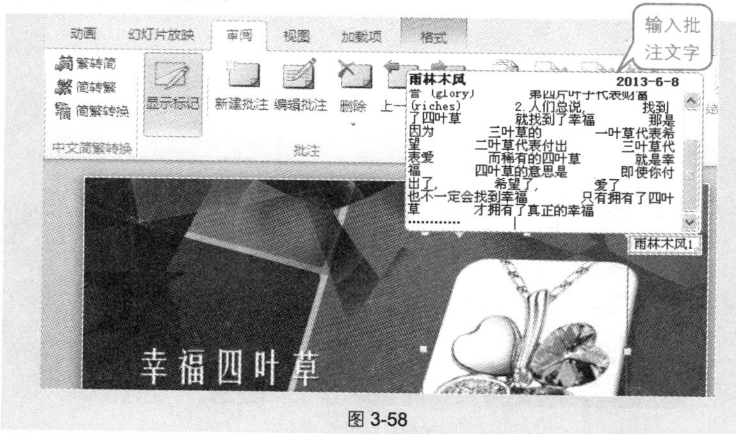

图 3-58

❸ 添加批注后，对象的边角会出现一个标记，选中对象并在"批注"选

项组中单击“显示标记”按钮，即可将标记隐藏起来，如图 3-59 所示。

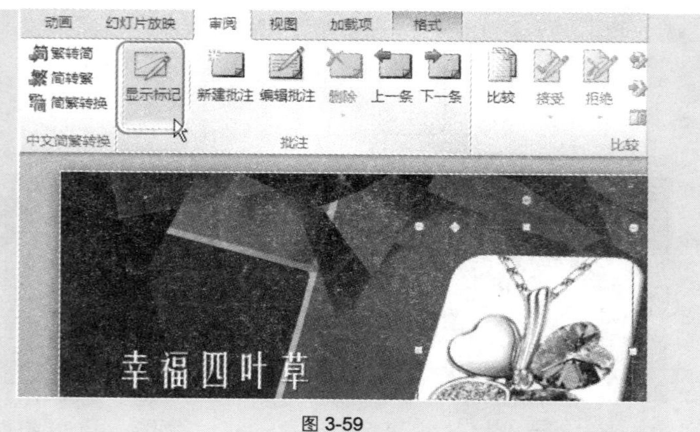

图 3-59

技巧 65 查找演示文稿中的批注

当隐藏了演示文稿中的批注标记后，就不能直观地看到哪些地方应用了批注，如果想依次查看所有批注该如何操作呢？

❶ 在“审阅”→“批注”选项组中单击“下一条”按钮，系统自动显示出批注信息，如图 3-60 所示。

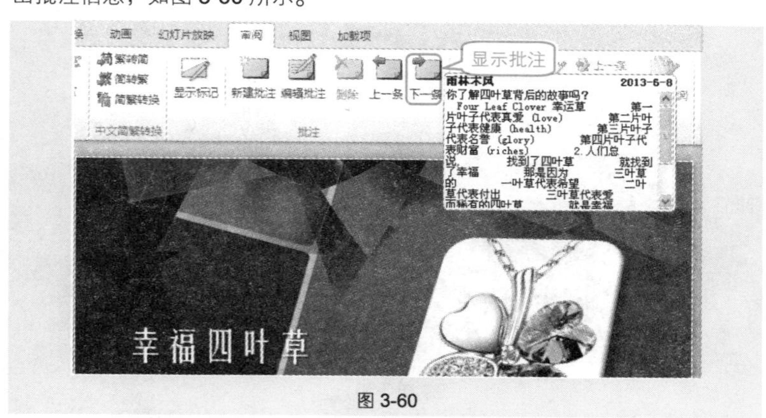

图 3-60

❷ 再次单击“下一条”按钮，即可显示出下一条批注信息。

第 4 章　幻灯片中文本的添加、处理及美化

4.1　文本编辑与设置技巧

技巧 66　快速调整字符间距

如图 4-1 所示文本为默认间距，用户可以通过设置加宽间距值的方法调整间距，如图 4-2 所示为设置加宽间距值为“12 磅”后的效果。

图 4-1　　图 4-2

❶ 选中文字，在“开始”→“字体”选项组中单击“字符间距”下拉按钮，在弹出的列表中选择“其他间距”命令，如图 4-3 所示。

❷ 打开“字体”对话框，在“间距”下拉列表框中选择“加宽”选项，在“度量值”文本框中输入“12”，如图 4-4 所示。

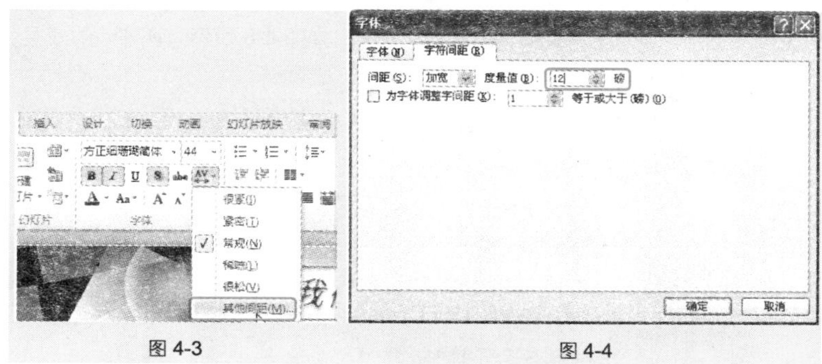

图 4-3　　图 4-4

❸ 单击“确定”按钮，即可将选中字体的间距更改为 12 磅。

技巧 67　设置文字竖排效果

根据当前幻灯片的实际要求，可以设置文字为竖排效果，如图 4-5 所示。

选中文本框，在“开始”→“段落”选项组中单击“文字方向”按钮，从下拉列表中选择“竖排”选项即可，如图 4-6 所示。

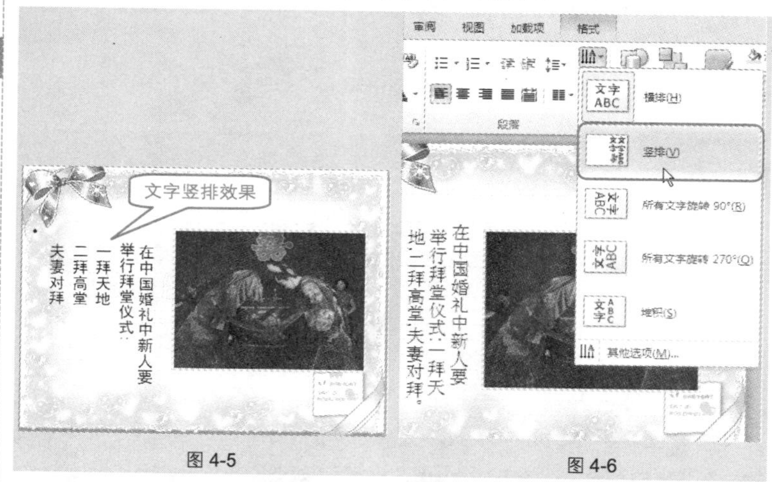

图 4-5　　图 4-6

技巧 68　快速调整文本段落级别

在对幻灯片文字编辑时，文字显示为统一级别，如图 4-7 所示。为了使文字条理更清晰，可以重新调整文本的段落级别，如图 4-8 所示为调整后的效果。

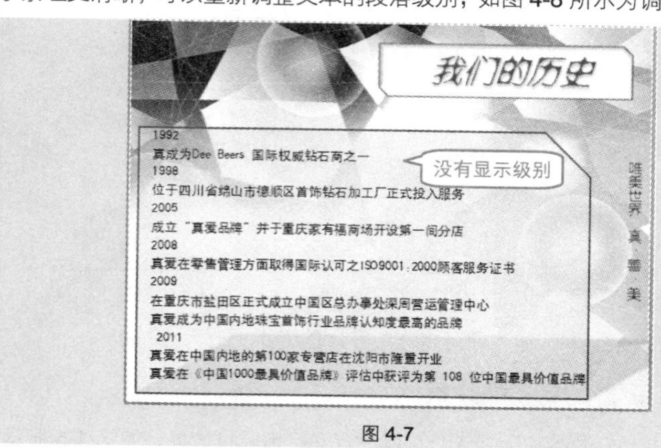

图 4-7

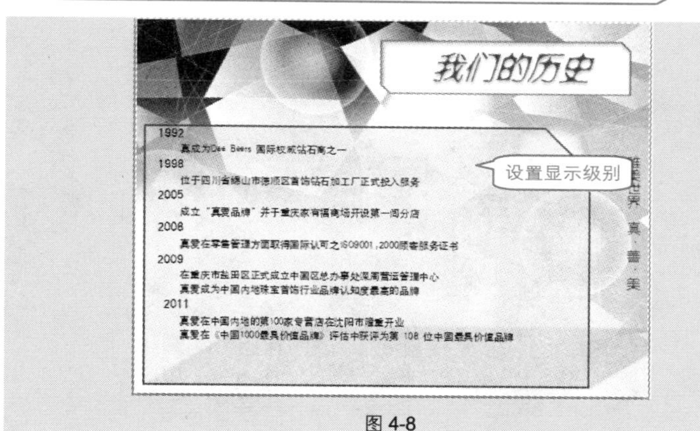

图 4-8

选中需要设置级别的文字，在“开始”→“段落”选项组中单击“提高列表级别”按钮，如图 4-9 所示，即可将文字提高一个级别。

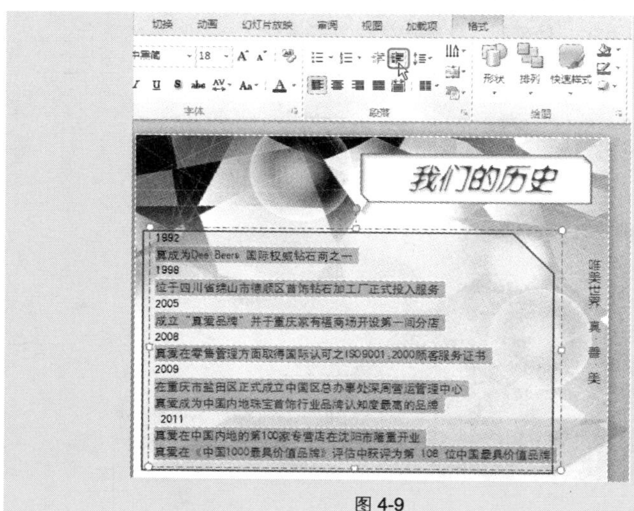

图 4-9

技巧 69　为文本添加项目符号

在幻灯片中编辑文本时，为了使得文本条理更加清晰，通常需要为其设

置项目符号，如图 4-10 所示。

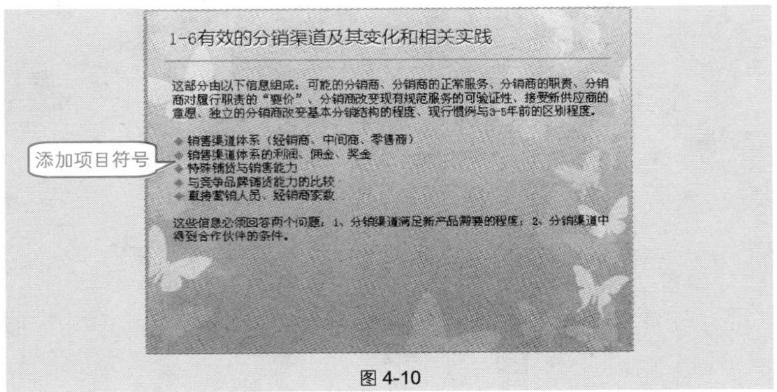

图 4-10

❶ 将光标定位于文本框中，按住鼠标左键拖动选取要添加项目符号的文本，在“开始”→“段落”选项组中单击“项目符号”下拉按钮，在打开的下拉列表中提供了几种可以直接套用的项目符号样式，如图 4-11 所示。

❷ 将鼠标指针指向项目符号样式时可预览效果，单击后即可套用。

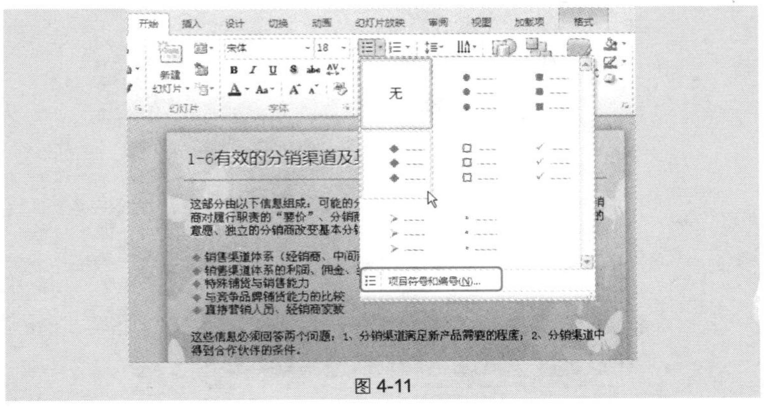

图 4-11

应用扩展

如果想使用更加个性的项目符号，如图片项目符号，可以按下面的步骤操作：

❶ 在“项目符号”按钮的下拉列表中选择“项目符号和编号”命令，

打开“项目符号和编号”对话框，如图 4-12 所示。

❷ 单击“图片”按钮，打开“图片项目符号”对话框，选中“包含来自 Office.com 的内容”复选框，在列表框中选择一种适合的图片类型，如图 4-13 所示。

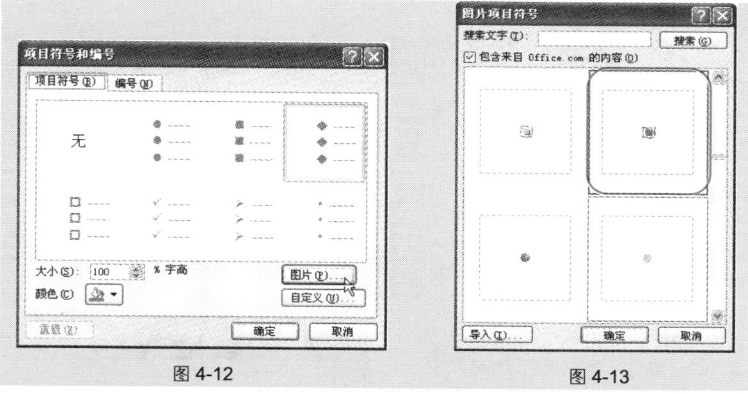

图 4-12　　图 4-13

技巧 70　为文本添加编号

如图 4-14 所示，如果将幻灯片中选中的文本添加编号，将会使结构更加清晰，即达到如图 4-15 所示的效果。

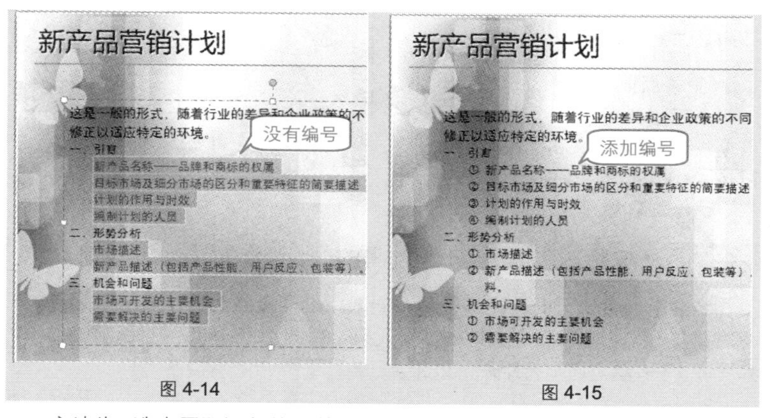

图 4-14　　图 4-15

方法为：选中需要添加编号的文本内容，如果文本不连续可以配合 Ctrl 键选

Note

中，在“开始”→“段落”选项组中单击“编号”下拉按钮，在下拉列表中选择一种编号样式即可，如图 4-16 所示。

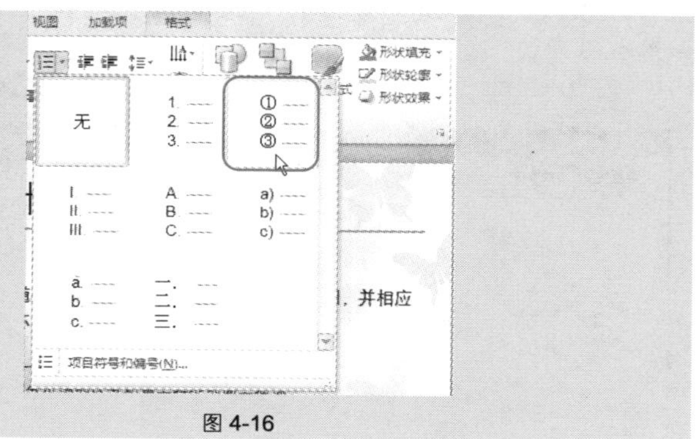

图 4-16

应用扩展

在“编号”按钮的下拉列表中选择“项目符号和编号”命令，打开“项目符号和编号”对话框，选择“编号”选项卡，如图 4-17 所示。此时除了可以选择编号样式外，还可以自主设置起始编号和编号的显示颜色。

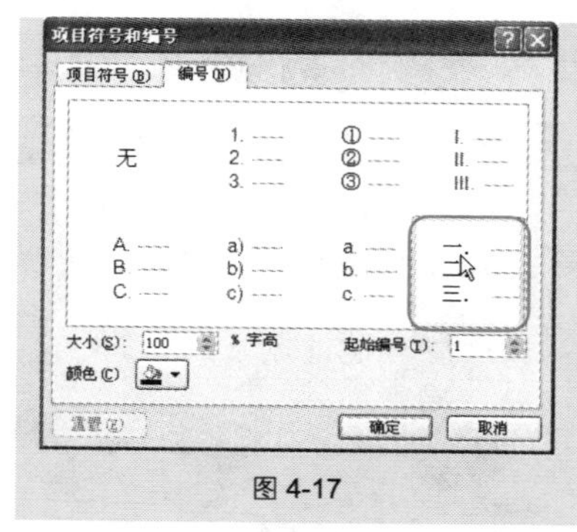

图 4-17

专家点拨

也可以选择一处文本先添加编号，当其他地方文本需要使用相同格式的编号时，可以利用“格式刷”快速刷取编号。

技巧 71　排版时增加行与行之间的间距

当文本包含多行时，行与行之间的间距是紧凑显示的，根据排版要求，有时需要调整行距以获取更好的视觉效果。如图 4-18 所示为排版前的文本，如图 4-19 所示为增加行距后的效果。

方法为：选中文本框，在“开始”→“段落”选项组中单击“行距”下拉按钮，在打开的下拉列表中提供了几种行距，本例中选择“2.0”（默认为

"1.0"），如图 4-20 所示。

图 4-18　　　　图 4-19

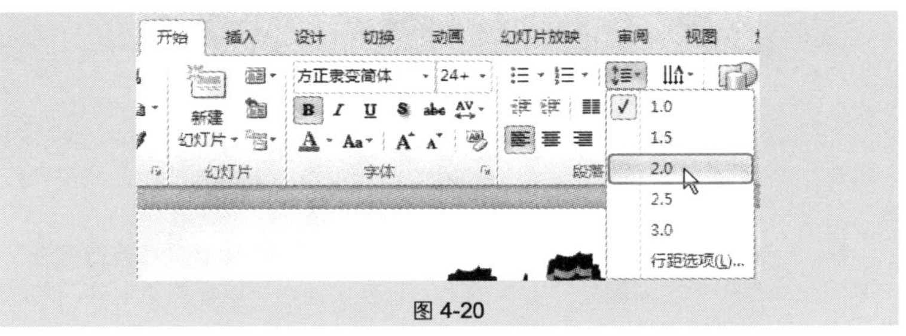

图 4-20

应用扩展

在"行距"按钮的下拉列表中可以选择"行距选项"命令，打开"段落"对话框。在"间距"栏中的"行距"下拉列表框中选择"固定值"选项，然后可以在后面的文本框中设置任意间距值，如图 4-21 所示。

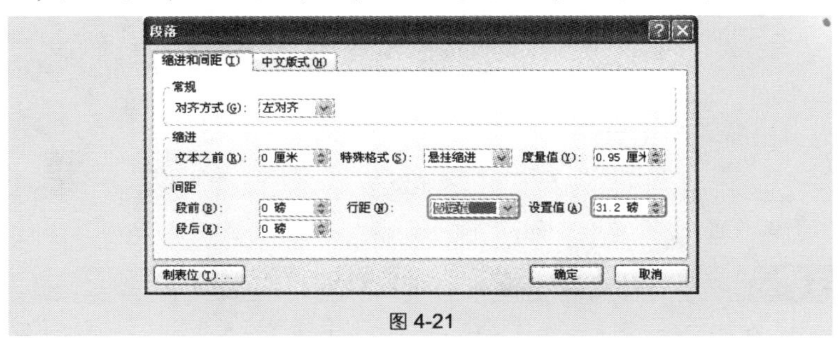

图 4-21

技巧 72　多段落时一次性设置段落格式

当文本包含多个段落时，默认的显示效果如图 4-22 所示，文本缺乏层次感，视觉效果差。通过对段落格式的设置，可以让文本达到如图 4-23 所示的效果。

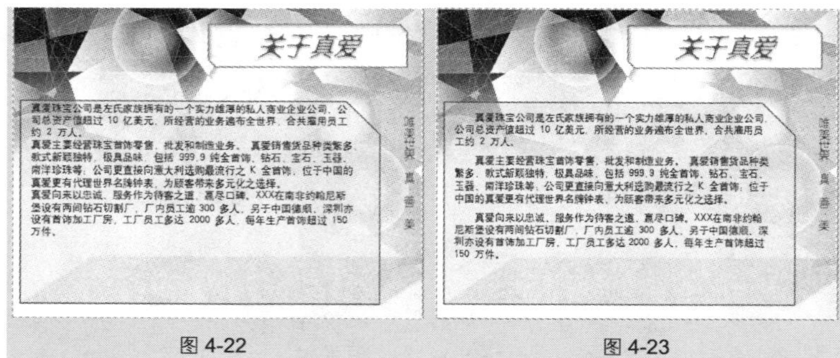

图 4-22　　　　图 4-23

❶ 选中文本框，在“开始”→“段落”选项组中单击 按钮，打开“段落”对话框。

❷ 在“缩进”栏中单击“特殊格式”右侧的下拉按钮，选择“首行缩进”在“间距”栏中单击“段前”右侧的上下调节按钮，可以设置段前间距值，本例中设置为“12 磅”，如图 4-24 所示。

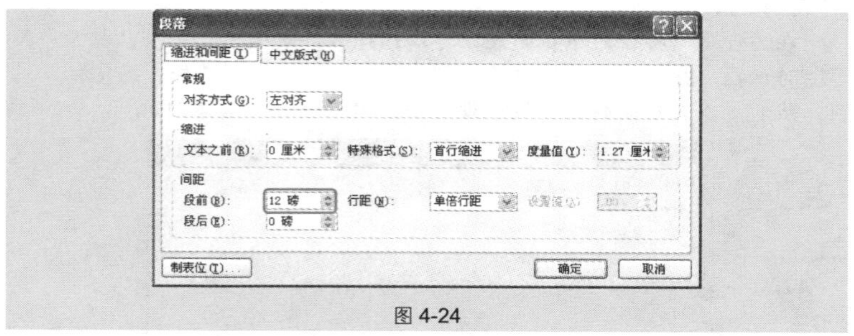

图 4-24

❸ 设置完成后单击“确定”按钮即可。

技巧 73　文字超过文本框大小时自动缩排文本

在向文本框中输入文本时，默认情况下会根据文字的多少自动调整文本

框的大小。如果不想改变文本框的大小，可以通过如下设置实现当文字超过文本框的大小时自动缩排文本，即自动减小字号以适应文本框。

如图 4-25 所示为绘制的文本框大小，如图 4-26 所示为文字自适应文本框的大小而自动减小字体。

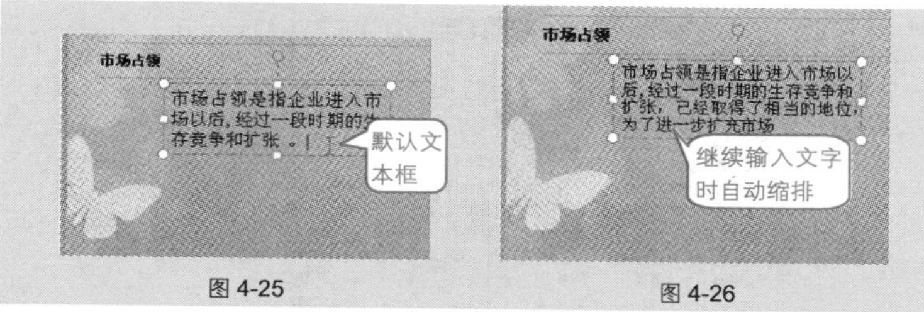

图 4-25　　图 4-26

❶ 右击需要更改的文本框，在弹出的快捷菜单中选择“设置形状格式”命令，如图 4-27 所示。

❷ 打开“设置形状格式”对话框，在左侧单击“文本框”选项，在右侧选中“溢出时缩排文字”单选按钮，如图 4-28 所示。

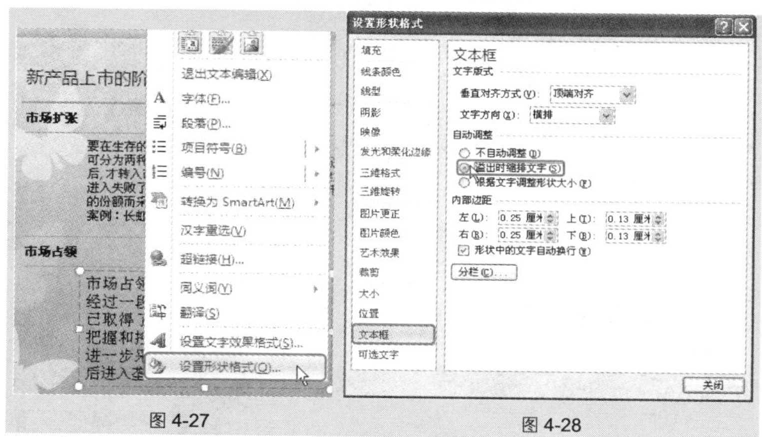

图 4-27　　图 4-28

❸ 单击“确定”按钮，即可完成设置。

专家点拨

如果需要关闭文本框中的自动调整功能，在“设置形状格式”对话框中单击左侧的“文本框”选项，在右侧选中“不自动调整”单选按钮即可。

技巧 74 为文本设置分栏

幻灯片中的文本也可以设置分栏显示的效果，如图 4-29 所示。在设置分栏时要注意的是，被设置的文本必须包含在同一占位符中或是同一文本框中。

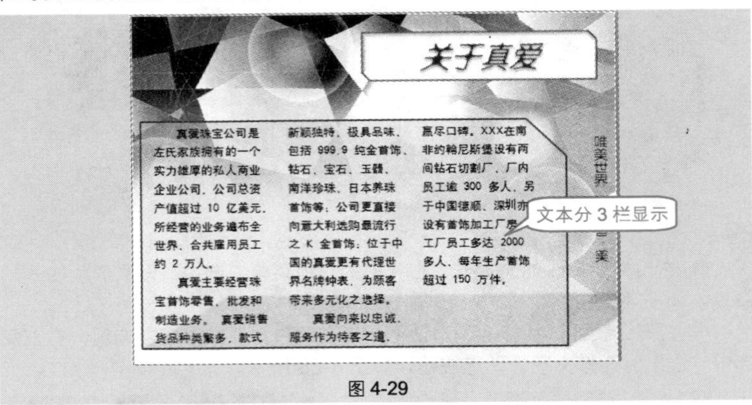

图 4-29

❶ 选中文字所在文本框，在“开始”→“段落”选项组中单击“分栏”下拉按钮，在下拉列表中选择“更多栏”命令，如图 4-30 所示。

❷ 打开“分栏”对话框，在“数字”文本框中输入“3”（表示分 3 栏），接着在“间距”文本框中设置间距为“1 厘米”，如图 4-31 所示。

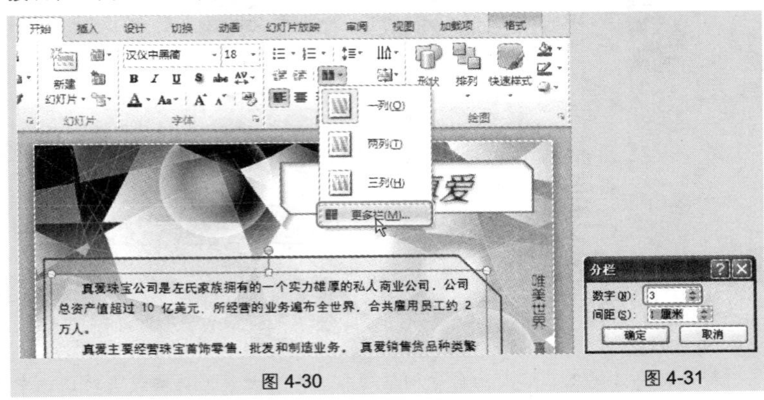

图 4-30　　图 4-31

❸ 单击“确定”按钮，即可为选中的文字设置 3 栏分栏效果。

Note

技巧 75　在形状添加文本达到突出显示或美化效果

在幻灯片的设计过程中，可以将文字显示在形状上，这样既能突出显示文字，又能美化版面，如图 **4-32** 所示。

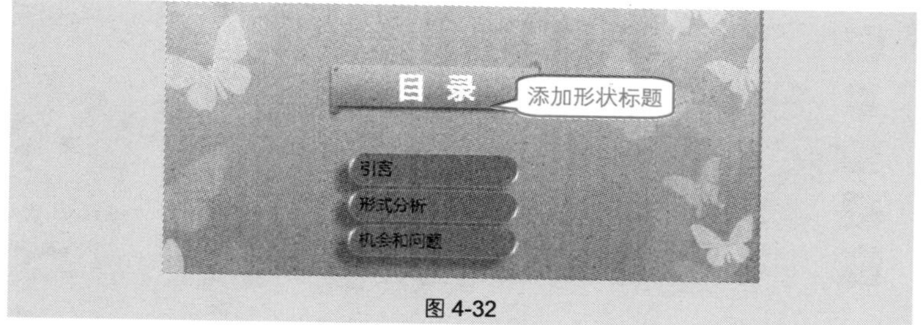

图 **4-32**

❶ 在"插入"→"插图"选项组中单击"形状"下拉按钮，在下拉列表中的"星与旗帜"区域选择"横卷型"图形样式，如图 **4-33** 所示。

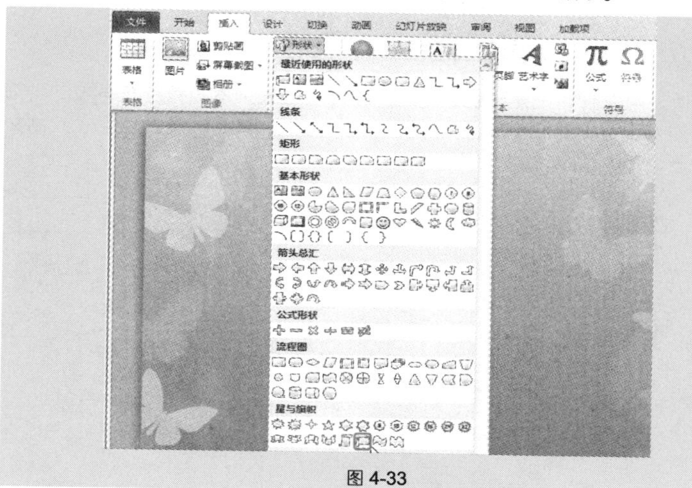

图 **4-33**

❷ 选中图形，在"格式"→"形状样式"选项组中单击按钮，在下拉列表中可以选择样式快速美化形状，如图 **4-34** 所示。

❸ 选中形状并单击鼠标右键，在弹出的快捷菜单中选择"编辑文字"命令，如图 **4-35** 所示。此时光标会自动定位到形状内，文本框变为可编辑状态，

Note

输入需要的文字即可。

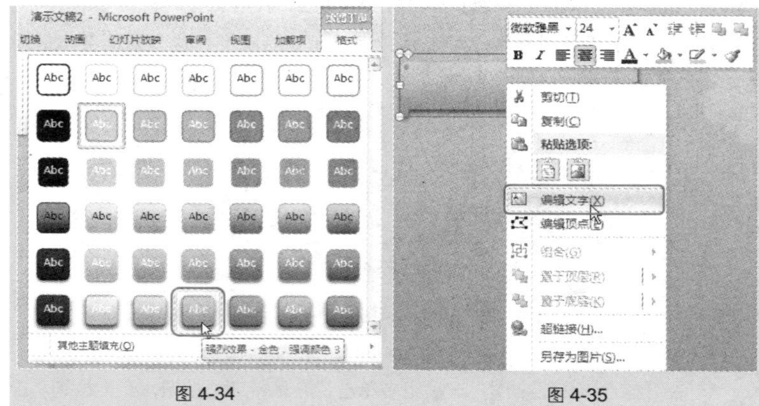

图 4-34　　图 4-35

❹ 按相同的方法添加其他图形，并添加文字。

技巧 76　在任意需要的位置上绘制文本框美化版面

如果幻灯片使用的是默认的版式，其中包含的文本占位符是有限的。因此为了使得版面更活跃，表达效果更直观，可以在任意需要的位置上绘制文本框来添加文字信息，如图 4-36 所示。

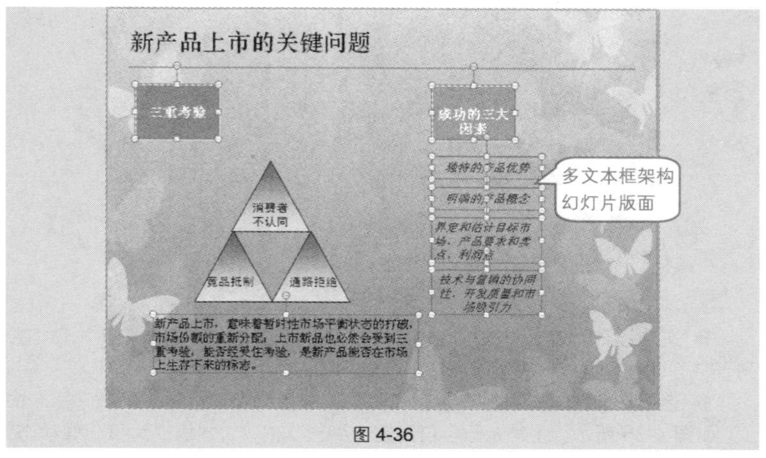

图 4-36

❶ 在"插入"→"文本"选项组中单击"文本框"下拉按钮，在下拉列表中选择"横排文本框"选项，如图 4-37 所示。

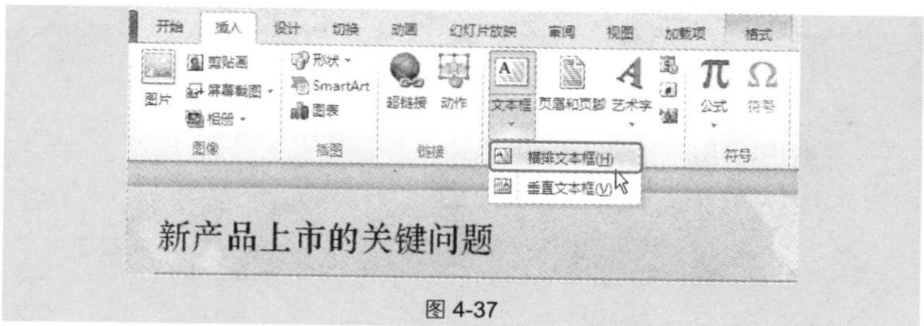

图 4-37

❷ 在合适的位置上绘制出文本框并输入文字，可以在"绘图工具"→"格式"→"形状样式"选项组中为文本框设置外观样式。

❸ 如果需要设置文字的格式，则切换至"开始"→"字体"选项组中重新设置文字的字体、字号等，达到如图 4-38 所示的效果。

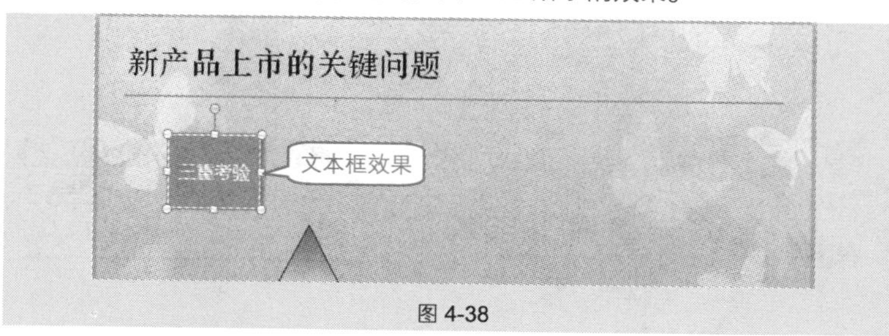

图 4-38

❹ 重复以上操作即可达到效果图中给出的版本效果。

专家点拨

如果某处的文本框与前面的文本框格式基本相同，可以直接复制下来，然后稍做修改，移至需要的位置上即可。

技巧 77　一次性替换修改字体格式

设计好一个演示文稿后，发现字体不符合要求或者与演讲环境不符合，若在"字体"选项组逐一更改字体格式会增加不必要的工作量，此时可以按如下技巧实现一次性修改文字格式。如将图 4-39 所示的"华文细黑"字体更改为如图 4-40 所示的"华文隶书"字体。

图 4-39　　　　图 4-40

❶ 在“开始”→“编辑”选项组中单击“替换”下拉按钮，在下拉列表中选择“替换字体”命令，如图 4-41 所示。

❷ 打开“替换字体”对话框，在“替换”文本框中输入“华文细黑”，接着在“替换为”文本框中输入“华文隶书”，如图 4-42 所示。

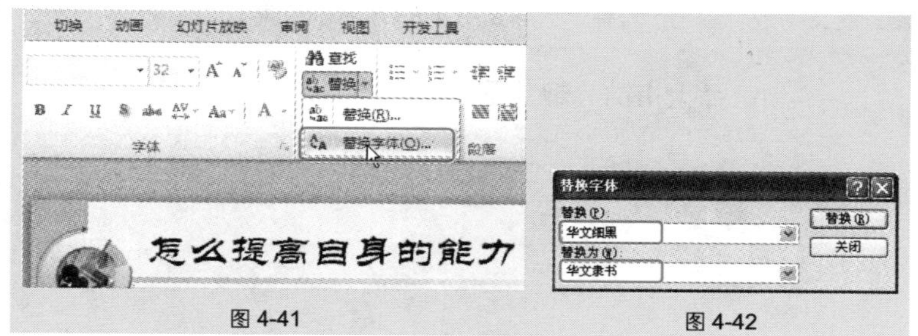

图 4-41　　　　图 4-42

❸ 单击“确定”按钮，即可完成演示文稿字体的整体修改。

技巧 78　将正文文本拆分为两个幻灯片

当一张幻灯片中的文字过多时，就会显得很冗长，影响美观效果，此时可以将其拆分为两张幻灯片。

如图 4-43 所示的幻灯片，可以从“外部条件”处将其拆分到下一张幻灯片中，效果如图 4-44 所示。

❶ 在普通视图中选择左侧窗格的“大纲”选项卡，将光标定位到需要拆分文本的位置，按 **Enter** 键，如图 4-45 所示。

❷ 在“开始”→“段落”选项组中连续单击“降低列表级别”按钮，如图 4-46 所示。

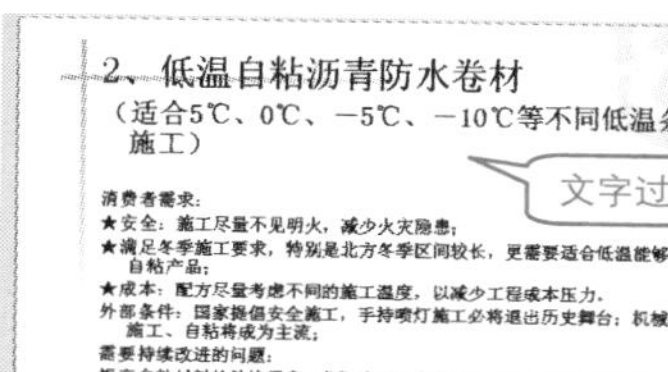

图 4-43

外部条件

外部条件：国家提倡安全施工，手持喷灯施工必将退出历史舞台；机械化热熔施工、自粘将成为主流；

需要持续改进的问题：

拆分到下一张幻灯片中

图 4-44

Note

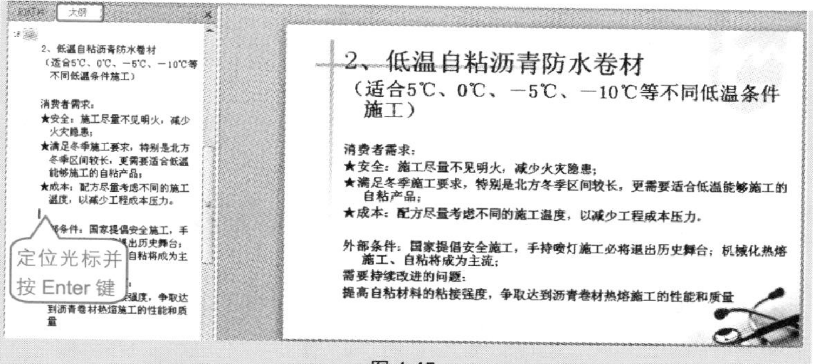

图 4-45

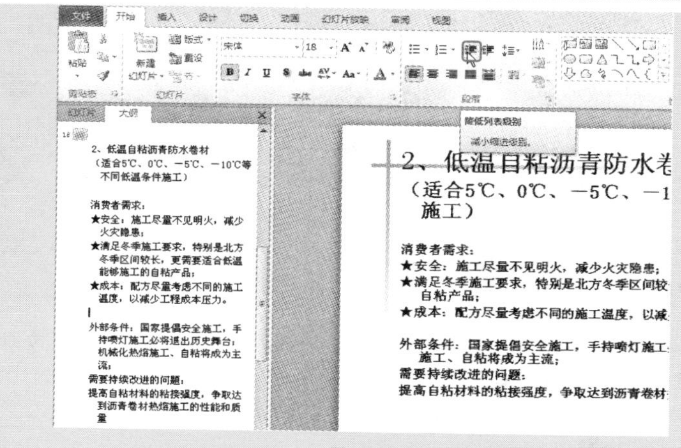

图 4-46

Note

❸ 直至出现一个新的幻灯片，如图 4-47 所示。

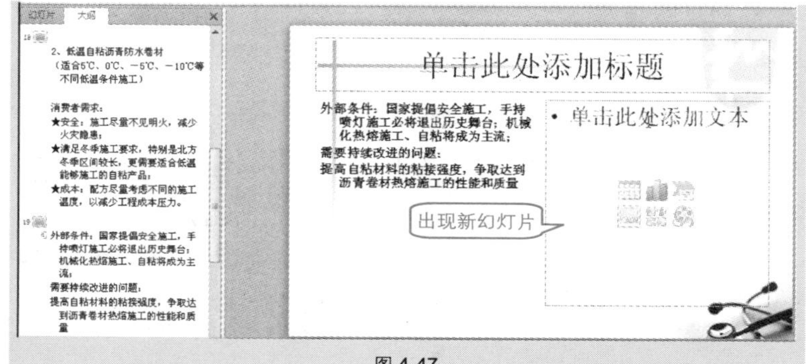

图 4-47

❹ 为幻灯片修改标题，对文字进行美化设置即可。

技巧 79　快速将文本直接转换为 SmartArt 图形

在幻灯片中输入文本时，如果文本是直接输入在一个文本框或者同一占位符内，为了达到美化的效果，可以快速将文本转换为 SmartArt 图形。如图 4-48 所示为文本效果，如图 4-49 所示为将文本转化为 SmartArt 图形的效果。

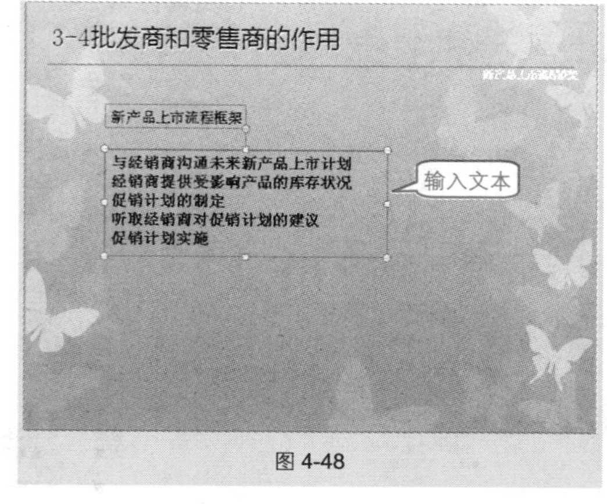

图 4-48

❶ 选中文本所在文本框，在“开始”→“段落”选项组中单击“转换为 SmartArt 图形”下拉按钮，在下拉列表中选择“其他 SmartArt 图形”命令，如图 4-50 所示。

❷ 打开“选择 SmartArt 图形”对话框，选择要使用的 SmartArt 图形的样式，如图 4-51 所示。

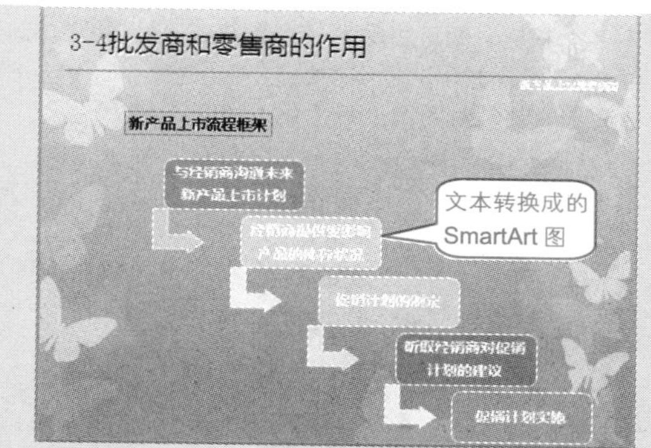

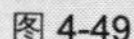
图 4-49

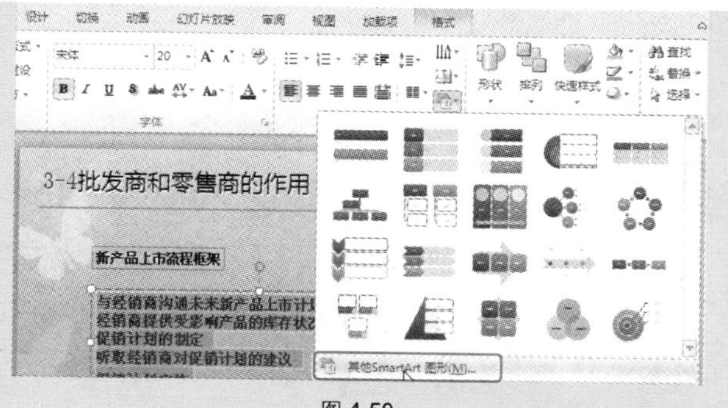

图 4-50

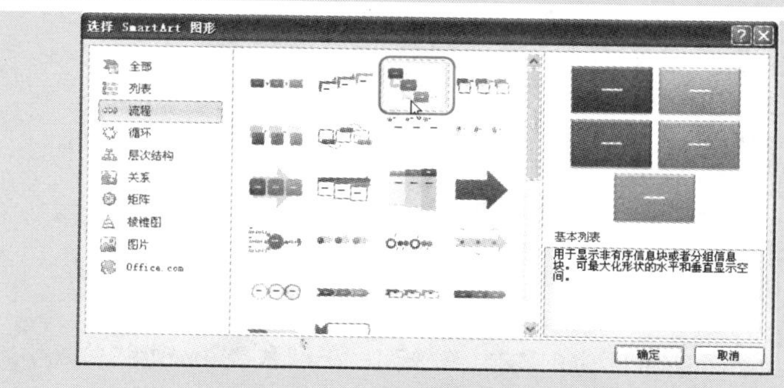

图 4-51

❸ 单击“确定”按钮，即可将文本转换为 SmartArt 图形。选中图形，在“设计”→“SmartArt 样式”选项组中单击“更改颜色”下拉按钮，在下拉列表中选择一种适合的颜色对图形进行美化，如图 4-52 所示。

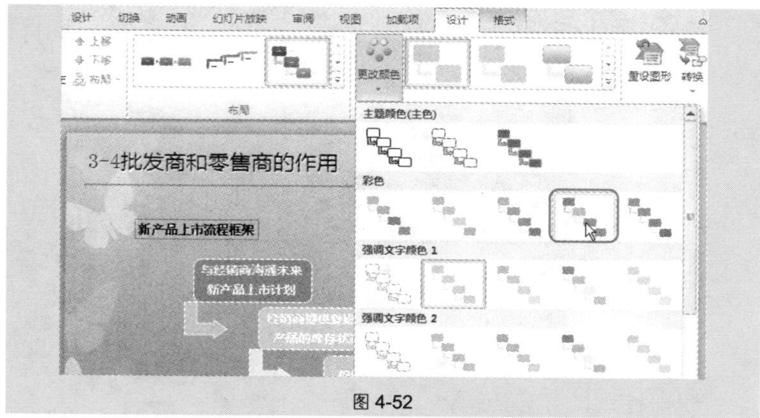

图 4-52

技巧 80 当文本为多级别时如何转换为 SmartArt 图形

当文本不分级时，只要将文本分行显示，即可将其快速地转换为 SmartArt 图形；如果文本是分级的，例如一个标题下面有几个细分项目，这种情况下就需要在转换前将文本的级别设置好，否则将无法转换为正确的 SmartArt 图形。

如图 4-53 所示的文本，直接转换其效果如图 4-54 所示，这并不是所需要的 SmartArt 图形。

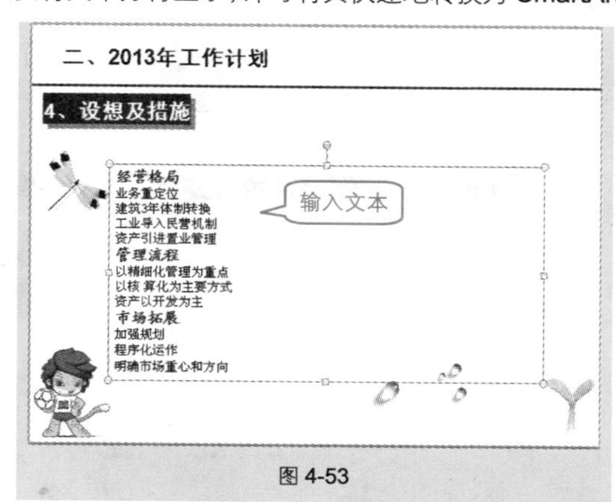

图 4-53

❶ 选中各小标题下面的文本，在“开始”→“段落”选项组中单击“提高列表级别”按钮，以改变文本的级别，如图 4-55 所示。

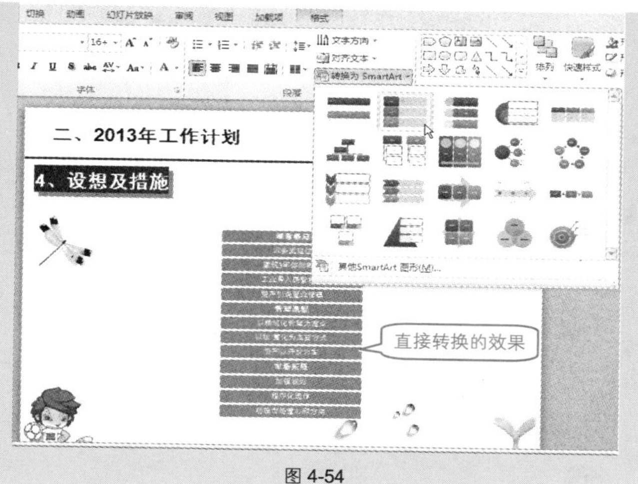

图 4-54

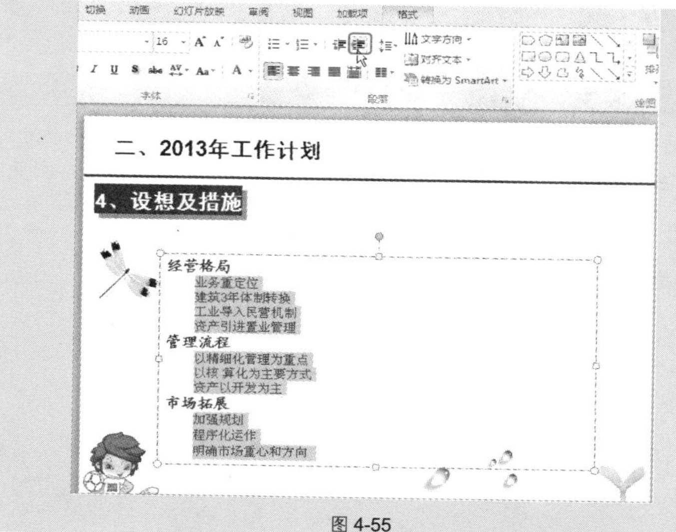

图 4-55

❷ 在“开始”→“段落”选项组中单击“转换为 **SmartArt** 图形”下拉按钮，在下拉列表中选择 SmartArt 图形样式，即可进行转换，如图 4-56

所示。

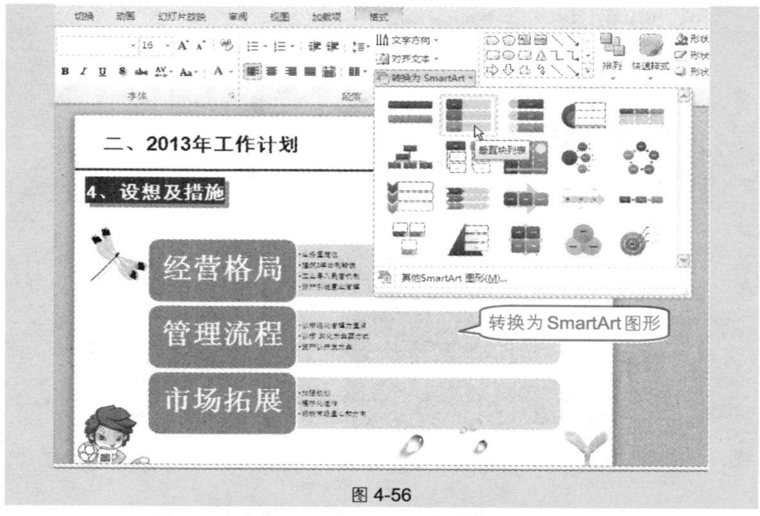

图 4-56

技巧 81 将文本直接转换为图片

如图 4-57 所示的幻灯片中使用了文本框输入文字，并且设置了文本框的填充颜色，通过本技巧可以将该文本框转换为图片。如图 4-58 所示为转换为图片后使用图片浏览器打开时的效果。

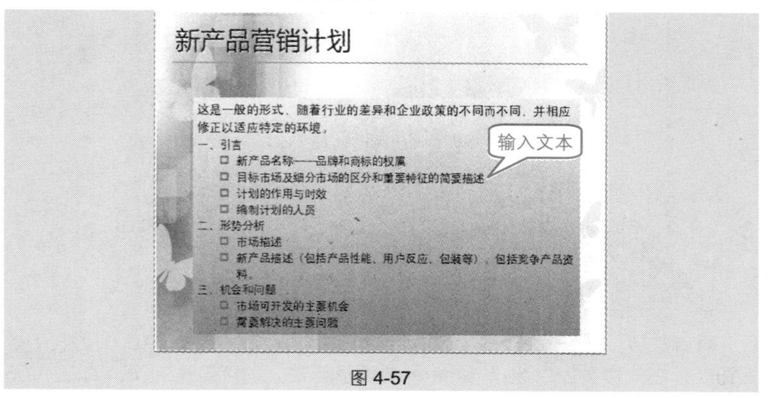

图 4-57

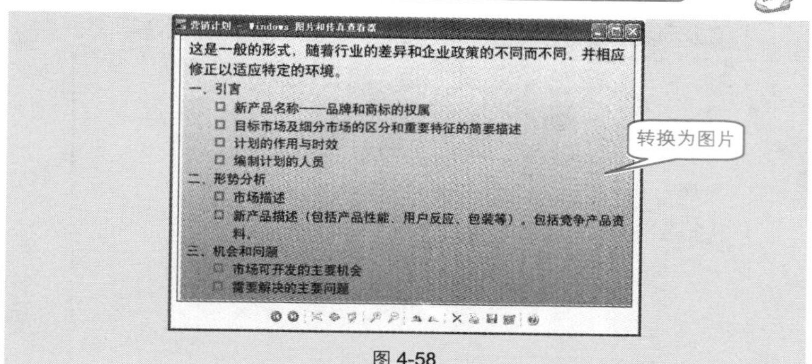

图 4-58

❶ 选中文本所在文本框并单击鼠标右键，在弹出的快捷菜单中选择“另存为图片”命令，如图 4-59 所示。

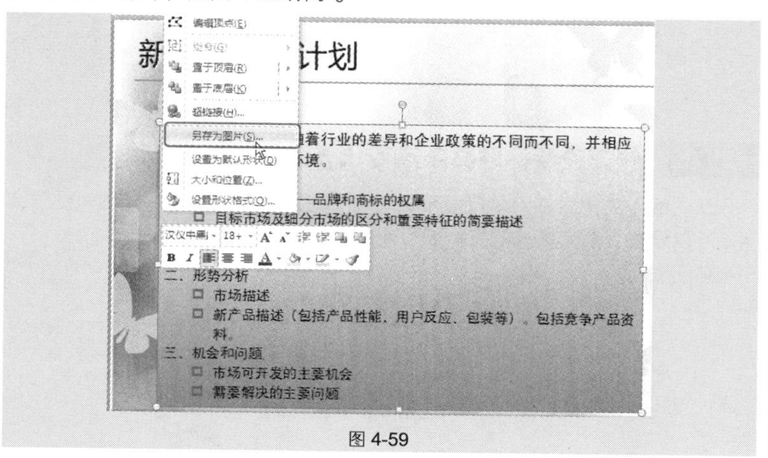

图 4-59

❷ 打开“另存为图片”对话框，设置图片的保存路径，在“文件名”文本框中输入“营销计划”，如图 4-60 所示。

❸ 单击“保存”按钮，即可将文字以图片的形式保存在指定位置。

专家点拨

在选中文本框单击鼠标右键时，注意要在选中的文本框边线上右击，否则会将光标定位于文本框内，导致弹出的快捷菜单中看不到“另存为图片”命令。

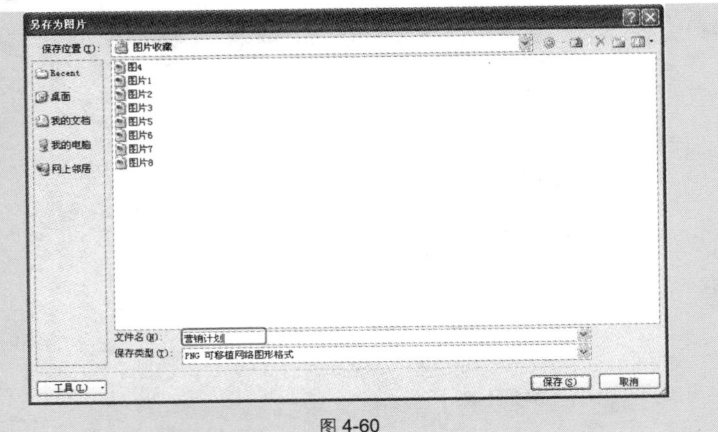

图 4-60

4.2 文本的美化技巧

技巧 82 快速设置标题文字渐变填充效果

默认输入的文本都为单色显示，对于一些字号较大的文字，例如标题文字，可以设置其渐变填充效果，如图 **4-61** 所示的标题效果。

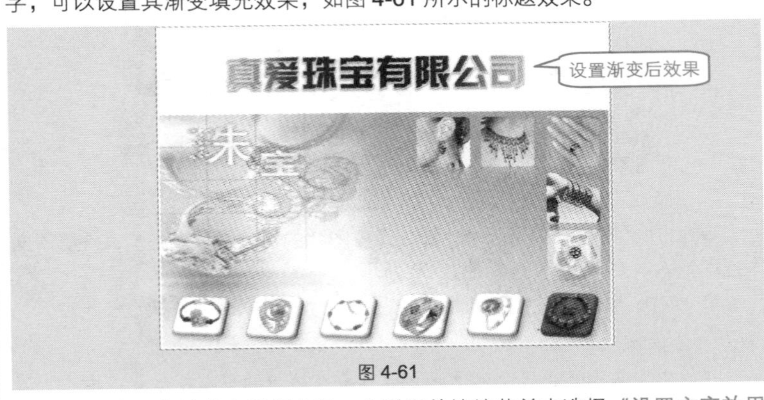

图 4-61

❶ 选中文字并单击鼠标右键，在弹出的快捷菜单中选择“设置文字效果格式”命令（如图 **4-62** 所示），打开“设置文本效果格式”对话框。

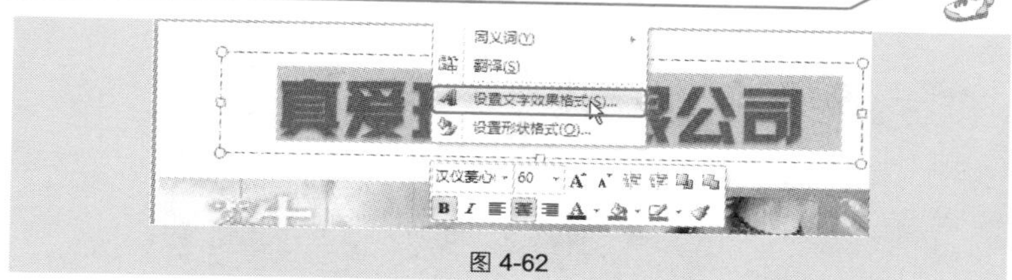

图 4-62

❷ 在左侧选中“文本填充”选项，在右侧选中“渐变填充”单选按钮，在“预设颜色”下拉列表框中选择“金乌坠地”选项；在“类型”下拉列表框中选择“射线”选项；在“方向”下拉列表框中选择“中心辐射”选项，如图 4-63 所示。

❸ 在左侧选中“发光和柔化边缘”选项，在右侧的“颜色”下拉列表框中选择“黄色”选项，接着调整“大小”和“透明度”滑块位置，如图 4-64 所示。

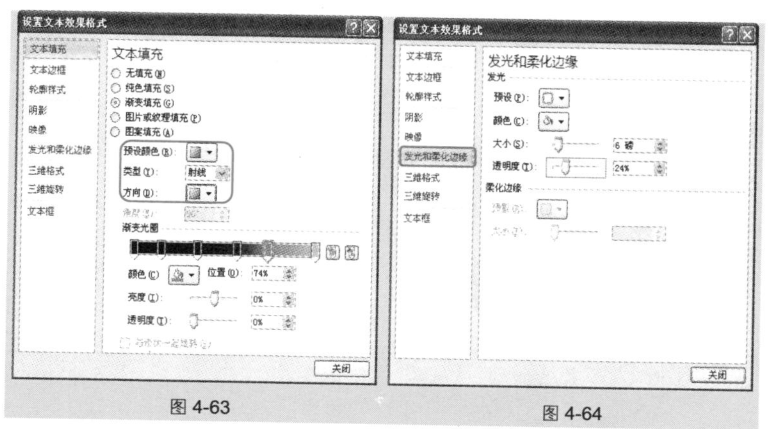

图 4-63　　图 4-64

❹ 单击“关闭”按钮即可达到效果图中显示的效果。

技巧 83　设置标题文字映像效果

当幻灯片为深色背景时，为文字设置映像效果可以达到犹如镜面倒影的效果，如图 4-65 所示。

❶ 选中文字并单击鼠标右键，在弹出的快捷菜单中选择“设置文字效果格式”命令（如图 4-66 所示），打开“设置文本效果格式”对话框。

Note

图 4-65

图 4-66

❷ 在左侧选中“映像”选项，在右侧的“预设”下拉列表框中选择“紧密映像，接触”选项，并可以设置“透明度”、“大小”、“距离”等参数，如图 4-67 所示。

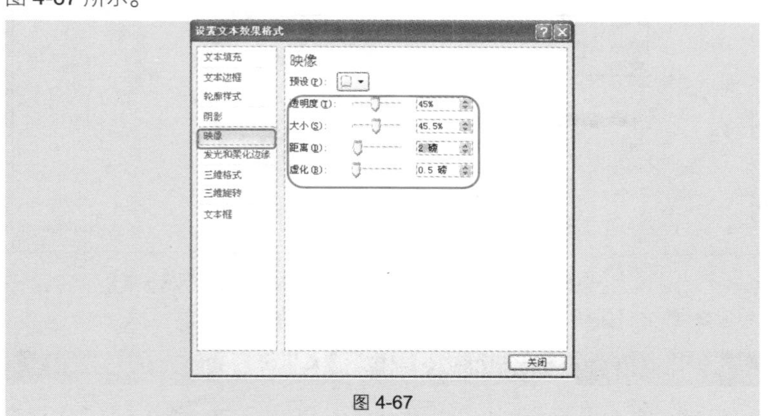

图 4-67

技巧 84　让文本快速应用艺术字的样式

建立的文本可以通过套用快速样式转换为艺术字效果。如图 4-68 所示为原文本，套用后效果如图 4-69 所示。

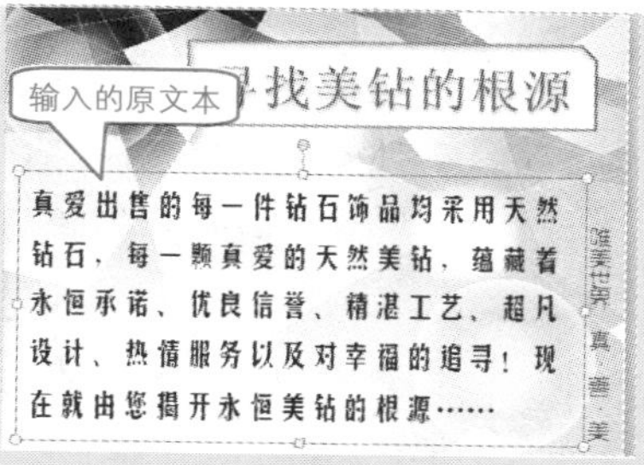

Note

图 4-68

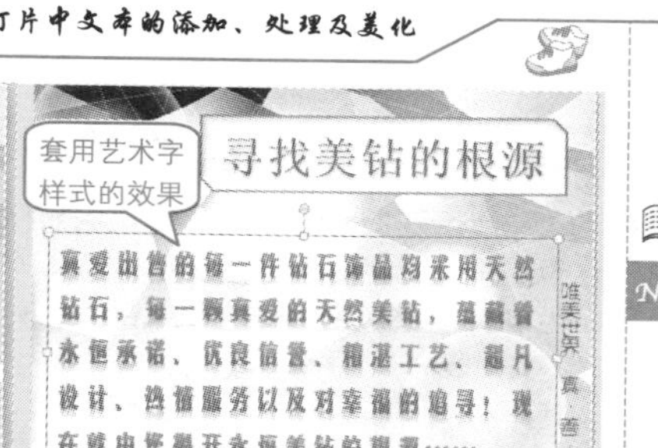

图 4-69

❶ 选中文本，在“绘图工具”→“格式”→“艺术字样式”选项组中单击“快速样式”下拉按钮，在下拉列表中显示了可以选择的艺术字样式，如图 4-70 所示。

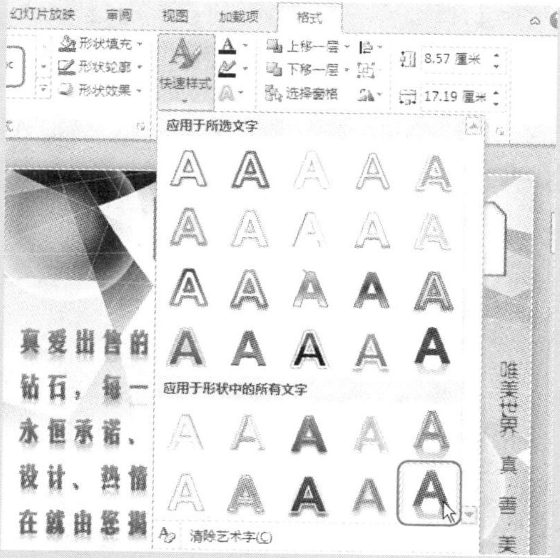

图 4-70

❷ 单击即可将其应用于所选文字。

专家点拨

这里套用的艺术字样式是基于原字体的，也就是在套用艺术字样式时不改变原字体。只能通过预设效果设置文字填充效果、边框、映像、三维等效果。

技巧 85　文字也可以设置轮廓线

Note

对于一些字号较大的文字，例如标题文字，还可以为其设置轮廓线条，这也是美化文字的一种方式。如图 **4-71** 所示为设置前的文本，如图 **4-72** 所示为设置了轮廓线为白色虚线后的效果。

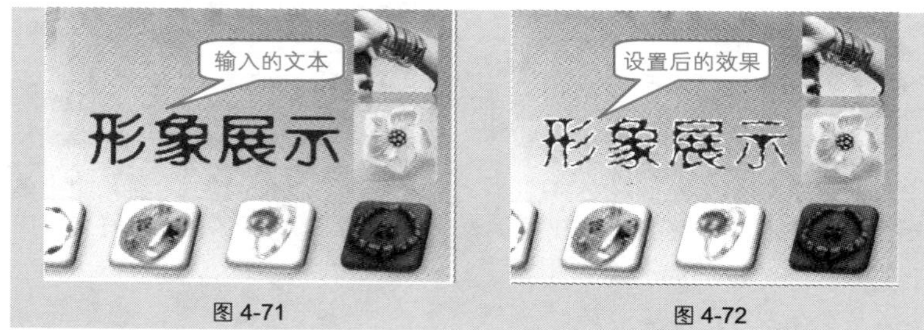

图 4-71　　　　图 4-72

方法为：选中文本，在"绘图工具"→"格式"→"艺术字样式"选项组中单击"文本轮廓"下拉按钮，在下拉列表中首先选择文字轮廓线为"白色"，然后将光标指向"虚线"选项，选择"长划线-点"线型，如图 **4-73** 所示。

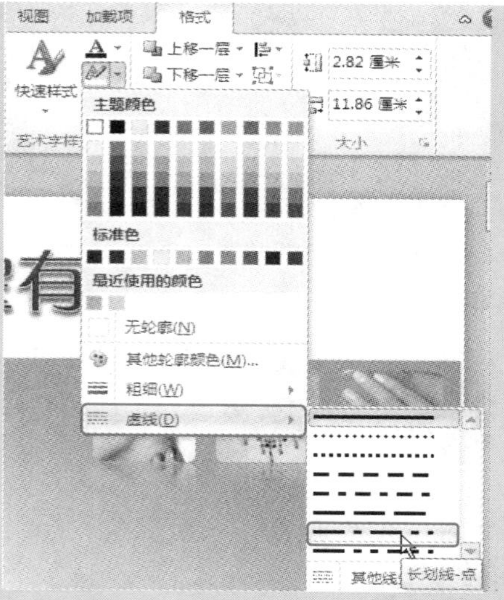

图 4-73

技巧 86 以波浪型显示幻灯片标题

建立文本后，无论是否是艺术字，都可以设置其转换效果，如图 **4-74** 和图 **4-75** 所示即应用了不同的转换效果。

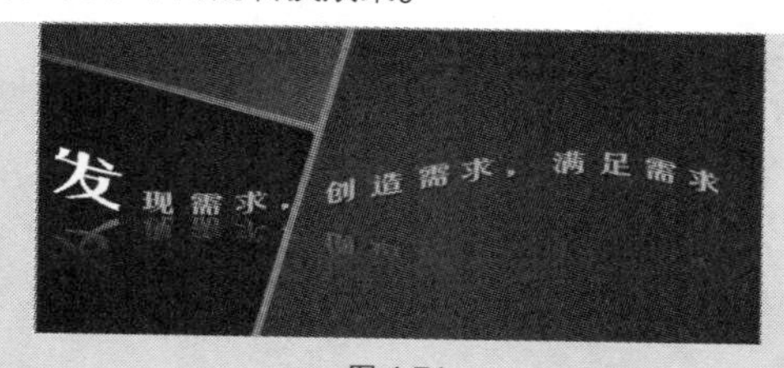

图 4-74

❶ 选中文本，在“绘图工具”→“格式”→“艺术字样式”选项组中单击“文字效果”下拉按钮，在下拉列表中可以选择转换效果，如图 **4-76** 所示。

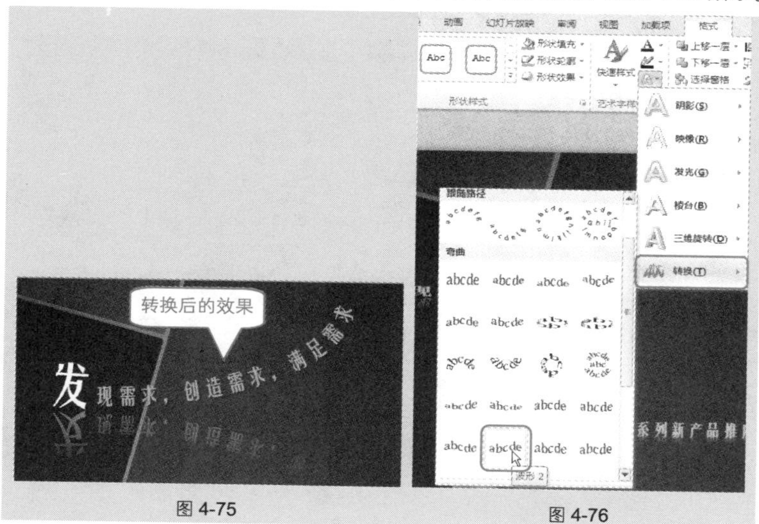

图 4-75

图 4-76

❷ 单击即可应用到所选的文字。

技巧 87 设置标题文字纹理填充效果

在演示幻灯片时，首先进入人们视线的是标题文字，因此运用最佳的效果来对文字进行设置是很有必要的。

如图 4-77 所示为设置前的文本，如图 4-78 所示为设置了纹理填充后的效果。

图 4-77

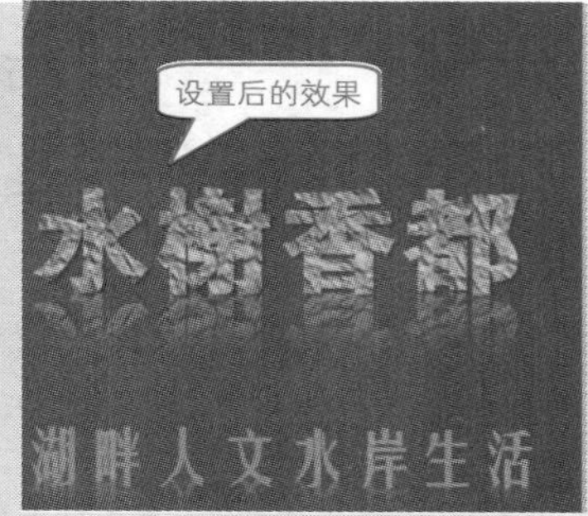

图 4-78

❶ 选中文字并单击鼠标右键，在弹出的快捷菜单中选择“设置文字效果格式”命令，打开“设置文本效果格式”对话框。

❷ 在左侧选中“文本填充”选项，在右侧选中“图片或纹理填充”单选按钮，在“纹理”下拉列表框中选择“纸袋”样式，如图 4-79 所示。

❸ 单击“关闭”按钮即可应用效果。

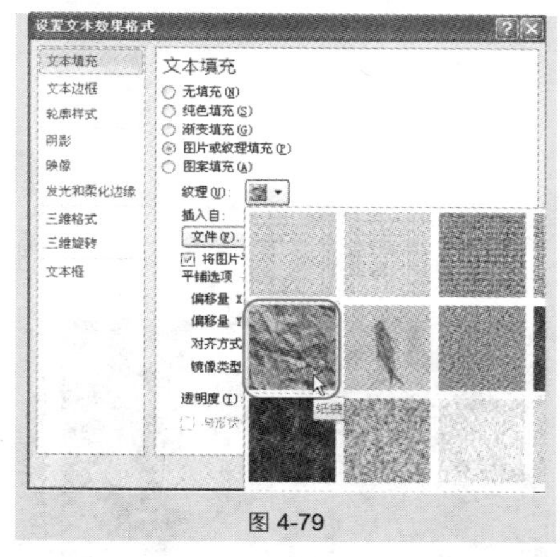

图 4-79

应用扩展

还可以使用图片来填充文字，具体操作如下：

❶ 在“设置文本效果格式”对话框中单击“文件”按钮，打开“插入图片”对话框，定位要使用图片的路径并选中，如图 4-80 所示。

❷ 单击“插入”按钮，返回“设置文本效果格式”对话框，再单击“关闭”按钮，即可看到文字的填充效果，如图 4-81 所示。

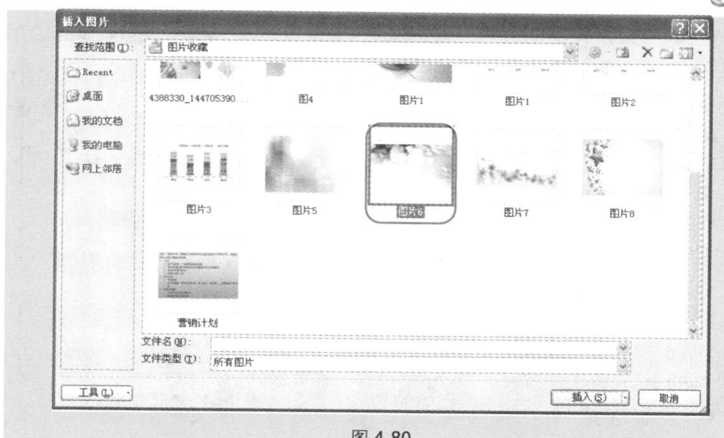

图 4-80

图 4-81

技巧 88　设置标题文字图案填充效果

设置文本的图案填充，也可以美化文本。如图 4-82 所示为设置前的文本，如图 4-83 所示为设置了图案填充后的效果。

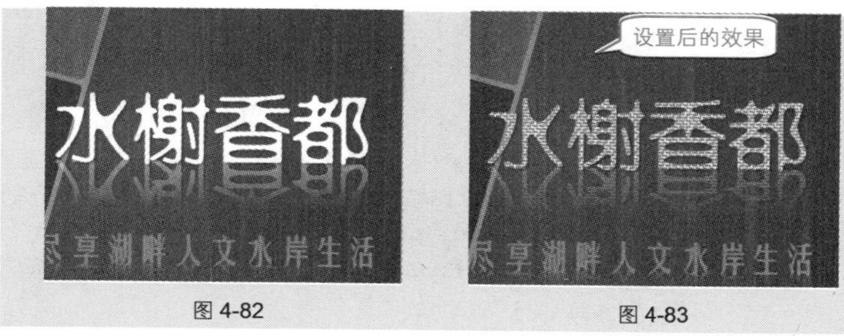

图 4-82　　图 4-83

❶ 选中文字并单击鼠标右键，在弹出的快捷菜单中选择“设置文字效果格式”命令，打开“设置文本效果格式”对话框。

❷ 在左侧选中“文本填充”选项，在右侧选中“图案填充”单选按钮，在样式列表中选择“横向砖形”样式，设置“前景色”为“白色”，“背景色”为“绿色”，如图 4-84 所示。

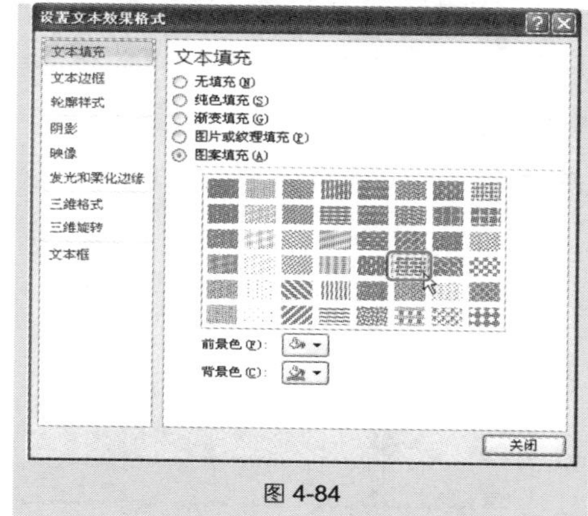

图 4-84

❸ 设置完成后关闭“设置文本效果格式”对话框即可。

技巧 89 设置幻灯片中标题文本的立体效果

对于一些特殊显示的文本，可以为其设置立体效果，从而提升幻灯片的整体表达效果。如图 4-85 所示为设置前的文本，如图 4-86 所示为设置立体后的效果。

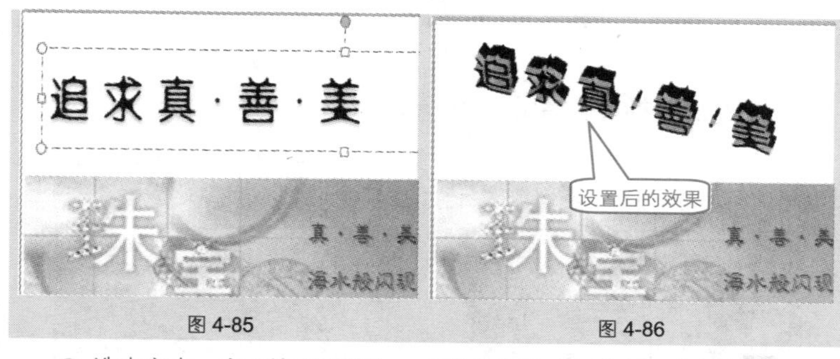

图 4-85　　图 4-86

❶ 选中文本，在“绘图工具”→“艺术字样式”选项组中单击 按钮，打开“设置文本效果格式”对话框。切换到“三维格式”选项，在右侧分别设置各项参数（图中显示的是达到效果图中样式的参数），如图 4-87 所示。

❷ 切换到“三维旋转”选项，并在右侧分别设置各项参数（图中显示的是达到效果图中样式的参数），如图 4-88 所示。

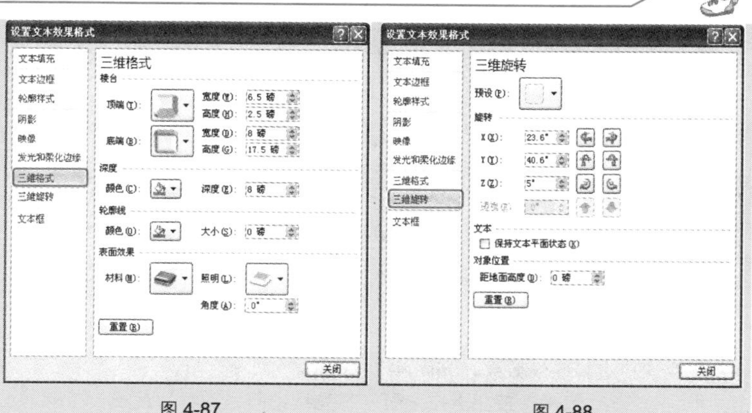

图 4-87　　　　图 4-88

❸ 设置完毕后关闭对话框即可。

技巧 90　快速美化文本框

系统默认插入的文本框是没有底纹和填充颜色的，如图 4-89 所示。PowerPoint 提供了丰富的文本框样式，用户可以为其设置颜色填充，以达到美化的效果。

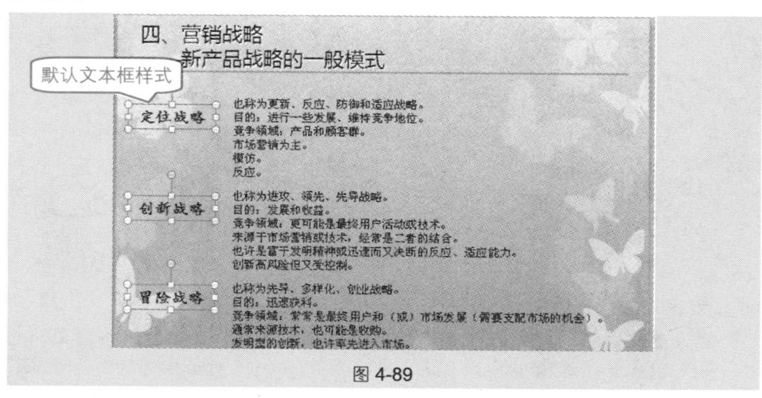

图 4-89

❶ 选中要设置格式的文本框，如果多个文本框需要设置相同的格式，可以一次性选中。在“绘图工具”→“格式”→“形状样式”选项组中单击按钮，在下拉列表中可以选择样式快速美化文本框的外观，如图 4-90 所示。

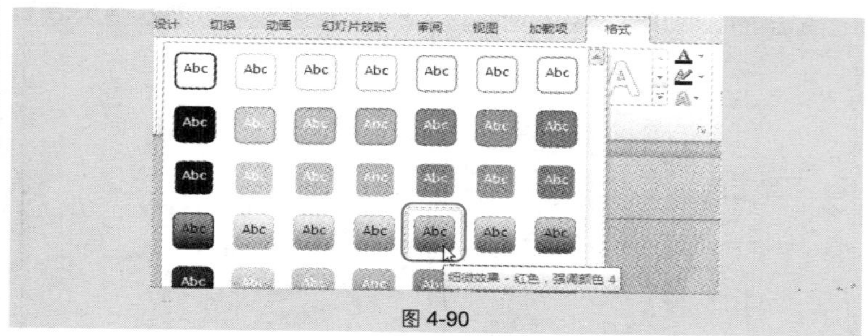

图 4-90

❷ 单击“形状效果”按钮，在下拉列表中将光标指向“映像”选项，可以从子列表中选择映像效果，如图 4-91 所示。

❸ 在“形状效果”按钮下拉列表中将光标指向“棱台”选项，可以从子列表中选择一种三维效果，如图 4-92 所示。

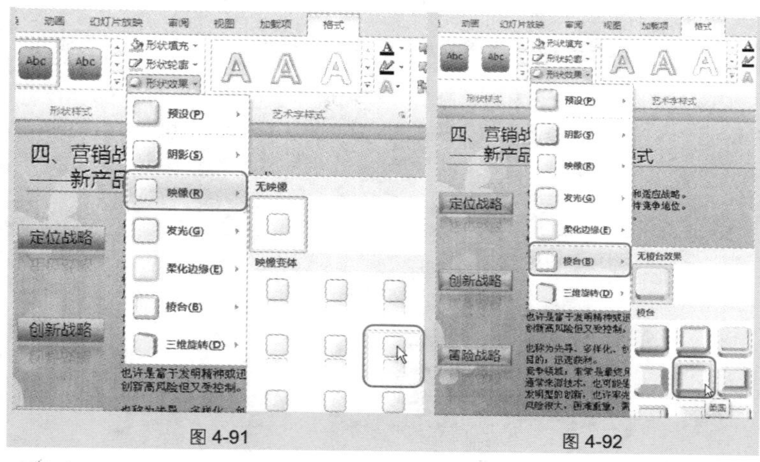

图 4-91　　图 4-92

专家点拨

在设置文本框的样式时，除了程序提供的几种可以直接套用的内置样式外，还可以选择“选项”命令（如“映像选项”）打开对话框进行更为专业、更详细的设置。

技巧 91　快速引用文本框的格式

如图 4-93 所示，选中的文本框和文字都设置了格式，当其他文本框需要

使用相同的格式时，可以按如下方法快速引用格式，而不必重新再次设置。

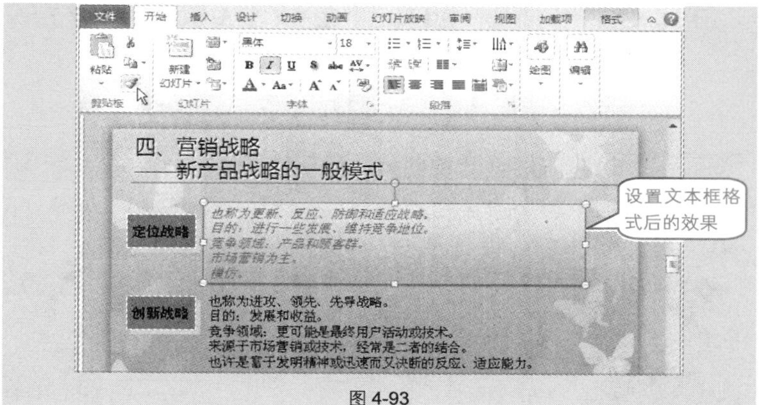

图 4-93

❶ 选中文本框，在“开始”→“剪贴板”选项组中单击 按钮，此时光标变成小刷子形状，在需要引用格式的文本框上单击即可引用相同的格式，如图 4-94 所示。

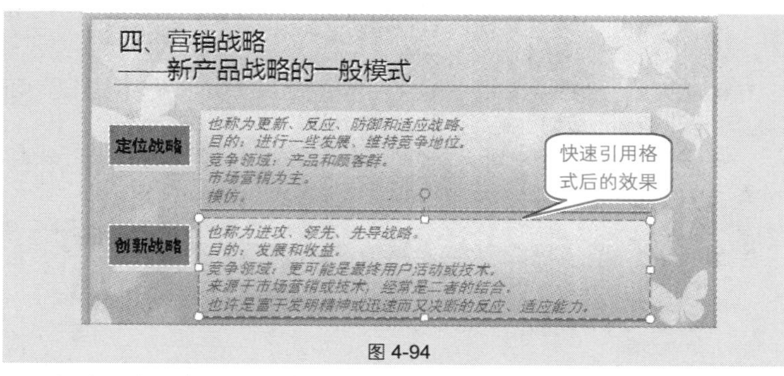

图 4-94

❷ 如果多处需要使用相同的格式，可以双击 按钮，依次在需要引用格式的文本框上单击，全部引用完成后再单击一次 按钮即可退出。

专家点拨

在使用 按钮时，注意一定要选中文本框，而并非是将光标定位于文本框中，否则不能引用该文本框的格式。

第 5 章　图形、图片对象的编辑和处理技巧

5.1　图片的编辑与美化技巧

技巧 92　随心所欲地裁剪图片

如图 **5-1** 所示，幻灯片中插入的图片包含了较多无用部分，用户可以通过裁剪得到如图 **5-2** 所示的图片。

图 5-1　　图 5-2

❶ 选中图片，在“格式”→“大小”选项组中单击“裁剪”按钮，此时图片中会出现 **8** 个裁切控制点，如图 **5-3** 所示。

❷ 使用鼠标左键拖动相应的控制点到合适的位置即可对图片进行裁剪，如图 **5-4** 所示。

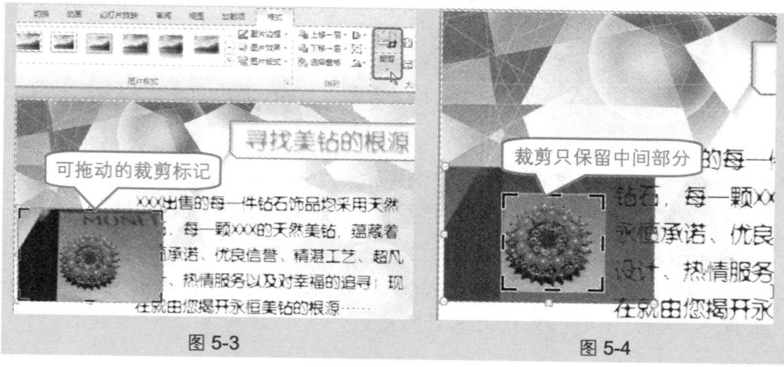

图 5-3　　图 5-4

❸ 调整完成后再次单击“裁剪”按钮即可完成图片的裁剪。

技巧 93　将图片更改为圆形的外观样式

如图 5-5 所示，选中的几张图片外观是方形的样式，通过设置可以将图片的外观一次性更改为圆形的样式，如图 5-6 所示，可以使图片看起来更加整洁。

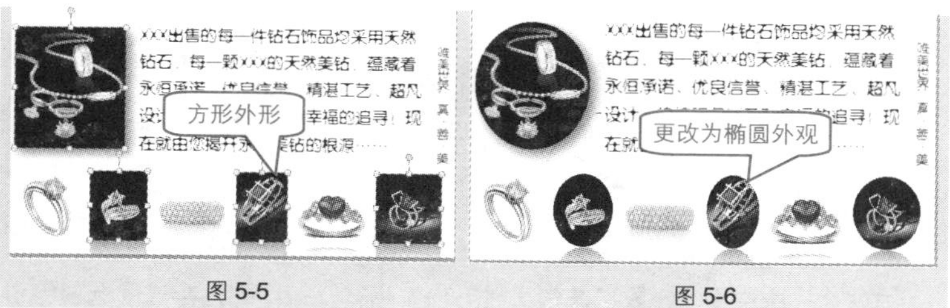

图 5-5　　图 5-6

❶ 选中图形，在“格式”→“大小”选项组中单击“裁剪”下拉按钮，在下拉列表中选择“裁剪为形状”命令，在弹出的子列表中选择“椭圆”图形，如图 5-7 所示。

❷ 选择形状后，程序自动将所有选中的图片裁剪成相应的形状。

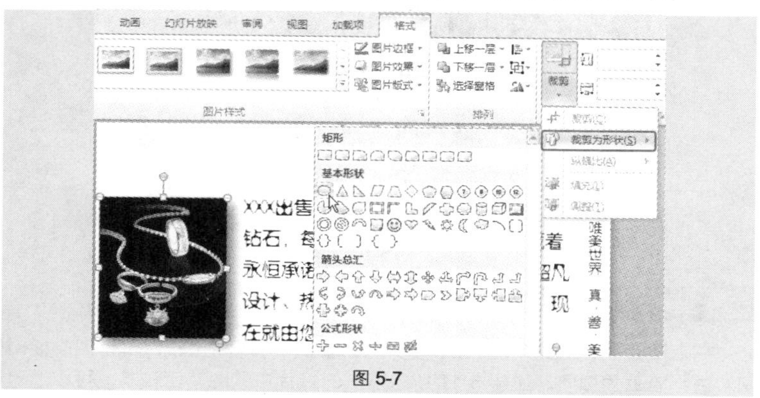

图 5-7

技巧 94　套用图片样式快速美化图片

图片样式是程序内置的用来快速美化图片的模板，它包括边框、柔化、阴影、三维效果等，如果没有特别的设置要求，通过套用样式是快速美化图

Note

片的捷径。

如图 **5-8** 所示为原图片，如图 **5-9** 所示为套用了“棱台透视”图片样式后的效果。

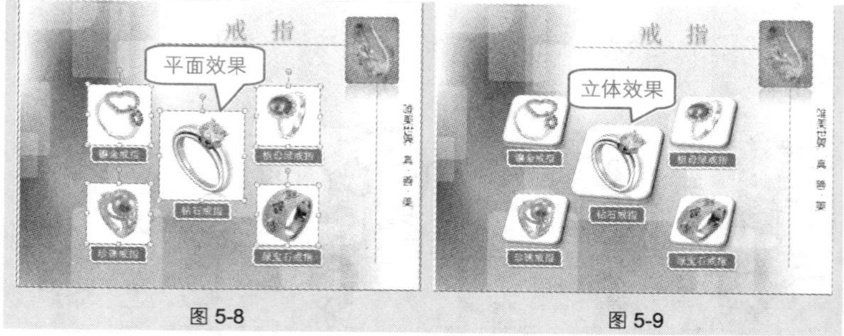

图 5-8　　图 5-9

方法为：选中图片，在“图片工具”→“格式”→“图片样式”选项组中单击按钮，在下拉列表中选择“棱台透视”图片样式即可，如图 **5-10** 所示。

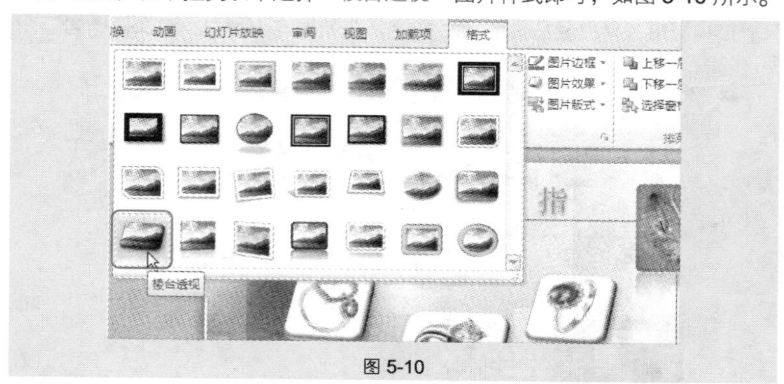

图 5-10

技巧 95　让图片亮起来

插入图片后，如果对图片的色彩不太满意，可以利用软件自带的功能对图片进行简单的调整。如图 **5-11** 所示插入幻灯片中的图片比较暗，可以通过调整亮度和对比度达到如图 **5-12** 所示的效果。

方法为：选中图片，在“格式”→“调整”选项组中单击“更正”下拉按钮，在下拉列表中选择“亮度：**+20%**对比度：**+20%**”选项即可，如图 **5-13** 所示。

图 5-11

图 5-12

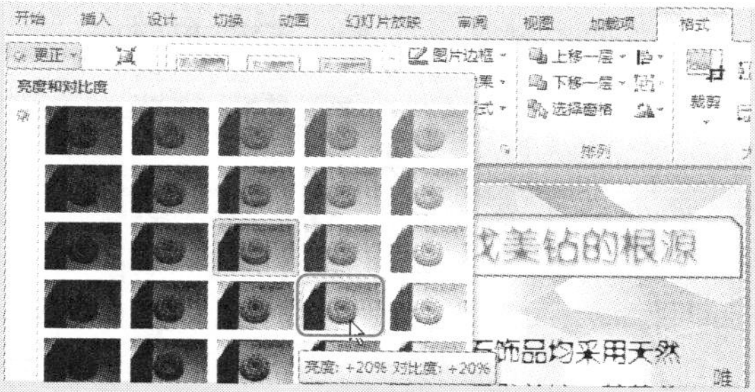

图 5-13

技巧 96　巧妙调整图片色彩

如图 5-14 所示的羽毛球图片，颜色过亮且有些失真，通过对图片饱和度与色调的调整，可以达到如图 5-15 所示效果。

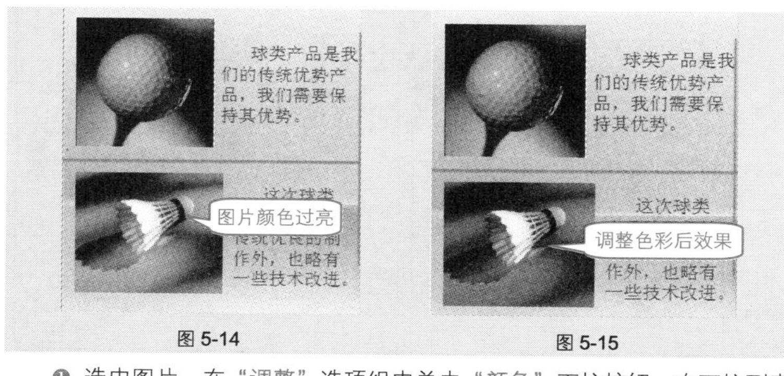

图 5-14　　图 5-15

❶ 选中图片，在“调整”选项组中单击“颜色”下拉按钮，在下拉列表

Note

中选择“图片颜色选项”命令，如图 5-16 所示。

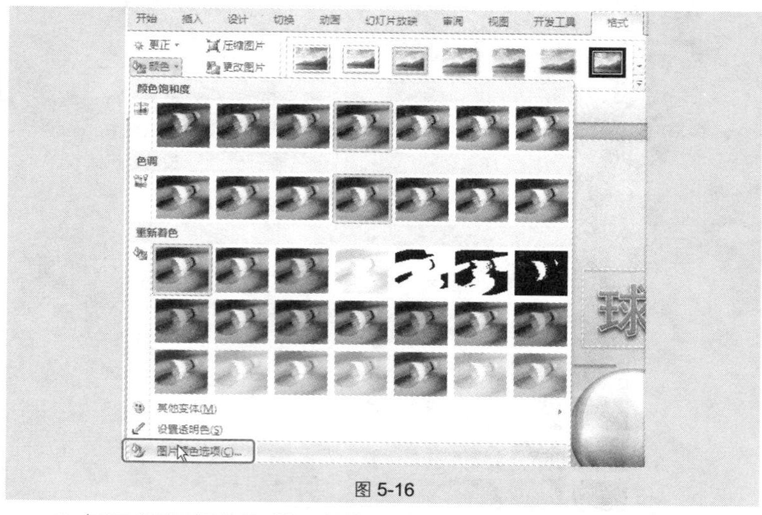

图 5-16

❷ 打开“设置图片格式”对话框，在“颜色饱和度”栏的“预设”下拉列表框中选择饱和度样式，如图 5-17 所示。

❸ 在“色调”栏的“预设”下拉列表框中选择“色温:5300K”选项，如图 5-18 所示。

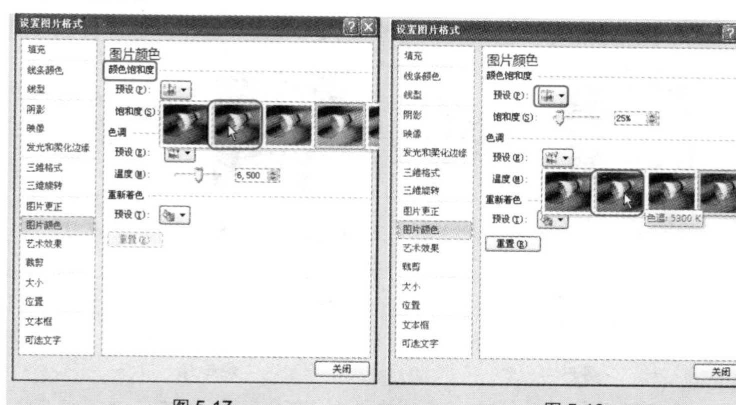

图 5-17　　图 5-18

❹ 单击“确定”按钮，即可完成对图片色彩比例的调整。

专家点拨

用户也可以在“颜色饱和度”、“色调”和“重新着色”栏中直接设置图片的色彩比例。

技巧 97　快速删除图片背景

插入图片后，还可以将图片的背景删除，就像 Photoshop 中的“抠图”功能一样。如图 5-19 所示是原图片，将其删除背景后效果如图 5-20 所示。

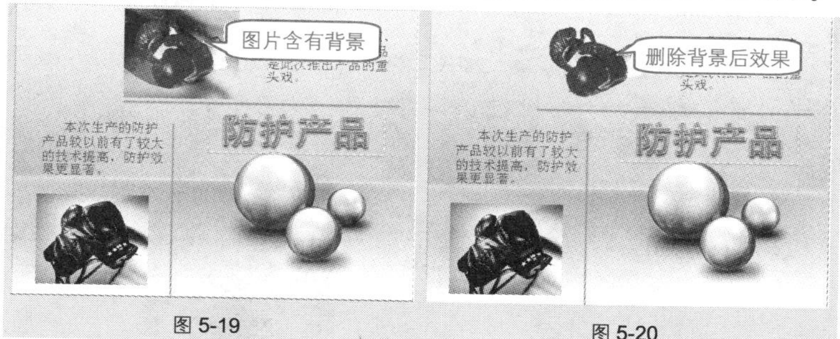

图 5-19　　图 5-20

❶ 选中图片，在“调整”选项组中单击“删除背景”按钮，如图 5-21 所示。

图 5-21

❷ 在“消除背景”→“优化”选项组中单击“标记要保留的区域”按钮，如图 5-22 所示。

❸ 将光标移动到图片上，光标变为笔的样式，单击需要保留的区域，即可添加⊕样式，如图 5-23 所示。

❹ 选中需要保留的区域后，在“优化”选项组中单击“标记要删除的区域”按钮，将光标移动到图片上，单击需要删除的区域，即可添加⊖样式，如图 5-24 所示。

❺ 标记完成后，在“关闭”选项组中单击“保留更改”按钮，即可删除图片背景。

Note

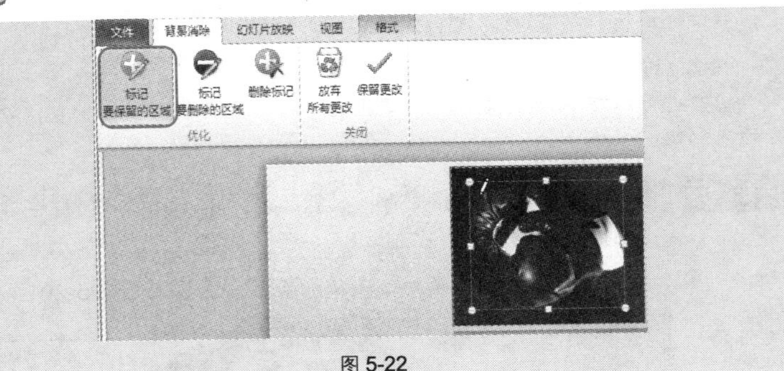

图 5-22

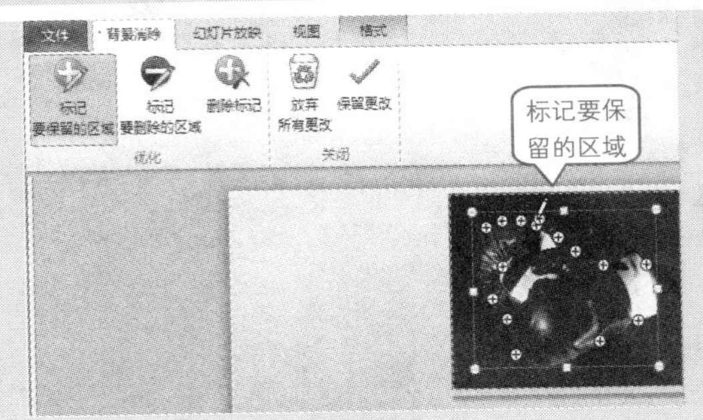

图 5-23

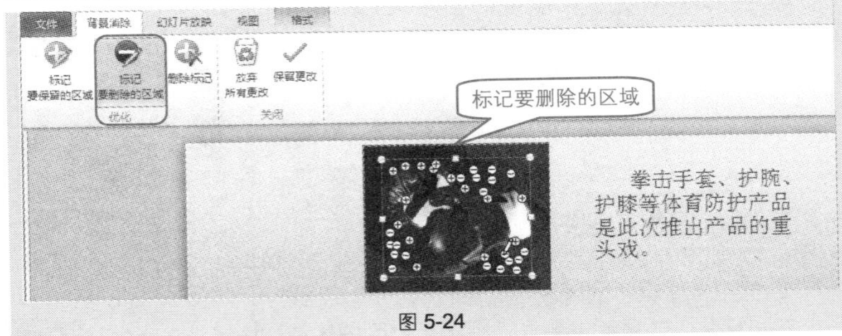

图 5-24

应用扩展

在标记需要保留或删除的部分时，如果不小心标记错误，可以直接在“优化”选项组中单击“删除标记”按钮来删除已做的标记。

技巧 98　启用"网格线"和"参考线"准确排列图片

一次性插入了多张图片到幻灯片中后（如图 5-25 所示），如果想将它们准确摆放（例如，达到如图 5-26 所示的摆放效果），可以按如下的方法进行操作。

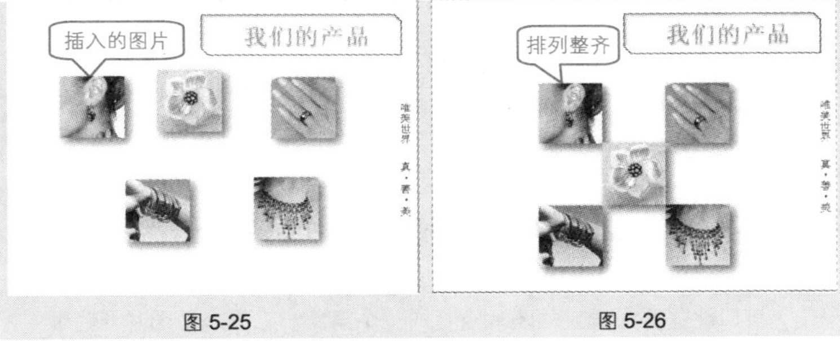

图 5-25　　图 5-26

❶ 在"视图"→"显示"选项组中选中"网格线"和"参考线"复选框，如图 5-27 所示。

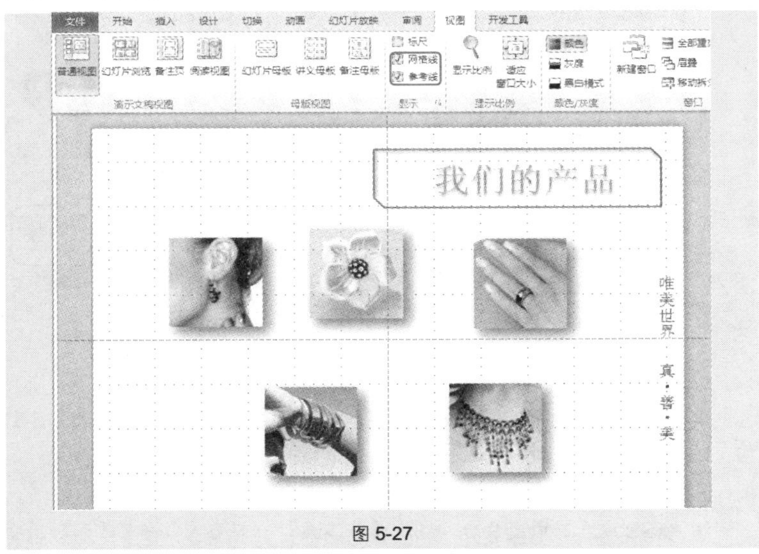

图 5-27

❷ 显示网格线和参考线后，即可很方便地准确放置图片，如图 5-28 所示。

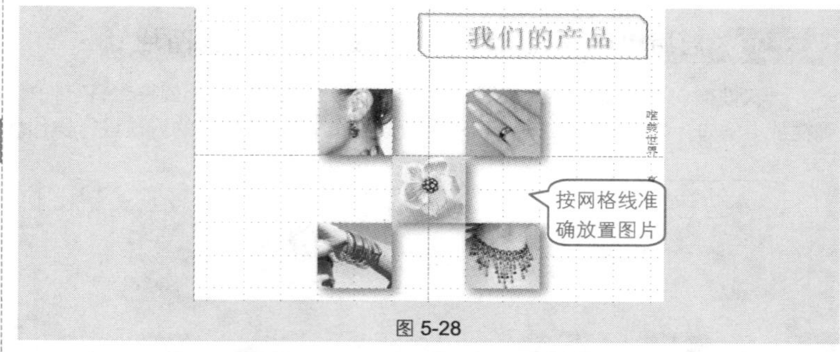

图 5-28

技巧 99 编辑完成后将多个图片或图形组合成一个对象

在幻灯片中插入了大量图片并放置好位置后，为了防止误操作导致图片移位，可以将这些放置好的图片组合成一个对象。在插入了图片并为图片配置图形文字说明后，可以将这两个对象组合起来。

❶ 按 **Ctrl** 键依次选中需要组合的对象，在右键菜单中选择“组合”→“组合”命令（如图 5-29 所示），即可将选中的图片组合成一个图片，如图 5-30 所示。

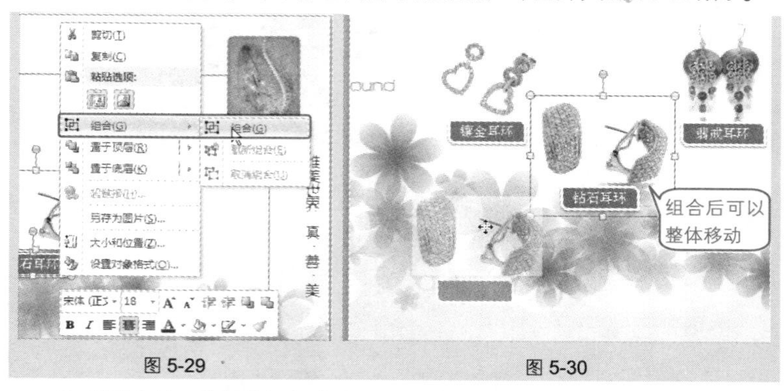

图 5-29　　图 5-30

❷ 当所有的图片都编辑完成后，还可以将它们再组合为一个对象，如图 5-31 所示。

应用扩展

用户还可以在选中图片后，在“图片工具”→“格式”→“排列”选项组中单击“组合”下拉按钮，在下拉列表中选择“组合”命令。

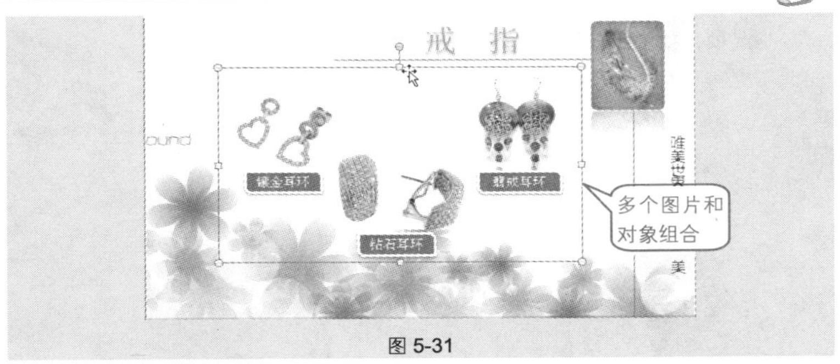

图 5-31

专家点拨

❶ 如果某个单张图片还需要再处理一下，此时需取消图片的组合才能进行单一操作。右击组合后的形状，在弹出的快捷菜单中选择“组合”→“取消组合”命令即可。

❷ 对象的组合适用于多种对象，如文本框、图形、图片等。在图形的编辑中，往往会使用多个图形达到某一种表达效果，此时组合操作是非常常用和必要的。

技巧 100 图片对齐方式的设置

当幻灯片中使用多张图片时，通常需要让它们按一定的规律摆放好才能达到预期的表达效果。例如当前图片如图 5-32 所示，现在通过两步操作可以让其达到如图 5-33 所示的排列效果。

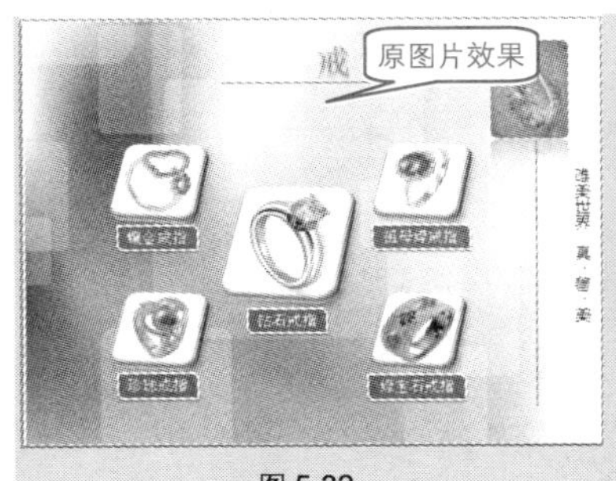

图 5-32

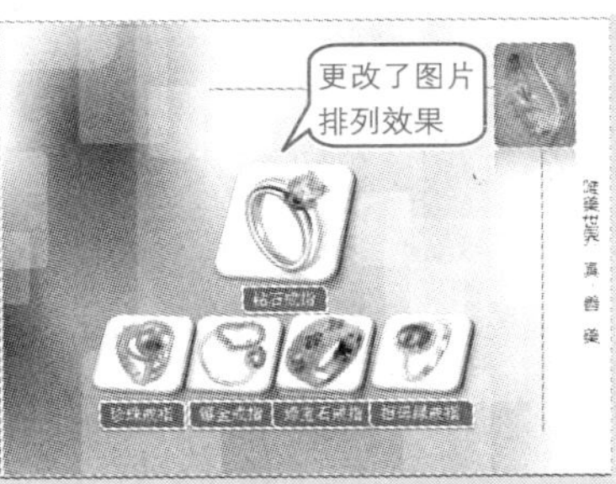

图 5-33

❶ 按 Ctrl 键依次选中除中间一幅图之外的 4 幅图，在“图片工具”→“格式”→“排列”选项组中单击“对齐”下拉按钮，在下拉列表中选择“底端

Note

对齐”选项，如图 5-34 所示。

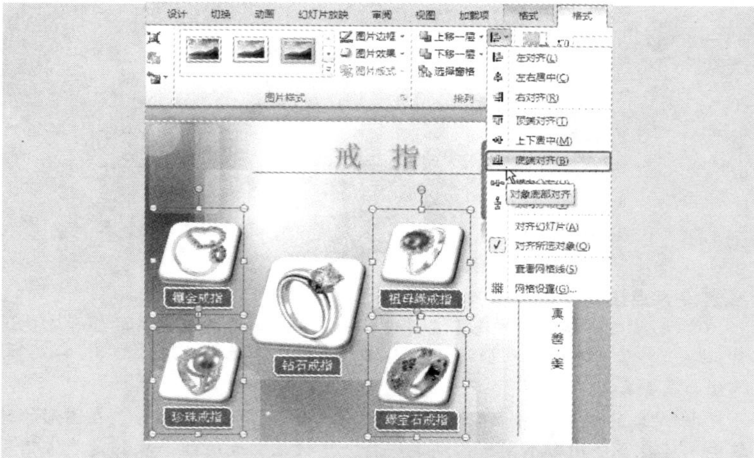

图 5-34

❷ 再次单击“对齐”下拉按钮，在下拉列表中选择“横向分布”选项，如图 5-35 所示。

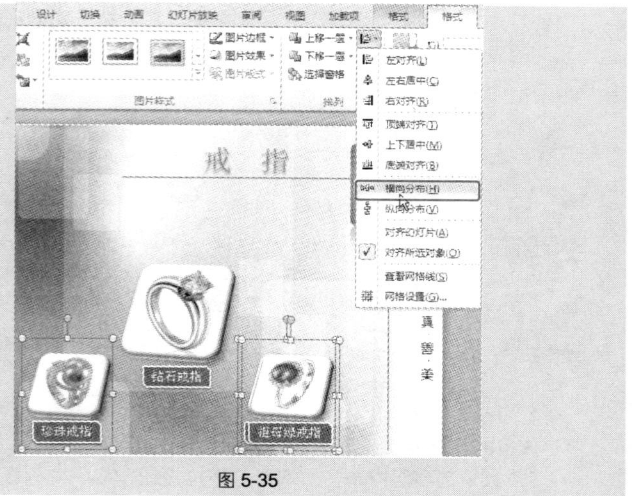

图 5-35

专家点拨

对象的排列适用于多种对象，如文本框、图形、图片等，在图形的编辑中，往往会使用多个图形达到某一表达效果，此时快速排列图片显得非常重要。

技巧 101　以电子邮件发送时压缩图片

当在演示文稿中插入了很多图片后，演示文稿的体积会变得很大。如果想使用电子邮件输出，可以对图片进行压缩，以增快发送速度。

❶ 选中幻灯片中的图片，在“图片工具”→“格式”→“调整”选项组中单击“压缩图片”按钮，如图 5-36 所示。

❷ 打开“压缩图片”对话框，取消选中“仅应用于此图片”复选框，接着在“目标输出”栏中选中“电子邮件（96ppi）：尽可能缩小文档以便共享”单选按钮，如图 5-37 所示。

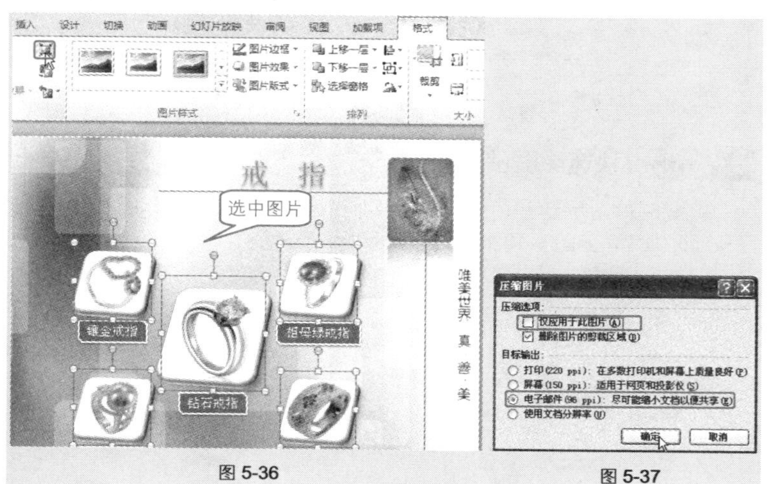

图 5-36　　图 5-37

❸ 单击“确定”按钮，即可在作为电子邮件时压缩图片。

应用扩展

打开“PowerPoint 选项”对话框，在左侧选择“高级”选项，在右侧“图像大小和质量”栏的“将默认目标输出设置为”下拉列表框中选择“96ppi”选项，如图 5-38 所示，也可以达到压缩图片的效果。

Note

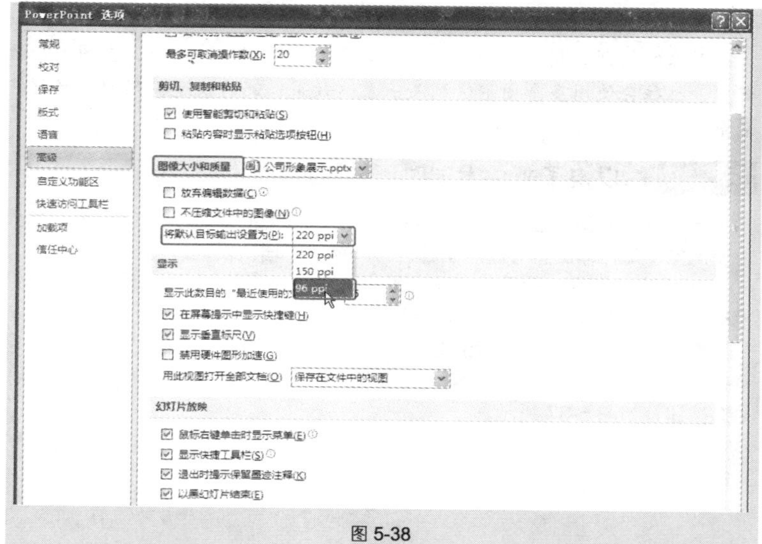

图 5-38

技巧 102　快速隐藏图片

如图 5-39 所示显示了所有插入到幻灯片中的图片，也可以根据实际需要隐藏部分图片，如图 5-40 所示即隐藏了两张图片。

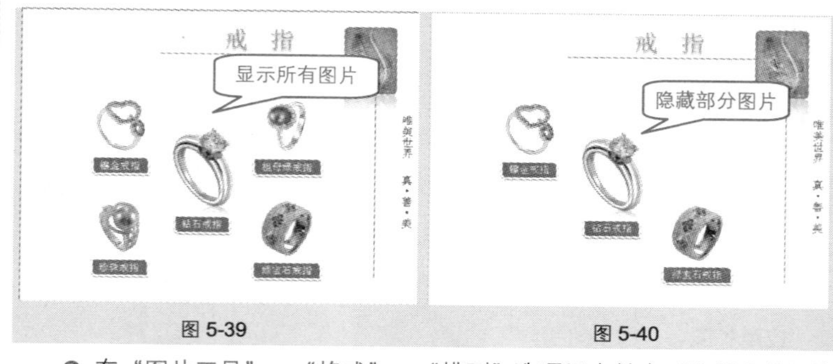

图 5-39　　图 5-40

❶ 在“图片工具”→“格式”→“排列”选项组中单击“选择窗格”按钮，显示出“选择和可见性”任务窗格，列表中显示了幻灯片中的每个对象，后面都有一个按钮，如图 5-41 所示。

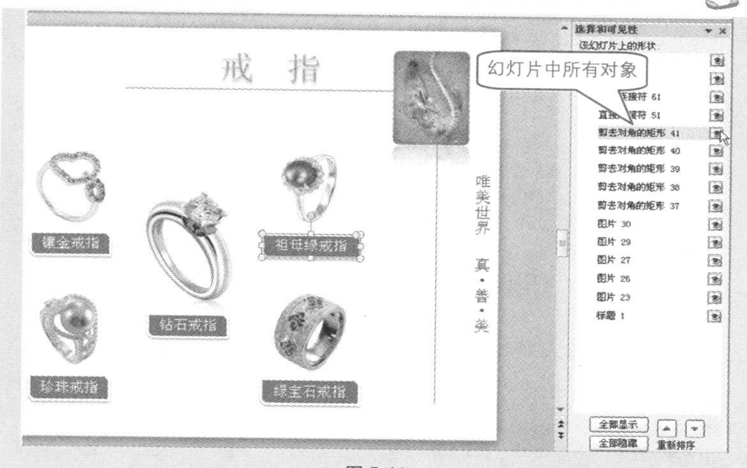

图 5-41

❷ 单击按钮后，即可将其隐藏起来，如图 5-42 所示。

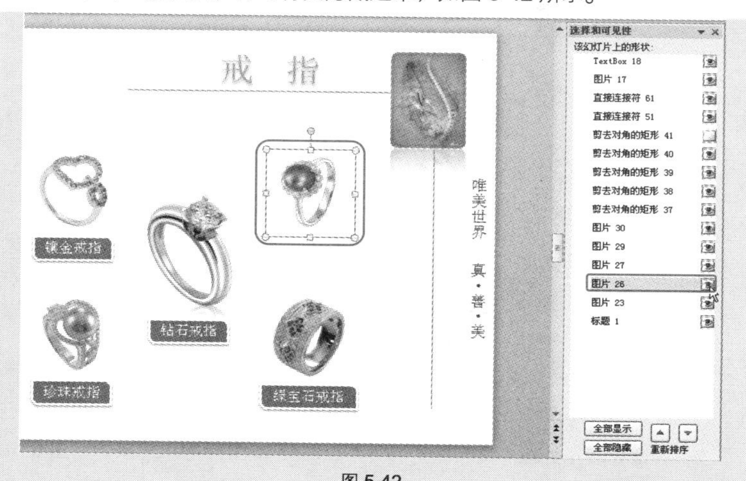

图 5-42

技巧 103　将图片转换为 SmartArt 图形

如图 **5-43** 所示是排列好的图片样式，如果想要进一步美化图片，可以将

Note

其转换为如图 5-44 所示的 SmartArt 图形样式显示出来。

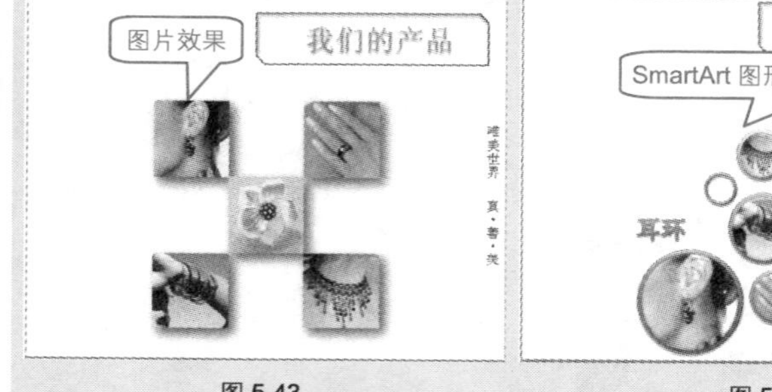

图 5-43　　图 5-44

❶ 选中 PPT 中所有图形，在“图片工具”→“格式”→“图片样式”选项组中单击“图片版式”下拉按钮，在下拉列表中选择“气泡图片列表”SmartArt 图形，如图 5-45 所示。

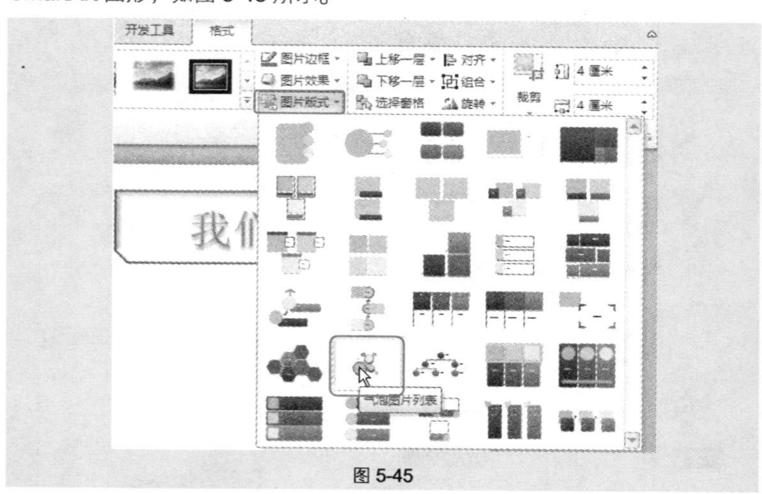

图 5-45

❷ 系统会将图片以“气泡图片列表”SmartArt 图形显示出来，如图 5-46 所示。

❸ 在“文本”区域中输入各个产品的名称，效果如图 5-47 所示。

❹ 选中图形，在“SmartArt 工具”→“设计”→“SmartArt 样式”选

项组中单击“更改颜色”下拉按钮，在下拉列表中选择适合的颜色样式，如图 5-48 所示。

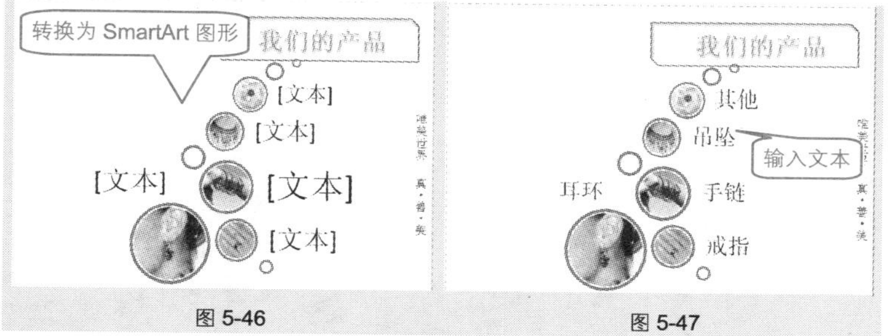

图 5-46　　　　图 5-47

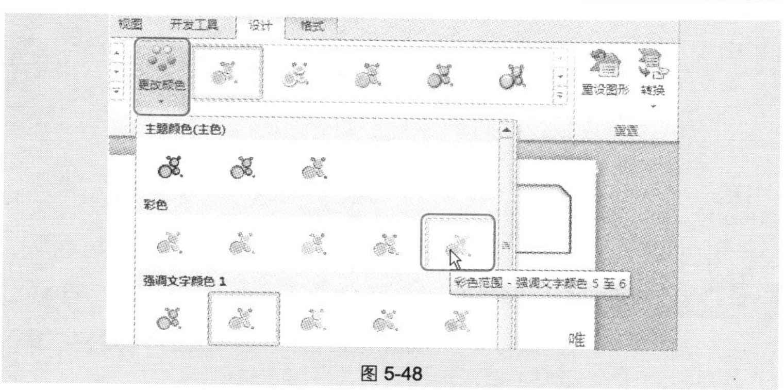

图 5-48

5.2　图形的绘制、编辑及美化

技巧 104　绘制正图形的技巧

在幻灯片中拖动鼠标绘制形状时，有时会绘制出如图 5-49 所示的扁平效果，那么该如何绘制出如图 5-50 所示的正图形呢？

❶ 在“插入”→“插图”选项组中单击“形状”下拉按钮，在下拉列表中选择要绘制的形状，例如此处选择“笑脸”图形样式。

❷ 此时光标变成十字形状，按住 **Shift** 键的同时拖动鼠标绘制，即可得到一个正笑脸，效果如图 5-51 所示。

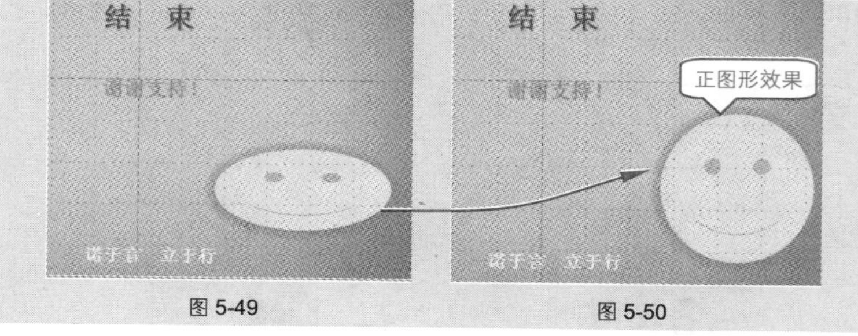

图 5-49　　　　图 5-50

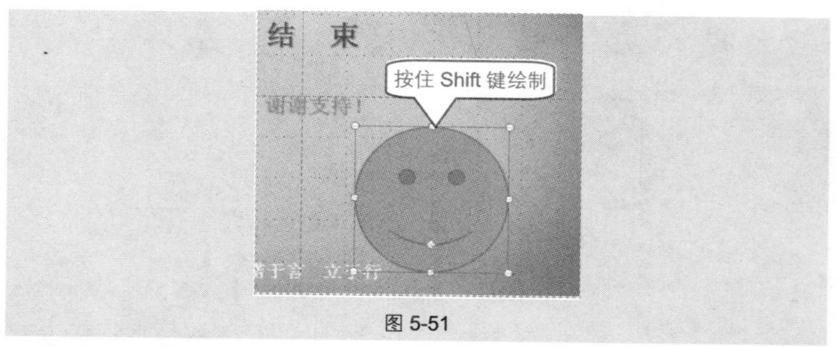

图 5-51

技巧 105　等比例缩放图形

在幻灯片中插入图形后，如果不想单独地调整行高与列宽，可以锁定横纵比后再进行调整，这样在调整时就可以实现等比例缩放。

❶ 在“绘图工具”→“格式”→“大小”选项组中单击按钮，打开“设置形状格式”对话框。在“缩放比例”栏中选中“锁定纵横比”复选框，如图 5-52 所示。

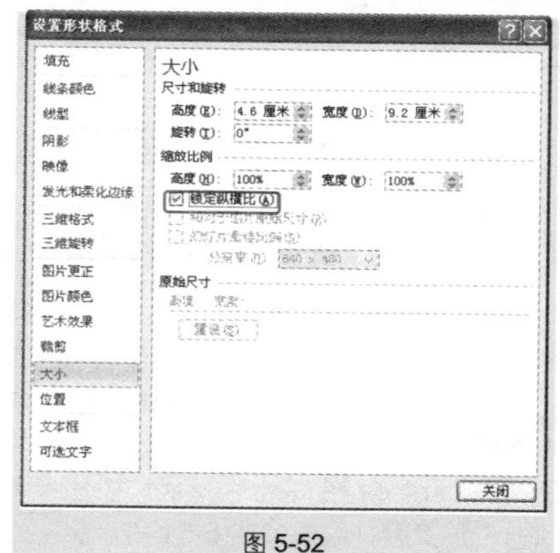

图 5-52

❷ 单击“关闭”按钮。调整图片时，将鼠标定位于拐角处

的控点上，按住鼠标进行拖动即可实现图片等比例缩放，如图 5-53 所示。

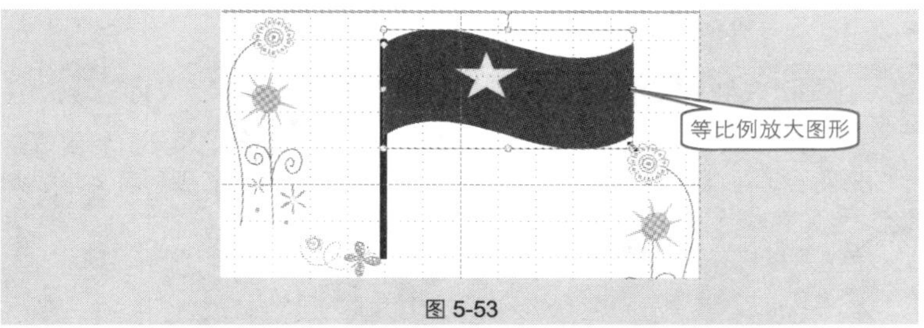

图 5-53

技巧 106 图形按次序叠放

如图 5-54 所示，中间的图形在两个图形上面，那么如何将其放置到这两个图形的下面，达到如图 5-55 所示的效果呢?

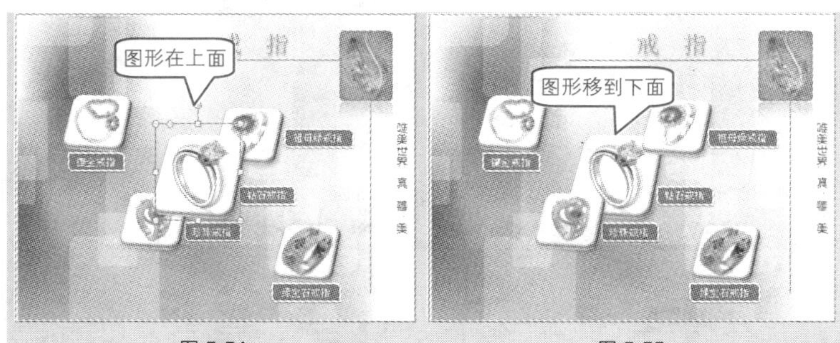

图 5-54　　图 5-55

❶ 选中中间的一张大图，单击鼠标右键，在弹出的快捷菜单中选择“置于底层”→“置于底层”命令，如图 5-56 所示。

❷ 执行命令后，即可看到图片重新叠放后的效果。

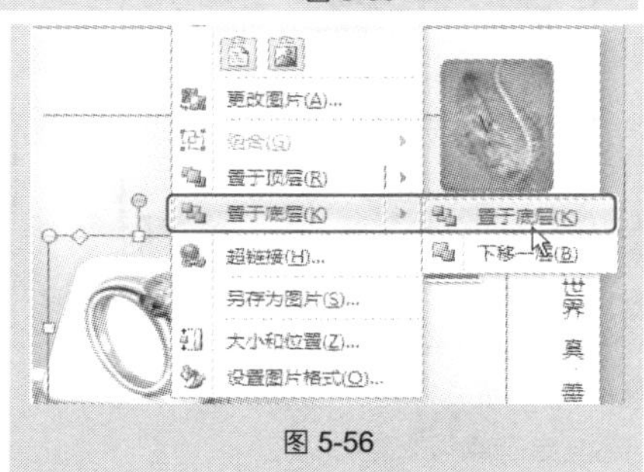

图 5-56

应用扩展

除了在右键菜单中选择“置于底层”命令外，还可以在菜单栏中实现。

在"绘图工具"→"格式"→"排列"选项组中单击"下移一层"下拉按钮，在下拉列表中选择"置于底层"命令即可。

Note

技巧 107 精确定义图形的填充颜色

图片在幻灯片中的使用是非常频繁的，通过设置图形的填充、特效或多个图形组合，可以得到较多的表达文字含义的图示。在设置图形填充与线条颜色时，如果颜色列表中没有可选择的颜色，可以打开"颜色"对话框进行精确设置。

❶ 在"绘图工具"→"格式"→"形状样式"选项组中单击"形状填充"下拉按钮，在下拉列表中选择"其他填充颜色"命令，如图 5-57 所示。

❷ 打开"颜色"对话框，在"标准"选项卡中可以选择标准色，然后选择"自定义"选项（如图 5-58 所示），可以分别在"红色（R）"、"绿色（G）"和"蓝色（B）"文本框中输入值（如图 5-59 所示），从而设置精确的颜色值。

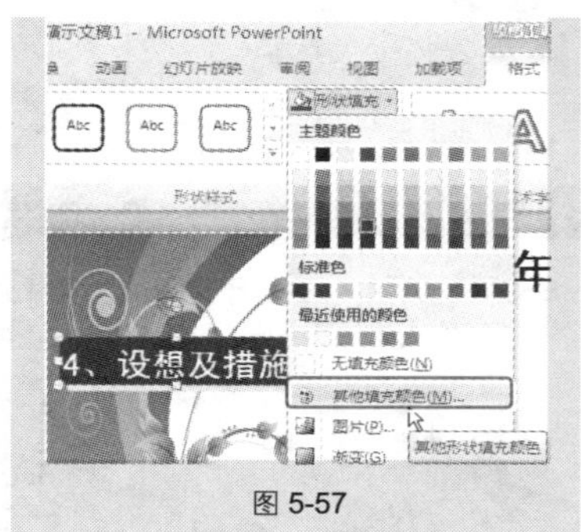

图 5-57

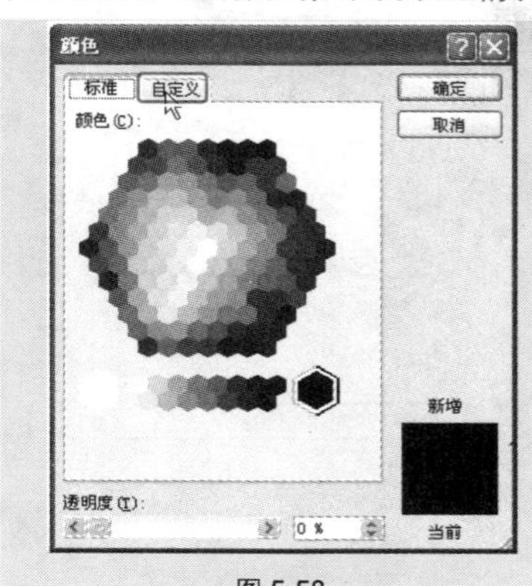

图 5-58

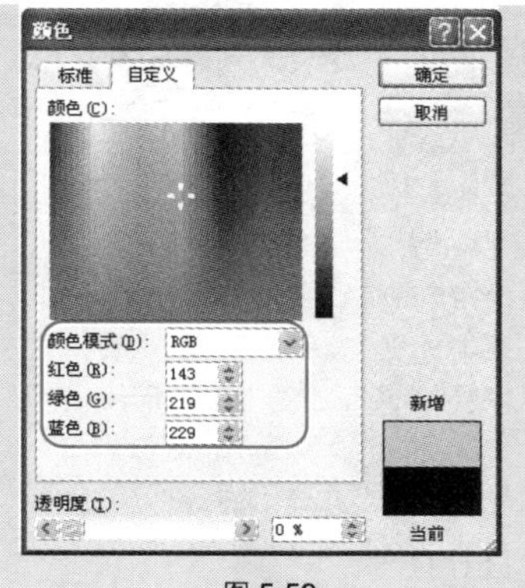

图 5-59

专家点拨

RGB 色彩模式是工业界的一种颜色标准，是通过对红（R）、绿（G）、

蓝（B）3 个颜色通道的变化以及它们相互之间的叠加来得到各式各样的颜色的。这个标准几乎包括了人类视力所能感知的所有颜色，是目前运用最广泛的颜色系统之一。

技巧 108　设置渐变填充效果

绘制图形后默认都是单色填充的，渐变填充效果可以让图形效果更具层次感，整体效果更加柔美。如图 5-60 所示为默认图形效果，如图 5-61 所示为设置渐变填充后的图形效果。

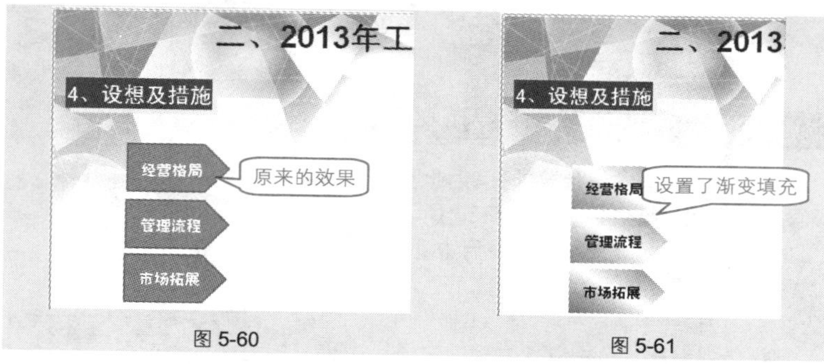

图 5-60　　图 5-61

❶ 选中图形并单击鼠标右键，在弹出的快捷菜单中选择“设置形状格式”命令，打开“设置形状格式”对话框。选中“渐变填充”单选按钮，在“类型”下拉列表框中可以选择变化类型，如图 5-62 所示；在“方向”下拉列表框中可以选择渐变方向，如图 5-63 所示；在“渐变光圈”栏中可以设置渐变颜色，选中标尺上的设置点，并在下面的颜色框中选择颜色，还可以单击按钮添加设置点，也可以单击按钮删除设置点，如图 5-64 所示。

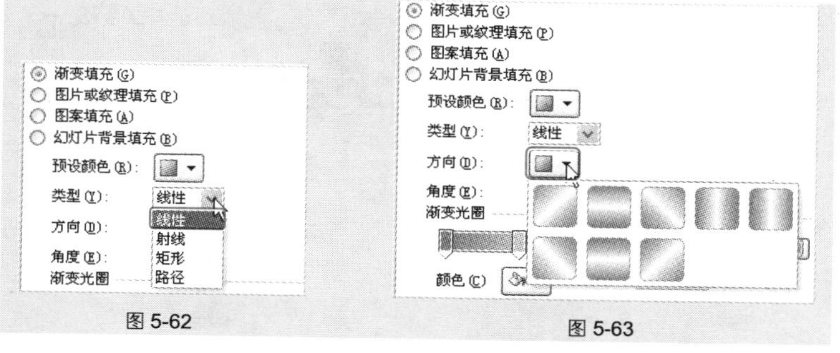

图 5-62　　图 5-63

❷ 通过上面的设置，其填充效果如图 5-65 所示。按相同的方法可以设置其他图形的渐变填充效果。

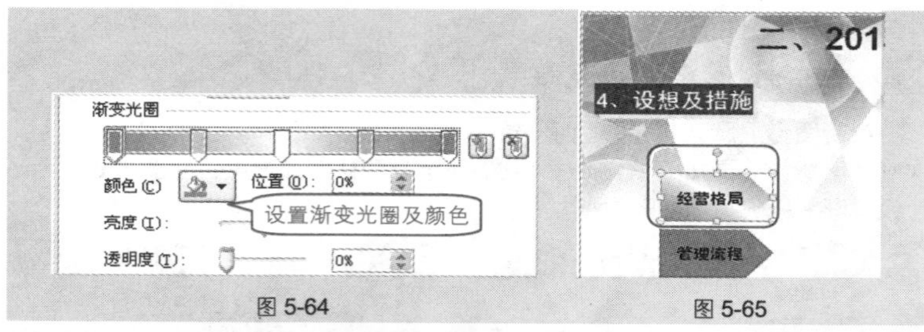

图 5-64　　图 5-65

技巧 109　设置图形的边框线条

为了达到不同的设计要求，有时也需要设置图形的边框效果。如图 5-66 所示的图形只使用了填充颜色而未使用边框，如图 5-67 所示的图形取消了填充颜色，仅使用了边框效果。

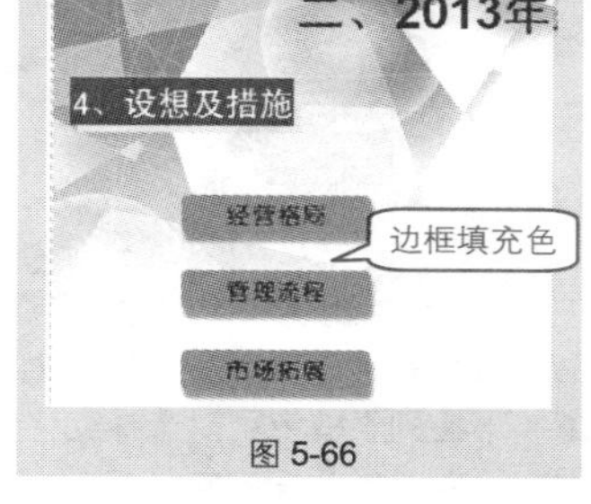

图 5-66

❶ 选中图形并单击鼠标右键，在弹出的快捷菜单中选择“设置对象格式”命令（如图 5-68 所示），打开“设置形状格式”对话框。

❷ 在“填充”选项下选中“无填充”（如图 5-69 所示）单选按钮，然后切换到“线型”选项，在“线端类型”下拉列表框中选择“圆点”线型，如图 5-70 所示。

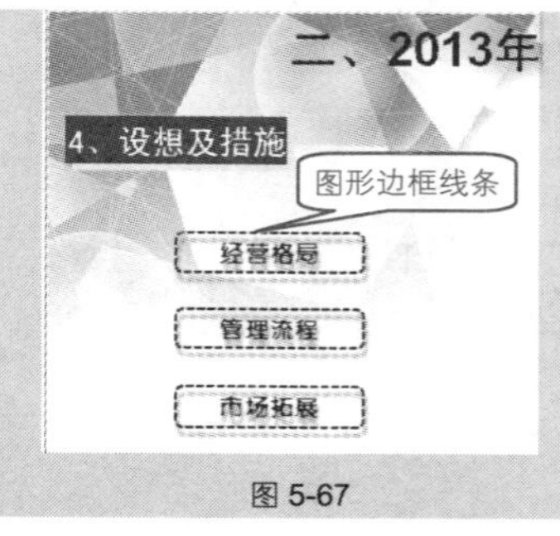

图 5-67

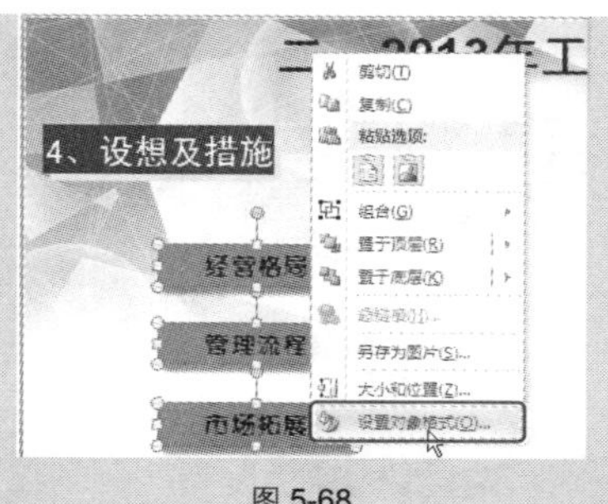

图 5-68

Note

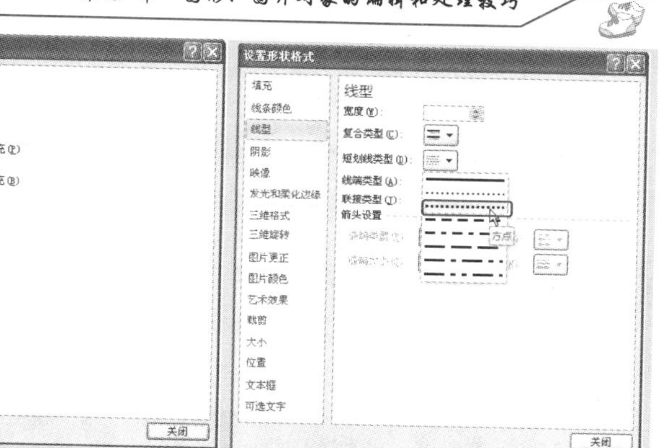

图 5-69　　　　图 5-70

❸ 单击“关闭”按钮完成设置。

技巧 110　设置图形的图片填充效果

绘制形状后，可以为其设置图片填充效果，以达到美化的目的。

❶ 选中图形，在“绘图工具”→“格式”→“形状样式”选项组中单击“形状填充”下拉按钮，从下拉列表中选择“图片”命令，如图 5-71 所示。

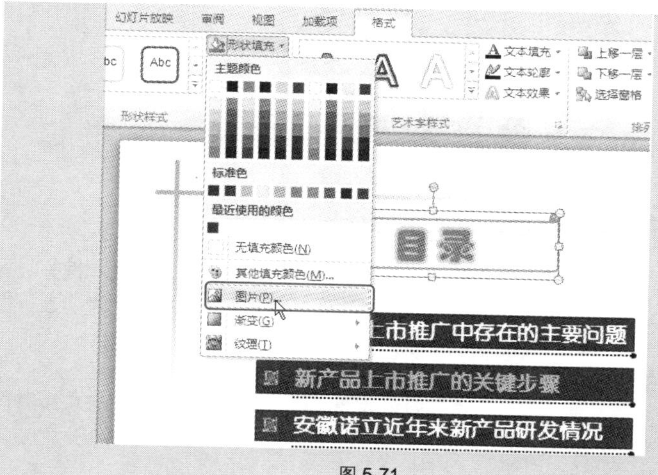

图 5-71

Note

❷ 打开“插入图片”对话框，进入要使用图片的保存路径并选中图片，如图 5-72 所示。

图 5-72

❸ 单击“插入”按钮即可设置图形的图片填充效果，如图 5-73 所示。

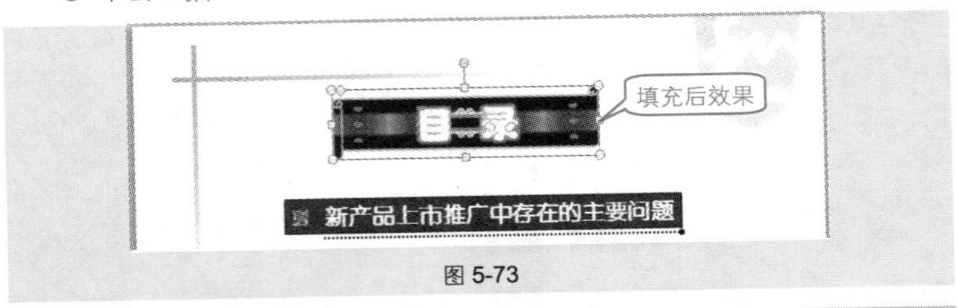

图 5-73

技巧 111 一次性选中多个要操作的对象

在编辑幻灯片时，经常要操作多个对象，如图形、图片、文本框等。在操作前准确地选中对象是很重要的，因此如果想一次性选中多个需要进行相同操作的对象，可以按如下方法实现。

❶ 在“开始”→“编辑”选项组中单击“选择”按钮，在下拉列表中选择“选择对象”命令以开启选择对象的功能。按住鼠标左键拖动选中所有需要选择的对象，如图 5-74 所示。

❷ 释放鼠标即可将框选位置上的所有对象都选中，如图 5-75 所示。

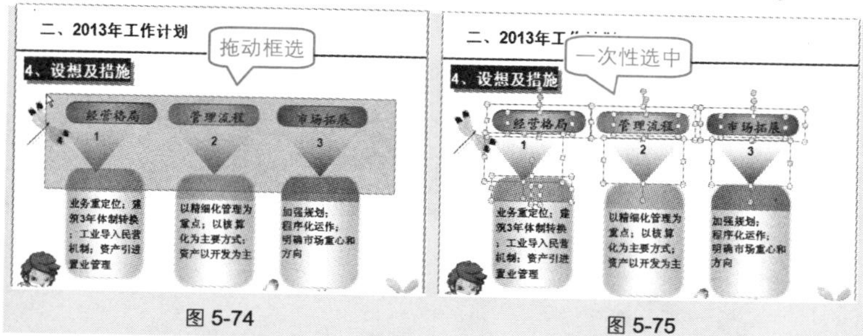

图 5-74　　图 5-75

技巧 112　设置图形半透明的效果

如图 5-76 所示为添加的默认图形（分别设置了不同的填充颜色），如图 5-77 所示为设置半透明后的效果，显然设置后的图形整体效果更好。

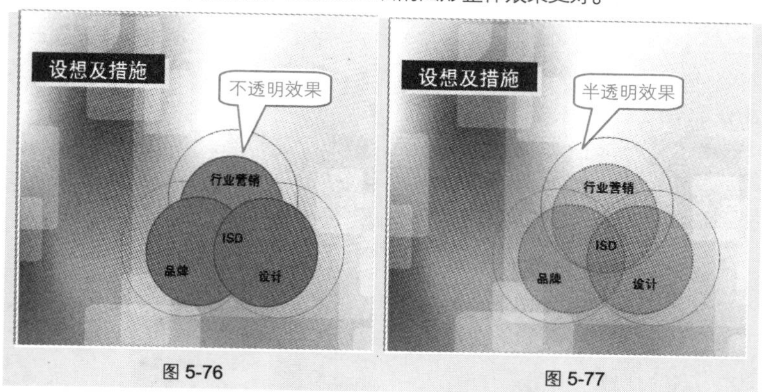

图 5-76　　图 5-77

❶ 选中圆形图形并单击鼠标右键，在弹出的快捷菜单中选择“设置形状格式”命令，打开“设置形状格式”对话框，可以重新设置填充颜色，拖动“透明度”滑块调整透明度，如图 5-78 所示。

❷ 在左侧切换到“线型”选项，可以设置图形边框的线条宽度，在“线端类型”下拉列表框中选择“圆点”线型，如图 5-79 所示。

❸ 完成对第一个图形的设置后，可以按相同的方法设置其他图形的格式。

Note

图 5-78

图 5-79

技巧 113 设置图形的三维特效

三维特效是美化图形的一种常用方式，在幻灯片中为图表合理配置三维特效，有时可以达到意想不到的特殊效果，如将图 5-80 所示的形状更改为如图 5-81 所示的三维效果。

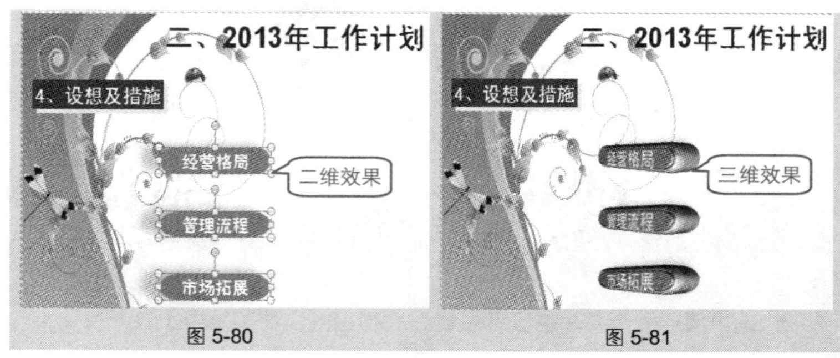

图 5-80　　图 5-81

❶ 选中要设置的形状，在“绘图工具”→“格式”→“形状样式”选项组中单击“形状效果”下拉按钮，在下拉列表的“预设”子列表中提供了多种预设效果，这些效果都是设置了三维效果的，如果没有特别的要求，可以直接套用这几种效果，非常方便快捷，如图 5-82 所示。

❷ 如果对套用的预设效果不满意，可以选中图形并单击鼠标右键，在弹出的快捷菜单中选择“设置对象格式”命令（如图 5-83 所示），打开“设置

Note

形状格式”对话框。切换到“三维格式”选项，在右侧分别设置各项参数（图中显示的是达到效果图中样式的参数），如图 5-84 所示。

❸ 切换到“三维旋转”选项，在右侧分别设置各项参数（图中显示的是达到效果图中样式的参数），如图 5-85 所示。

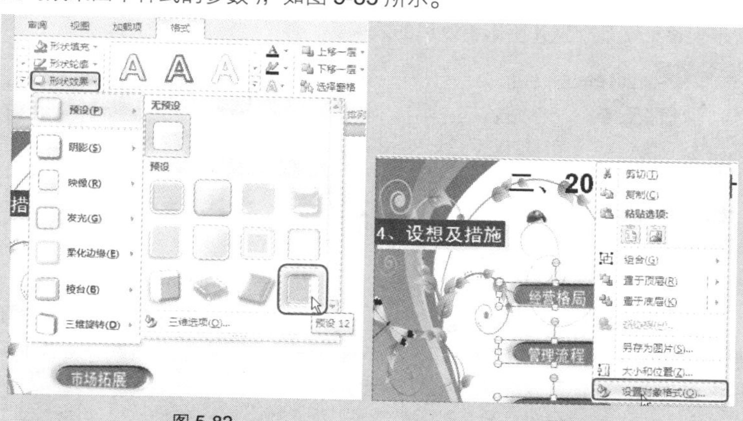

图 5-82　　图 5-83

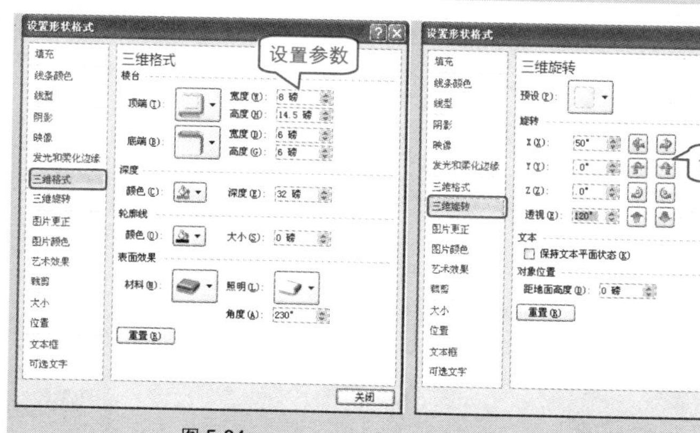

图 5-84　　图 5-85

专家点拨

当设置了图形的三维特效后，如果想快速还原图形，可以在“设置形状格式”对话框中切换到“三维格式”或“三维旋转”选项，单击“重置”

按钮即可。

Note

技巧 114 设置球体的阴影特效

阴影特效也是修饰图形的一种方式，如图 5-86 所示为原图，如图 5-87 所示为设置了几个球体阴影特效后的效果。

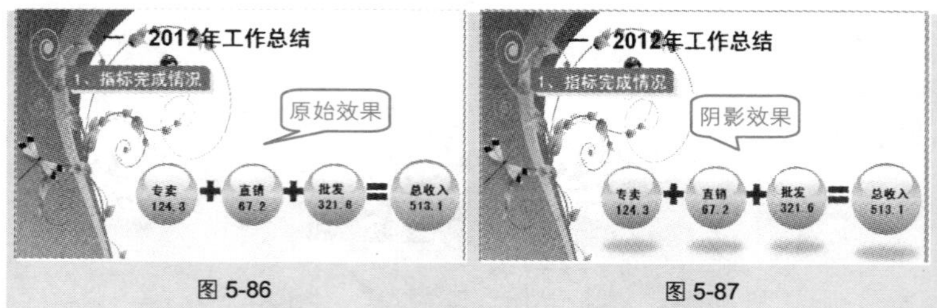

图 5-86　　　　图 5-87

❶ 选中要设置的形状，在"绘图工具"→"格式"→"形状样式"选项组中单击"形状效果"下拉按钮，在下拉列表的"阴影"子列表中提供了多种内置效果，单击可以套用，如图 5-88 所示。

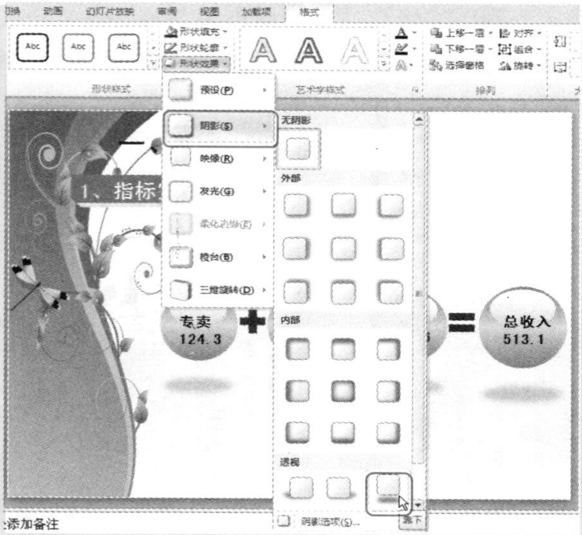

图 5-88

❷ 如果对套用的预设效果不满意，可以选择“阴影选项”命令，打开“设置形状格式”对话框，可以重新设置阴影颜色、透明度、大小等参数，如图 5-89 所示。

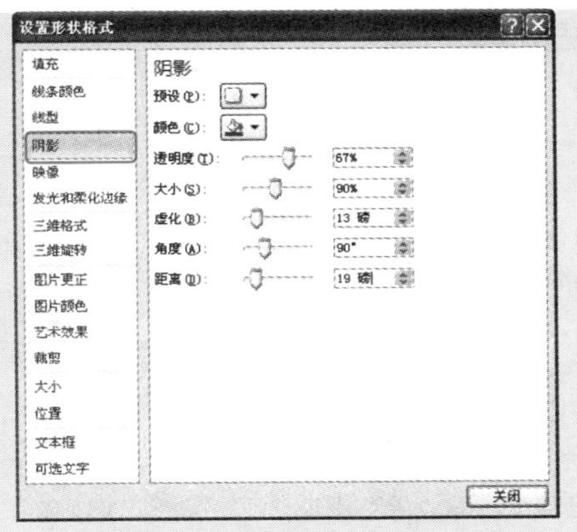

图 5-89

技巧 115　为图形设置映像效果

对于插入的图形，还可以使用“映像”效果来增强其立体感，如将图 5-90 所示的图形更改为如图 5-91 所示的样式，就需要使用到“映像”效果。

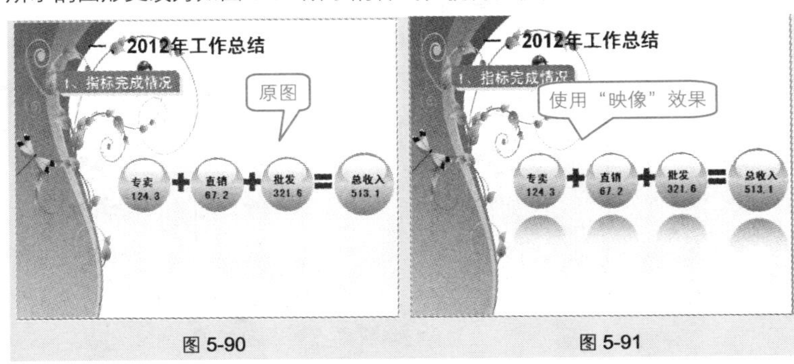

图 5-90　　图 5-91

❶ 选中图形，在“绘图工具”→“格式”→“形状样式”选项组中单击“形状效果”下拉按钮，在下拉列表的“映像”子列表中可以选择预设的映像效果，如图 5-92 所示。

Note

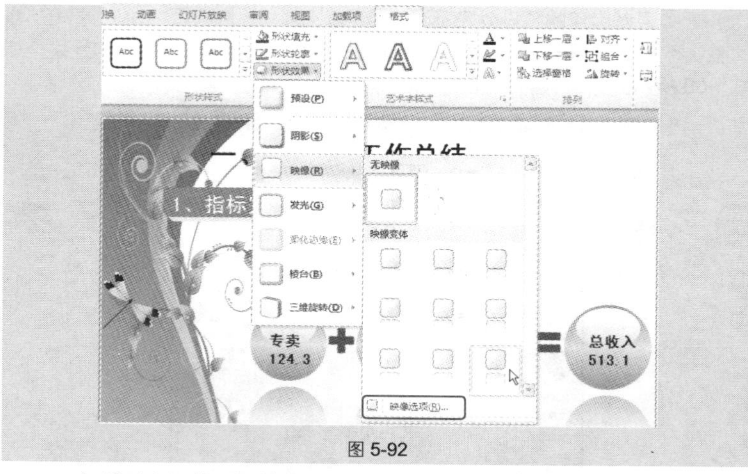

图 5-92

❷ 如果对套用的预设效果不满意，可以选择“映像选项”命令，打开“设置形状格式”对话框，可以重新设置透明度、大小、距离等参数，如图 5-93 所示。

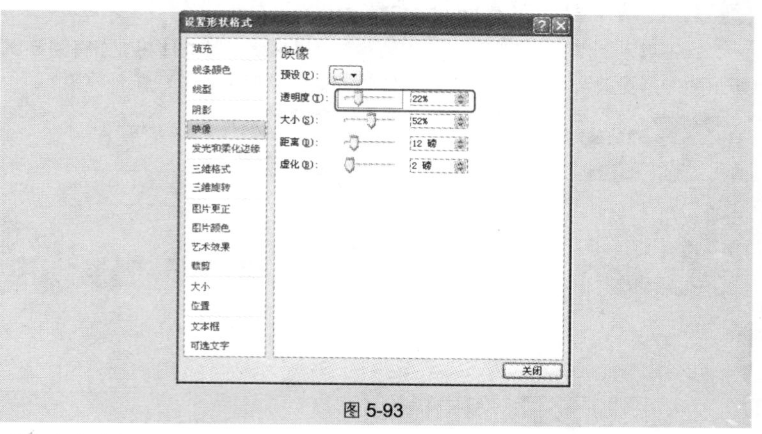

图 5-93

专家点拨

图形的映像效果用格式刷是不能复制的，需要逐一手动设置。用户也可以设置不同的映像效果，以达到需求。

Note

应用扩展

在“形状效果”下拉列表中还有“发光”、“柔化边缘”等效果选项，用户可以按照类似的方法选择设置。

技巧 116　用格式刷快速刷取图形的格式

像在 Word 文档中引用文本的格式一样，当设置好图形的效果后，如果其他图形也要使用相同的效果，则可以使用格式刷来快速引用格式。

❶ 选中设置了格式后的图形，在“开始”→“剪贴板”选项组中单击按钮（如图 5-94 所示），然后移动到需要引用其格式的图形上单击鼠标，即可引用格式，如图 5-95 所示。

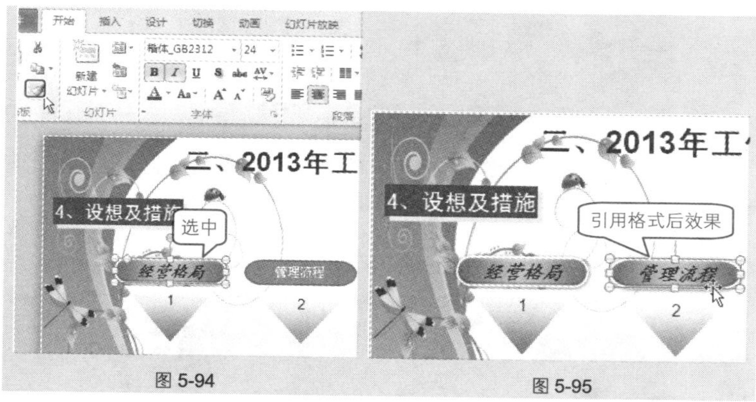

图 5-94　　图 5-95

❷ 如果多处需要使用相同的格式，则可以双击按钮，依次在目标对象上单击，全部引用完成后再次单击按钮退出即可。

5.3　使用图形、图片及 SmartArt 图形设计幻灯片版面

技巧 117　运用自选图形表达文本关系范例 1

为了使得演示文稿中每张幻灯片都达到突出的效果，仅使用幻灯片默认的占位符或添加几张图片是远远不够的。可以通过绘制自选图形，并合理组合使用，以达到表达数据关系，或美化版式的效果。

如图 5-96 所示，使用了形状和文本框组合的方式，创建了个性的演示文稿的目录的效果。下面介绍该效果图的具体操作步骤。

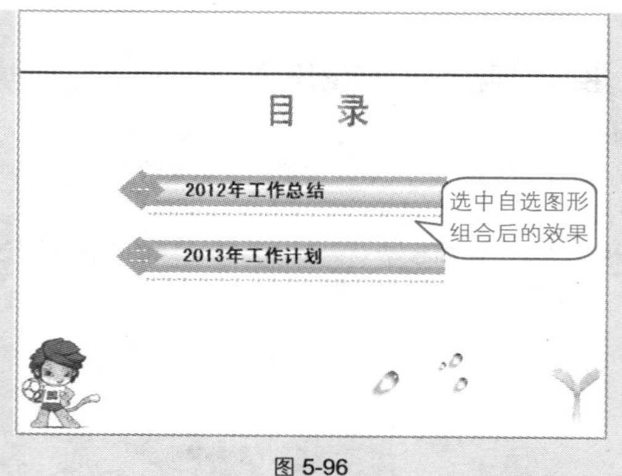

图 5-96

❶ 在“插入”→“插图”选项组中单击“形状”下拉按钮，在下拉列表中选择“矩形”形状样式，如图 5-97 所示。

❷ 拖动鼠标在幻灯片中绘制“长 1.4，宽 13”的矩形，在右键菜单中选择“设置形状格式”命令，如图 5-98 所示。

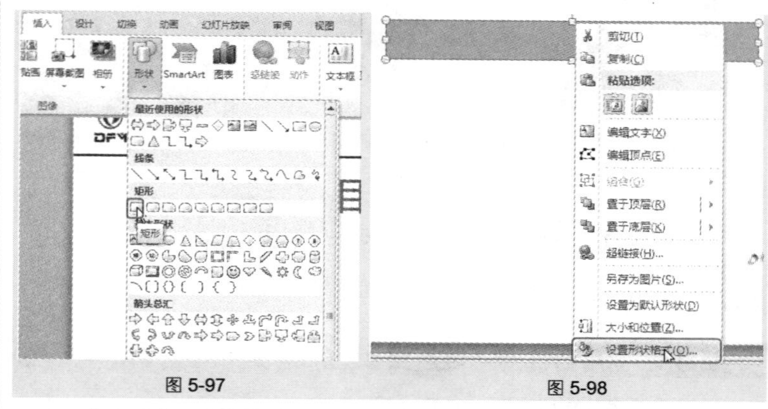

图 5-97　　图 5-98

❸ 打开“设置形状格式”对话框，选中“渐变填充”单选按钮，设置“类型”为“线性”，“方向”为“线性向下”，“角度”为“270°”，“渐变光圈”中使用了 6 个设置点，设置“浅绿”到“灰色”到“白色”到“浅绿”的渐

变，如图 5-99 所示。

❹ 在填充后的矩形上添加文本框输入文字，效果如图 5-100 所示。

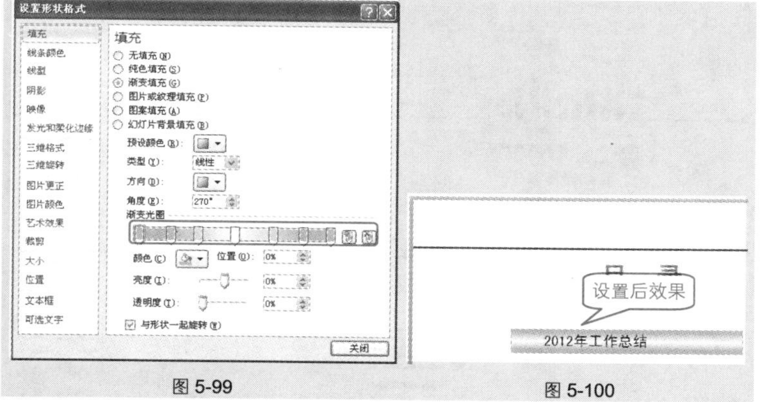

图 5-99　　　　图 5-100

❺ 按相同的方法在矩形的前端绘制“长 2，宽 2”的“菱形”图形并设置浅绿色填充无边框效果。在“菱形”图形上绘制文本框，输入文字“一”，并设置字体格式，效果如图 5-101 所示。

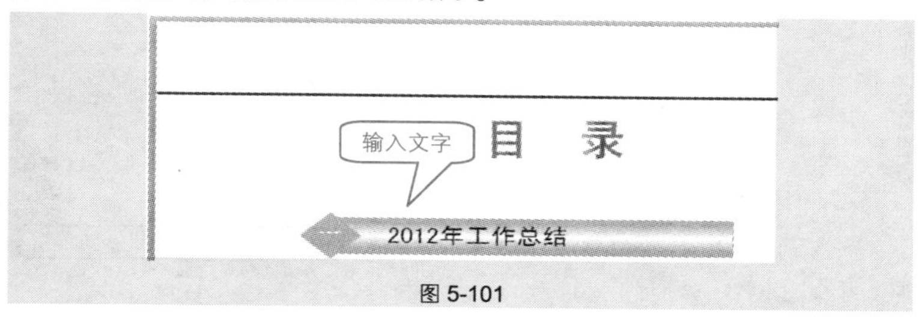

图 5-101

❻ 在矩形形状下面绘制一条“长 13”的直线。选中直线，在“绘图工具”→“格式”→“形状样式”选项组中单击“形状轮廓”下拉按钮，定位到“粗细”子列表，选择“3 磅”，如图 5-102 所示。

❼ 接着单击“形状轮廓”下拉按钮，定位到“虚线”子列表，选择“圆点”，如图 5-103 所示。

❽ 设置完成后，按 **Shift** 键依次选中所有形状和文本框，在右键菜单中选择“组合”→“组合”命令，如图 5-104 所示。

❾ 选中组合后的图形，按 **Ctrl+C** 组合键复制，接着按 **Ctrl+V** 组合键粘

Note

Note

贴，修改文本框内容即可完成设置。

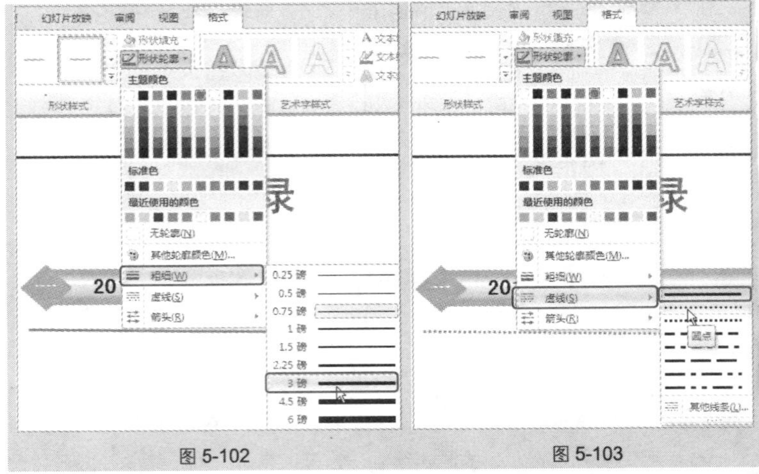

图 5-102　　图 5-103

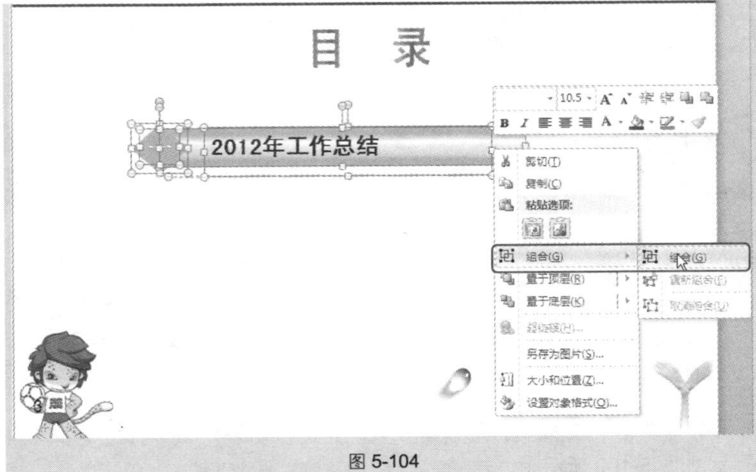

图 5-104

技巧 118　运用自选图形表达文本关系范例 2

如图 5-105 所示，使用形状、图片和文本框组合的方式，显示出一年

中最主要的工作回顾，整体效果简洁、直观、美观。

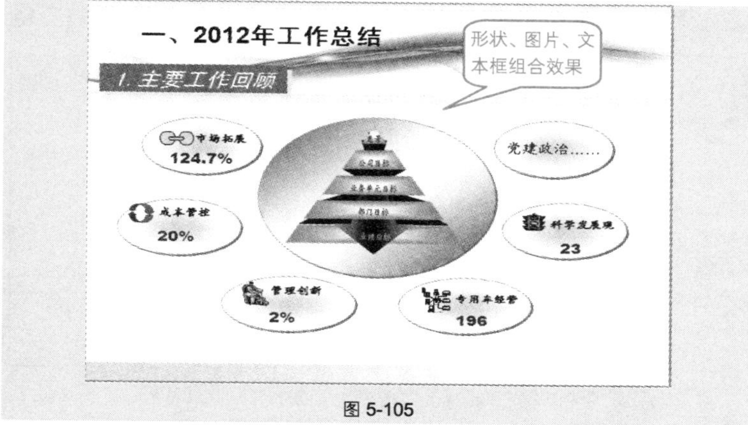

图 5-105

❶ 在“插入”→“插图”选项组中单击“形状”下拉按钮，在下拉列表中选择“椭圆”形状样式（如图 5-106 所示），拖动鼠标在幻灯片中绘制“长 8，宽 10.3”的椭圆图形，如图 5-107 所示。

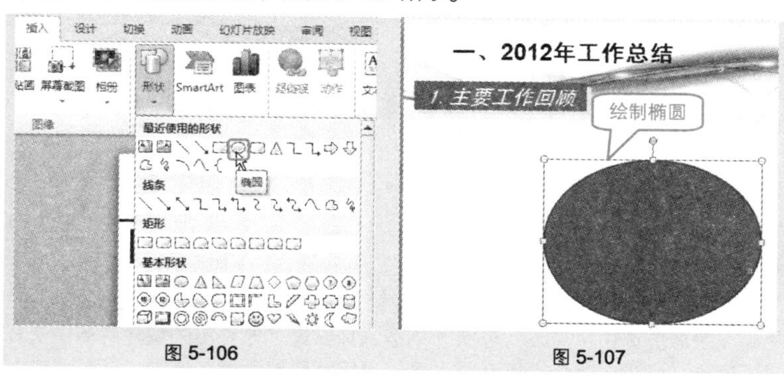

图 5-106　　图 5-107

❷ 选中“椭圆”形状并单击鼠标右键，在弹出的快捷菜单中选择“设置形状格式”命令，打开“设置形状格式”对话框。选中“渐变填充”单选按钮，设置“类型”为“线性”，“方向”为“45°”，“渐变光圈”中使用 3 个设置点，设置从“红色”到“白色”到“红色”的渐变，如图 5-108 所示。

❸ 切换到“阴影”选项，选择“右下斜偏移”效果，并设置大小、角度

等参数，如图 5-109 所示。

图 5-108

图 5-109

❹ 设置完成后的图形效果如图 5-110 所示。向图形中插入预备好的图片，如图 5-111 所示。

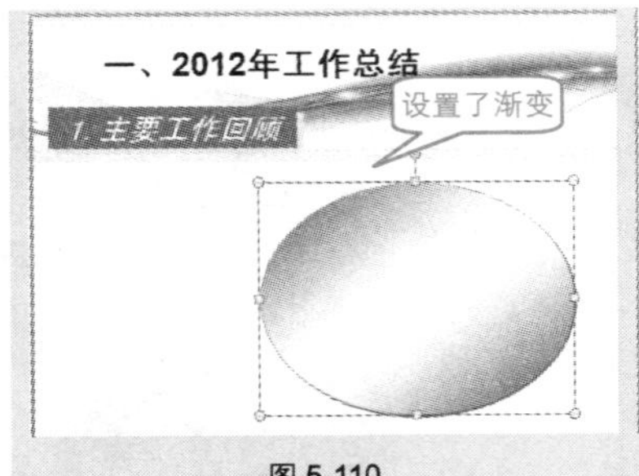

图 5-110

图 5-111

❺ 再次选择“椭圆”形状，拖动鼠标在幻灯片中绘制“长 2.8，宽 5.2”的椭圆图形。选中“椭圆”形状并单击鼠标右键，在弹出的快捷菜单中选择“设置形状格式”命令，打开“设置形状格式”对话框。选中“渐变填充”单选按钮，设置“类型”为“路径”，“渐变光圈”中使用两个设置点，设置从“灰色”到“白色”的渐变，如图 5-112 所示。切换到“阴影”选项，选择“右下斜偏移”效果，并设置大小、角度等参数，如图 5-113 所示。

❻ 设置完成后的图形效果如图 5-114 所示。向图形中插入预备好的一张图片，并建立两个文本框输入文字，且分别设置不同的文字格式。同时选中椭圆

图形和上面的几个对象，单击鼠标右键，在弹出的快捷菜单中依次选择“组合”→“组合”命令，将它们组合成为一个对象，如图 5-115 所示。

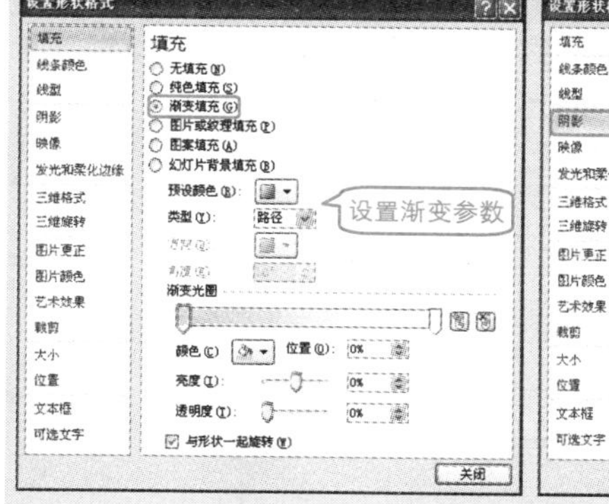

图 5-112

图 5-113

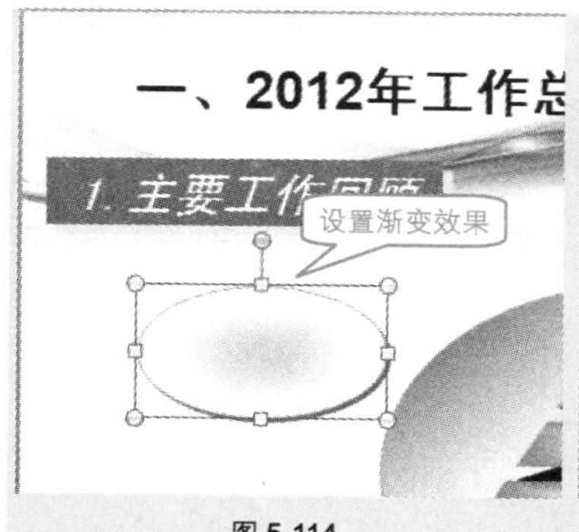

图 5-114

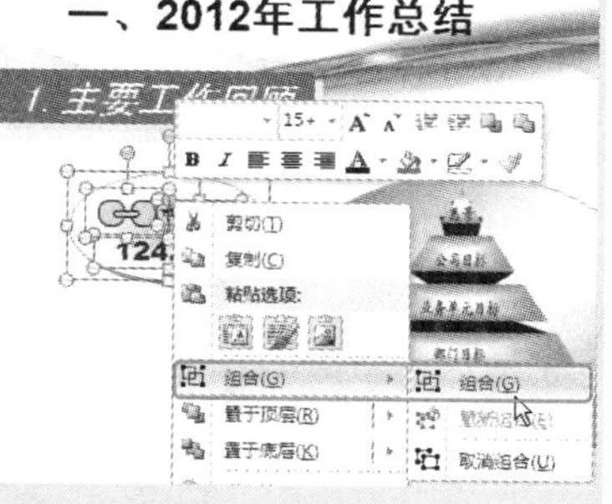

图 5-115

❼ 按相同的方法完成其他图形的建立。建立时可以复制第一个组合后的图形，然后分别取消组合、重新输入文字、重新更换图片即可。最后将它们按效果图中的位置进行摆放即可。

技巧 119　运用自选图形建立图解型幻灯片范例 1

演示文稿在放映时带给人的视觉冲击力很强，因此幻灯片不但要能说明问题、传达信息，同时还要具有美感。合理地运用自选图形，并通过格式设

置、组合调整，可以绘制出很多优美的图解型的幻灯片。如图 5-116 所示为完全使用图形建立的图解型幻灯片。

❶ 在“插入”→“插图”选项组中单击“形状”下拉按钮，在下拉列表中选择“椭圆”形状样式，拖动鼠标在幻灯片中绘制“长 7.5，宽 13.5”的椭圆图形，并设置图形为绿色填充，无边框，如图 5-117 所示。

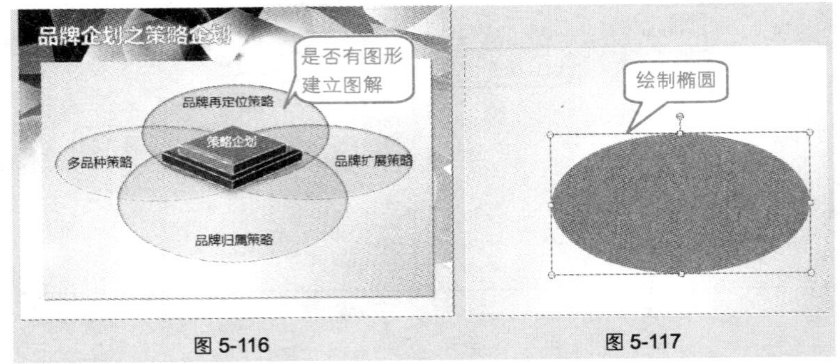

图 5-116　　图 5-117

❷ 选中椭圆，在“绘图工具”→“格式”→“形状样式”选项组中单击“形状效果”下拉按钮，在“预设”子列表中选择“预设 8”效果，如图 5-118 所示。

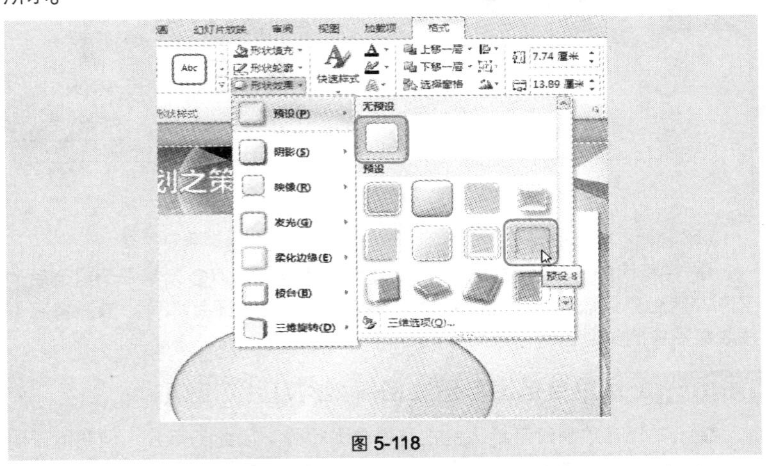

图 5-118

❸ 对第一个椭圆图形设置格式后，复制 3 个椭圆图形，设置两个“长 4.5，

宽 12"尺寸，设置一个"长 6，宽 11"尺寸，并按如图 5-119 所示的样式摆放。

❹ 在 4 个椭圆图形的交叉位置上绘制一个菱形图形，尺寸为"长 5.2，宽 8.5"，设置深灰色填充，无边框，如图 5-120 所示。

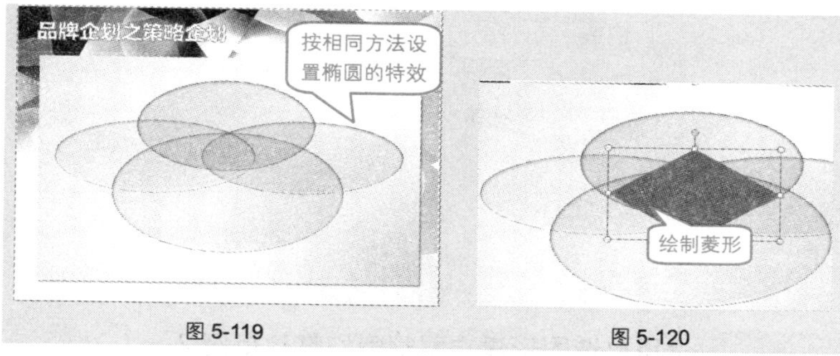

图 5-119　　　　图 5-120

❺ 选中菱形图形并单击鼠标右键，在弹出的快捷菜单中选择"设置形状格式"命令，打开"设置形状格式"对话框。切换到"三维格式"选项，在右侧分别设置各项参数（图中显示的是达到效果图中样式的参数），如图 5-121 所示，切换到"三维旋转"选项，在右侧分别设置各项参数（图中显示的是达到效果图中样式的参数），如图 5-122 所示。

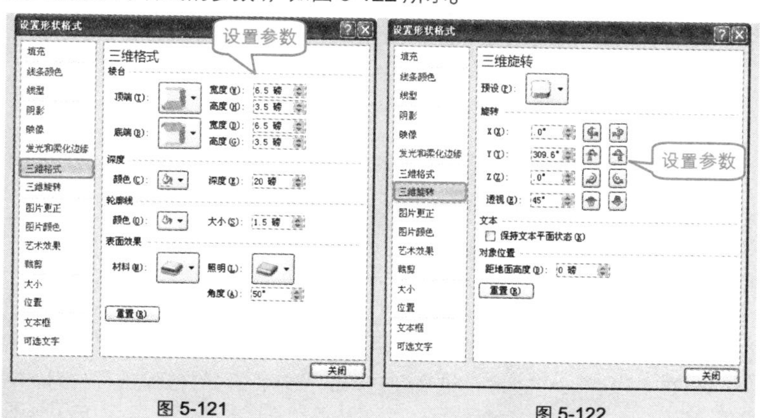

图 5-121　　　　图 5-122

❻ 完成上面设置后，菱形图形的效果如图 5-123 所示。复制菱形图形，将尺寸修改为"长 4，宽 6.5"，设置填充颜色为橙色，并将它与第一个菱形

Note

层叠放置，如图 5-124 所示。

❼ 在各个图形上添加文字框，输入说明文字，也可以在“字体”选项组中将默认字体格式进行更改。

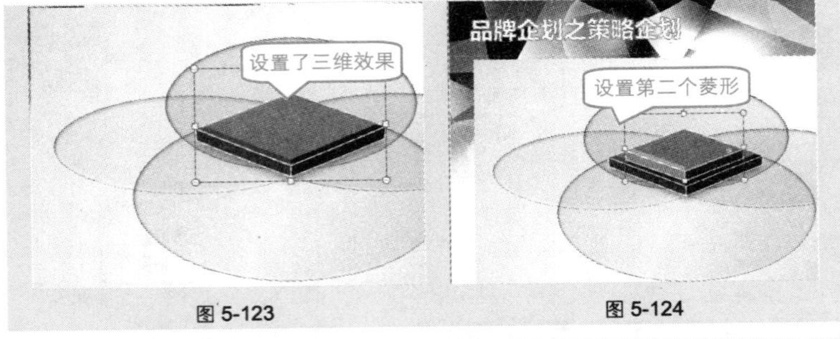

图 5-123　　图 5-124

技巧 120　运用自选图形建立图解型幻灯片范例 2

如图 5-125 所示为图解型幻灯片，其中使用了弧形图、圆角矩形等图形，同时还应用了渐变填充效果等。

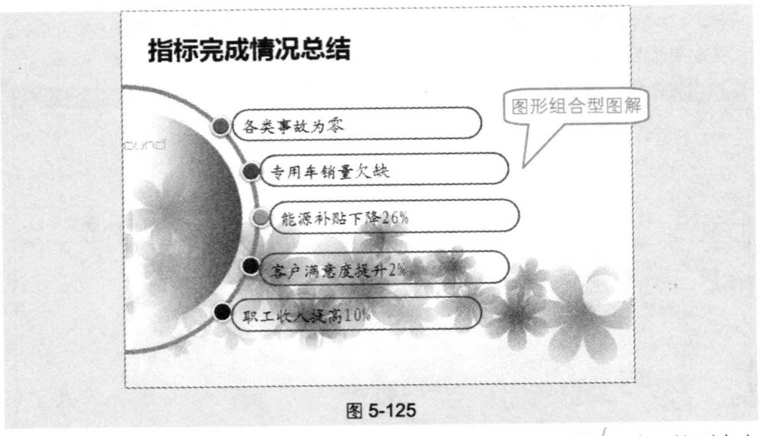

图 5-125

❶ 在“插入”→“插图”选项组中单击“形状”下拉按钮，在下拉列表中选择“弧形”形状样式，拖动鼠标在幻灯片中绘制“长 13.5，宽 13.5”的弧形图形，如图 5-126 所示。拖动右侧的黄色调节点到底部中间的控点上，将弧形调整为一个半圆形，如图 5-127 所示。

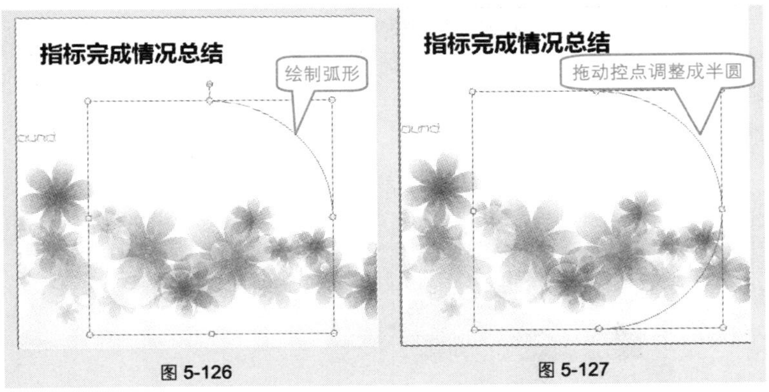

图 5-126　　　　图 5-127

❷ 选中椭圆，在“绘图工具”→“格式”→“形状样式”选项组中单击“形状轮廓”下拉按钮，设置颜色为灰色，在“粗细”子列表中选择“6 磅”，如图 5-128 所示。

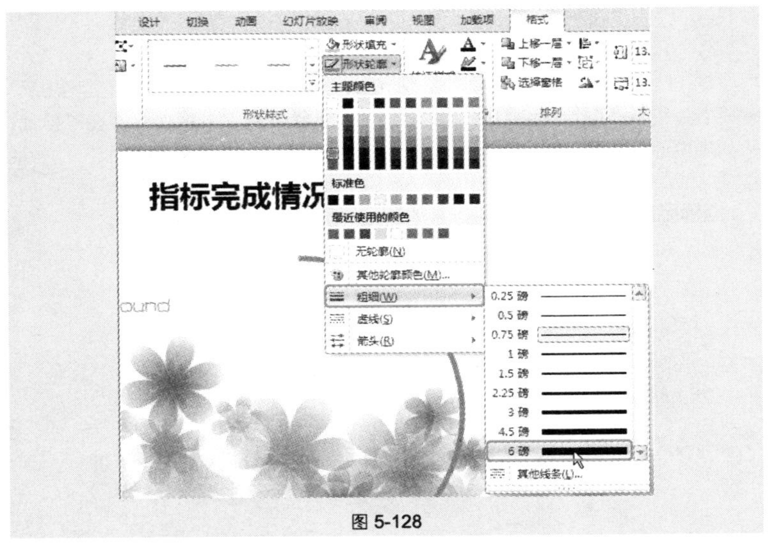

图 5-128

❸ 复制半圆图形，修改尺寸为“长 11，宽 11”，打开“设置形状格式”对话框。选中“渐变填充”单选按钮，设置“类型”为“线性”“方向”为

"180°"，"渐变光圈"中使用两个设置点，设置从"橙色"到"白色"的渐变，如图 5-129 所示。切换到"线条颜色"选项，选中"无颜色"单选按钮，如图 5-130 所示。

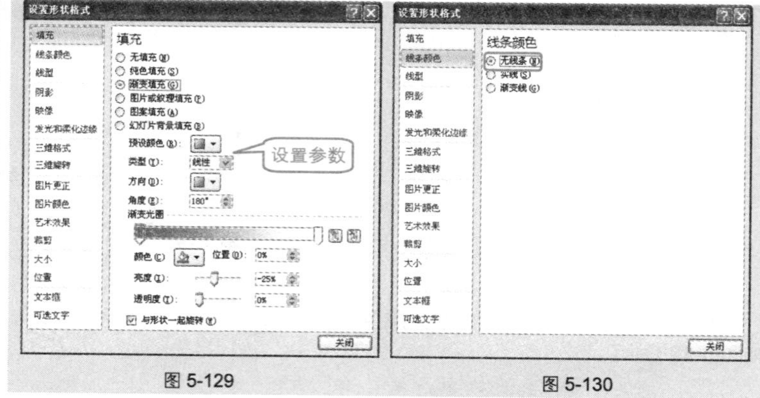

图 5-129　　图 5-130

❹ 设置完成后将两个图形按如图 5-131 所示的样式摆放。

❺ 绘制椭圆图形，设置尺寸为"长 0.9，宽 0.9"。选中椭圆，在"绘图工具"→"格式"→"形状样式"选项组中单击"形状效果"下拉按钮，在"预设"子列表中选择"预设 1"效果，如图 5-132 所示。

图 5-131　　图 5-132

❻ 复制多个小椭圆图形，将它们按如图 5-133 所示的样式摆放，并分别

设置它们不同的填充颜色。

❼ 绘制一个圆角矩形图形，设置尺寸为“长 1.6，宽 12.5”，将鼠标定位到圆角矩形图形中黄色的调节点上，向右拖动即可增大图形的圆角效果，如图 5-134 所示。

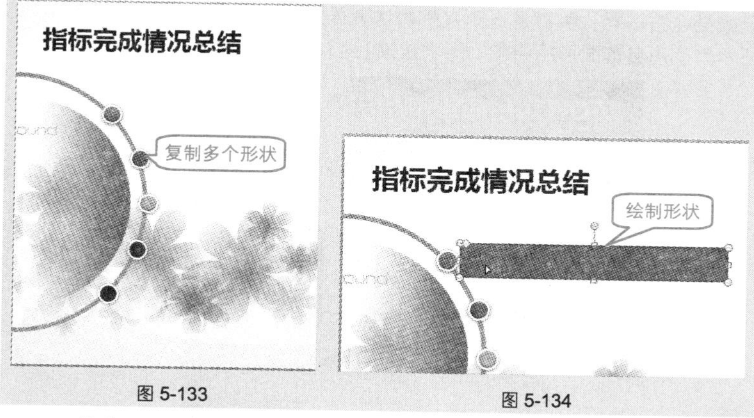

图 5-133　　图 5-134

❽ 将第一个圆角矩形的边框设置为紫色，填充颜色为“无”，复制多个圆角矩形图形，将它们按如图 5-135 所示的样式摆放。

❾ 在圆角矩形图形中添加文字说明，也可以在“字体”选项组中对默认字体格式进行修改。

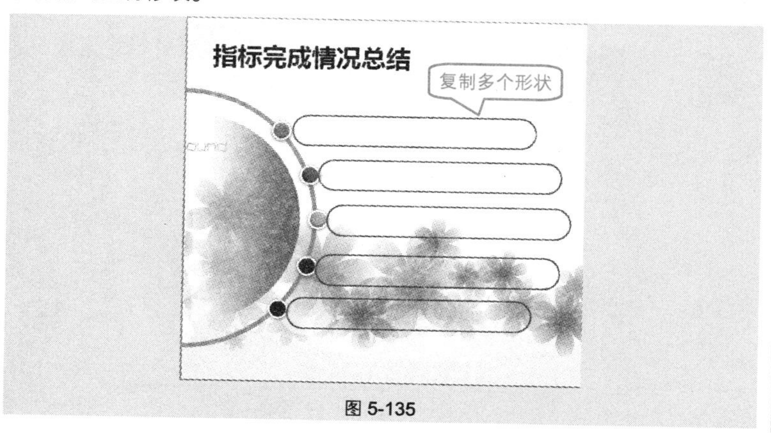

图 5-135

技巧 121　运用自选图形绘制图表

除了使用程序自带的图表功能来创建图表外，幻灯片中还经常会通过任意图形来绘制图表，可以利用箭头、线段、圆柱形、立方体，也可以将多种元素结合在一起，关键是达到良好的信息传达效果与视觉效果。如图 **5-136** 所示为使用自选图形所绘制的图表效果。

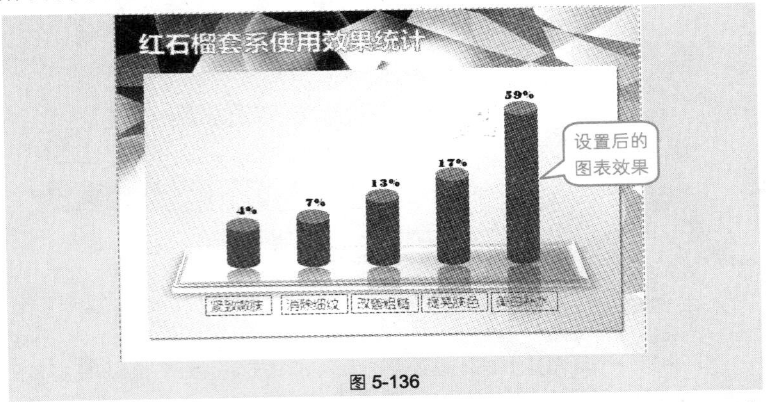

图 5-136

❶ 在“插入”→“插图”选项组中单击“形状”下拉按钮，在下拉列表中选择“矩形”形状样式，绘制一个尺寸为“长 **1.4**，宽 **13**”的矩形，如图 **5-137** 所示。

图 5-137

❷ 选中椭圆，在“绘图工具”→“格式”→“形状样式”选项组中单击“形状填充”下拉按钮，在下拉列表中选择浅橙色（如图 5-138 所示）；单击“形状效果”下拉按钮，在“预设”子列表中选择“预设 10”效果，如图 5-139 所示。

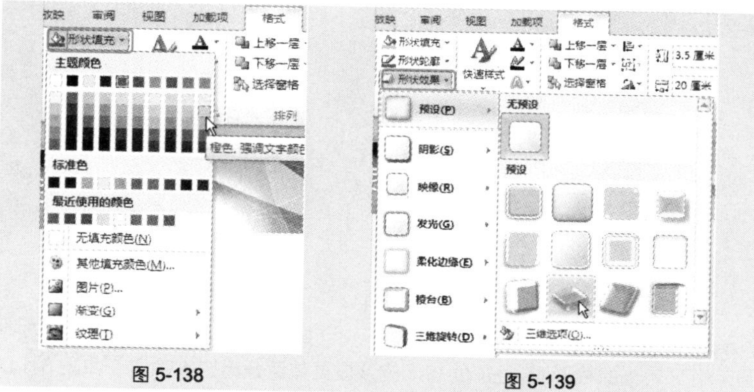

图 5-138　　图 5-139

❸ 选择“预设 10”效果后只是初步的三维效果，接着还需要对参数进行调整。打开“设置形状格式”对话框，切换到“三维格式”选项，在右侧分别设置各项参数（图中显示的是达到效果图中样式的参数），如图 5-140 所示，切换到“三维旋转”选项，在右侧分别设置各项参数（图中显示的是达到效果图中样式的参数），如图 5-141 所示。

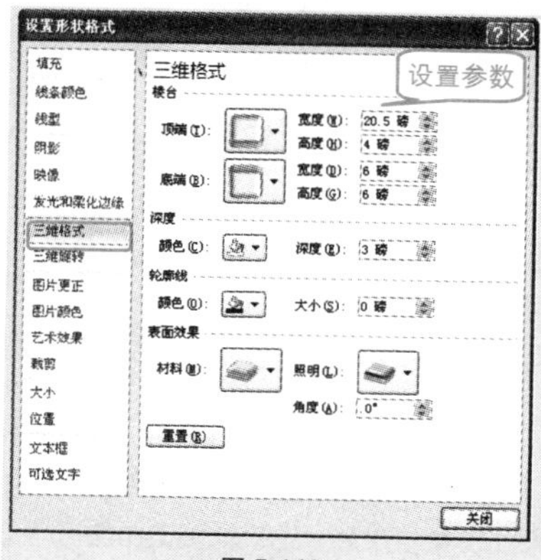

图 5-140

图 5-141

Note

❹ 完成上面的设置后，矩形图形即可达到如图 5-142 所示的效果。

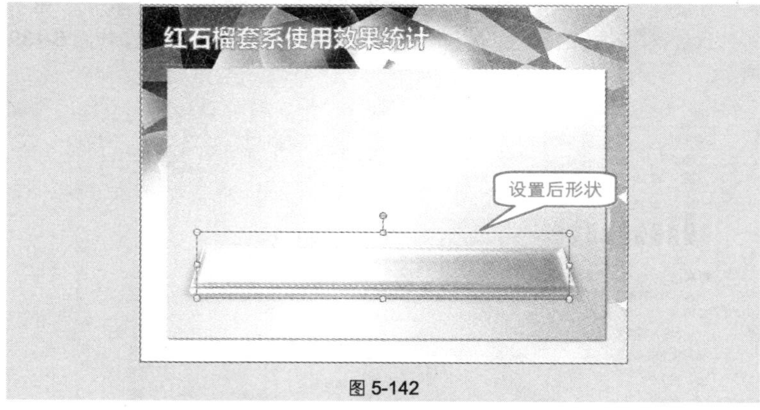

图 5-142

❺ 在矩形图形上绘制圆柱形图形，尺寸可以根据需要设置（因为这是个显示百分比值的柱形图，柱形的高度应该根据其百分比值来确定），如图 5-143 所示。复制多个圆柱形图形，并调整它们的高度，如图 5-144 所示。

图 5-143　　图 5-144

❻ 按住 Ctrl 键依次选中所有圆柱形图形，在"绘图工具"→"格式"→"排列"选项组中单击"对齐"下拉按钮，在下拉列表中选择"底端对齐"方式，如图 5-145 所示。

❼ 再次单击"对齐"下拉按钮，在下拉列表中选择"横向分布"方式，如图 5-146 所示。

❽ 保持所有圆柱形图形的选中状态，在"绘图工具"→"格式"→"形状样式"选项组中单击"形状效果"下拉按钮，在"映像"子列表中选择"紧密映像，接触"样式，如图 5-147 所示。添加映像特效后，图表如图 5-148 所示。

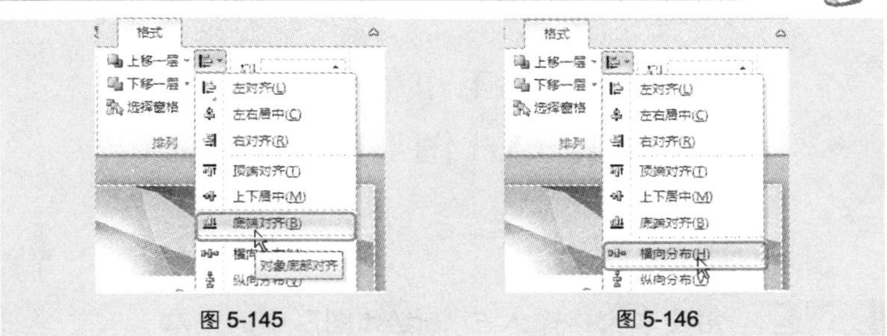

图 5-145　　图 5-146

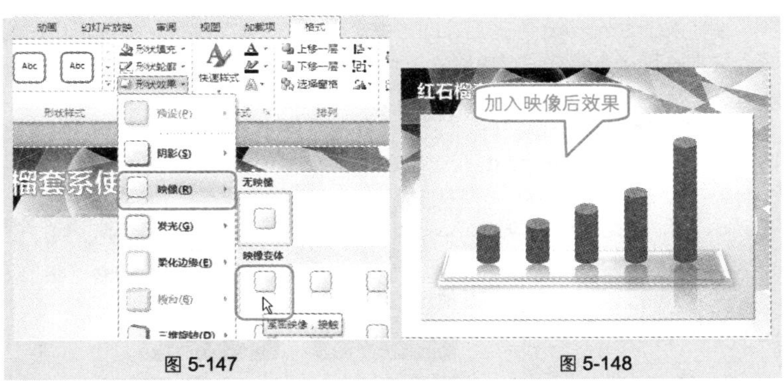

图 5-147　　图 5-148

❾ 在第一个圆柱形下面绘制文本框，输入系列名称，并设置文字的格式，如图 5-149 所示。依次复制文本框到每个圆柱形图形的下面，并修改系列名称，如图 5-150 所示。

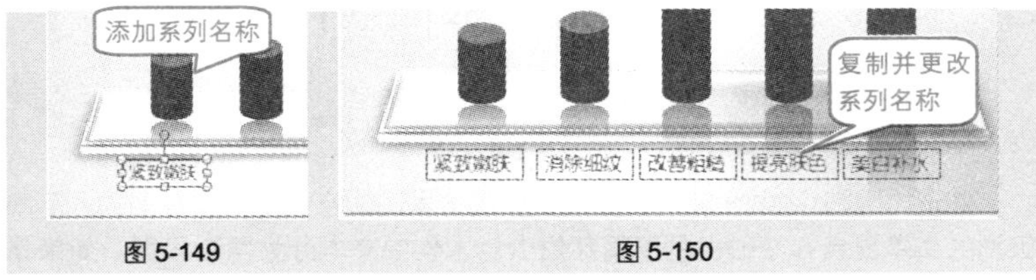

图 5-149　　图 5-150

第 6 章　工作型 PPT 中 SmartArt 图形的妙用

6.1　SmartArt 图形的编辑技巧

技巧 122　用文本窗格输入 SmartArt 图形中的文本

在插入了 SmartArt 图形后，图形中会显示“文本”字样，提示用户在此输入文本。可以直接在图形中输入，也可以启用文本窗格来输入，后一种方式更加便捷。

❶ 在“SmartArt 工具”→“设计”→“创建图形”选项组中单击“文本窗格”按钮，即可打开 SmartArt 图形文本窗格，如图 6-1 所示。

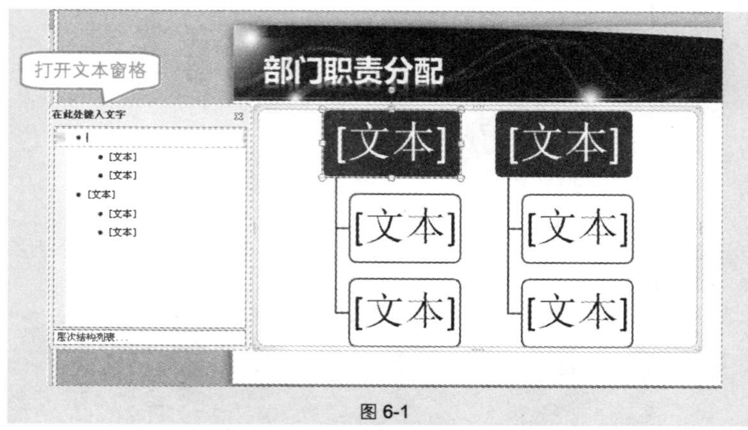

图 6-1

❷ 在文本窗格中准确定位光标并输入文本，注意文本是分级别的，不同级别的文本显示在图形中的不同部位上。本例中文本分为两个级别，如果是第一级别的文本，则光标一定要定位在第一级别的符号处，如图 6-2 所示。

应用扩展

选中 SmarArt 图形，其左侧会出现按钮，单击该按钮可以在显示与隐藏文本窗格之间进行切换。

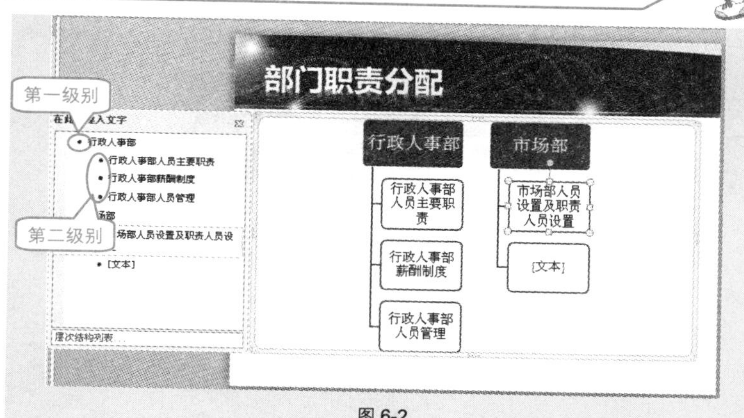

图 6-2

技巧 123　添加形状很简单

根据所选择的 SmarArt 图形的种类，其默认的形状也各不相同，但一般都只包含两个或 3 个形状。当默认的形状数量不够时，用户可以自行添加更多的形状来进行编辑。

❶ 例如在如图 6-3 所示的图表中，“市场部”后面还有一个“财务部”，因此需要添加形状。选中“市场部”形状，在“SmarArt 工具”→“设计”→“创建图形”选项组中单击“添加形状”按钮，展开下拉列表，选择“在后面添加形状”命令，即可在所选形状后面添加新的形状，然后输入所需的内容，如图 6-4 所示。

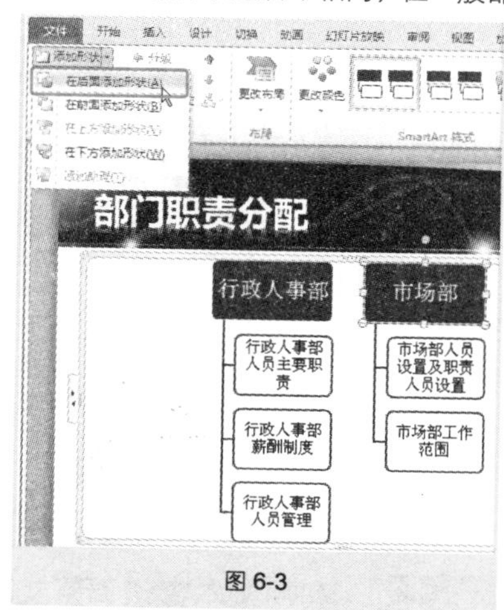

图 6-3

❷ 选中“财务部”形状，然后单击“添加形状”按钮两次，即可在“财务部”形状下面添加两个形状，如图 6-5 所示。

专家点拨

在添加形状时需要注意的是，有的是添加同一级别的形状，有的是添加

Note

下一级别的形状。用户要确保准确选中图形，然后按实际需要进行添加即可。

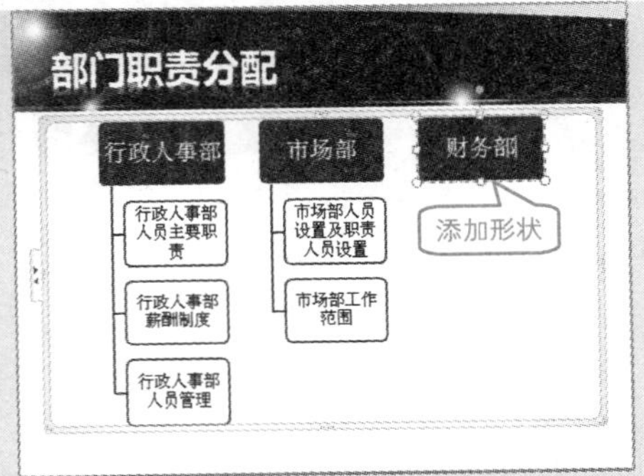

图 6-4

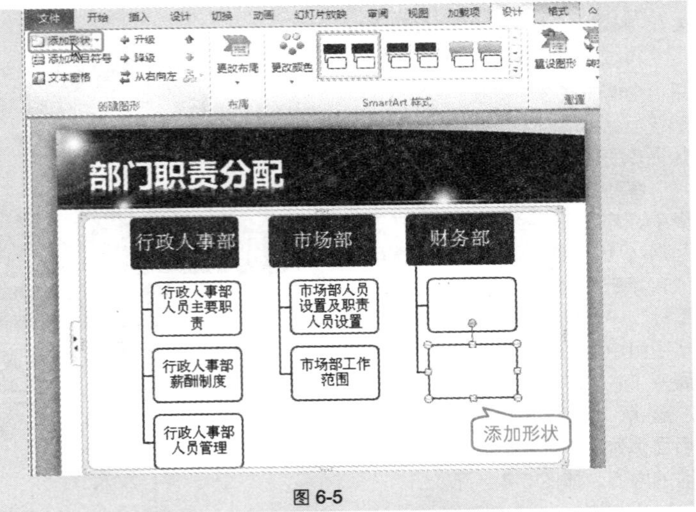

图 6-5

技巧 124 利用文本窗格调整文本的级别

在 SmartArt 图形中编辑文本时，会涉及目录级别的问题，如某些文本是上一级文本的细分说明，这时就需要通过调整文本的级别来清晰地表达文本之间的层次关系。

❶ 如图 6-6 所示，“行政人事部主要职责”文本的以下两行是属于对该标题的细分说明，所以应该调整其级别到下一级中。在文本窗格中将“行政人事部主要职责”下面的两行一次性选中，然后在“SmarArt 工具”→“设计”→“创建图形”选项组中单击“降级”按钮，即可看到光标所在处的文本被降低一级，效果如图 6-7 所示。

Note

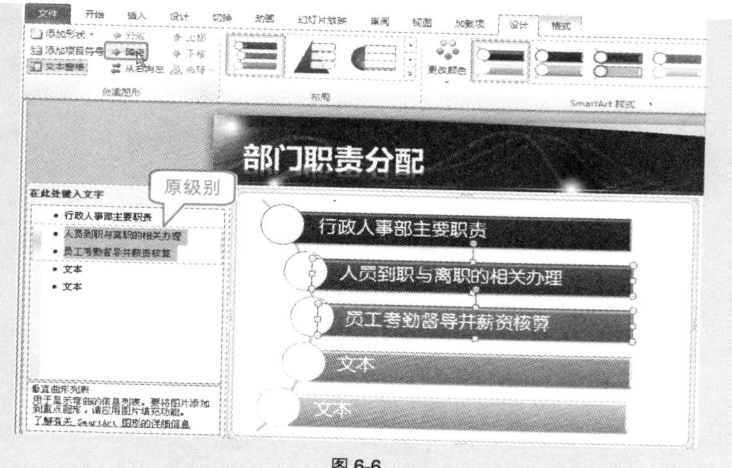

图 6-6

图 6-7

❷ 如果有其他地方的文本需要调整时，都可以按照相同的方法进行操作。

技巧 125 快速调整 SmartArt 图形顺序

建立好 SmartArt 图形后如果发现某一种文本的顺序显示错误，可以

直接在图形上快速调整。例如在建立流程性的 SmartArt 图形时，文本顺序是不能够出现错误的。

❶ 选中需要调整的图形，在“**SmartArt 工具**”→“设计”→“创建图形”选项组中根据实际调整的需要，直接单击“上移”或者“下移”按钮进行调节，如图 6-8 所示。

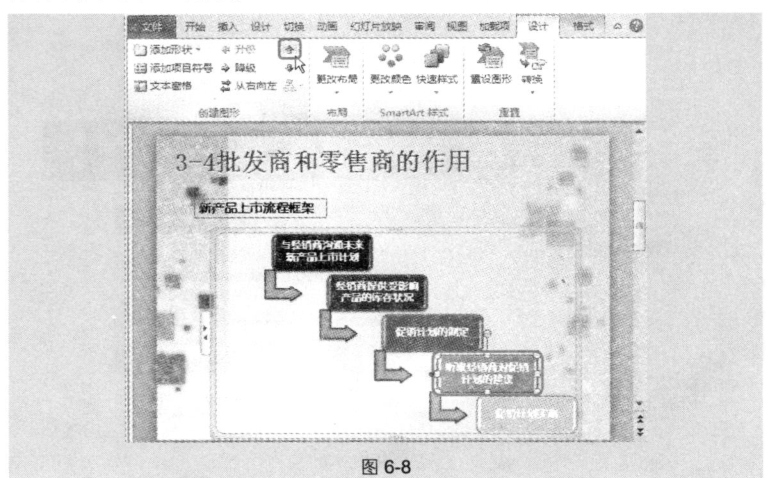

图 6-8

❷ 此时即可看到文本顺序调整后的效果，如图 6-9 所示。

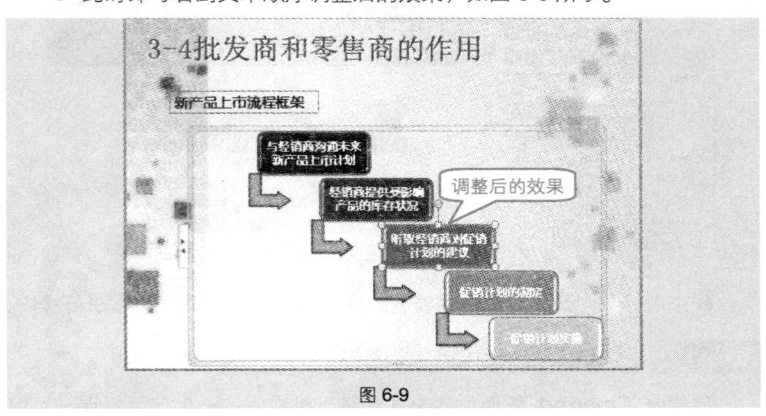

图 6-9

Note

应用扩展

如果选中的图形包含下级分支，那么所有的下级分支将一起被调整。如图 6-10 所示，选中“市场总监”图形，经过两次下移，调整后的结果如图 6-11 所示。

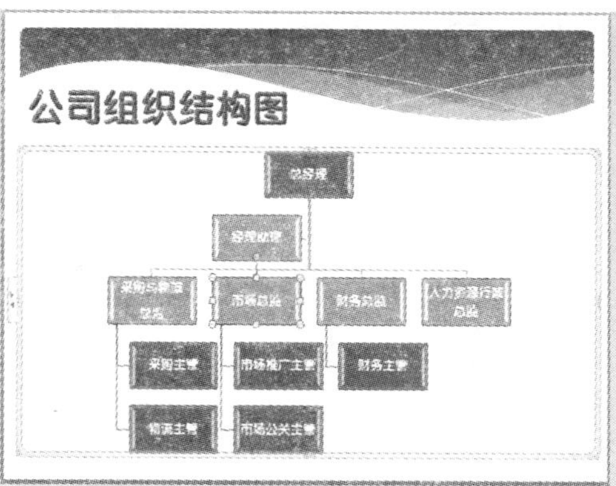

图 6-10

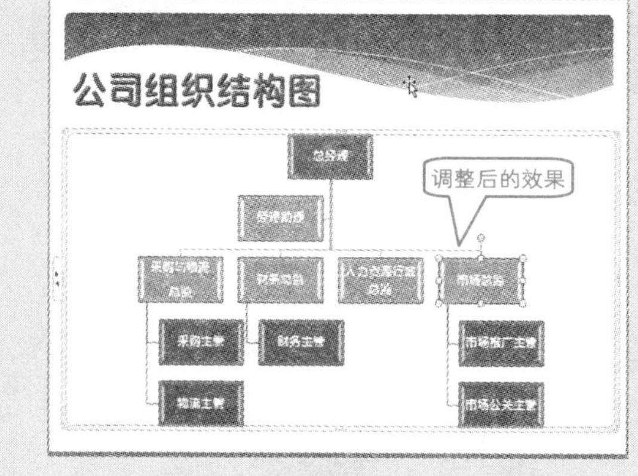

图 6-11

技巧 126　将 SmartArt 图形更改为另一种类型

如果用户认为所设置的 SmartArt 图表布局不合理，或者不美观，可以在原图的基础上快速对布局进行更改。如图 **6-12** 所示，创建的组织结构图只有企业的各个职务名称，通过更改布局可以得到如图 **6-13** 所示的包括人员姓名的组织结构图。

Note

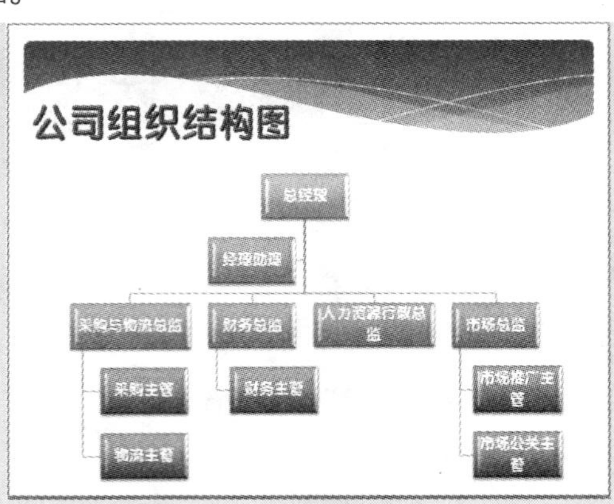

图 6-12

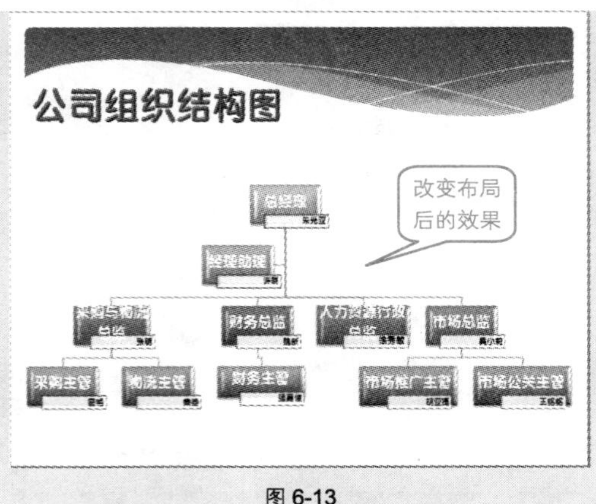

图 6-13

❶ 在“**SmartArt** 工具”→“设计”→“布局”选项组中单击按钮，在打开的下拉列表中可以选择需要的图形类型，当光标指向任意图标时即可看到预览效果，如图 **6-14** 所示。

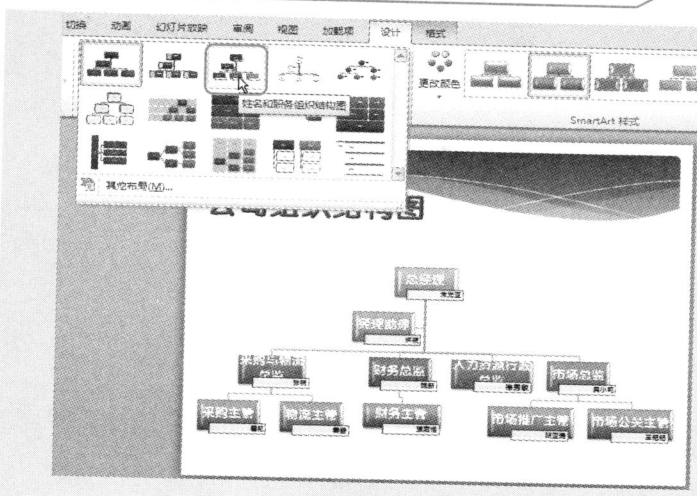

图 6-14

❷ 如果下拉列表中找不到需要使用的图形，可以选择“其他布局”命令，然后在打开的“选择 SmartArt 图形”对话框中进行设置。

应用扩展

如图 6-15 所示的图示效果，可以通过改变布局快速转变成如图 6-16 所示的图示效果。

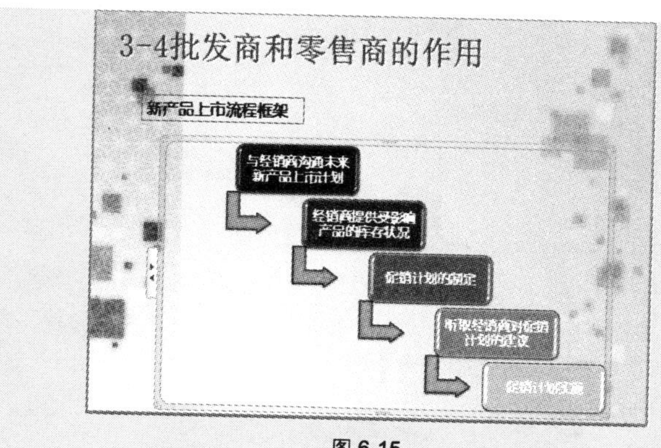

图 6-15

Note

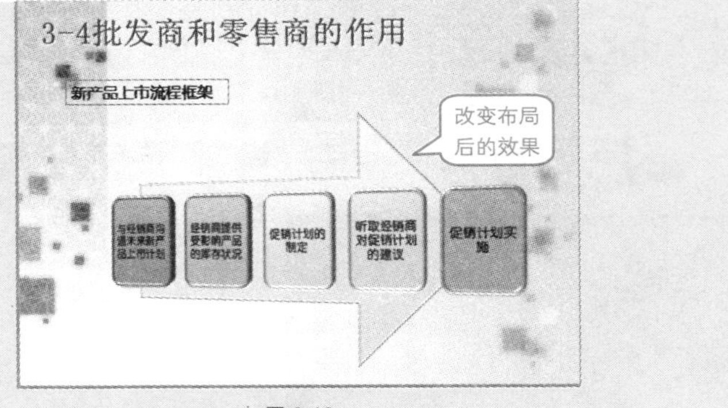

图 6-16

技巧 127 更改 SmartArt 图形中默认的图形样式

如图 6-17 所示，系统默认创建的 SmartArt 图形形状是“圆角矩形”，如果想要增加图形的立体感，可以将形状更改为“立方体”、“棱台”和“多文档”等形状，效果如图 6-18 所示。

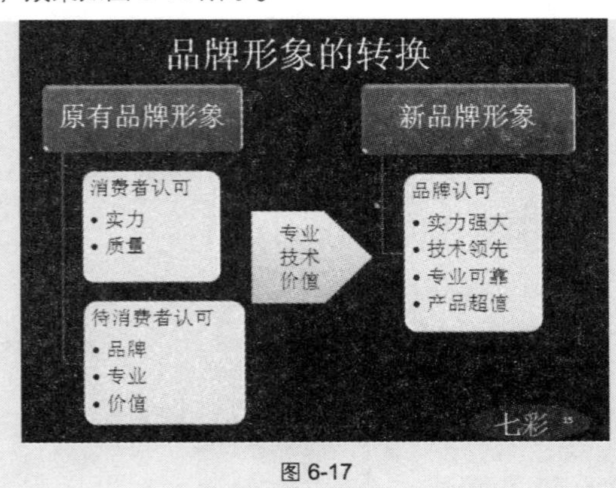

图 6-17

❶ 选中“原有品牌形象”形状，在右键菜单中选择“更改形状”命令，在弹出的子菜单中选择“立方体”形状，如图 6-19 所示。

❷ 选中“消费者”形状，在右键菜单中选择“更改形状”命令，在弹出的子菜单中选择“菱形”形状，如图 6-20 所示。

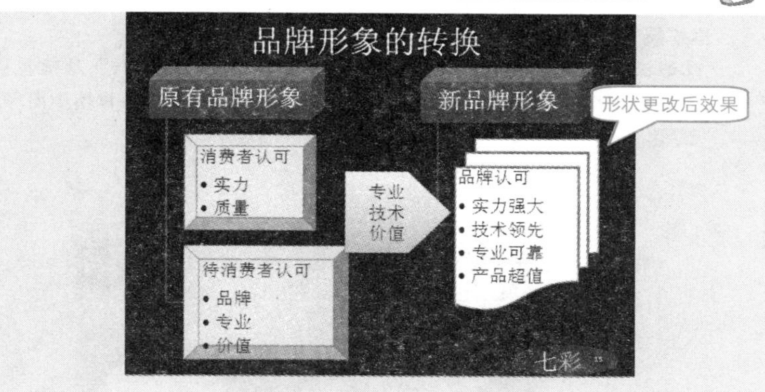

图 6-18

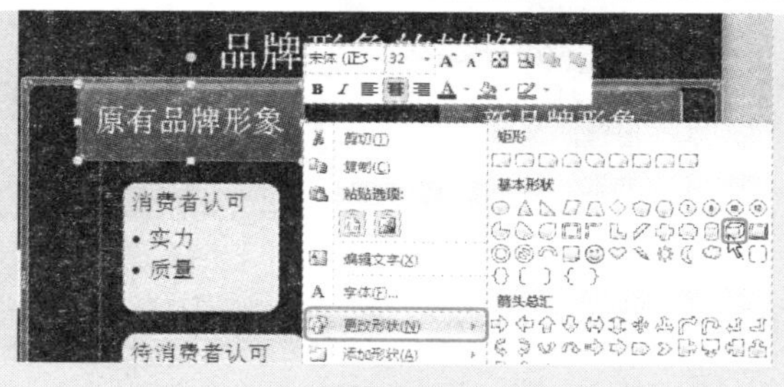

图 6-19

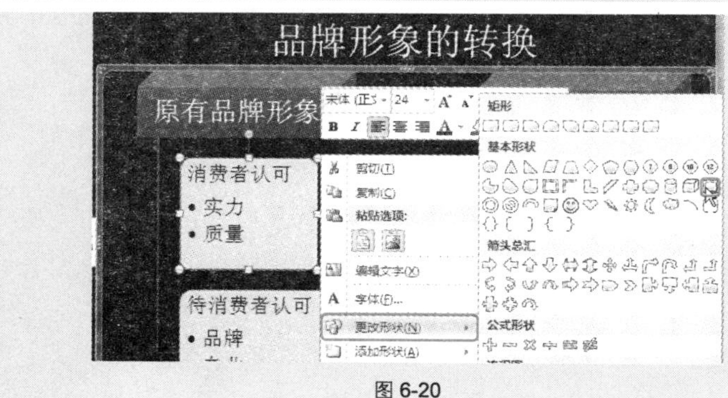

图 6-20

❸ 选中“品牌认可”形状，按相同的方法将其更改为“多文档”形状样式。

Note

应用扩展

更改形状后，如果发现形状大小不符合要求，可以在“形状”选项组中单击“增大”按钮放大图形，如图 6-21 所示。或单击“减小”按钮缩小图形。

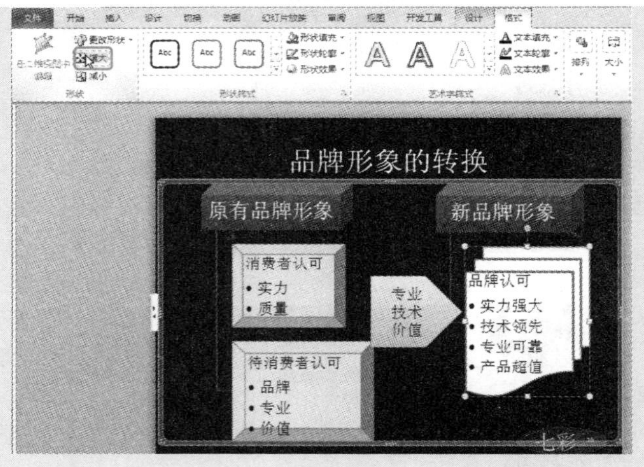

图 6-21

技巧 128　通过套用样式模板一键美化 SmartArt 图形

创建 SmartArt 图形后，可以通过 SmartArt 样式进行快速美化，SmartArt 样式包括颜色样式和特效样式。如图 6-22 所示为默认效果下的 SmartArt 图形，如图 6-23 所示为应用 SmartArt 样式后的效果。

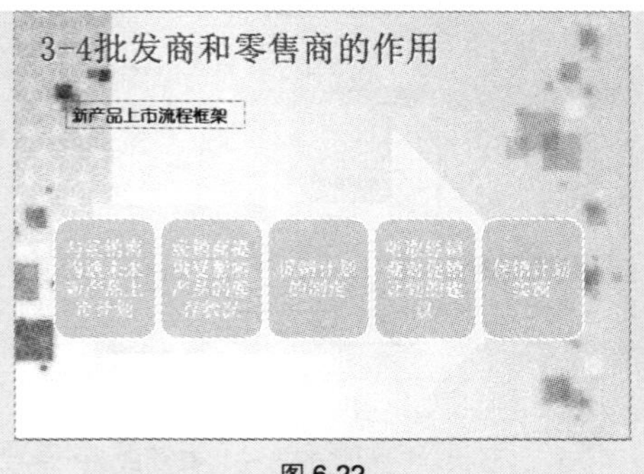

图 6-22

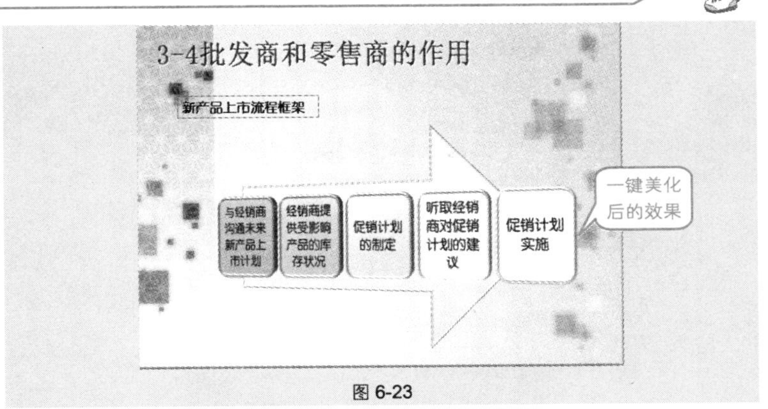

图 6-23

❶ 选中 SmartArt 图形，在“SmartArt 工具”→“设计”→“SmartArt 样式”选项组中单击按钮展开下拉列表，选择“金属场景”三维样式，如图 6-24 所示。

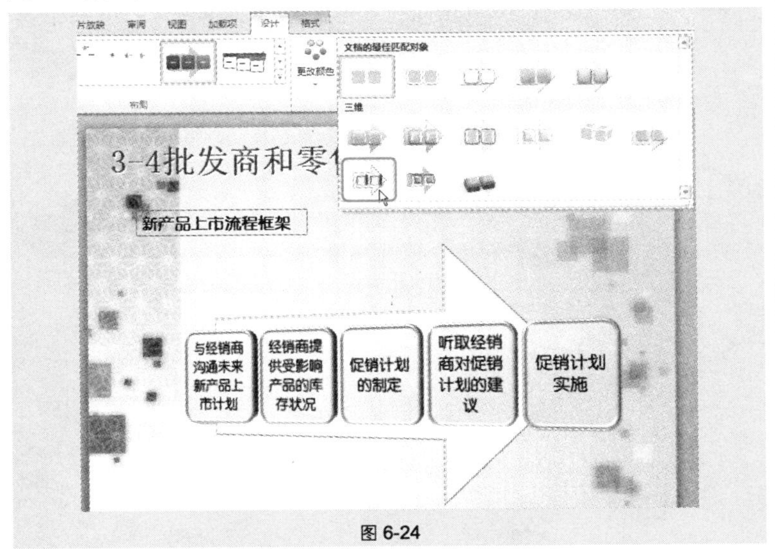

图 6-24

❷ 单击“更改颜色”按钮，在下拉列表中可以选择一种合适的颜色，如图 6-25 所示。

Note

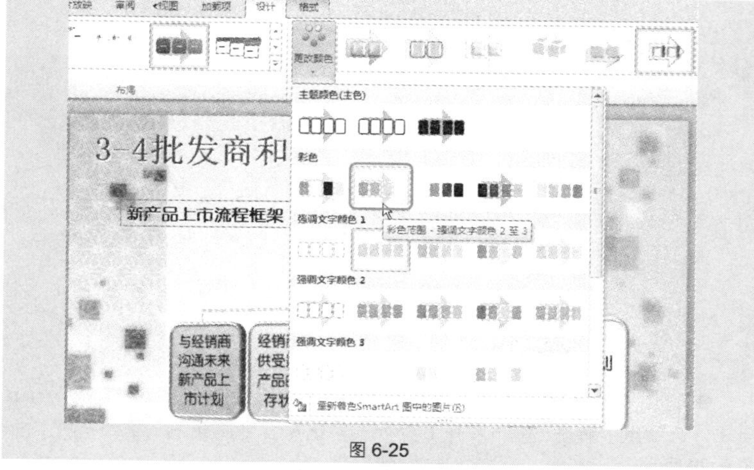

图 6-25

技巧 129　利用图形的编辑功能重新设置 SmartArt 图形中形状的效果

SmartArt 图形是由多个图形组成的，除了套用样式模板快速美化外，还可以按照与设置图形格式一样的方法重新设置 SmartArt 图形中各个形状的效果。

如图 6-26 所示为默认效果的 SmartArt 图形，如图 6-27 所示为自定义后的效果。

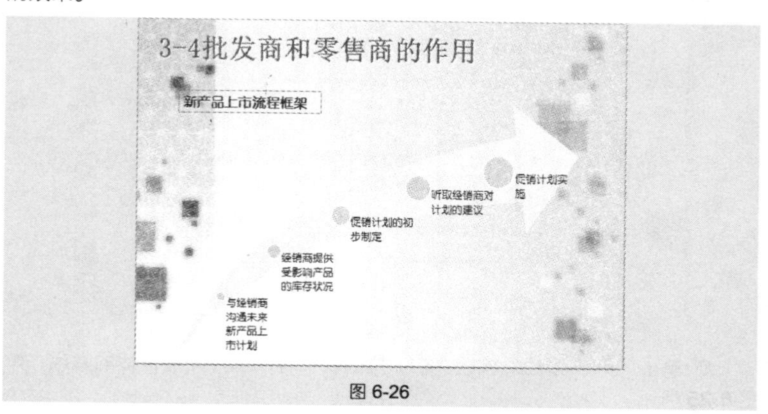

图 6-26

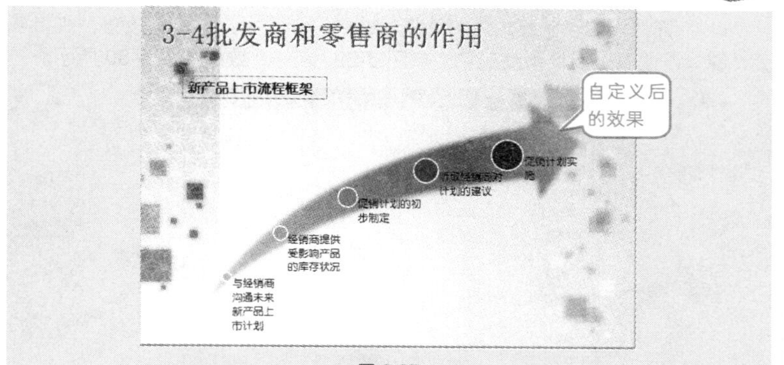

图 6-27

❶ 选中要设置的图形（SmartArt 图形中的各个图形都可以单独选中），此处选中“箭头”图形，在“SmartArt 工具”→“格式”→“形状样式”选项组中单击“形状填充”下拉按钮，依次选择“渐变”→“其他渐变”命令，如图 6-28 所示。

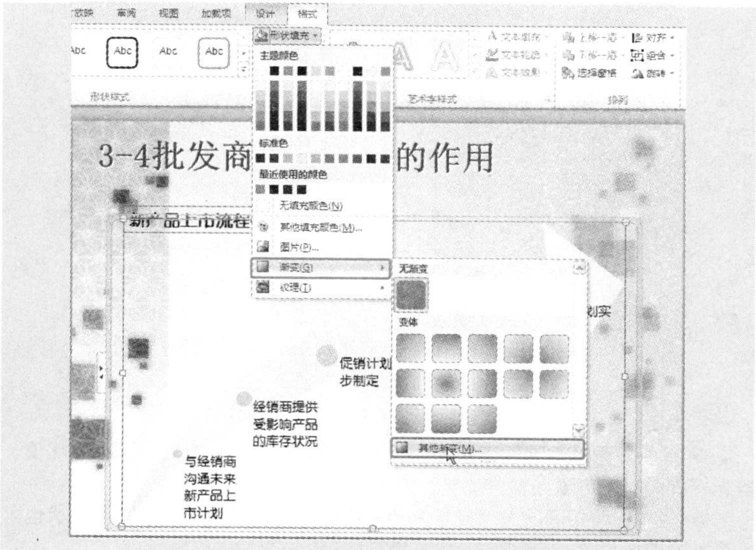

图 6-28

Note

❷ 打开“设置形状格式”对话框，选中“渐变填充”单选按钮，在“渐变光圈”设置条上设置渐变颜色（如图 6-29 所示），效果如图 6-30 所示。

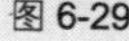
图 6-29

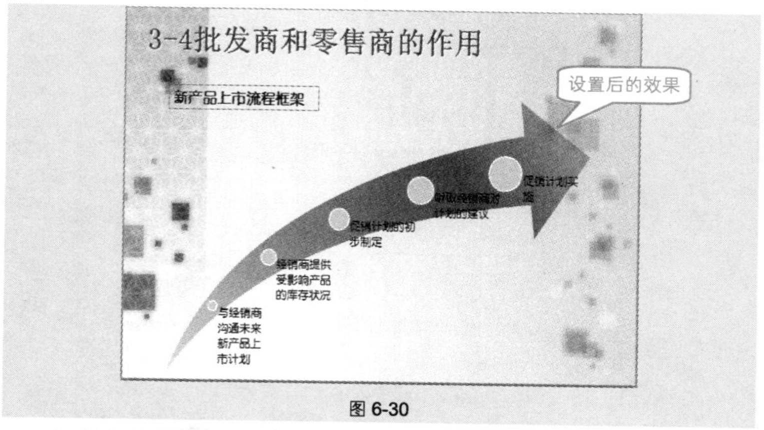

图 6-30

❸ 单击“形状效果”下拉按钮，在“柔化边缘”子列表中选择柔化值，当光标指向时即可看到预览效果，如图 6-31 所示。

❹ 依次按照相同的方法设置其他形状的效果，本图中的小圆圈形状也可以单独设置效果。

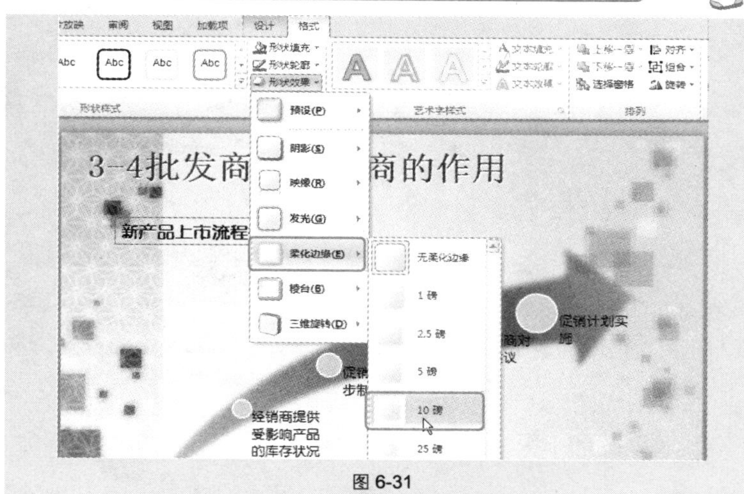

图 6-31

技巧 130　将 SmartArt 图形转换为形状

SmartArt 图形是由多个图形组合而成的，在创建 SmartArt 图形后，可以直接将其转换为形状，而且形状可以通过取消组合后，再对各个对象进行自由编辑。

如果用户想要创建的图形与某个 SmartArt 图形样式相近，那么则可以先创建 SmartArt 图形，然后将其转换为形状后再进行修改。

❶ 例如本例中先插入了 SmartArt 图形，然后选中 SmartArt 图形并单击鼠标右键，在弹出的快捷菜单中选择“转换为形状”命令（如图 6-32 所示），即可将 SmartArt 图形转换为形状，如图 6-33 所示。

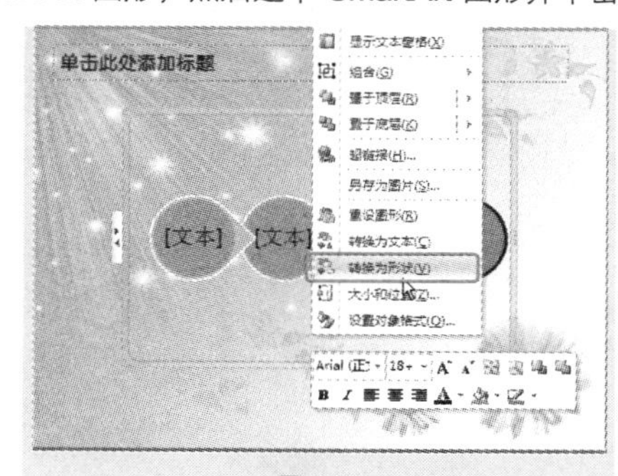

图 6-32

❷ 选中转换后的形状，单击鼠标右键，在弹出的快捷菜单中依次选择“组合”→“取消组合”命令（如图 6-34 所示），可以看到当前图形由多个图形组合而成，如图 6-35 所示。

Note

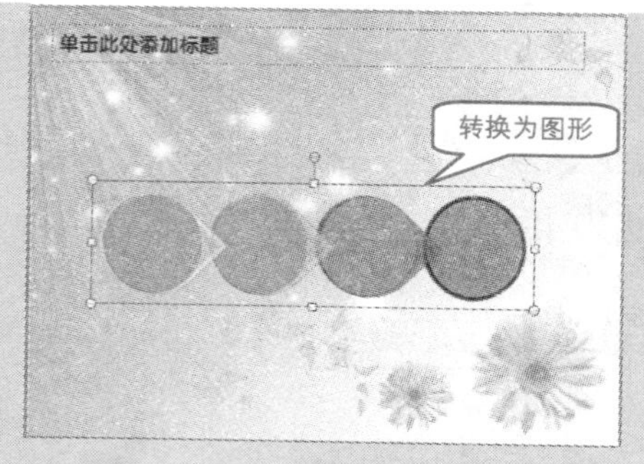

图 6-33

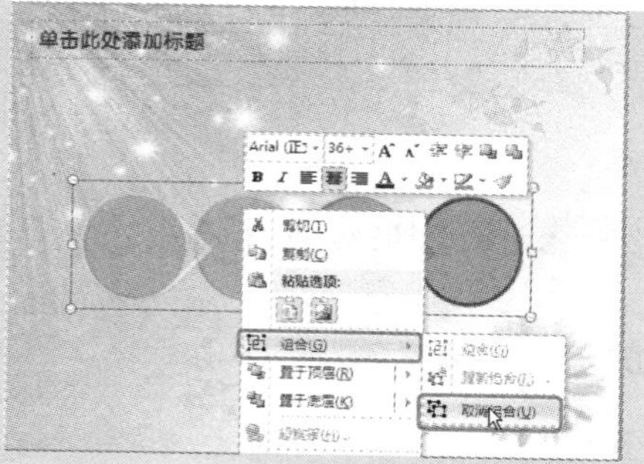

图 6-34

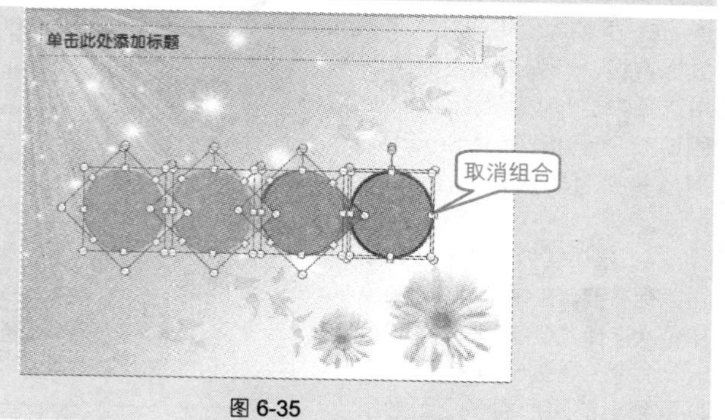

图 6-35

❸ 可以逐一选中各个对象，按自己的需求逐一进行编辑，所有编辑完成

后可以再次将多个对象重新组合。

技巧 131　将 SmartArt 图形转换为文本

创建 SmartArt 图形后，如果不需要再使用，可以将其快速转换为文本显示。

❶ 选中 SmartArt 图形，在“**SmartArt 工具**”→“**设计**”→“**重置**”选项组中单击“**转换**”按钮，在下拉列表中选择“**转换为文本**”选项（如图 6-36 所示），即可将 SmartArt 图形转换为文本，如图 6-37 所示。

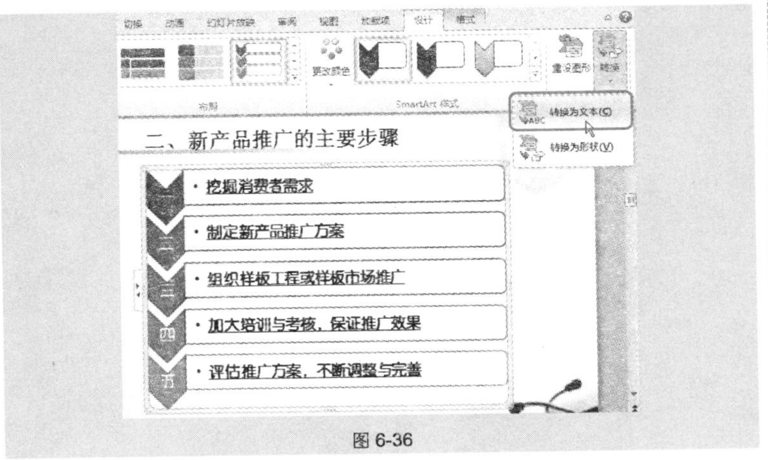

图 6-36

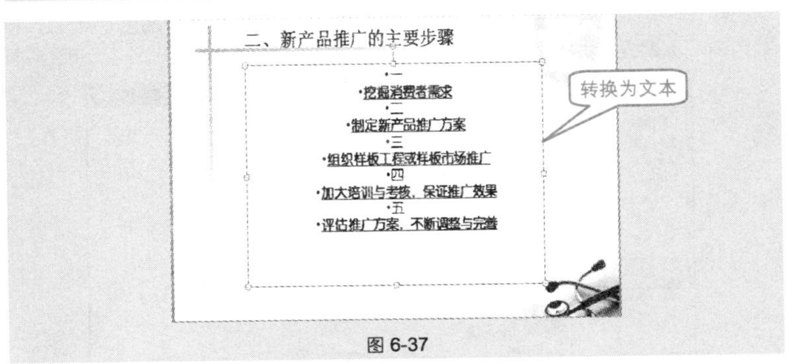

图 6-37

❷ 转换后的文本根据其在 SmartArt 图形中级别的不同，都会在前面显示项目符号，稍作整理即可使用。

6.2 用 SmartArt 图形表达文本关系的范例

Note

技巧 132 用图片型 SmartArt 图形展示公司产品

图片型 SmartArt 图形用于居中显示图片的构想，相关的其他构思则显示在旁边，它和其他图形的最大区别在于所创建的图形都有“图片”按钮，单击该按钮即可插入图片，可以用于展示企业产品。如图 **6-38** 所示即为创建的“公司产品展示” SmartArt 图形。

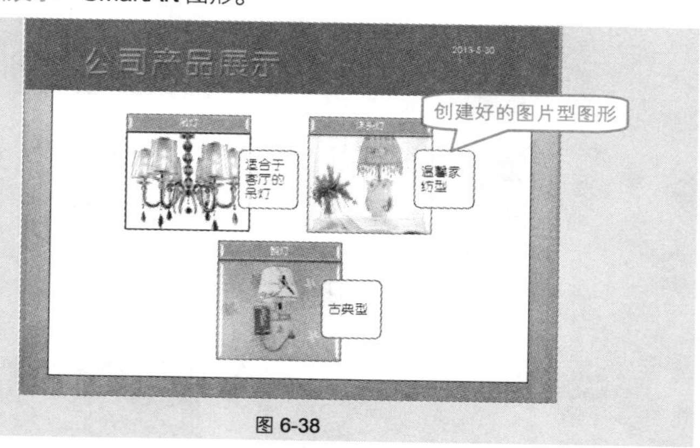

图 6-38

❶ 打开“选择 **SmartArt** 图形”对话框，在左侧选择“图片”选项，接着选中“标题图片块”图形，如图 **6-39** 所示。

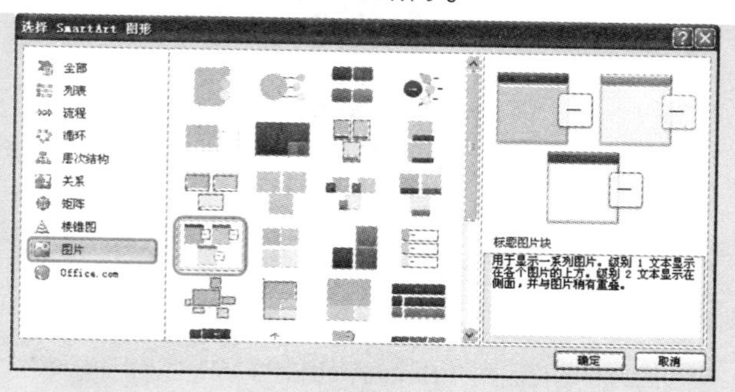

图 6-39

❷ 单击“确定”按钮，即可在 PPT 中插入图形。在第一个形状中输入文本，然后单击“图片”占位符按钮，如图 6-40 所示。

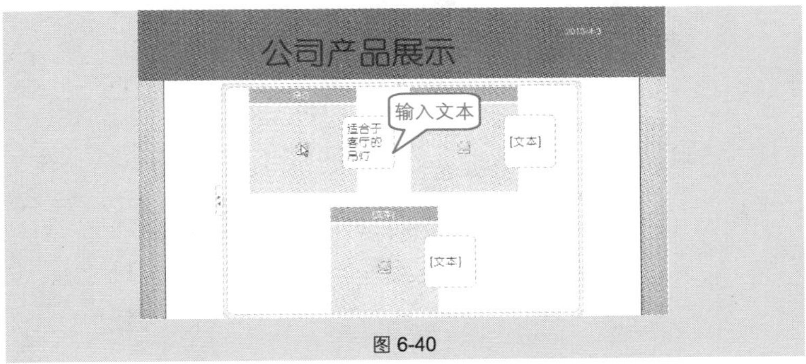

图 6-40

❸ 打开“插入图片”对话框，找到“吊灯”图片所在路径并选中，如图 6-41 所示。

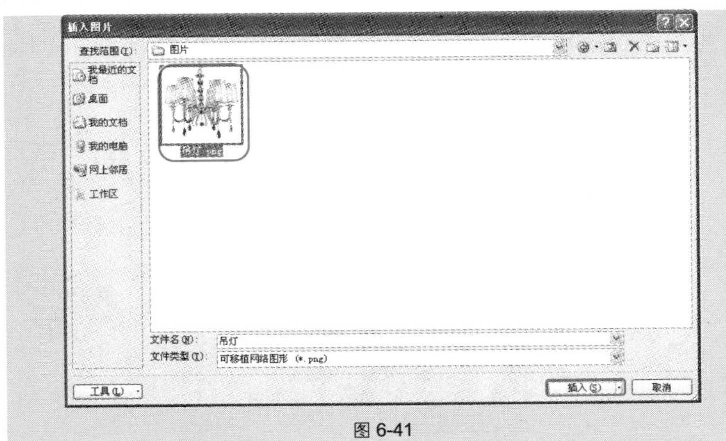

图 6-41

❹ 单击“插入”按钮，即可插入图形，按照相同的方法在形状中输入其他产品名称，并插入匹配的图片，如图 6-42 所示。

❺ 选中 SmartArt 图形，在“**SmartArt 工具**”→“**设计**”→“**SmartArt 样式**”选项组中单击按钮展开下拉列表，选择“**卡通**”三维样式，如图 6-43 所示。

Note

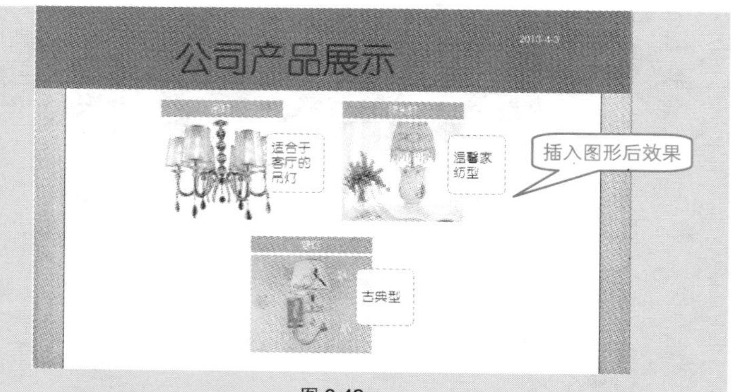

图 6-42

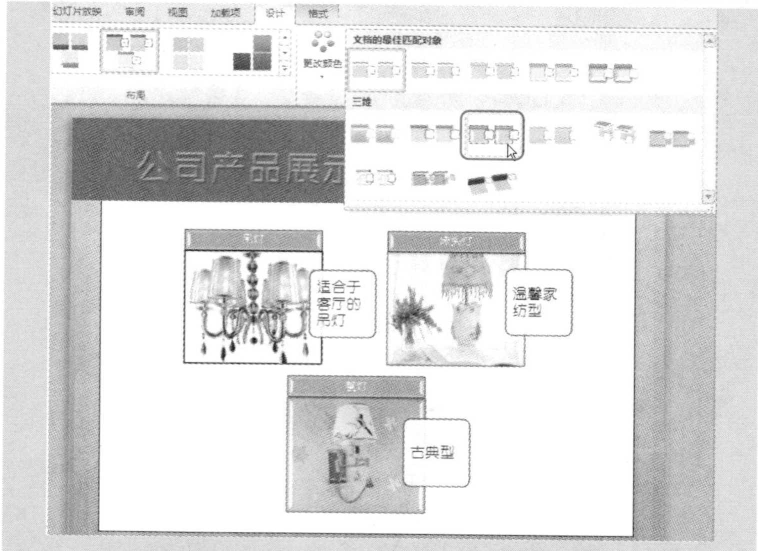

图 6-43

技巧 133　列表型图示很简单

SmartArt 图形在幻灯片的建立过程中扮演着非常重要的角色，它可以清晰地表达出流程、循环、层次关系等，从而避免了累赘的语言述说，同时也

可以让幻灯片的效果更加美观。

如图 6-44 所示即为使用棱锥型列表 SmartArt 图形创建的招聘情况分析图。

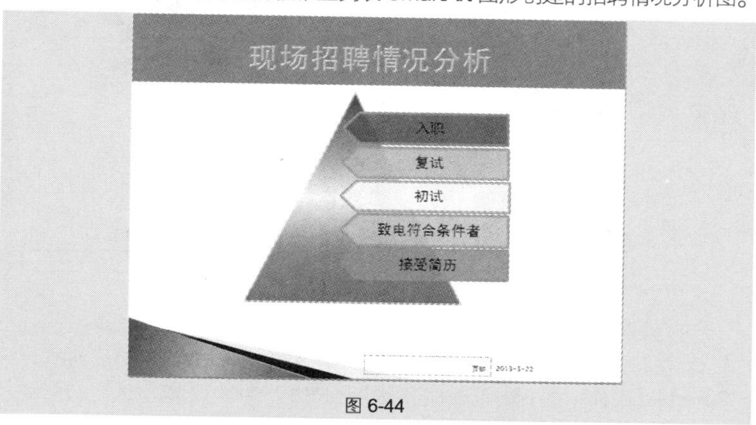

图 6-44

❶ 在“插入”→“插图”选项组中单击“SmartArt”按钮，打开“选择 SmartArt 图形”对话框，在左侧选择“列表”选项，接着选中“棱锥型列表”图形，如图 6-45 所示。

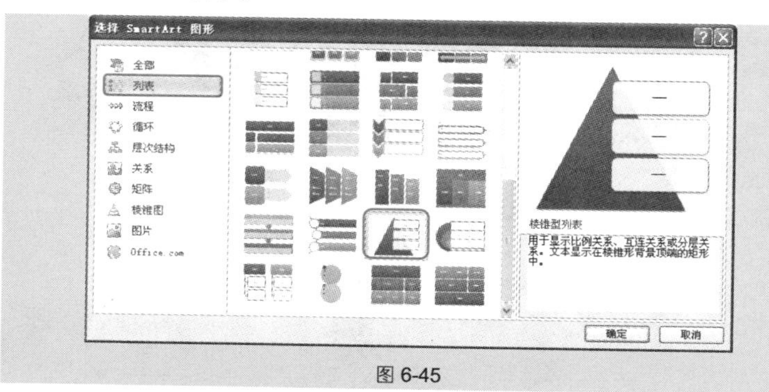

图 6-45

❷ 单击“确定”按钮，即可在图表中插入默认样式的棱锥型列表图，如图 6-46 所示。

❸ 在图形中输入文本，选中“初试”形状，在右键菜单中选择“添加形状”→“在前面添加形状”命令，如图 6-47 所示。

Note

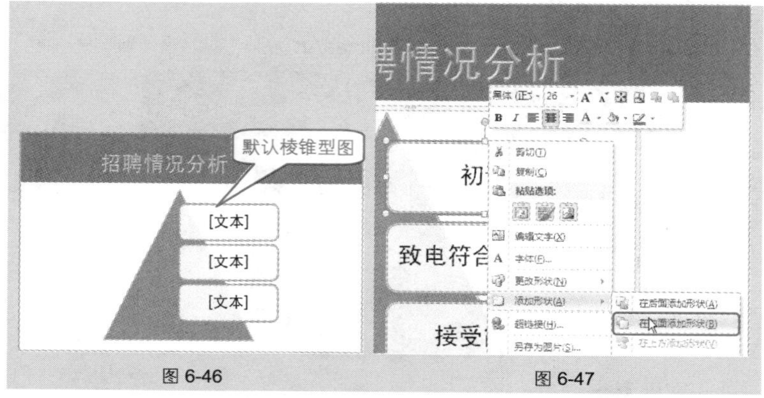

图 6-46　　图 6-47

❹ 按照相同的方法添加实际所需的形状个数。选中“接受简历”形状，在“**SmartArt** 工具”→“格式”→“形状”选项组中单击“更改形状”下拉按钮，在下拉列表中选择“五边形”形状，如图 **6-48** 所示。

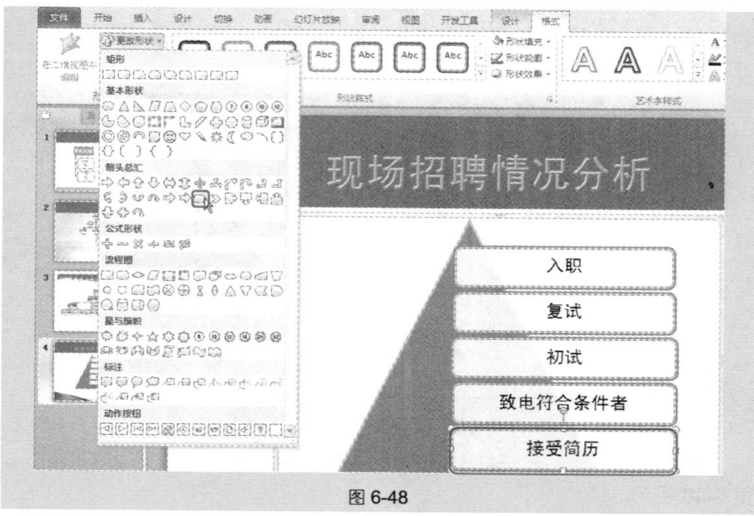

图 6-48

❺ 选中“接受简历”形状，将光标定位于右侧中间的控点上，按住鼠标左键水平向左拖动，调整箭头方向（如图 **6-49** 所示），然后调整好其位置。

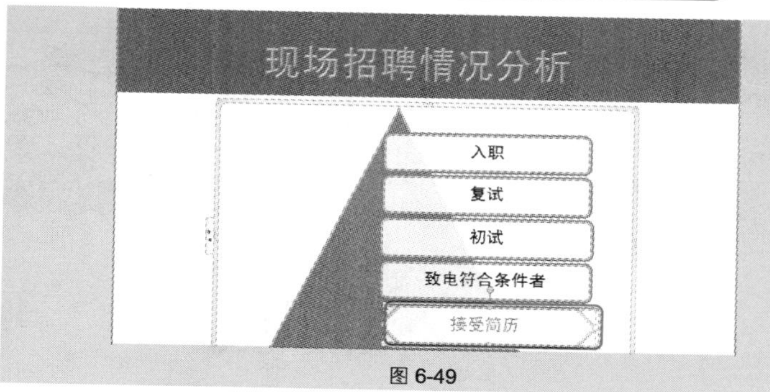

图 6-49

❻ 按照相同的方法将其他图形更改为五边形，并调整箭头方向。选中三角形形状并单击鼠标右键，在弹出的快捷菜单中选择“设置形状格式”命令，如图 6-50 所示。

❼ 打开“设置形状格式”对话框，单击“预设颜色”下拉按钮，选择“彩虹出岫”选项，然后设置渐变类型、方向和渐变参数，如图 6-51 所示。

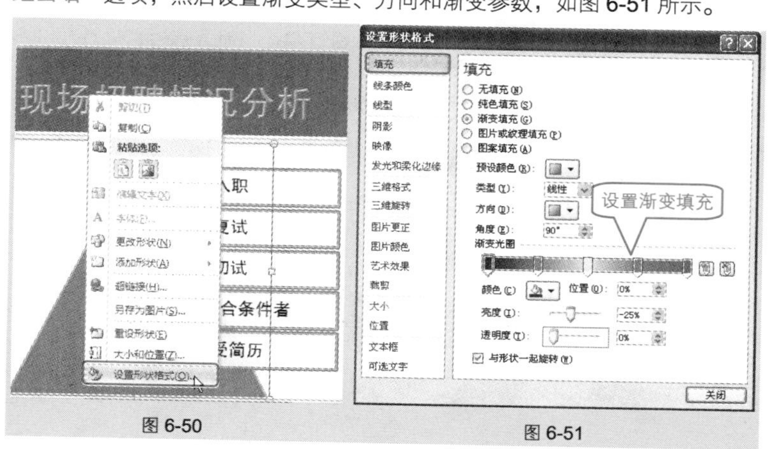

图 6-50　　图 6-51

❽ 单击“确定”按钮，选中“接受简历”形状，在“SmartArt 工具”→“格式”→“形状样式”选项组中单击“形状填充”下拉按钮，在下拉列表中选择“蓝色”，如图 6-52 所示。

❾ 按相同的方法将每个形状填充颜色（设置成箭头指向位置处的颜色），即可完成设置。

Note

图 6-52

专家点拨

系统默认插入演示文稿中的 SmartArt 图形都是平面效果的，用户可以在"SmartArt 工具"→"格式"→"SmartArt 样式"选项组中单击按钮，在下拉列表中选择一种三维样式，为图形添加立体效果。

技巧 134　流程型图示的应用 1

流程型 SmartArt 图形用于显示行进、任务、流程或者工作中的顺序步骤，总共包含了 48 种不同的流程图。不同类型的流程型图示，其表达效果也有所不同。

如图 6-53 所示为使用流程型 SmartArt 图形创建员工提升要求图示。

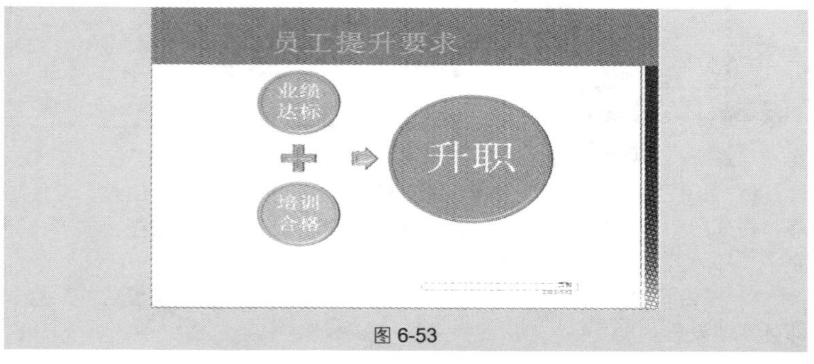

图 6-53

❶ 打开“选择 SmartArt 图形”对话框，在左侧选择“流程”选项，然后选中“垂直公式”图形，如图 6-54 所示。

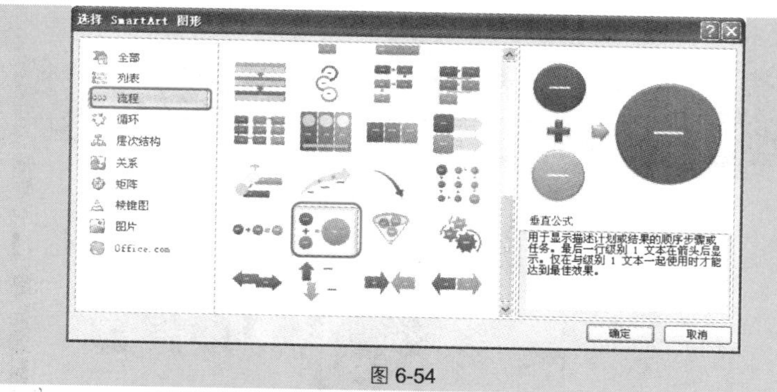

图 6-54

❷ 单击“确定”按钮，即可插入 SmartArt 图形。选中图形，在“SmartArt 工具”→“设计”→“SmartArt 样式”选项组中单击“更改颜色”下拉按钮，在下拉列表中选择“彩色-强调文字颜色”颜色样式，如图 6-55 所示。

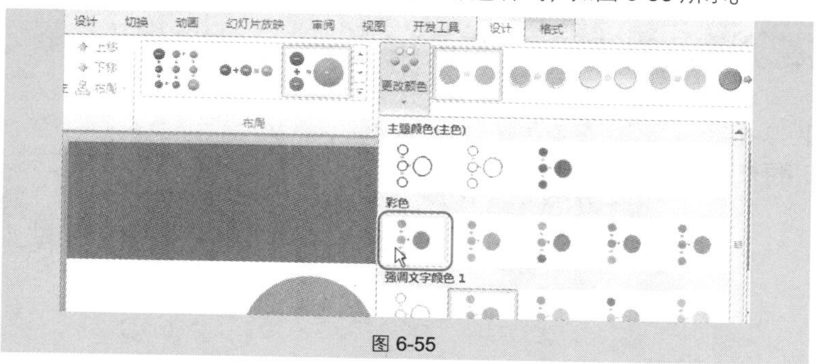

图 6-55

❸ 在图形中输入文本，选中 SmartArt 图形，在“SmartArt 工具”→“格式”→“形状样式”选项组中单击“形状效果”下拉按钮，在下拉列表中选择“棱台”子列表中的“硬边缘”效果，如图 6-56 所示。

专家点拨

对插入的 SmartArt 图形，还可以调整其与幻灯片的位置，在“SmartArt 工具”→“格式”→“排列”选项组中单击“对齐”下拉按钮，在下拉列表中选择对齐方式即可。

Note

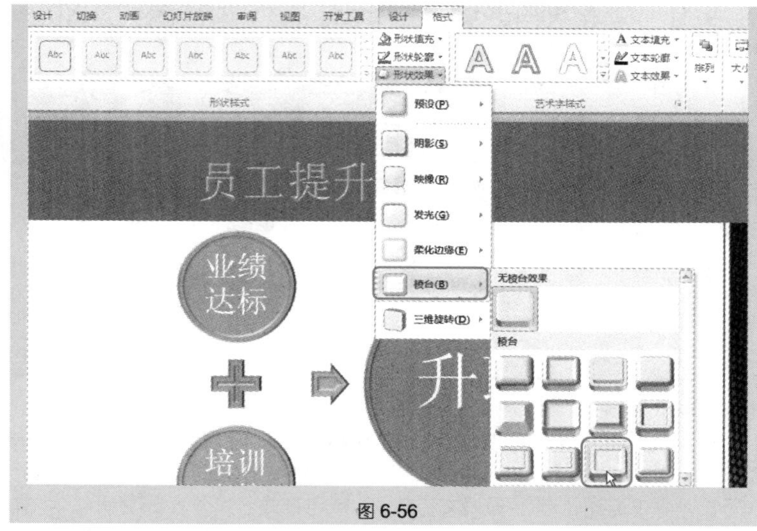

图 6-56

技巧 135　流程型图示的应用 2

如图 6-57 所示即为创建的“新产品上市的三重考验”SmartArt 图形。该图形使用的是“漏斗”流程型 SmartArt 图形，它用于显示信息的筛选，或者如何将多个部分合并为一个整体的效果。

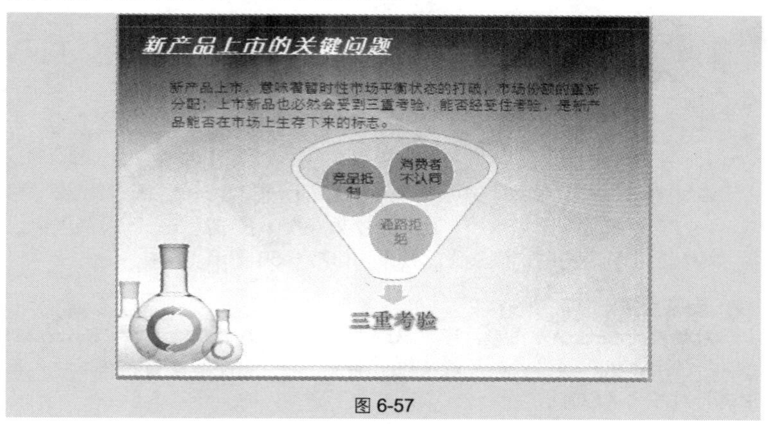

图 6-57

❶ 打开“选择 SmartArt 图形”对话框，在左侧选择“流程”选项，然后选中“漏斗”图形，如图 6-58 所示。

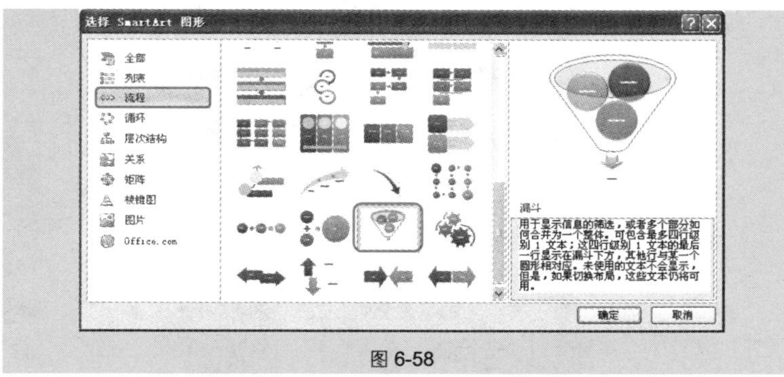

图 6-58

❷ 单击“确定”按钮，即可在 PPT 中插入图形。

❸ 由于当前 SmartArt 图形中有一个圆形图是显示在漏斗图的内部的，因此无法直接选中并在其中输入文本，此时需要打开文本窗格来输入。选中 SmartArt 图形，单击左侧的按钮，即可打开文本窗格，输入文本即可，如图 6-59 所示。

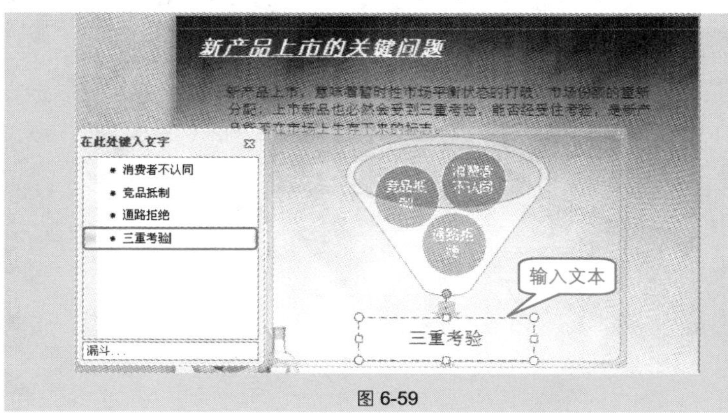

图 6-59

❹ 在文本窗格中选中文字，然后在“开始”→“字体”选项组中设置文字的格式（字体、字形、字号，文字颜色等），如图 6-60 所示。

❺ 按相同的方法设置“三重考验”文字的格式，也可以将其设置为艺术字的效果。

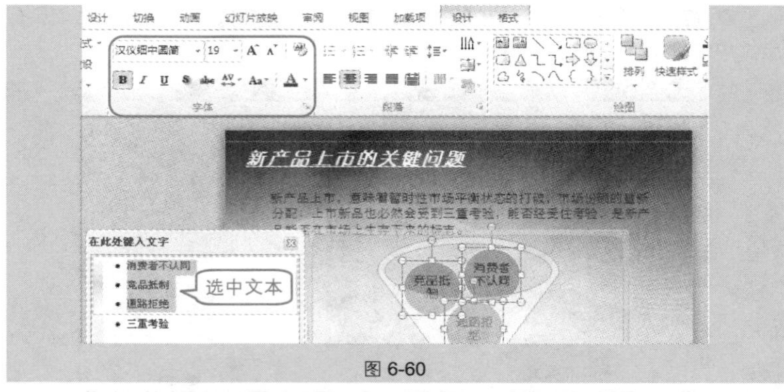

图 6-60

技巧 136　关系图示的应用 1

关系型 SmartArt 图形用于表示两个或多个项目之间的关系，或者多个信息集合之间的关系，包括射线图、维恩图、箭头图以及漏斗图等。如图 6-61 所示为"平均箭头"关系型 SmartArt 图形，它形象地显示了加班的利弊关系。

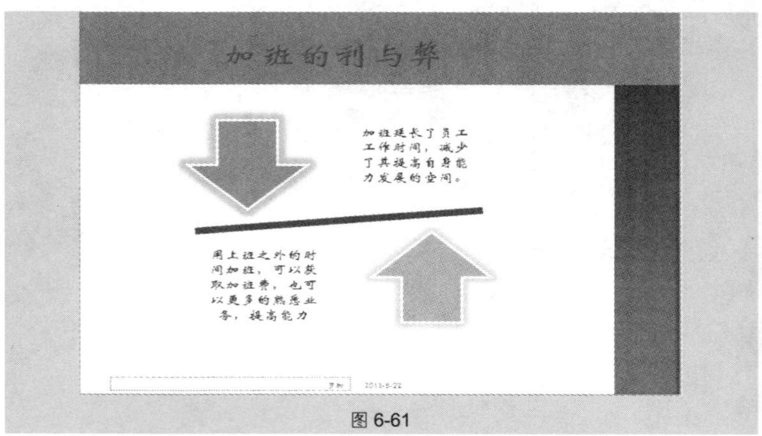

图 6-61

❶ 打开"选择 SmartArt 图形"对话框，在左侧选择"关系"选项，然后选中"平衡箭头"图形，如图 6-62 所示。

❷ 单击"确定"按钮，即可插入默认的 SmartArt 图形，然后在图形中输入文本，效果如图 6-63 所示。

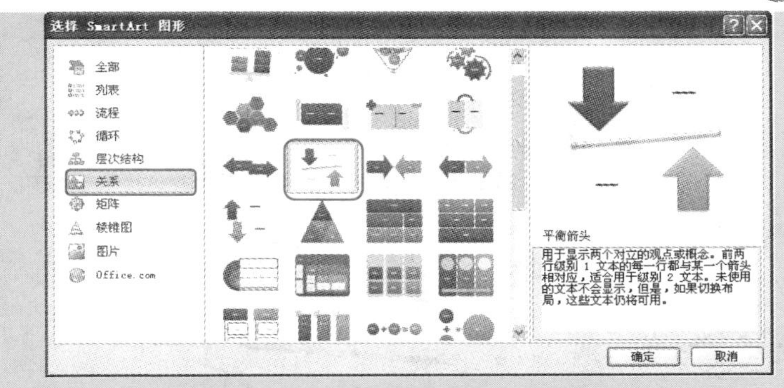

图 6-62

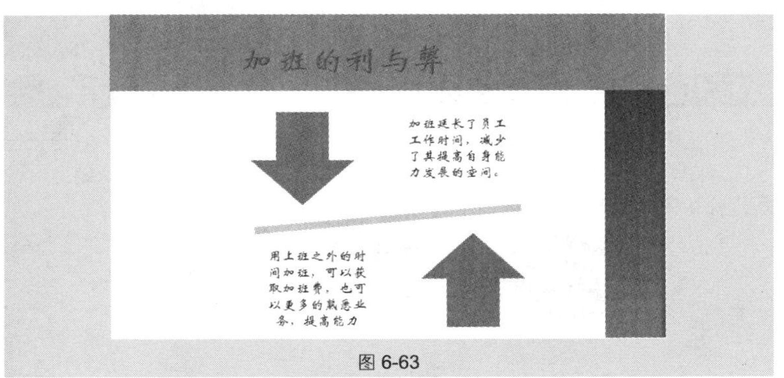

图 6-63

❸ 选中向下箭头，在“**SmartArt** 工具”→“格式”→“形状样式”选项组中单击“形状填充”下拉按钮，在下拉列表中选择“绿色”，如图 **6-64** 所示。

❹ 选中向下箭头，单击“形状效果”下拉按钮，在下拉列表的“发光”子列表中选择发光的样式，如图 **6-65** 所示。

❺ 按相同的方法可以重新设置向上箭头的颜色及特殊效果。

应用扩展

除了可以从“发光”子列表中选择发光样式外，还可以将光标指向“其他颜色”来设置发光的颜色；也可以通过选择“发光选项”命令，在打开的对话框中进行更加详细的设置。

Note

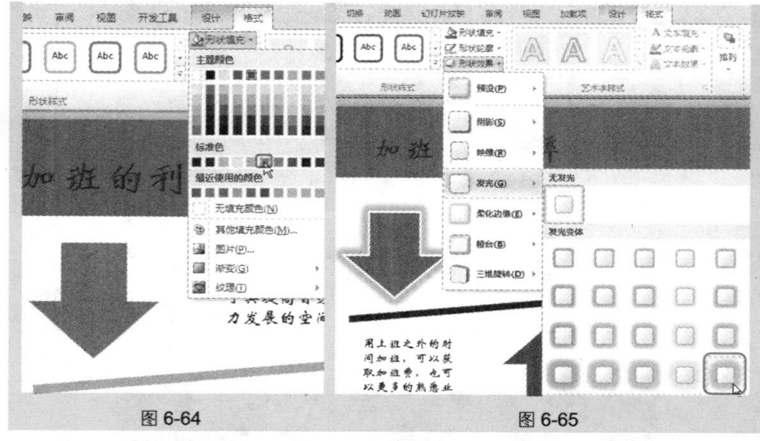
图 6-64　　图 6-65

技巧 137　关系图示的应用 2

如图 6-66 所示为创建的“聚合射线”关系型 SmartArt 图形，它用于显示循环中与中心观点的概念关系或组成关系。从图中可以直观地看到全年公司指标的完成情况。

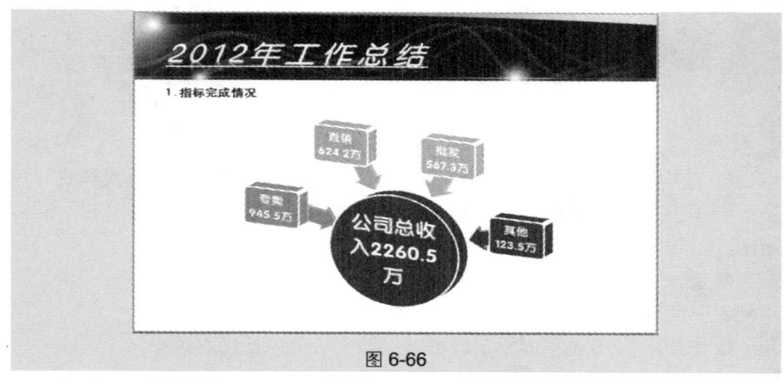

图 6-66

❶ 打开“选择 SmartArt 图形”对话框，在左侧选择“关系”选项，并选中“聚合射线”图形，如图 6-67 所示。

❷ 单击“确定”按钮，插入默认的 SmartArt 图形。选中最右侧图形，在右键菜单中选择“添加形状”→“在后面添加形状”命令，如图 6-68 所示。

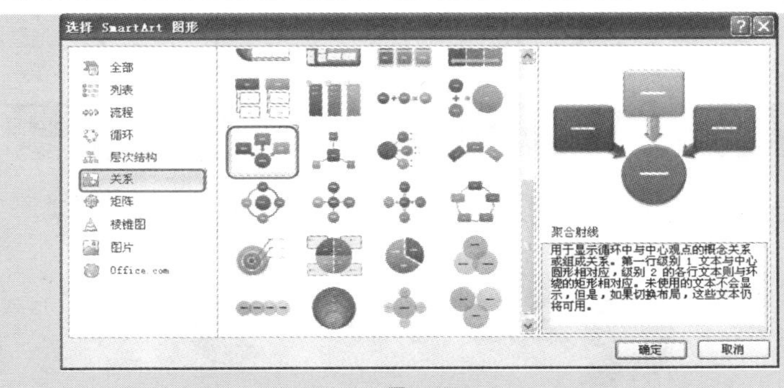

图 6-67

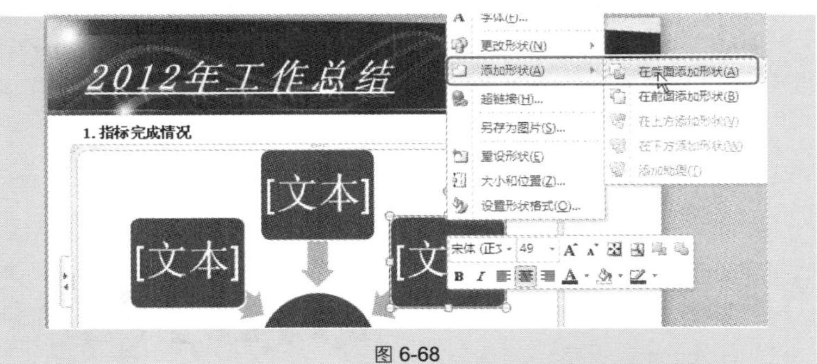

图 6-68

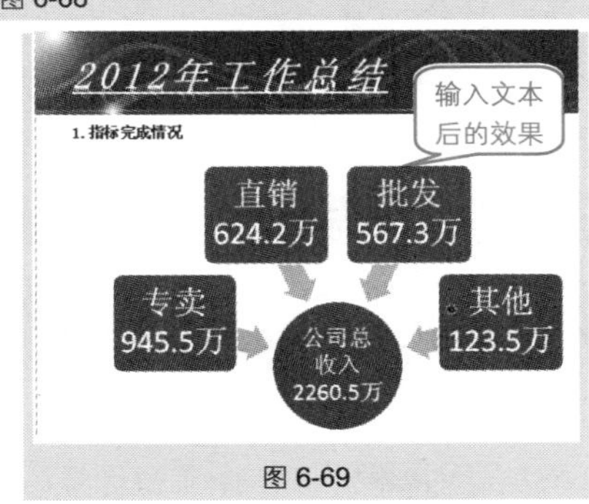

图 6-69

❸ 在“文本”区域输入文本，设置后的效果如图 6-69 所示。

❹ 按住 **Ctrl** 键依次选中矩形图形，将光标定位到任意矩形右下角的控制点上，然后向左上方拖动鼠标来缩小矩形，如图 6-70 所示。

❺ 选中圆形图形，将光标定位到圆形图形右上角控制点上，向右上方拖动鼠标即可放大圆形，如图 6-71 所示。

❻ 选中 SmartArt 图形，在“**SmartArt** 工具”→“设计”→“**SmartArt**

样式”选项组中单击“更改颜色”下拉按钮，在下拉列表中选择“彩色范围-强调文字颜色 2 至 3”颜色样式，如图 6-72 所示。

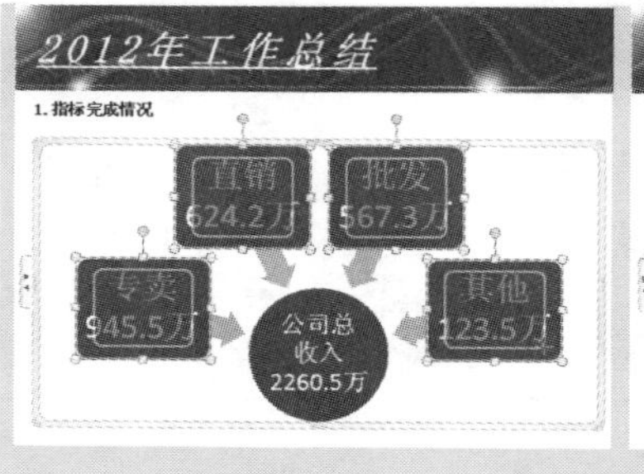

图 6-70

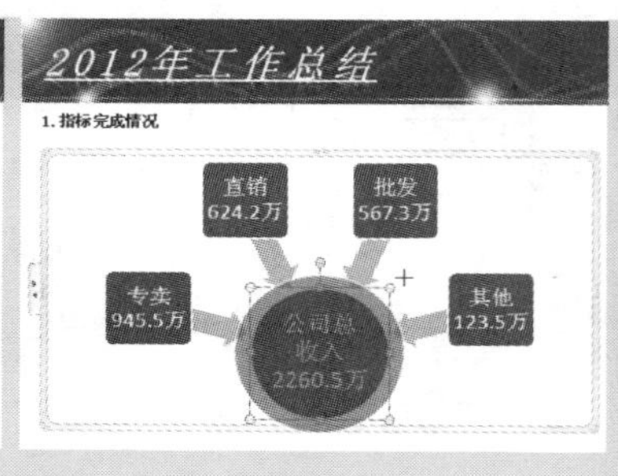

图 6-71

❼ 选中 SmartArt 图形，在“**SmartArt** 工具”→“设计”→“**SmartArt** 样式”选项组中单击按钮展开下拉列表，选择“砖块场景”三维样式，如图 6-73 所示，即可完成设置。

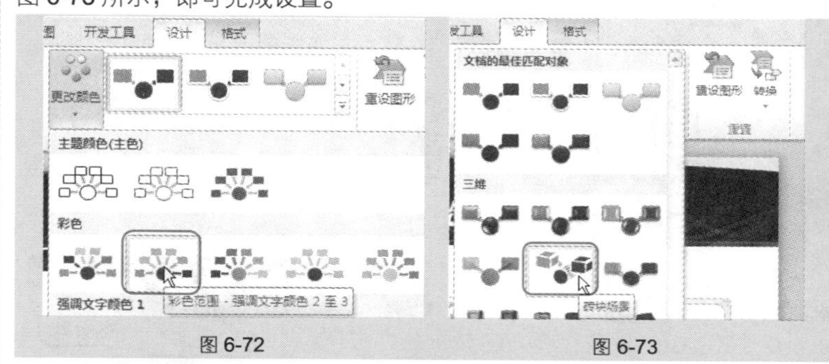

图 6-72　　　　图 6-73

技巧 138　循环图示的应用

循环型 SmartArt 图形是以循环流程表示阶段、任务或事件的连续序列。如图 6-74 所示即为创建的“分段循环”循环型 SmartArt 图形，它显示了蓄电池循环产业的整个流程。

❶ 打开“选择 **SmartArt** 图形”对话框，在左侧选择“循环”选项，接着选中“分段循环”图形，如图 6-75 所示。

❷ 单击“确定”按钮，插入默认的 SmartArt 图形。选中最右侧图形，在右键菜单中选择“添加形状”→“在后面添加形状”命令，如图 6-76 所示。

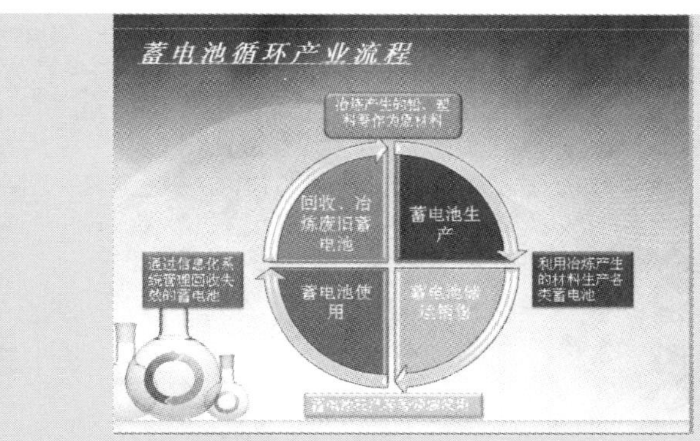

图 6-74

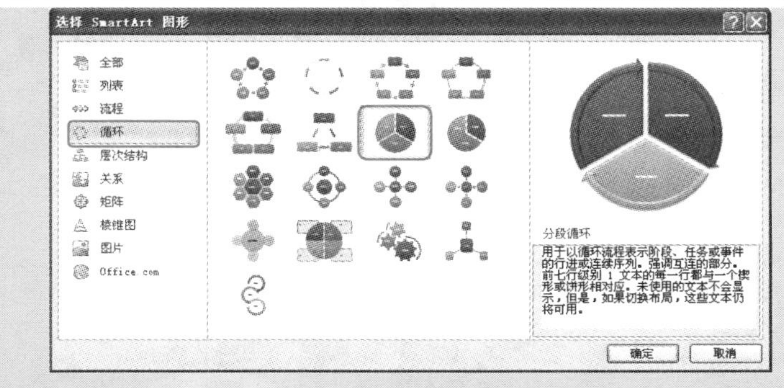

图 6-75

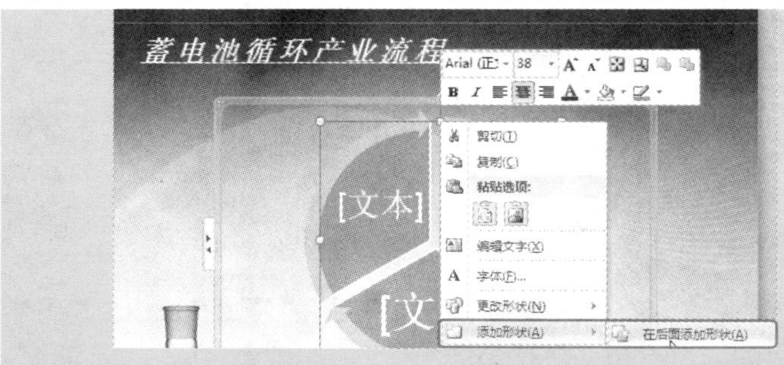

图 6-76

❸ 接着在“文本”区域输入文字，选中 SmartArt 图形，在“**SmartArt** 工具”→“设计”→“**SmartArt** 样式”选项组中单击按钮展开下拉列表，选择“卡通”三维样式，如图 6-77 所示。

❹ 选中 SmartArt 图形左上方的形状，在“**SmartArt** 工具”→“设计”→“形状样式”选项组中单击“形状填充”下拉按钮，在下拉列表中选择“绿色”，如图 6-78 所示。然后选中 SmartArt 图形右上方的形状，单击“形状填充”下拉按钮，在下拉列表中选择“紫色”，如图 6-79 所示。

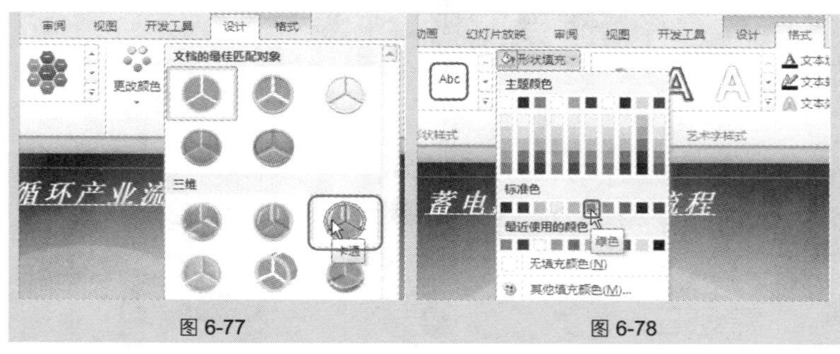

图 6-77　　图 6-78

❺ 按相同方法设置其他两个方块的颜色。

❻ 在“插入”→“插入”选项组中单击“形状”下拉按钮，在下拉列表中选择“矩形”形状。在幻灯片中绘制矩形，选中矩形，在右键菜单中选择“设置形状格式”命令（如图 6-80 所示），打开“设置形状格式”对话框。

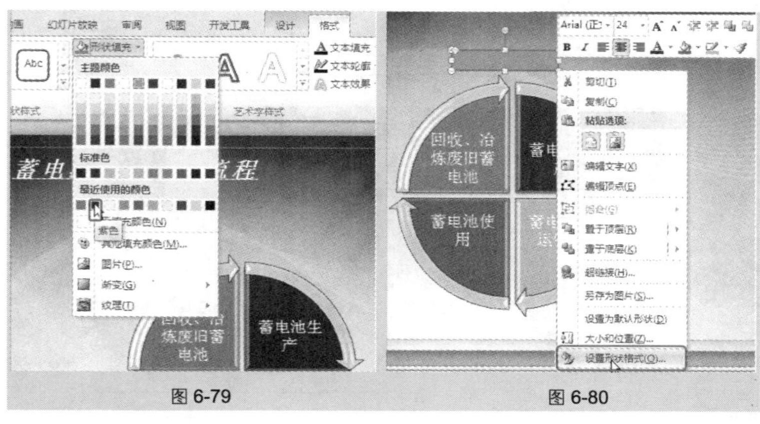

图 6-79　　图 6-80

❼ 在左侧单击“填充”选项，在右侧的“颜色”下拉列表框中选择“绿色”，如图 6-81 所示。

❽ 单击左侧的“三维格式”选项，在右侧的“顶端”下拉列表框中选择“圆”，如图 6-82 所示。

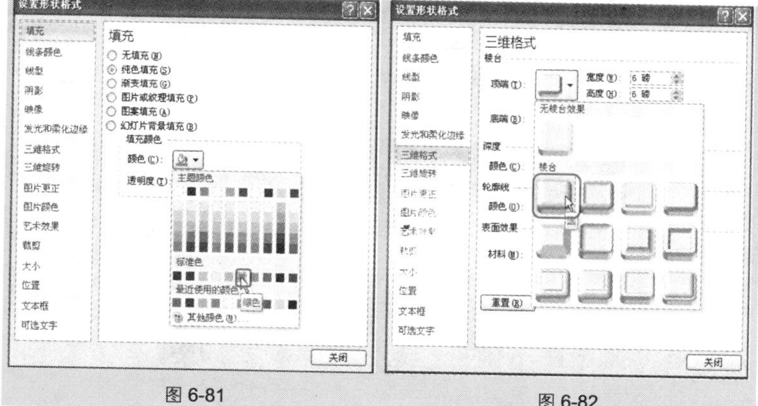

图 6-81　　图 6-82

❾ 按 Ctrl+C 组合键复制设置了效果后的矩形图形，再按 Ctrl+V 组合键粘贴 3 个矩形，依次填充为“紫色”、“橙色”和“玫红”，效果如图 6-83 所示。

❿ 选中绿色矩形，在右键菜单中选择“编辑文字”命令（如图 6-84 所示），接着在形状中输入相应的描述文字。按照相同的方法在其他 3 个形状中输入描述文字即可完成设置。

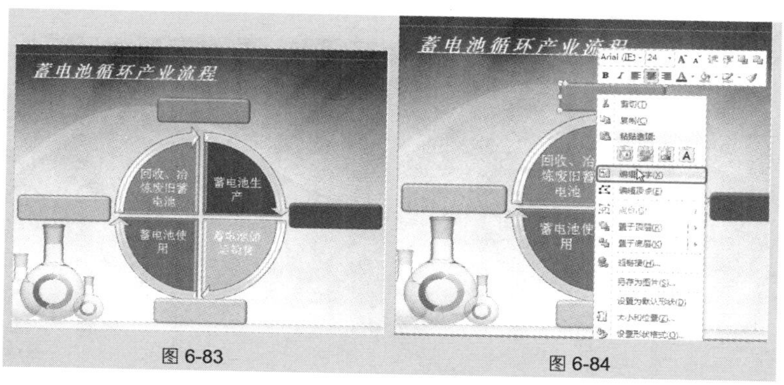

图 6-83　　图 6-84

第 7 章　工作型 PPT 中表格的使用技巧

技巧 139　创建不规则样式的表格

使用“插入表格”对话框所插入的表格是规则的包含指定行列的表格，如果当前需要的表格是不规则的（如图 7-1 所示的表格行列就很不规则），则可以用如下方法来手工绘制表格。

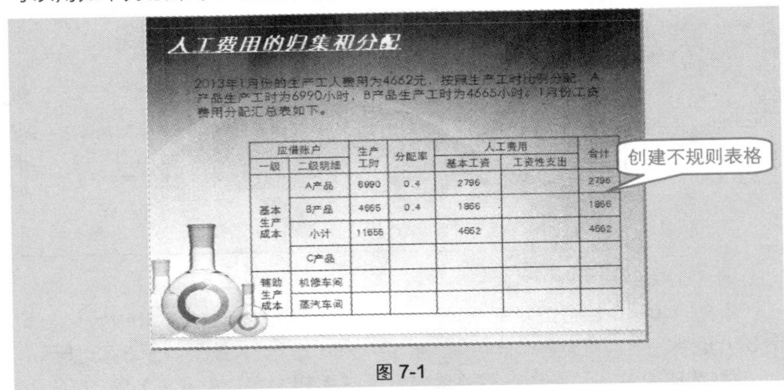

应借账户		生产工时	分配率	人工费用		合计
一级	二级明细			基本工资	工资性支出	
基本生产成本	A产品	6990	0.4	2796		2796
	B产品	4665	0.4	1866		1866
	小计	11655		4662		4662
	C产品					
辅助生产成本	机修车间					
	蒸汽车间					

图 7-1

❶ 在“插入”→“表格”选项组中单击“表格”下拉按钮，在下拉列表中选择“绘制表格”命令（如图 7-2 所示），此时光标变成✎样式，拖动即可绘制表格的外边框，如图 7-3 所示。

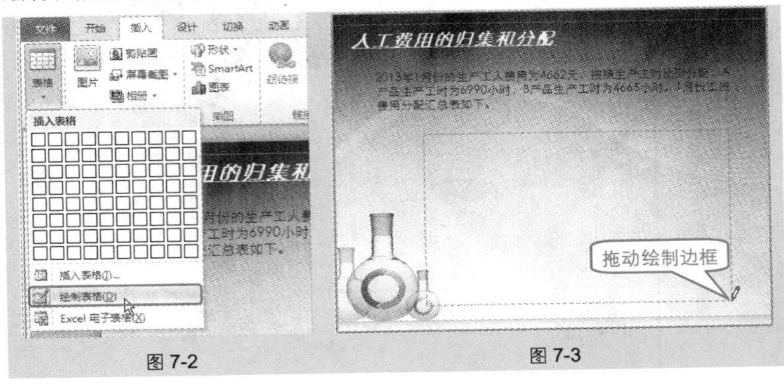

图 7-2　　图 7-3

❷ 绘制框线后释放鼠标左键，此时需要重新启动一次画笔，在“表格工具”→“设计”→“绘图边框”选项组中单击“绘制表格”按钮一次即可启动。然后在需要的位置上直接画线即可，如图 7-4 所示。

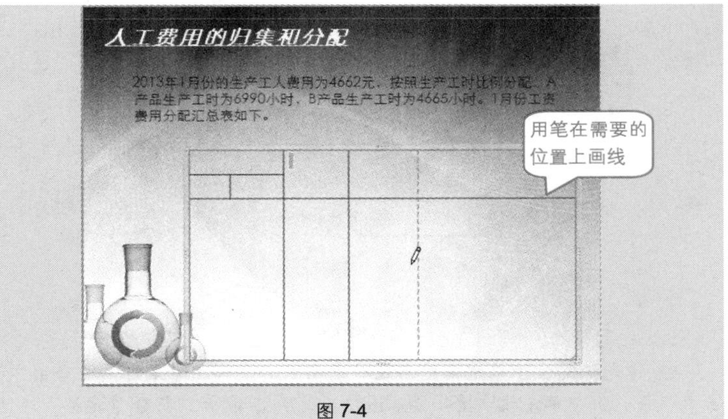

图 7-4

❸ 完成框线的绘制后在表格中插入文本即可。如果在输入文本时发现一些地方有多余的框线，则可以在“绘图边框”选项组中单击“擦除”按钮，当光标变成橡皮形状后，在需要删除的框线上直接单击即可擦除，如图 7-5 所示。

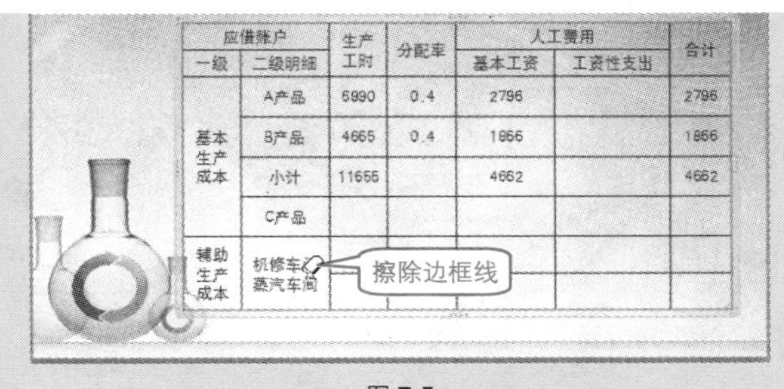

应借账户		生产工时	分配率	人工费用		合计
一级	二级明细			基本工资	工资性支出	
基本生产成本	A产品	6990	0.4	2796		2796
	B产品	4665	0.4	1866		1866
	小计	11656		4662		4662
	C产品					
辅助生产成本	机修车[illegible]					
	蒸汽车间					

图 7-5

应用扩展

绘制上例中的不规则表格，也可以先插入指定行列的表格，然后利用单元格合并与拆分功能，逐步完善以形成所需的表格。

❶ 同时选中需要合并的几个单元格，在“表格工具”→“布局”→“合并”选项组中单击“合并单元格”按钮即可完成合并，效果如图 7-6 所示。

Note

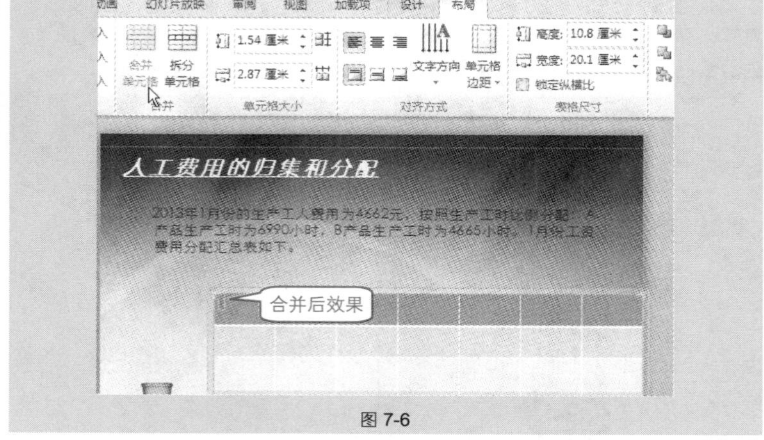

图 7-6

❷ 将光标定位于单元格中，在“表格工具”→“布局”→“合并”选项组中单击“拆分单元格”按钮（如图 7-7 所示），打开“拆分单元格”对话框，可以设置要拆分的行数与列数，如图 7-8 所示。

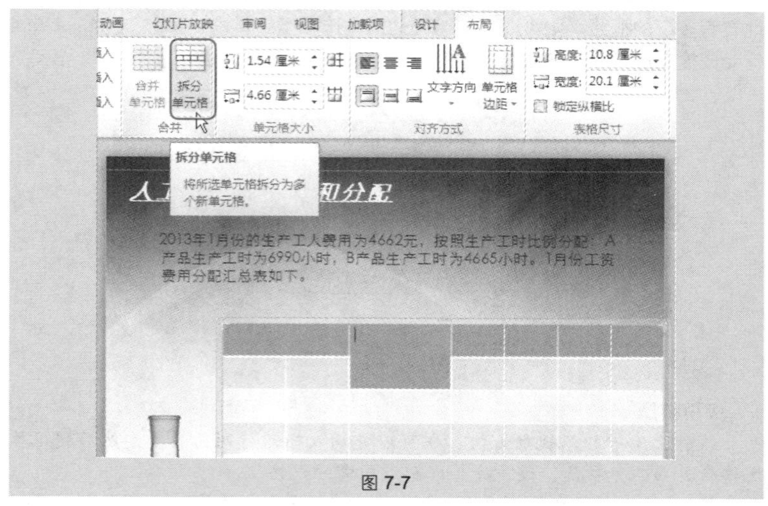

图 7-7

❸ 单击“确定”按钮即可对单元格进行拆分，如图 7-9 所示。

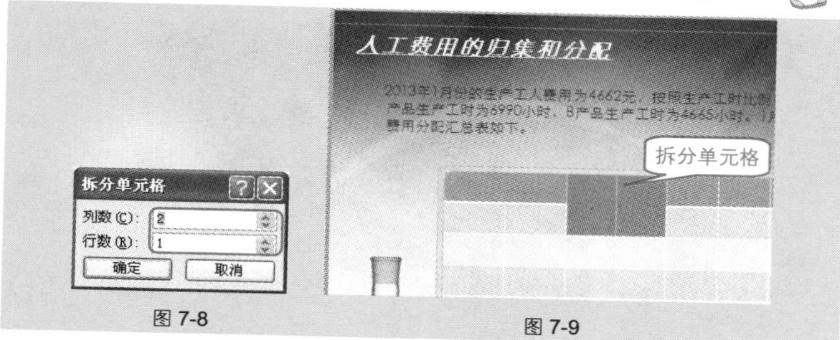

图 7-8　　　　图 7-9

技巧 140　一次性让表格具有相等行高和列宽

通过“分布行”功能可以实现让选中行的行高平均分布；“分布列”功能可以实现让选中列的列宽平均分布。这项功能在表格编辑时非常实用。

如图 7-10 所示，需要将不同行高的行列设置为相等的行高显示。其方法为：选中需要调整的行后，在“表格工具”→“布局”→ “单元格大小”选项组中单击“分布行”按钮（如图 7-10 所示），即可实现平均分布这几行的行高，如图 7-11 所示。

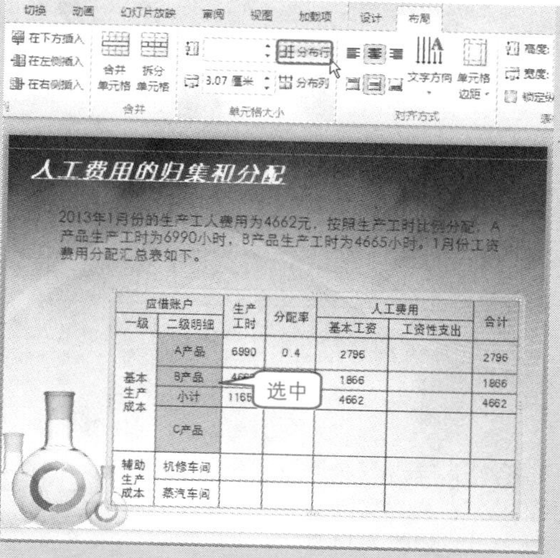

图 7-10

Note

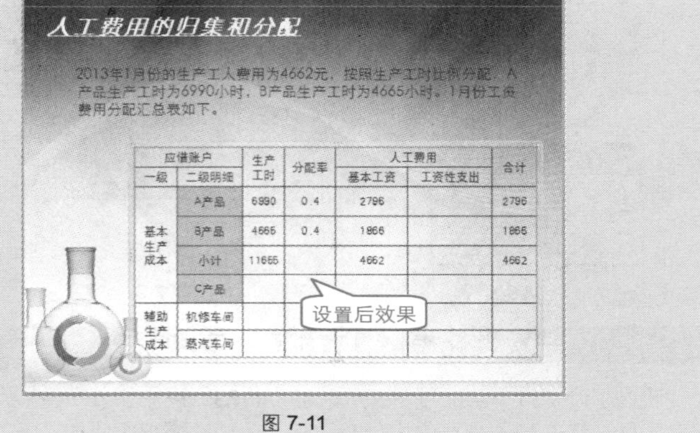

图 7-11

技巧 141　套用表格样式一键美化

如图 **7-12** 所示为在幻灯片中建立的默认格式的表格，如图 **7-13** 所示为套用了表格样式后的效果。

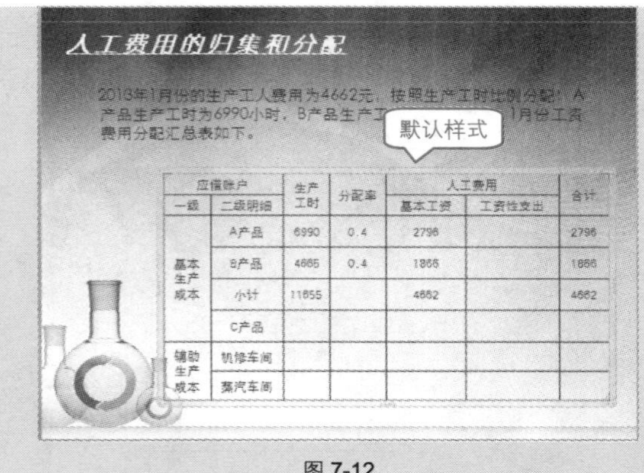

图 7-12

❶ 选中表格，在“表格工具”→“设计”→“表格样式”选项组中可以选择需要套用的样式。光标指向相应样式时即可预览效果，以方便用户查看是否是所需要的样式，如图 **7-14** 所示。

❷ 单击按钮打开下拉列表，其中提供了更多的可以套用的样式方案。

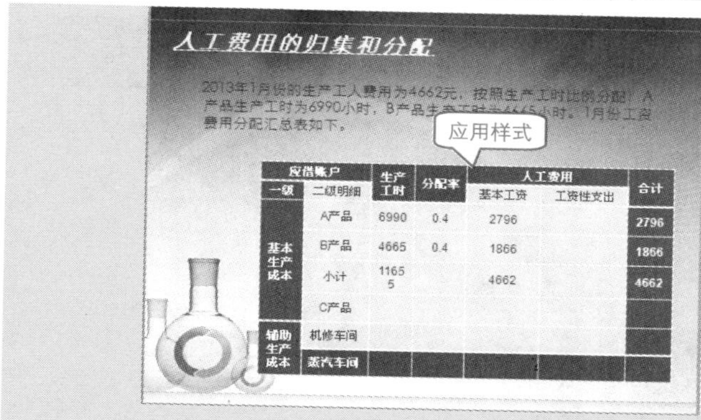

应借账户		生产工时	分配率	人工费用		合计
一级	二级明细			基本工资	工资性支出	
基本生产成本	A产品	6990	0.4	2796		2796
	B产品	4665	0.4	1866		1866
	小计	11655		4662		4662
	C产品					
辅助生产成本	机修车间					
	蒸汽车间					

图 7-13

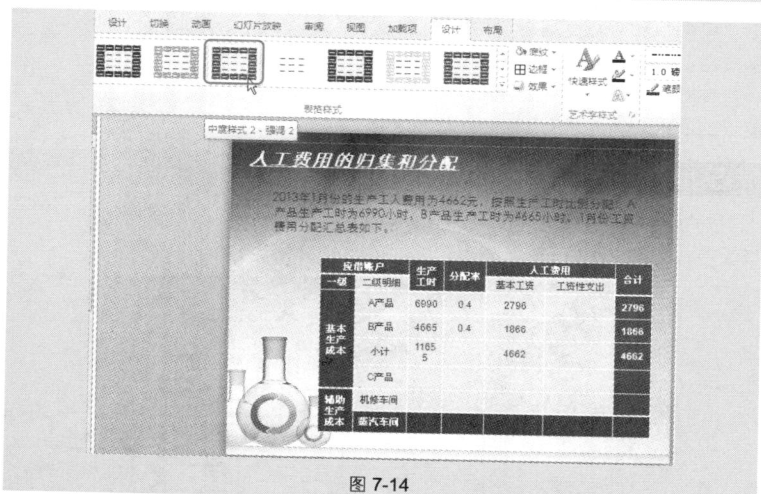

应借账户		生产工时	分配率	人工费用		合计
一级	二级明细			基本工资	工资性支出	
基本生产成本	A产品	6990	0.4	2796		2796
	B产品	4665	0.4	1866		1866
	小计	11655		4662		4662
	C产品					
辅助生产成本	机修车间					
	蒸汽车间					

图 7-14

技巧 142 一次性设置表格中文字的对齐方式

在表格中输入内容时，会发现数据默认显示在左上角位置，即默认对齐方式为“靠上顶端对齐”，如图 7-15 所示。当表格单元格较宽，或者行高较大时，显示效果会很不美观，此时可以将对齐方式调整为“水平居中”，以达到如图 7-16 所示的效果。

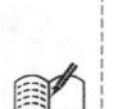
Note

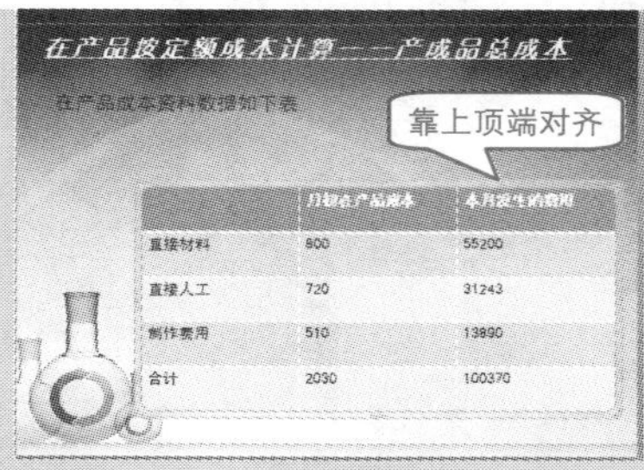

图 7-15

图 7-16

其方法为：选中整张表格，在“表格工具”→“布局”→“对齐方式”选项组中同时按下“居中”和“垂直居中”两个按钮，如图 7-17 所示，即可一次性实现表格所有内容居中显示的效果。

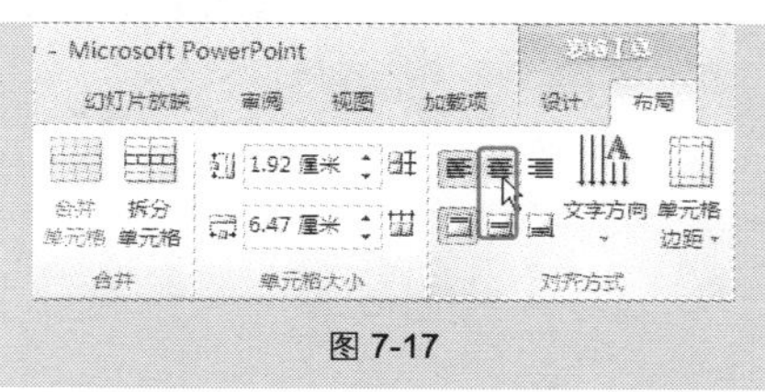

图 7-17

技巧 143　为表格添加背景图片

默认插入的表格是没有背景色的，通过如下方法可以为表格添加图片背景效果，如图 7-18 所示。

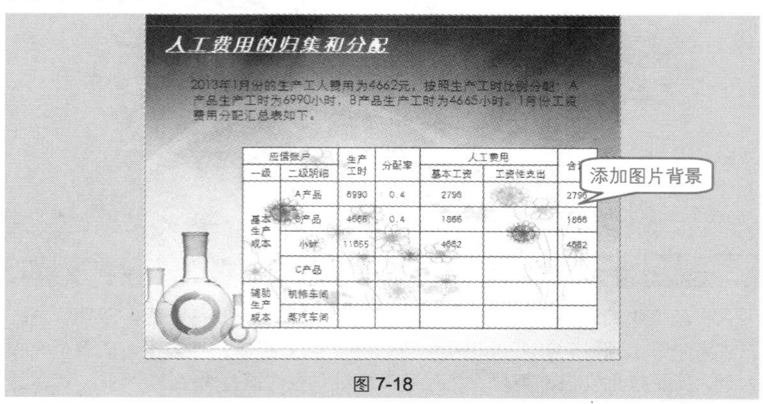

图 7-18

❶ 选中表格，在“表格工具”→“设计”→“表格样式”选项组中单击

“底纹”下拉按钮，在下拉列表中选择“表格背景”子列表中的“图片”命令，如图 7-19 所示。

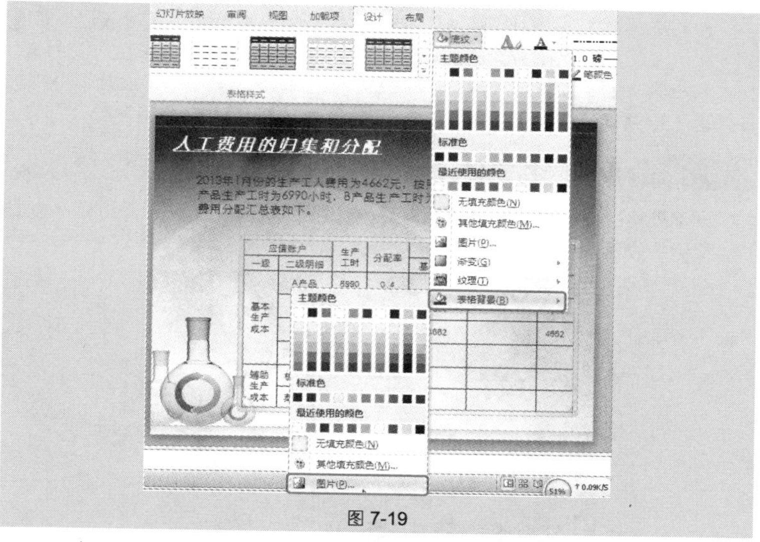

图 7-19

❷ 打开“插入图片”对话框，找到需要作为背景的图片保存路径并选中图片，如图 7-20 所示。

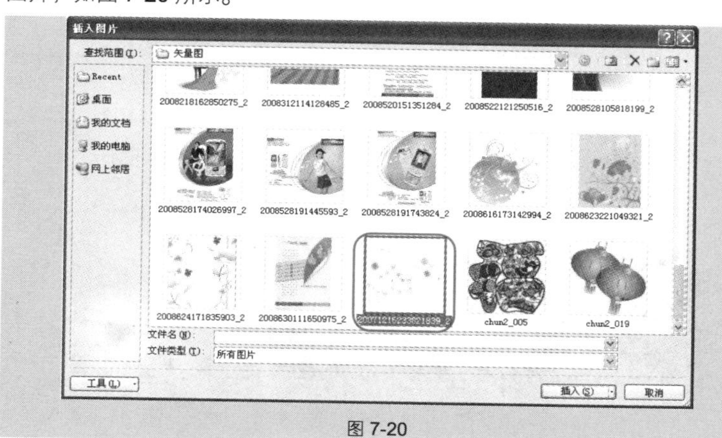

图 7-20

❸ 单击"插入"按钮即可将图片作为背景插入到表格中。

专家点拨

在为表格添加背景时，如果表格已经使用了程序中的内置样式，则首先要将其删除，否则即使为表格添加了背景，也不在PPT中显示出背景样式。

删除内置样式的方法为：选中表格，在"表格工具"→"设计"→"表格样式"选项组中单击按钮，在下拉列表中选择"清除表格"命令即可。

技巧144 设置表格立体效果

设置表格的立体效果可以达到美化的作用，如图7-21所示即为表格设置了立体化的效果。

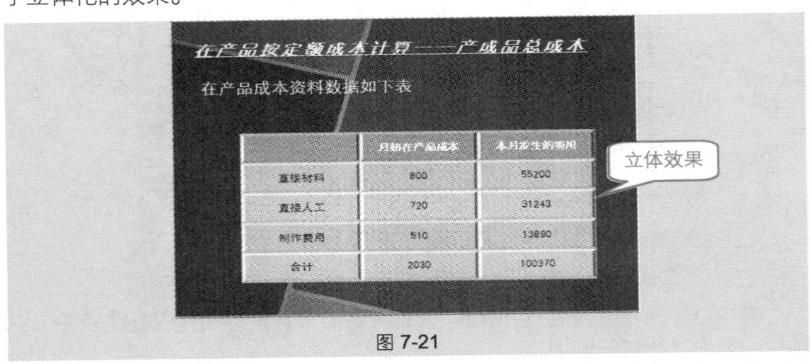

	月初在产品成本	本月发生的费用
直接材料	800	55200
直接人工	720	31243
制作费用	510	13890
合计	2030	100370

图7-21

其方法为：在"表格工具"→"设计"→"表格样式"选项组中单击"效果"下拉按钮，在下拉列表的"单元格凹凸效果"子列表中可以选择要使用的立体效果，光标指向时即可预览，如图7-22所示。

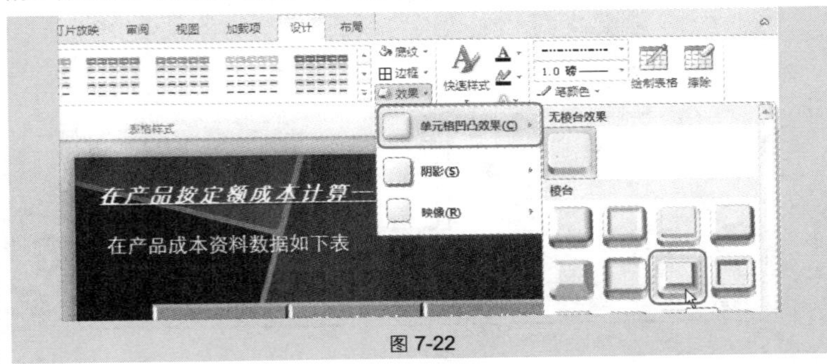

图7-22

技巧 145　将表格保存为图片

表格建立完成后，可以将其保存为图片使用，如图 7-23 所示的幻灯片中显示的表格，就是已经转换成图片后的表格，并且设置了表格图形化的格式。

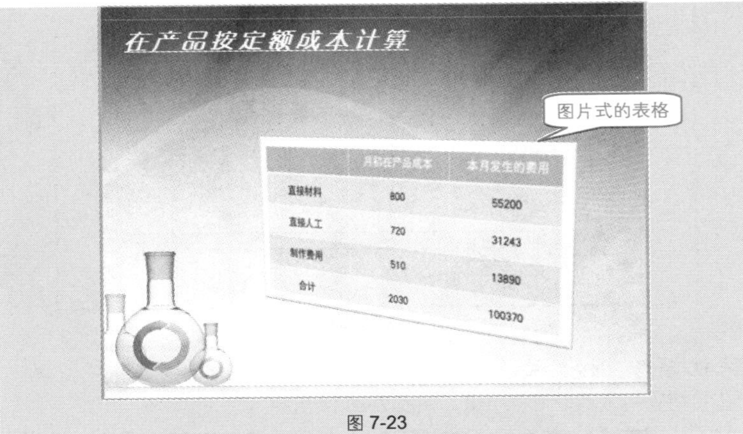

图 7-23

❶ 选中表格，在右键菜单中选择“另存为图片”命令，如图 7-24 所示。

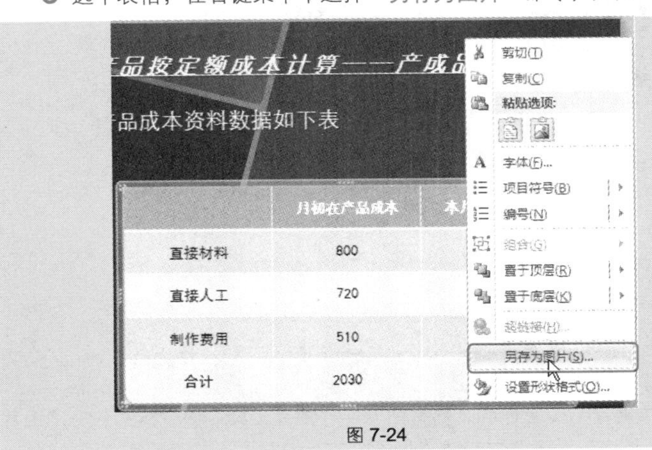

图 7-24

❷ 打开“另存为图片”对话框，选择图片保存的路径并设置保存的文件

Note

名，如图 7-25 所示。

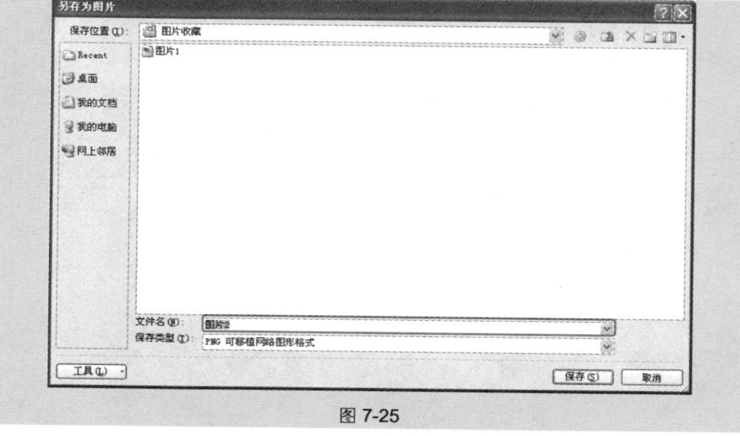

图 7-25

❸ 单击“保存”按钮，即可保存为图片。当需要使用这张图片时，就可以直接将其插入到幻灯片中来，如图 7-26 所示。

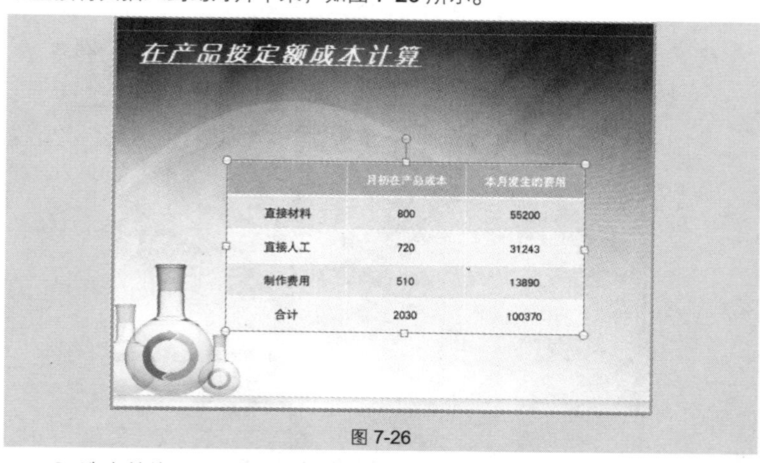

图 7-26

❹ 选中转换为图片后的表格，即可在“图片工具”→“格式”→“图片样式”选项组中设置图片的样式（与进行普通的图片格式设置的方法一致），如图 7-27 所示。

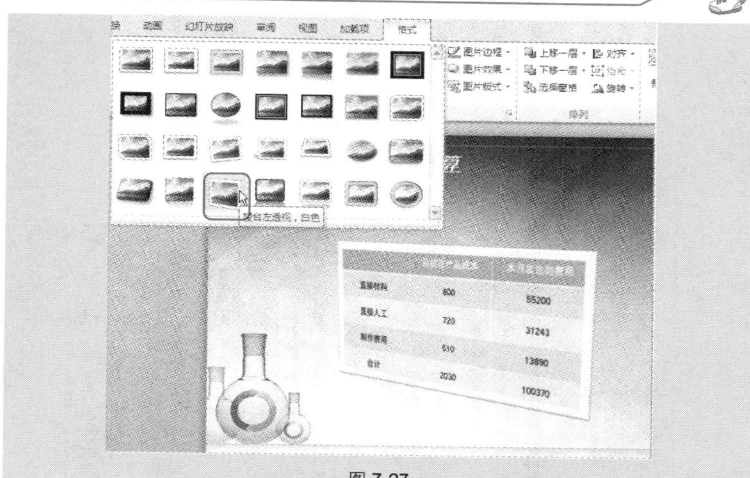

图 7-27

技巧 146 将 Word 文档中表格复制到幻灯片中使用

如果幻灯片中要插入的表格保存在 Word 文档中，可以直接将 Word 文档中的表格复制到幻灯片中。如图 7-28 所示即为复制到幻灯片中的表格。

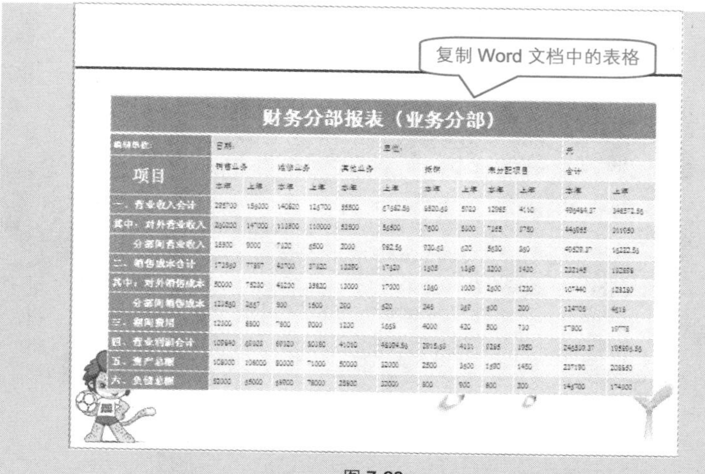

图 7-28

Note

❶ 打开 Word 文档，选中要复制的表格，在右键菜单中选择“复制”命令，如图 7-29 所示。

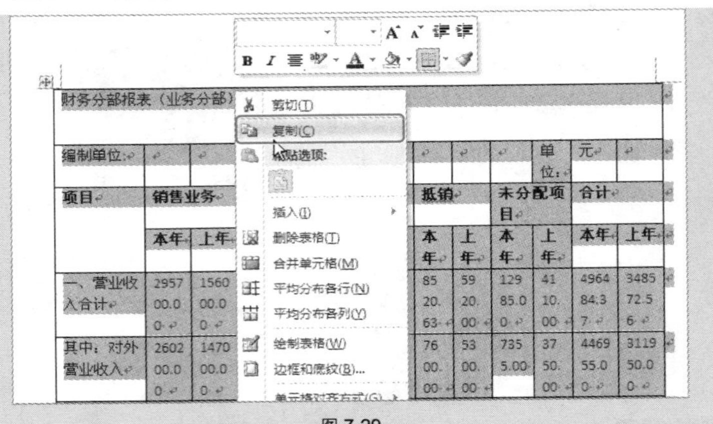

图 7-29

❷ 切换到要插入表格的幻灯片中，在右键菜单中的“粘贴选项”中单击“使用目标样式”按钮，如图 7-30 所示。

❸ 此时程序会以幻灯片中默认的表格样式将表格粘贴进来。

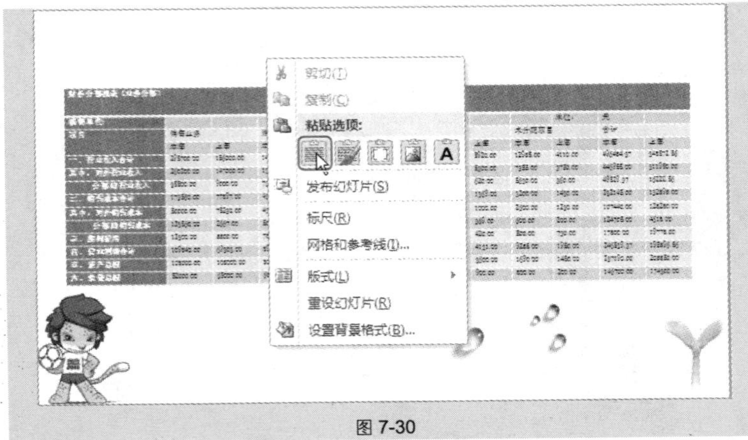

图 7-30

技巧 147 在幻灯片中插入 Excel 表格

默认情况下，在演示文稿中插入的表格功能比较单一，不能进行复杂的格式设置或使用公式运算等操作。要想使演示文稿中的表格中具备这些功能，可以插入 Excel 表格。

❶ 在“插入”→“表格”选项组中单击“表格”下拉按钮，在下拉列表中选择“Excel 电子表格”命令，如图 7-31 所示。

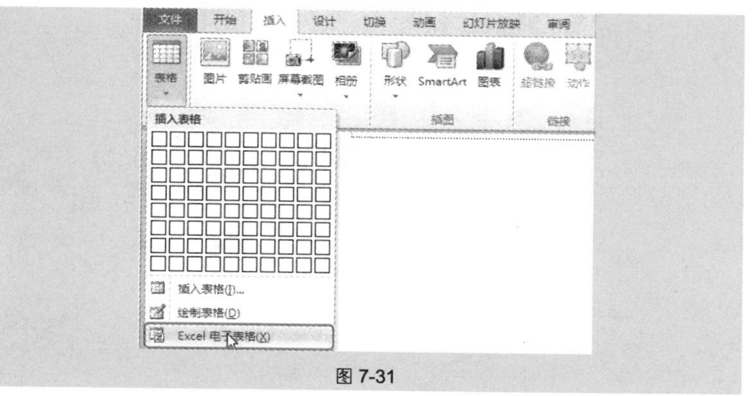

图 7-31

❷ 此时程序会在幻灯片中插入一个 Excel 电子表格，并切换到 Excel 程序的工作界面（菜单都是 Excel 工作界面的菜单），如图 7-32 所示。

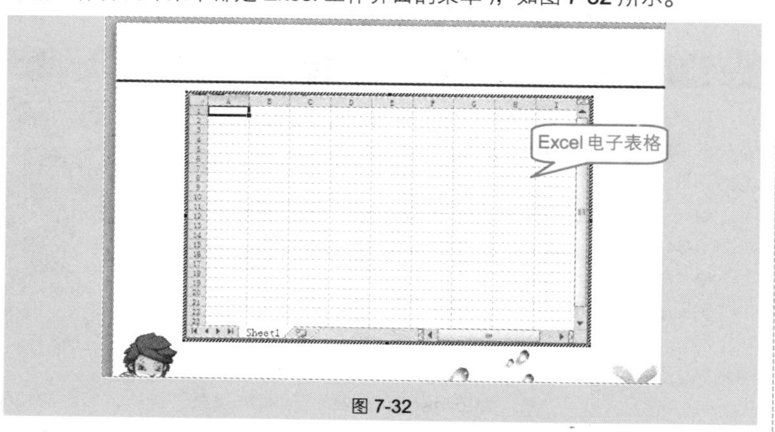

图 7-32

❸ 将编辑窗口调整得大一些，然后进行表格编辑，编辑完成后，将编辑区域调整到完全能显示出数据时为佳（编辑区的大小就是后期显示在幻灯片中的大小），然后在表格以外任意位置单击鼠标左键，即可退出 Excel 编辑状态。返回演示文稿中即可显示出刚才所创建的表格，如图 7-33 所示。

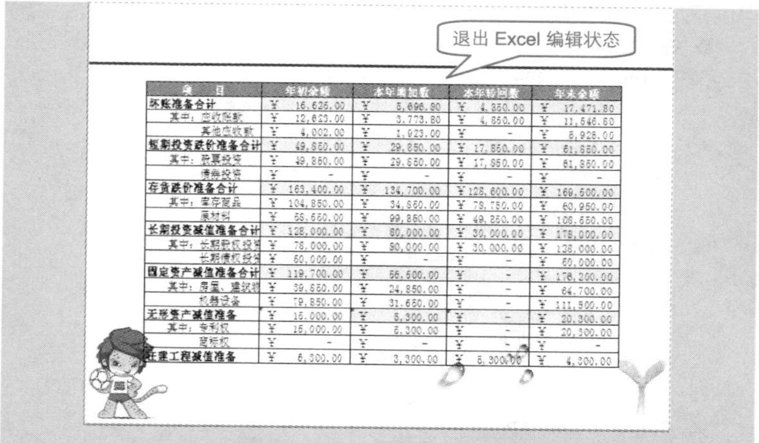

项目	年初余额	本年增加数	本年转回数	年末金额
坏账准备合计	¥ 16,626.00	¥ 5,696.80	¥ 4,850.00	¥ 17,471.80
其中：应收账款	¥ 12,623.00	¥ 3,773.80	¥ 4,850.00	¥ 11,546.80
其他应收款	¥ 4,002.00	¥ 1,923.00	¥ -	¥ 5,925.00
短期投资跌价准备合计	¥ 49,850.00	¥ 29,850.00	¥ 17,850.00	¥ 61,850.00
其中：股票投资	¥ 49,850.00	¥ 29.650.00	¥ 17,850.00	¥ 61,850.00
债券投资	¥ -	¥ -	¥ -	¥ -
存货跌价准备合计	¥ 163,400.00	¥ 134,700.00	¥ 128,600.00	¥ 169,500.00
其中：库存商品	¥ 104,850.00	¥ 34,850.00	¥ 79,750.00	¥ 60,950.00
原材料	¥ 58,550.00	¥ 99,850.00	¥ 49,850.00	¥ 108,550.00
长期投资减值准备合计	¥ 128,000.00	¥ 80,000.00	¥ 30,000.00	¥ 178,000.00
其中：长期股权投资	¥ 76,000.00	¥ 80,000.00	¥ 30,000.00	¥ 126,000.00
长期债权投资	¥ 60,000.00	¥ -	¥ -	¥ 60,000.00
固定资产减值准备合计	¥ 119,700.00	¥ 56,500.00	¥ -	¥ 176,200.00
其中：房屋、建筑物	¥ 39,850.00	¥ 24,850.00	¥ -	¥ 64,700.00
机器设备	¥ 79,850.00	¥ 31,650.00	¥ -	¥ 111,500.00
无形资产减值准备	¥ 15,000.00	¥ 5,300.00	¥ -	¥ 20,300.00
其中：专利权	¥ 15,000.00	¥ 5,300.00	¥ -	¥ 20,300.00
商标权	¥ -	¥ -	¥ -	¥ -
在建工程减值准备	¥ 6,300.00	¥ 3,300.00	¥ 5,300.00	¥ 4,300.00

图 7-33

专家点拨

在退出 Excel 电子表格编辑状态后，若想对表格对象继续进行编辑操作，使用鼠标左键双击表格即可切换到 Excel 电子表格状态。

技巧 148 将 Excel 表格直接复制使用

用户也可以直接将 Excel 表格中的数据复制到演示文稿中，并以电子表格的形式显示出来。

❶ 在 Excel 工作表中复制表格，如图 7-34 所示。

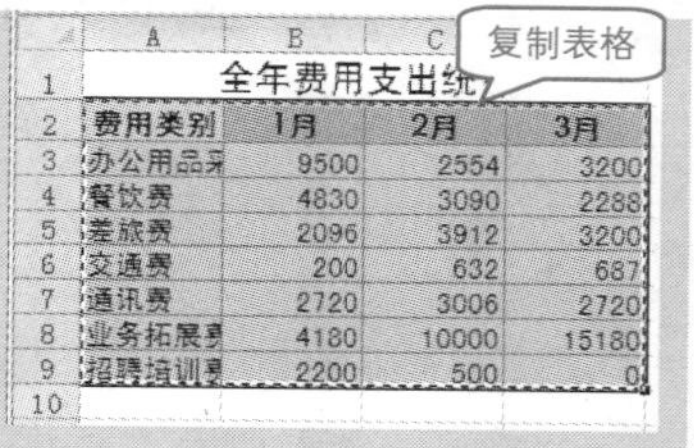

	A	B	C	
1	全年费用支出统			
2	费用类别	1月	2月	3月
3	办公用品采	9500	2554	3200
4	餐饮费	4830	3090	2288
5	差旅费	2096	3912	3200
6	交通费	200	632	687
7	通讯费	2720	3006	2720
8	业务拓展费	4180	10000	15180
9	招聘培训费	2200	500	0
10				

图 7-34

❷ 切换到演示文稿中，在“开始”→“剪贴板”选项组中单击“粘贴”下拉按钮，在下拉列表中选择“选择性粘贴”命令，打开“选择性粘贴”对话框。在列表框中选择“**Microsoft Excel** 工作表 对象”选项，如图 7-35

所示。

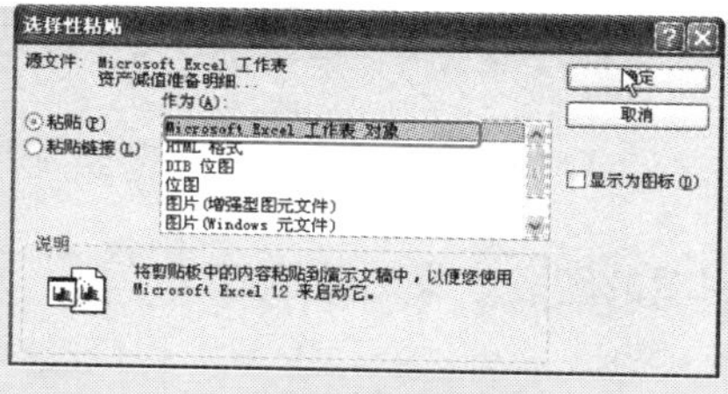

图 7-35

❸ 单击“确定”按钮，即可将 Excel 表格粘贴到幻灯片中，如图 7-36 所示。双击即可进入 Excel 编辑状态，如图 7-37 所示。

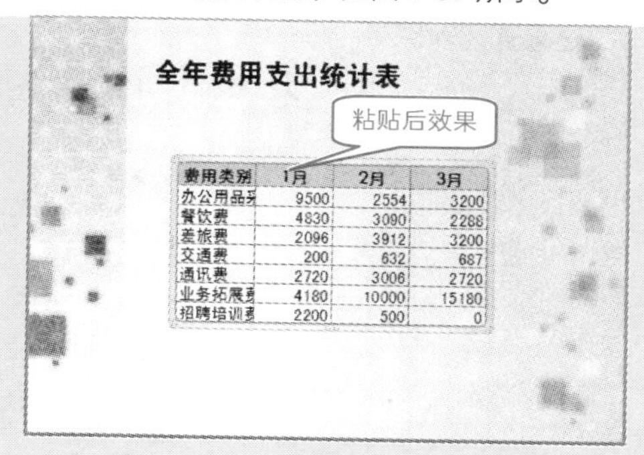

费用类别	1月	2月	3月
办公用品采	9500	2554	3200
餐饮费	4830	3090	2288
差旅费	2096	3912	3200
交通费	200	632	687
通讯费	2720	3006	2720
业务拓展费	4180	10000	15180
招聘培训费	2200	500	0

图 7-36

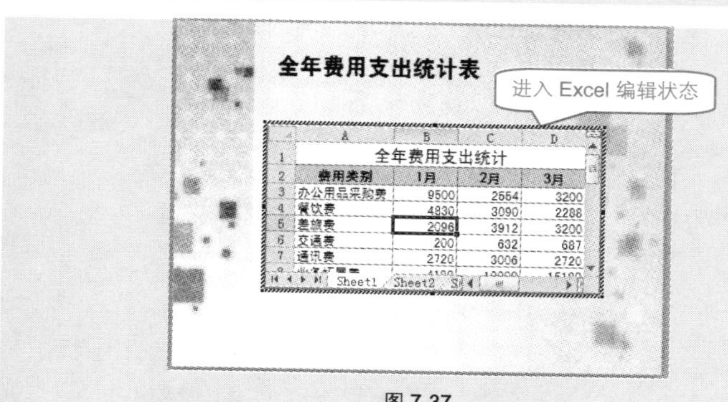

	A	B	C	D
2	费用类别	1月	2月	3月
3	办公用品采购费	9500	2554	3200
4	餐饮费	4830	3090	2288
5	差旅费	2096	3912	3200
6	交通费	200	632	687
7	通讯费	2720	3006	2720

图 7-37

第 8 章　工作型 PPT 中图表的使用技巧

8.1　幻灯片中图表的创建及编辑技巧

技巧 149　为创建的图表追加新数据

如图 8-1 所示，幻灯片中的图表中只显示了 3 个数据系列，现在需要添加一个数据系列到图表中，以达到如图 8-2 所示的效果。此时可以直接在原图表上实现追加数据，而不需要重新建立图表。

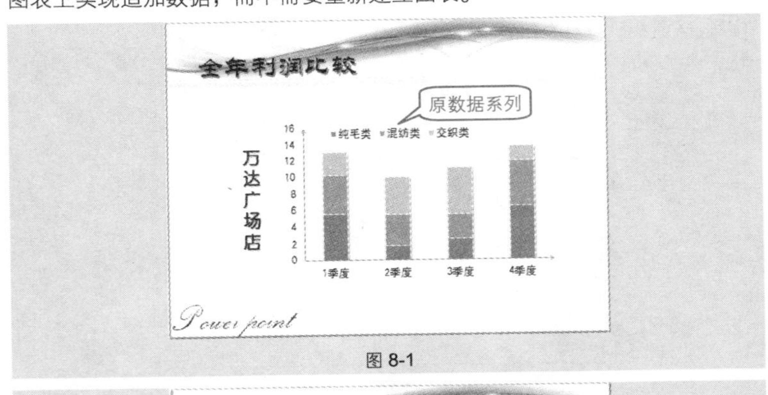

图 8-1

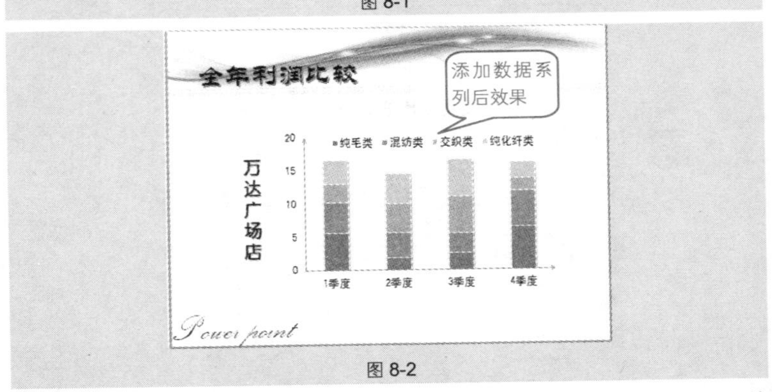

图 8-2

❶ 选中图表，在“图表工具”→“设计”→“数据”选项组中单击“编

辑数据”按钮，如图 8-3 所示。

图 8-3

❷ 打开图表的数据源表格，表格中显示的是原图表的数据源，然后将新数据源输入到表格中，如图 8-4 所示。

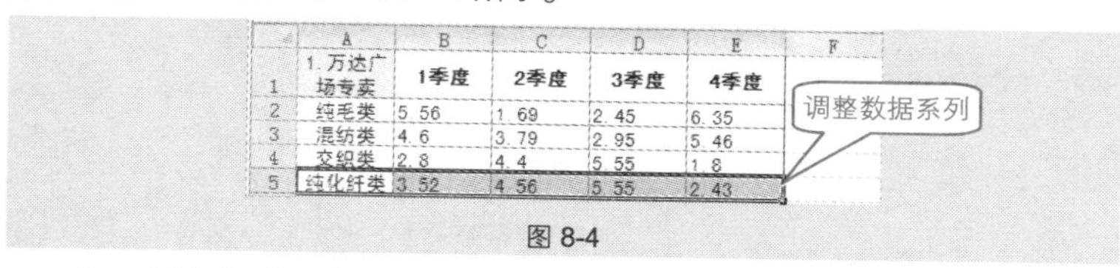

	A	B	C	D	E	F
1	1.万达广场专卖	1季度	2季度	3季度	4季度	
2	纯毛类	5.56	1.69	2.45	6.35	
3	混纺类	4.6	3.79	2.95	5.46	
4	交织类	2.8	4.4	5.55	1.8	
5	纯化纤类	3.52	4.56	5.55	2.43	

图 8-4

❸ 回到幻灯片中查看图表，即可看到新添加的数据系列，如图 8-5 所示。

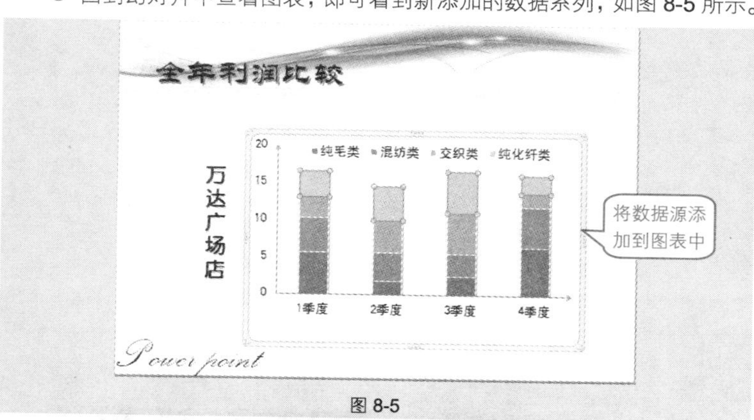

图 8-5

技巧 150　重新定义图表的数据源

如图 8-6 所示，图表中显示了 4 个季度的利润，如果需要比较 1 季度与 4 季度的销售利润，得到如图 8-7 所示的图表，可以直接在原图表上重新设置图表的数据源，而不需要重新建立图表。

❶ 选中图表，在“图表工具”→“设计”→“数据”选项组中单击“选择数据”按钮，即可打开图表的数据源表格，在表格中突出显示了当前图表

的数据源，如图 8-8 所示。

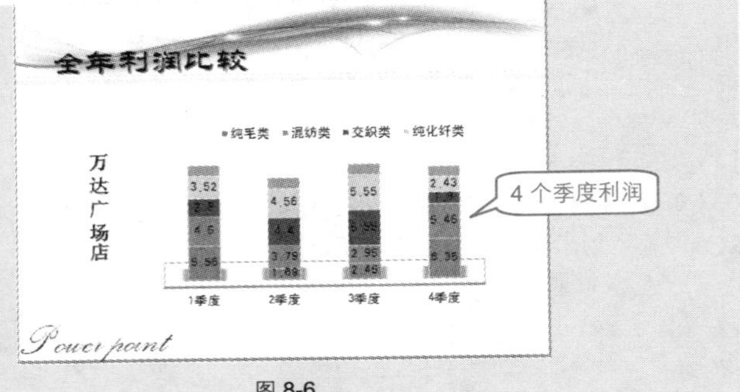

图 8-6

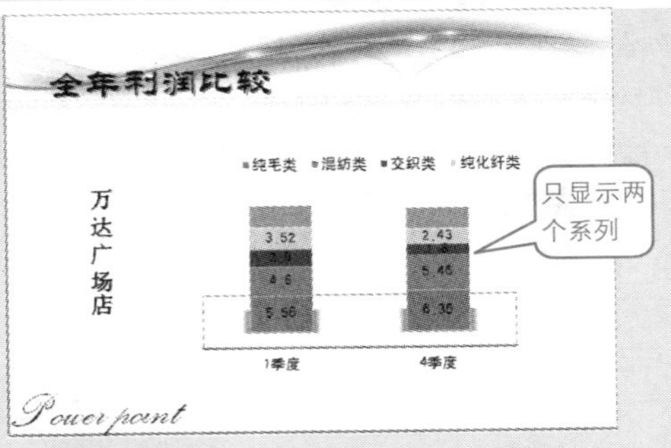

图 8-7

	A	B	C	D	E	F	G	H	I
1	1 万达广场专卖	1季度	2季度	3季度	4季度	合计			
2	纯毛类	5.56	1.69	2.45	6.35	16.05			
3	混纺类	4.6	3.79	2.95	5.46	16.8			
4	交织类	2.8	4.4	5.55	1.8	14.55			
5	纯化纤类	3.52	4.56	5.55	2.43	16.06			
6	合计	16.48	14.44	16.5	16.04	63.46			

选择数据源

图表数据区域(D): =Sheet1!$A$1:$E$5

切换行/列(W)

图例项(系列)(S)

添加(A) 编辑(E) 删除(R)

纯毛类

混纺类

交织类

水平(分类)轴标签(C)

编辑(T)

1季度

2季度

3季度

显示数据源

图 8-8

❷ 直接用鼠标拖动选择新数据源区域，如果要选择的数据源是不连续显示的，可以按住 **Ctrl** 键不放，依次拖动选择，如图 8-9 所示。

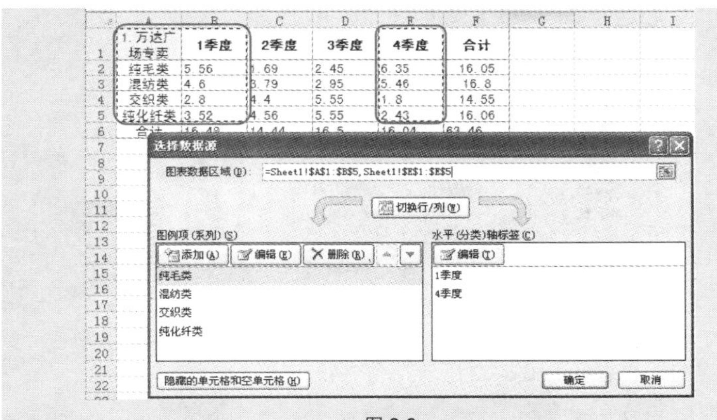

图 8-9

❸ 单击“确定”按钮，即可更改图表中的数据源。回到图表中即可查看效果。

技巧 151　巧妙变换图表的类型

如图 8-10 所示为创建完成的堆积柱形图，用户还可以根据需要将原图表快速更改为其他图表类型，如图 8-11 所示。

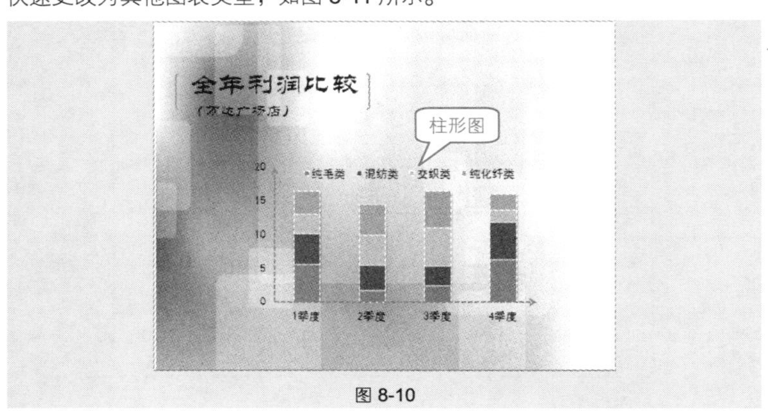

图 8-10

Note

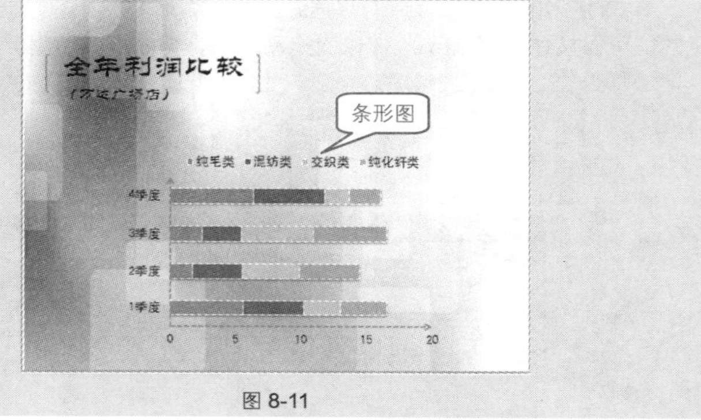

图 8-11

❶ 选中图表，在“图表工具”→“设计”→“数据”选项组中单击“更改图表类型”按钮，如图 8-12 所示。

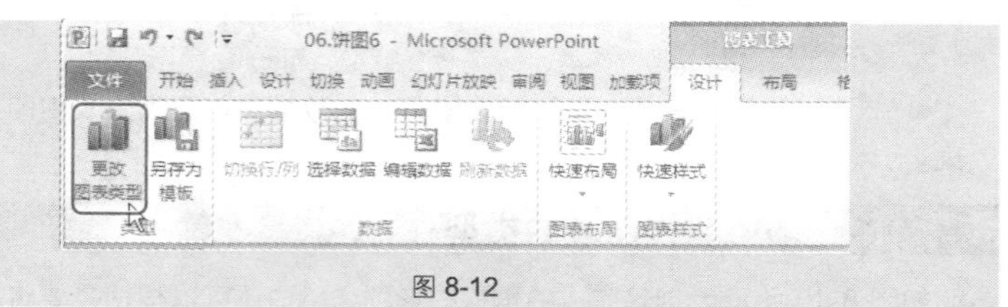

图 8-12

❷ 打开“更改图表类型”对话框，重新选择图表类型，如图 8-13 所示。

图 8-13

❸ 单击“确定”按钮，即可更改原图表的类型。

技巧 152　为饼图添加所占百分比数据标签

如图 8-14 所示，系统默认插入的图表是不显示数据标签的，现在要求为饼图添加百分比数据标签，并且包含两位小数，效果如图 8-15 所示。

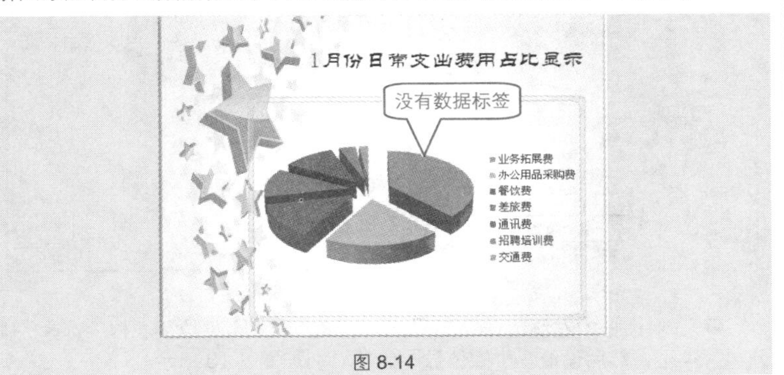

图 8-14

图 8-15

❶ 选中图表，在“图表工具”→“布局”→“标签”选项组中单击“数据标签”下拉按钮，在下拉列表中选择“其他数据标签选项”命令，如图 8-16 所示。

❷ 打开“设置数据标签格式”对话框，在“标签包括”栏中选中“类别名称”、“百分比”和“显示引导线”复选框，在“分隔符”下拉列表框中选择“分行符”选项，如图 8-17 所示。

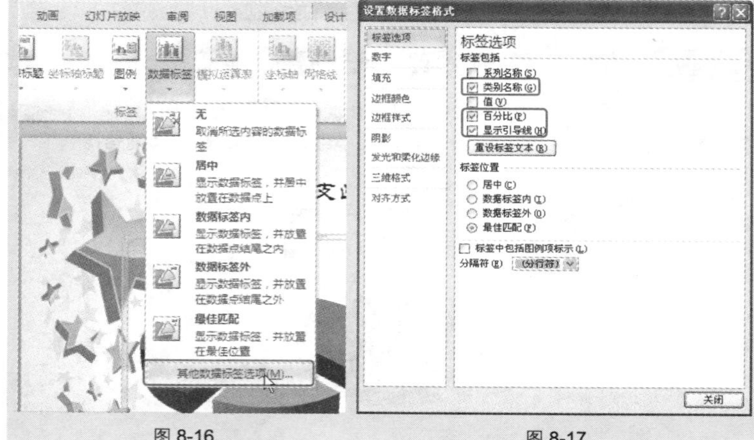

图 8-16　　　　　　图 8-17

❸ 在对话框的左侧选择“数字”选项，在“类别”下拉列表框中选择“百分比”类型，然后设置“小数位数”为“**2**”，如图 8-18 所示。

❹ 单击“确定”按钮，即可为图表数据标签添加数据标签和系列名称，并分行显示。选中数据标签，在“图表工具”→“格式”→“形状格式”选项组中单击“形状填充”下拉按钮，在打开的下拉列表中可以为标签形状设置填充颜色，如图 8-19 所示。

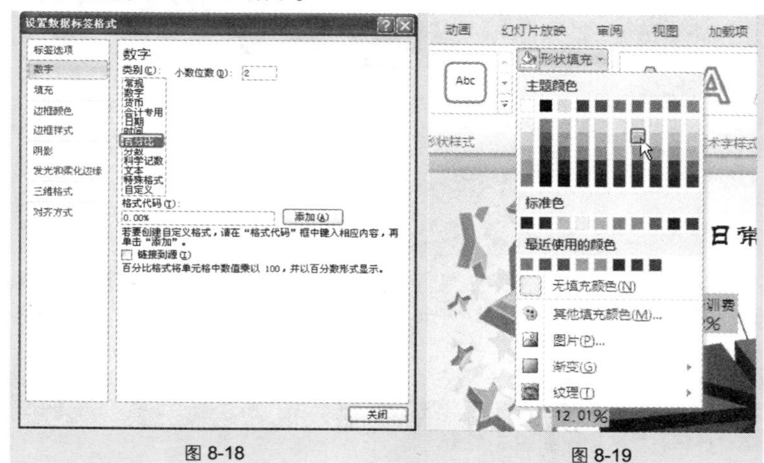

图 8-18　　　　　　图 8-19

技巧 153 切换图表行列得出不同的表达重点

如图 8-20 所示的图表，重点表达了对各个不同分类服装的利润比较，通过切换行列的操作，可以重点表达对各个季度利润值的比较，如图 8-21 所示。

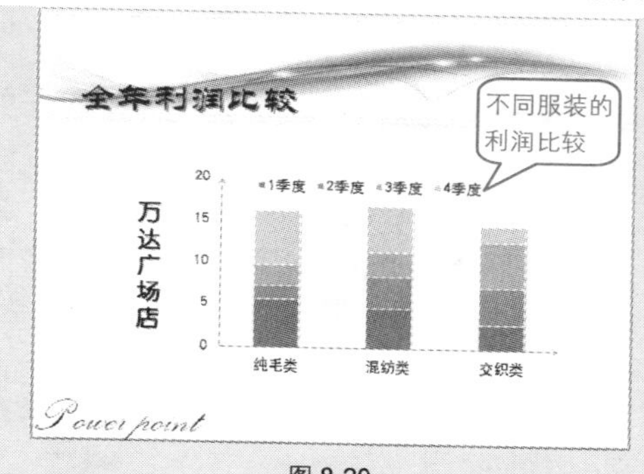

图 8-20

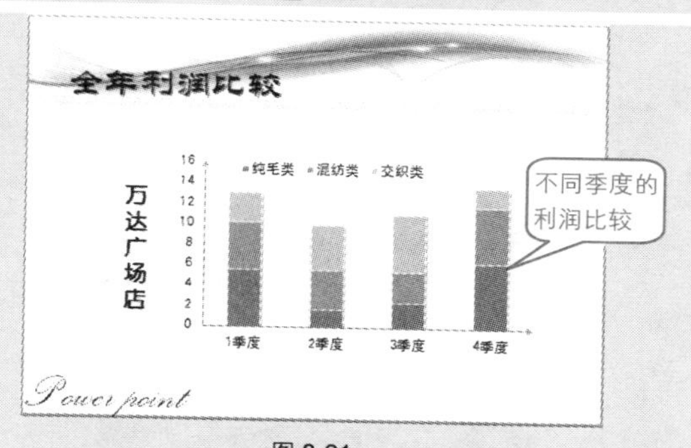

图 8-21

操作方法很简单，只要在“图表工具”→“设计”→“数据”选项组中单击“切换行/列”按钮即可，如图 8-22 所示。

图 8-22

技巧 154 套用图表样式实现快速美化

在插入图表时，是以默认的样式显示的（如图 8-23 所示），那么如何将其更改为如图 8-24 所示的黑色背景样式呢？

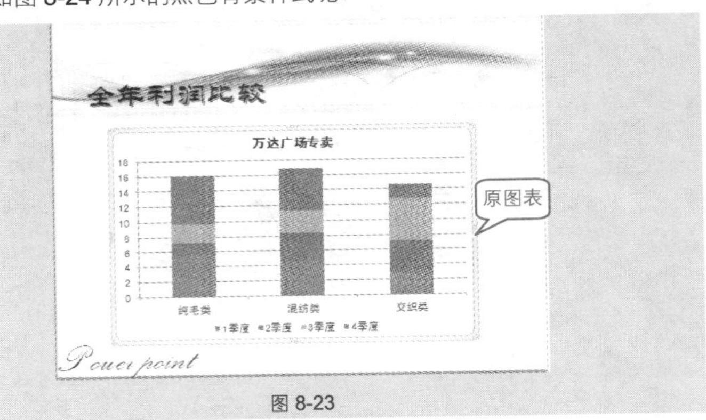

图 8-23

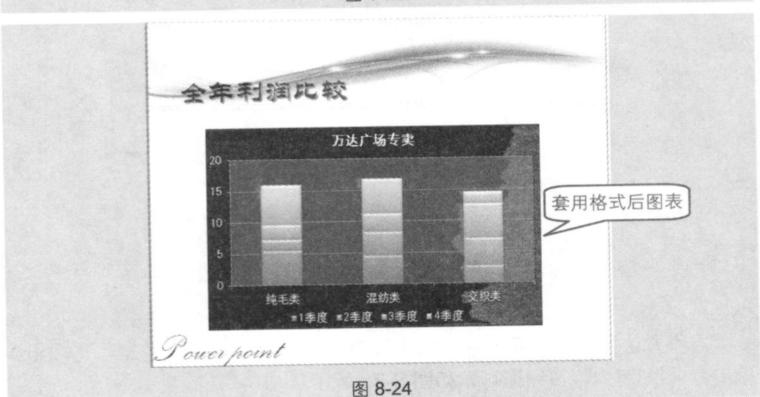

图 8-24

其方法为：选中图表，在“图表工具”→“设计”→“图表样式”选项组中单击下拉按钮，在下拉列表中选择想要套用的样式，如图 8-25 所示，单击即可套用。

专家点拨

套用图表样式时会将原来所设置的格式取消，因此如果想通过套用样式

来美化图表，可以在建立图表后首先进行套用，然后再对各个对象逐一修饰。

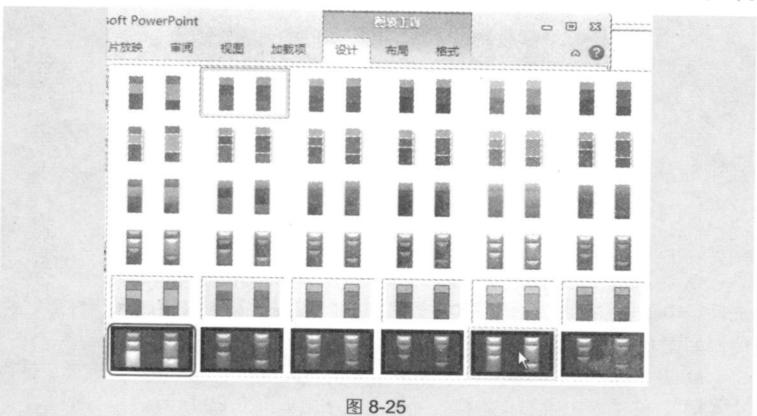

图 8-25

技巧 155 在图表中绘制文本框添加文字说明

图表修饰过程中经常需要使用文本框来添加相关的文字说明，一方面可以增强图表的表达效果，另一方面也可以通过设置文本框的格式达到美化图表整体效果的目的。下面将如图 8-26 所示图表的图例删除，然后使用线条与文本框添加系列名称。

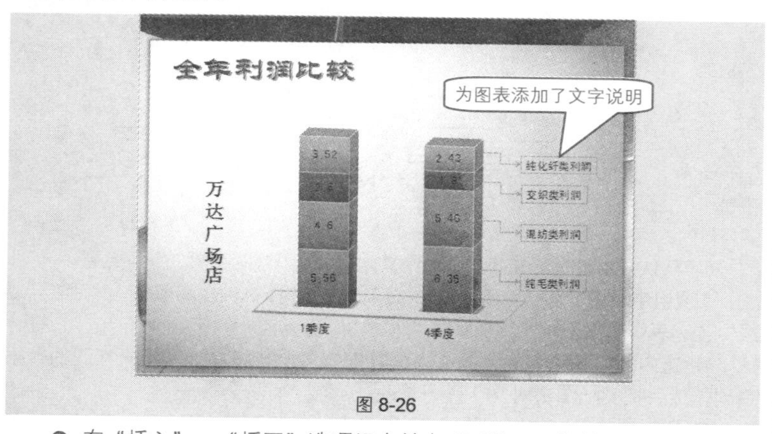

图 8-26

❶ 在“插入”→“插图”选项组中单击“形状”下拉按钮，在下拉列表

Note

中选择“肘形箭头连接符”形状，如图 8-27 所示。

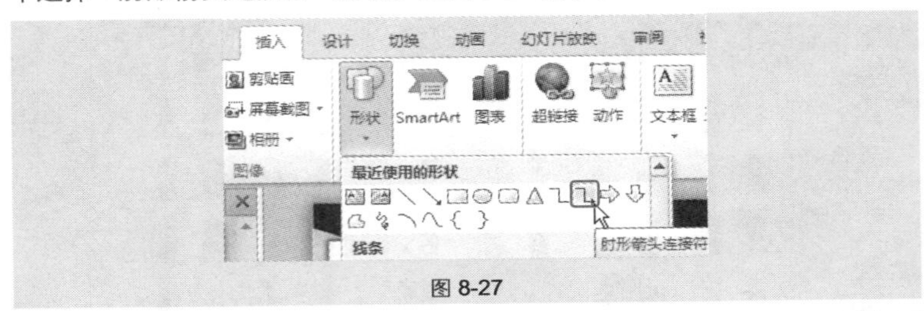

图 8-27

❷ 在图表中绘制线条。选中线条，在“绘图工具”→“格式”→“样式”选项组中单击“形状轮廓”下拉按钮，在“虚线”子列表中选择一种虚线类型，如图 8-28 所示。

❸ 在“插入”→“文本”选项组中单击“文本框”下拉按钮，选择“横排文本框”，在图表中绘制文本框，并输入文字，如图 8-29 所示。

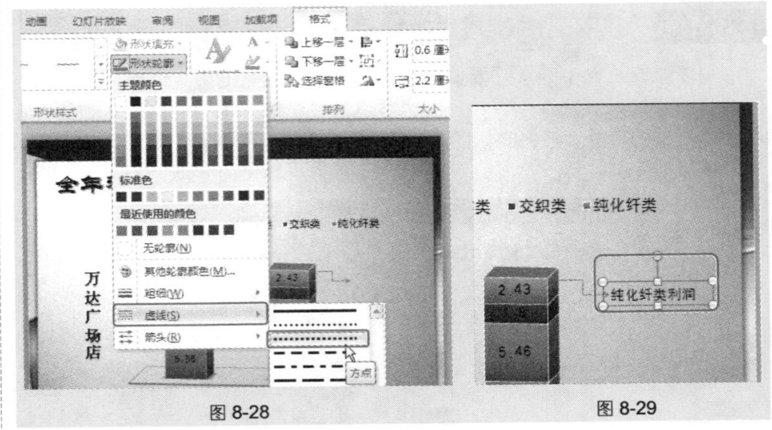

图 8-28　　图 8-29

❹ 默认文本框是无轮廓的，选中文本框，在“绘图工具”→“格式”→“样式”选项组中单击“形状轮廓”下拉按钮，首先选择一种轮廓颜色，然后在“虚线”子列表中选择一种虚线类型，如图 8-30 所示。

❺ 选中绘制的指引线条与文本框并复制多个，将其分别指向不同的数据系列，然后按实际情况对文字进行修改。

❻ 同时选中图表与绘制的线条和文本框，单击鼠标右键，在弹出的快捷菜

单中选择“组合”→“组合”命令（如图 8-31 所示），将它们组合成一个对象。

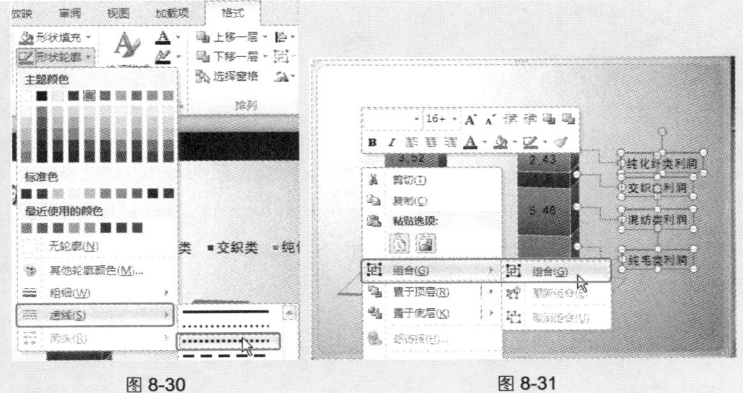

图 8-30　　图 8-31

技巧 156　为图表添加背景效果

默认插入的图表是无背景填充色的，通过设置可以实现让图表背景以单色填充、渐变填充、图片填充等。如图 8-32 所示为设置图表背景为图片填充后的效果。

❶ 选中图表，在“图表工具”→“格式”→“形状格式”选项组中单击“形状填充”下拉按钮，在打开的下拉列表中选择“图片”命令，如图 8-33 所示。

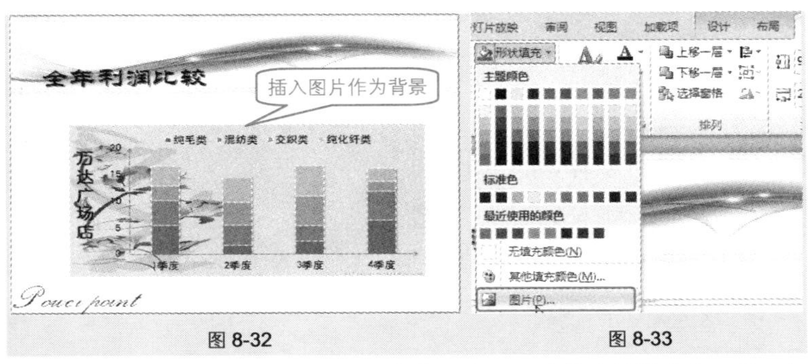

图 8-32　　图 8-33

❷ 打开“插入图片”对话框，定位要使用图片的路径并选中图片，如图 8-34 所示。

❸ 单击“插入”按钮即可完成设置。

Note

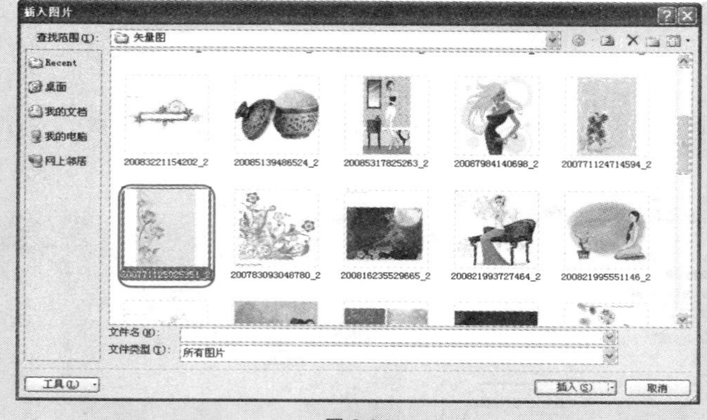

图 8-34

应用扩展

除此之外，还可以设置渐变填充效果、图案填充效果等。

❶ 在图表区上单击鼠标右键，在弹出的快捷菜单中选择“设置图表区格式”命令，打开“设置图表区格式”对话框。

❷ 选中“渐变填充”单选按钮，可以在下面详细设置渐变的方式及渐变颜色等，如图 8-35 所示。

❸ 选中“图案填充”单选按钮，可以重新设置图案前景色及背景色，并选择图案样式，如图 8-36 所示。

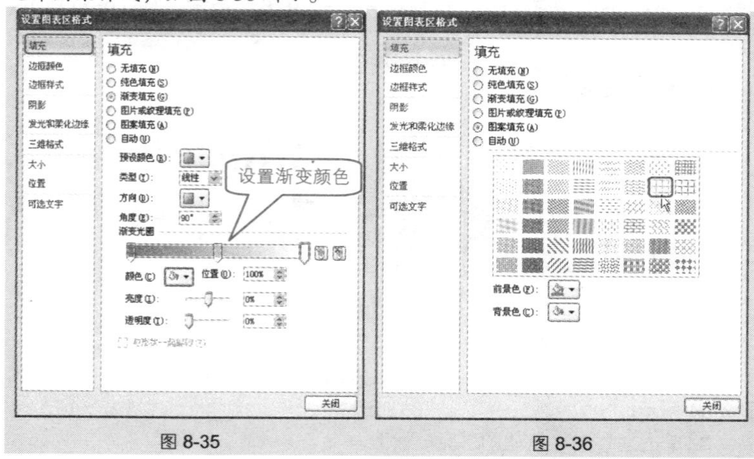

图 8-35　　图 8-36

技巧 157　当两个系列值差距过大时启用次坐标轴

Note

如图 8-37 所示，图表中包含“销售金额”、“毛利”、“毛利率”3 个数据系列，但由于毛利率值为百分比值，相对于销售金额和毛利金额来讲是非常小的，所以在图表中无法正确显示出来。此时可以通过启用次坐标轴，让“毛利率”数据系列沿次坐标轴来绘制，即达到如图 8-38 所示的图表效果。

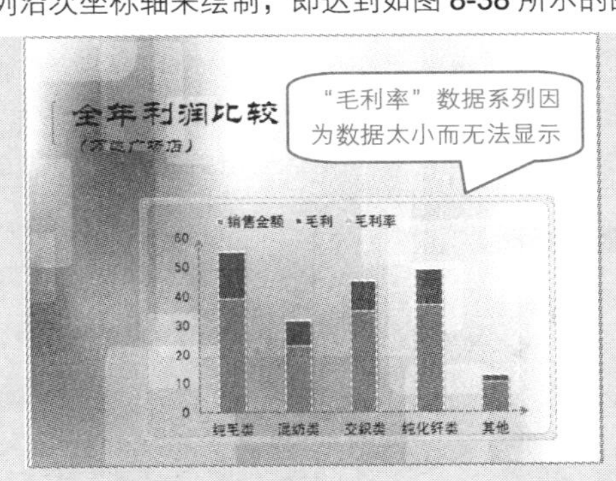

图 8-37

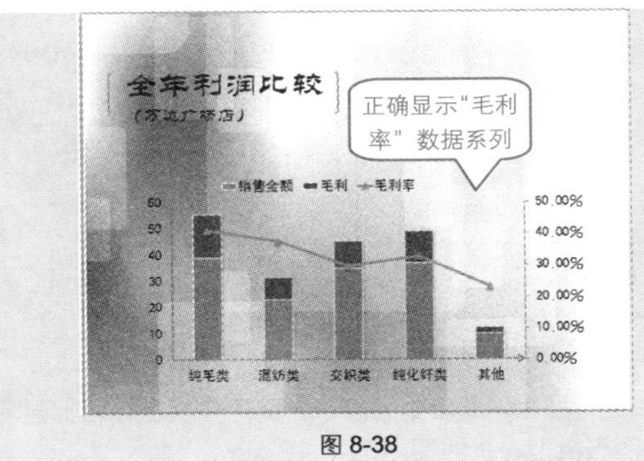

图 8-38

❶ 选中图表，在“图表工具”→“格式”→“当前所选内容”选项组中的下拉列表框中选择“系列‘毛利率’”选项，如图 8-39 所示。接着单击“设置所选内容格式”按钮，如图 8-40 所示。

❷ 打开“设置数据系列格式”对话框，在“系列绘制在”栏中选中“次坐标轴”单选按钮，如图 8-41 所示。

Note

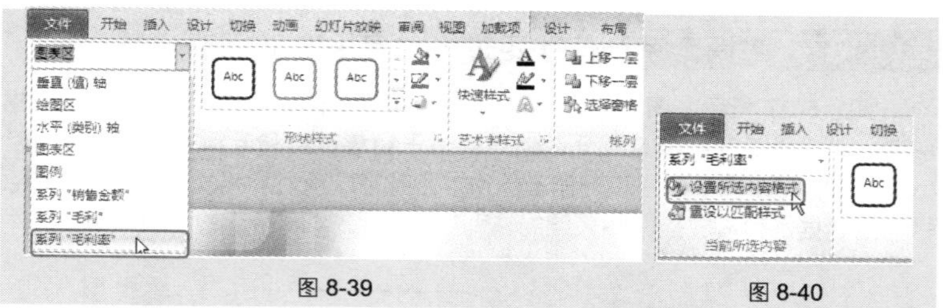

图 8-39　　　　图 8-40

❸ 此时看到图表沿次坐标轴绘制。保持"毛利率"数据系列的选中状态，在"图表工具"→"设计"→"类型"选项组中单击"更改图表类型"按钮，如图 8-42 所示。

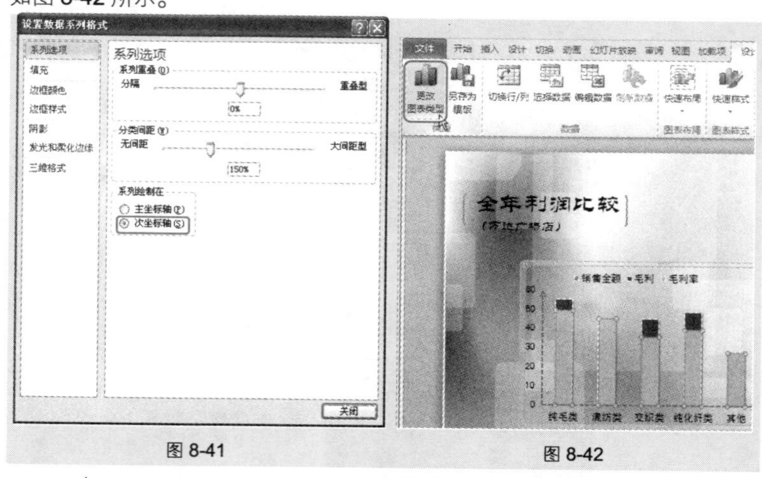

图 8-41　　　　图 8-42

❹ 打开"更改图表类型"对话框，选择图表类型为"带数据标记的折线图"，如图 8-43 所示。

❺ 单击"确定"按钮，返回到图表中，即可在次坐标轴上显示出"毛利率"数据系列且图表类型为折线图。

专家点拨

在"毛利率"数据系列未沿次坐标轴绘制之前，用户将无法实现在图表中直接利用鼠标单击的方式将其选中，只能在"图表工具"→"格式"→"当前所选内容"选项组中的下拉列表框中进行选择。该下拉列表框中显示的是当前图表中包含的所有元素。在对图表中各个对象进行编辑之前，准确选中

对象是首要工作，当无法使用鼠标准确点选时，都可以在此处进行选择。

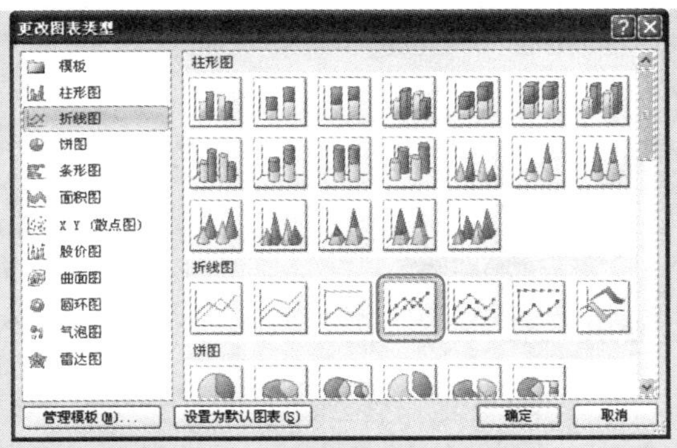

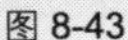

图 8-43

技巧 158 隐藏坐标轴线或坐标轴的标签

在幻灯片中使用图表时，为了达到既体现数据变化又美观的效果，通常需要对建立的图表进行一系列的编辑操作。如图 8-44 所示的图表包含坐标轴，通过优化设置操作可以实现隐藏坐标轴和坐标轴的标签，效果如图 8-45 所示。

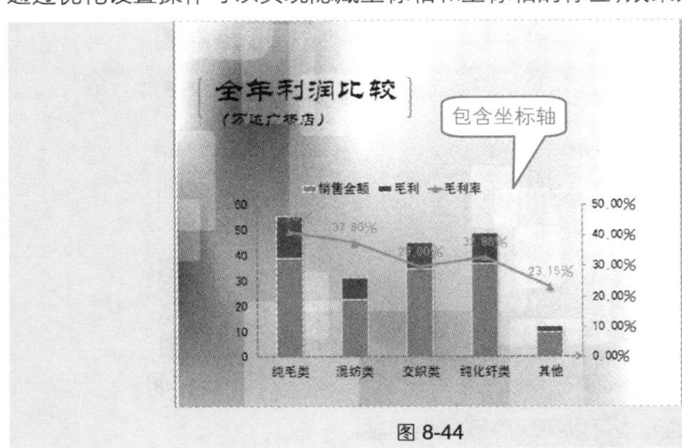

图 8-44

❶ 在图表的次坐标轴上单击鼠标右键，在弹出的快捷菜单中选择“设置坐标轴格式”命令，如图 8-46 所示。

❷ 打开“设置坐标轴格式”对话框，在“坐标轴标签”下拉列表框中选择“无”选项，以实现隐藏坐标轴的标签，如图 8-47 所示。

Note

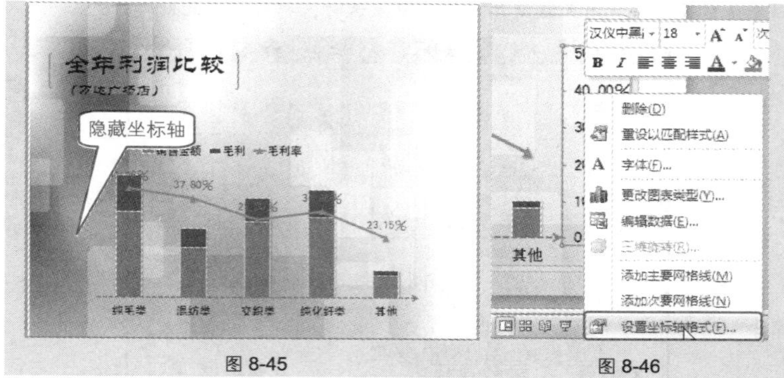

图 8-45　　图 8-46

❸ 再次选中次坐标轴，在“图表工具”→“格式”→“形状样式”选项组中单击“形状轮廓”下拉按钮，选择“无轮廓”选项，如图 8-48 所示。

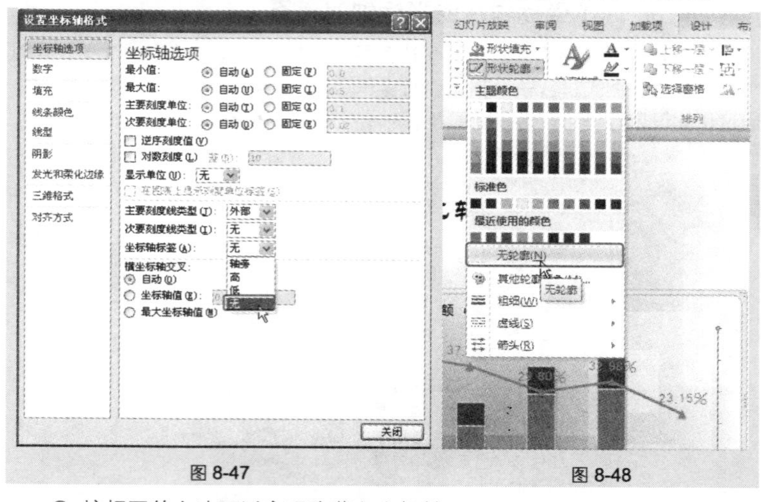

图 8-47　　图 8-48

❹ 按相同的方法可以实现隐藏主坐标轴。

技巧 159　将图表以图片的形式提示取出来

在幻灯片中创建图表并设置了效果后，可以将图表保存为图片，当其他地方需要使用时，即可直接插入转换后的图片。

❶ 选中图表并单击鼠标右键，在弹出的快捷菜单中选择“另存为图片”命令，如图 8-49 所示。

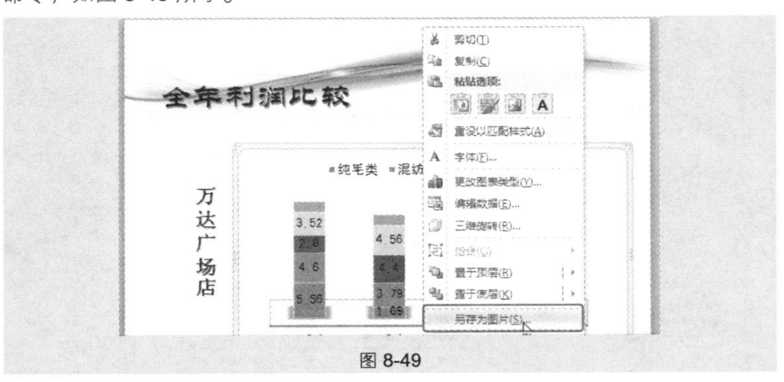

图 8-49

❷ 打开“另存为图片”对话框，设置好保存位置与名称，单击“保存”按钮即可，如图 8-50 所示。

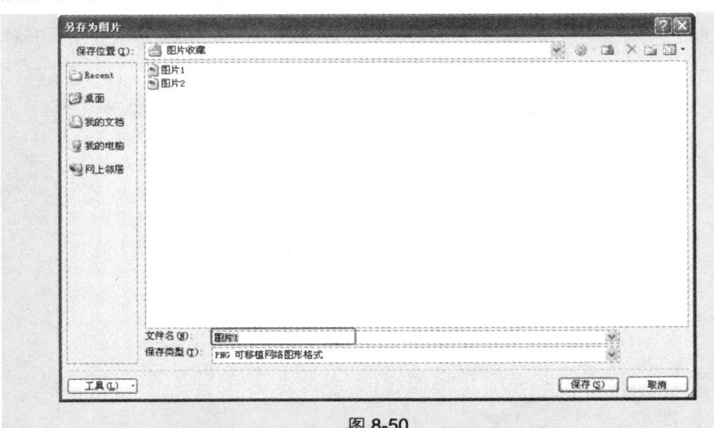

图 8-50

技巧 160 将图表另存为模板

在幻灯片中创建图表并设置了效果后，可以将图表保存为模板，这样就可以直接使用该模板新建图表，提高工作效率。

❶ 选中图表，在“图表工具”→“设计”→“类型”选项组中单击“另

存为模板”按钮，如图 8-51 所示。

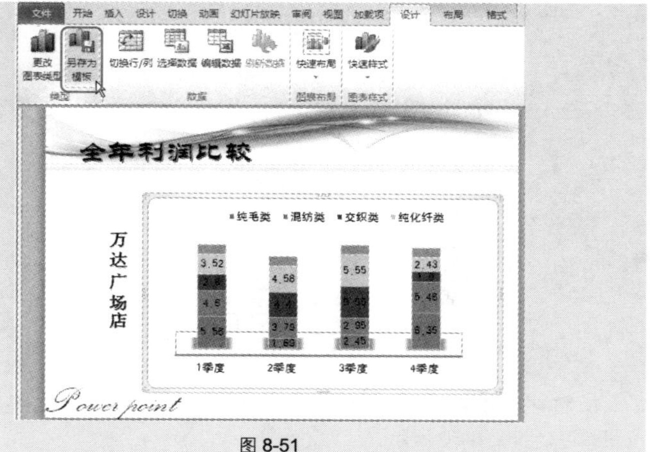

图 8-51

❷ 打开“保存图表模板”对话框，在“文件名”文本框中输入图表名称（注意不要改变默认的保存位置），如图 8-52 所示。

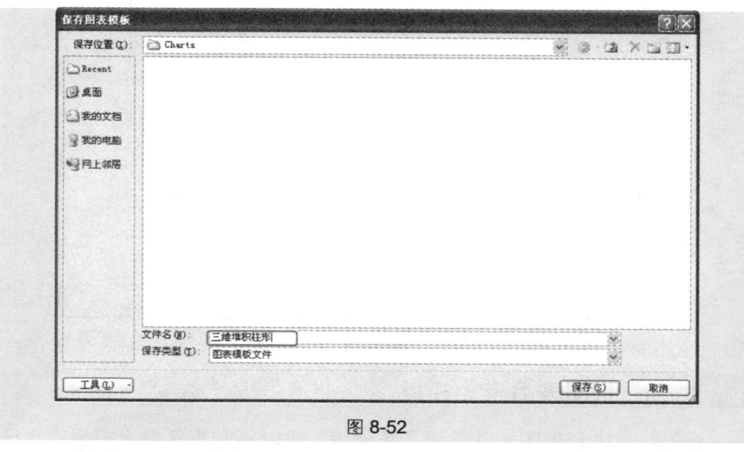

图 8-52

❸ 单击“保存”按钮，即可将图表保存为模板。当再次打开“插入图表”对话框插入新图表时，直接选择“模板”选项，就会在右侧显示出所有保存

的模板，如图 8-53 所示，选中要使用的模板，单击“确定”按钮即可创建。

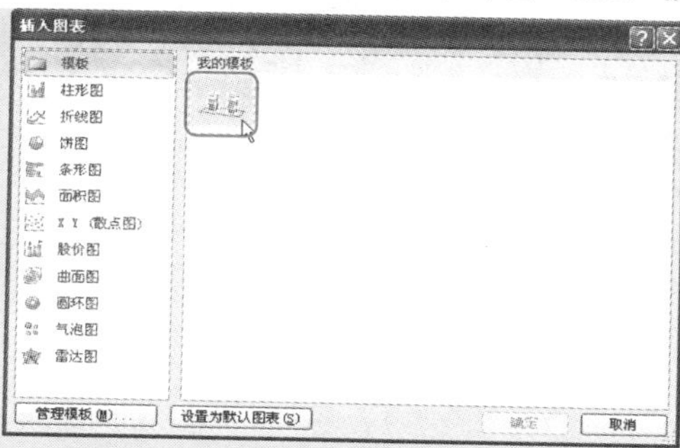

图 8-53

技巧 161 插入已创建好的 Excel 图表

如果想引用在 Excel 中创建的已经保存的图表到幻灯片中，可以直接将其插入。如图 8-54 所示，即为插入的创建好的 Excel 图表。

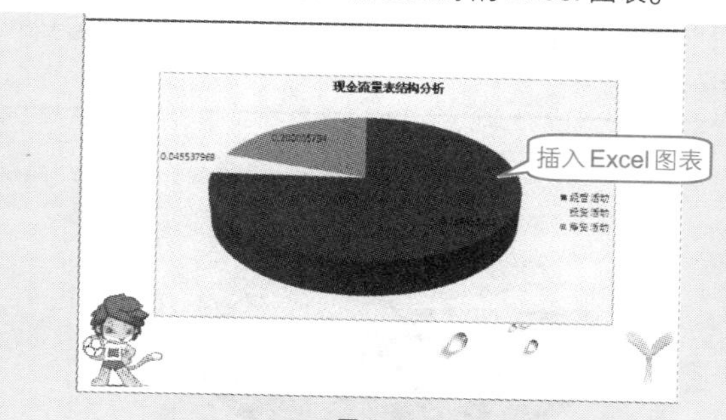

图 8-54

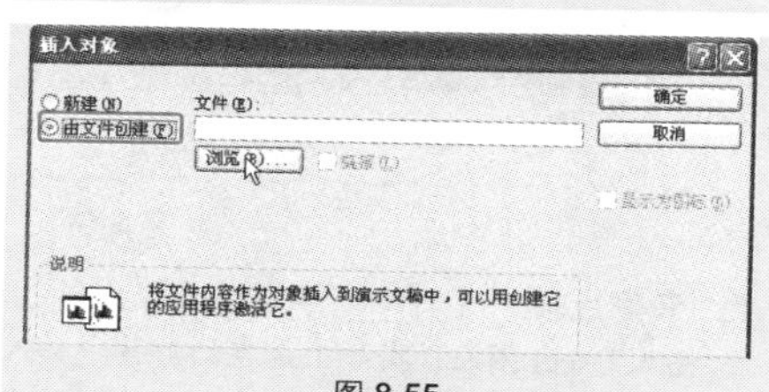

图 8-55

❶ 在“插入”→“文本”选项组中单击“对象”按钮，打开“插入对象”对话框。选中“由文件创建”单选按钮，然后单击“浏览”按钮，如图 8-55 所示。

❷ 打开“浏览”对话框，

找到图表所在 Excel 表格的路径，如图 8-56 所示。

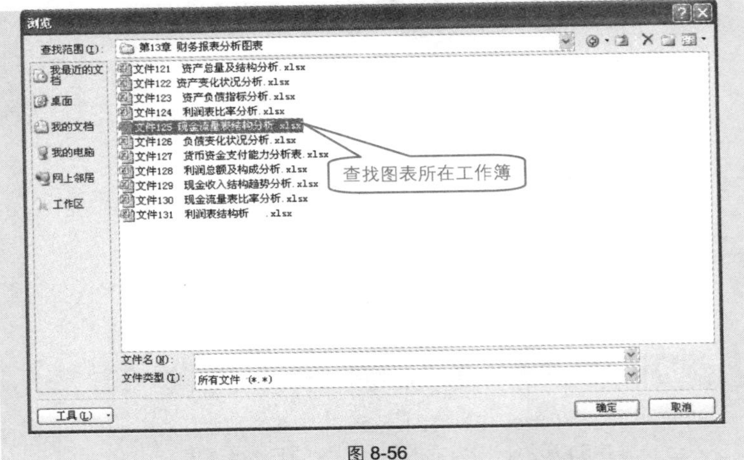

图 8-56

❸ 单击“确定”按钮，即可将 Excel 图表连同工作表一起插入到幻灯片中，如图 8-57 所示。

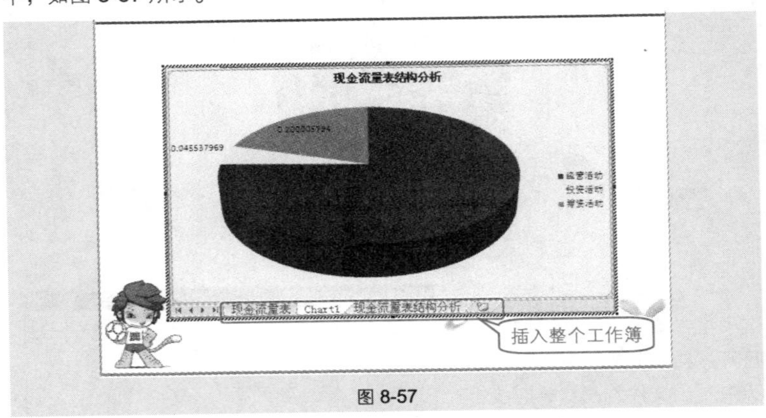

图 8-57

专家点拨

插入 Excel 图表，实际上是在幻灯片中插入一个含有图表的 Excel 工作簿，双击图表即可进入 Excel 程序中，可以再次对图表及数据源等进行相关的编辑操作。

技巧 162 复制使用 Excel 图表并保持数据自动更新

Excel 程序中创建的图表也可以直接复制到幻灯片中使用。直接复制的图表不具备 Excel 表格的编辑功能，但是在复制时也可以设置让复制的图表与原图表保持链接，从而实现当原图表数据源发生变化时，幻灯片中的图表也会做出相应的更改。

❶ 打开工作表，选中图表，在右键菜单中选择“复制”命令，如图 8-58 所示。

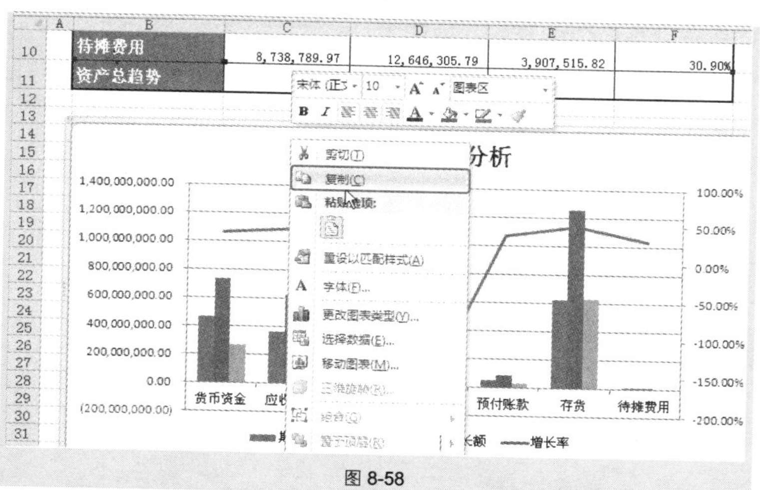

图 8-58

❷ 切换到幻灯片中，在“开始”→“剪贴板”选项组中单击“粘贴”下拉按钮，在下拉列表中选择“选择性粘贴”命令，打开“选择性粘贴”对话框。

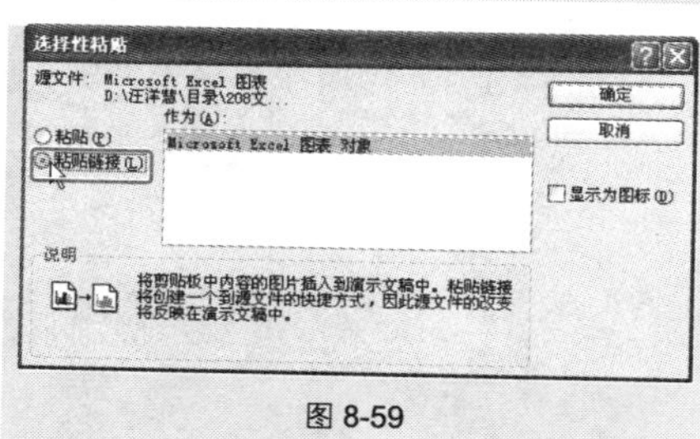

图 8-59

❸ 在左侧选中“粘贴链接”单选按钮，如图 8-59 所示。单击“确定”按钮即可将图表复制到幻灯片中，并建立图表与数据源之间的链接。

技巧 163　在 PowerPoint 演示文稿中使用 Excel 图表

在 PowerPoint 演示文稿中使用图表的频率非常高，除了可以直接在 PowerPoint 演示文稿中创建图表外，也可以直接将建立好的 Excel 图表复制使用。

❶ 在 Excel 中选中创建好的图表，并执行复制操作。

❷ 切换到 PowerPoint 演示文稿中，选择要插入图表的幻灯片，单击“粘贴”下拉按钮，在弹出的下拉列表中选择“选择性粘贴”命令，打开“选择性粘贴”对话框。在“粘贴”列表框中选择“Microsoft Office 图形对象”选项，如图 8-60 所示。

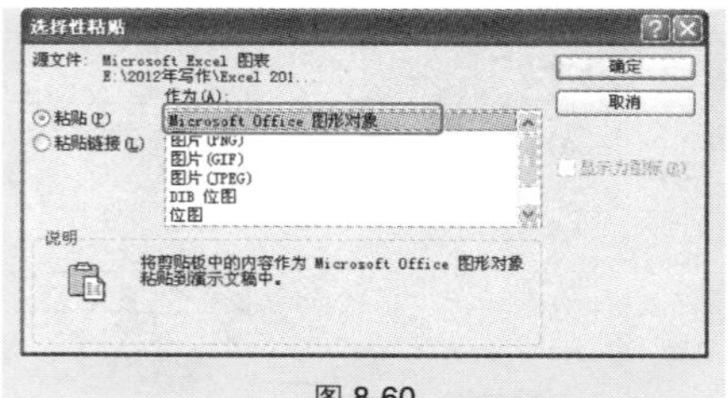

图 8-60

❸ 单击“确定”按钮，图表即被插入到幻灯片中。选中图表，可以看到功能区中显示“图表工具”选项卡，如图 8-61 所示，在该选项卡下可以完成对图表的编辑。

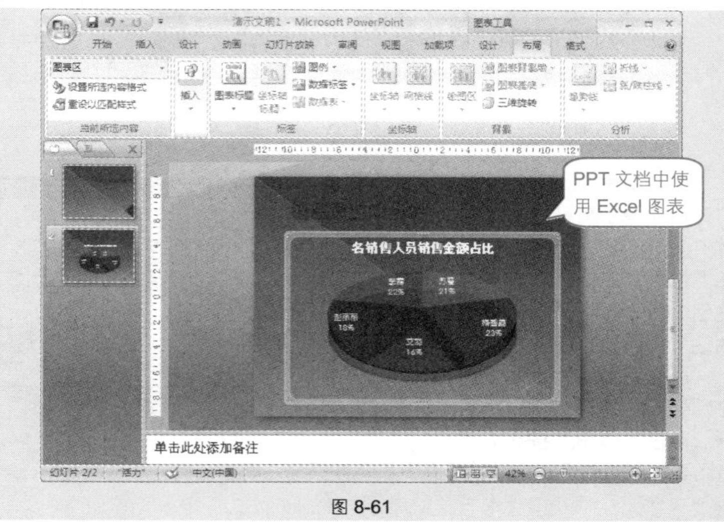

图 8-61

Note

8.2 工作型图表应用范例

技巧164 柱形图的应用范例

柱形图可以显示一段时间内数据的变化，或者显示不同项目之间的对比，是最常用的图表之一。如图8-62所示，即使用了百分比堆积圆柱图显示出该时期两个地区中液态奶的销售金额占比情况。

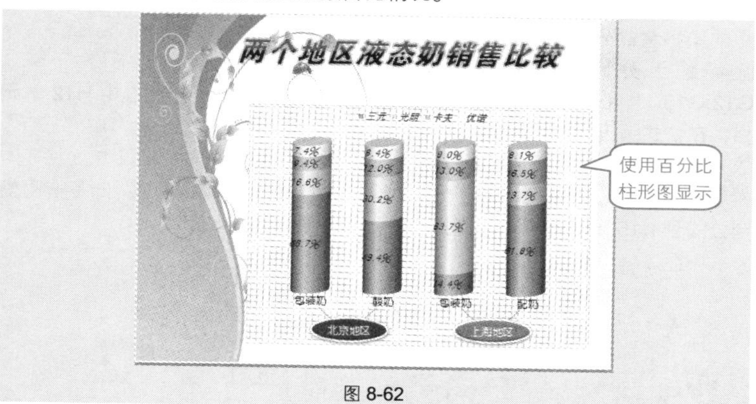

图8-62

❶ 在“插入”→“插图”选项组中单击“图表”按钮，打开“插入图表”对话框，选中“百分比堆积圆柱图”图表类型，如图8-63所示。

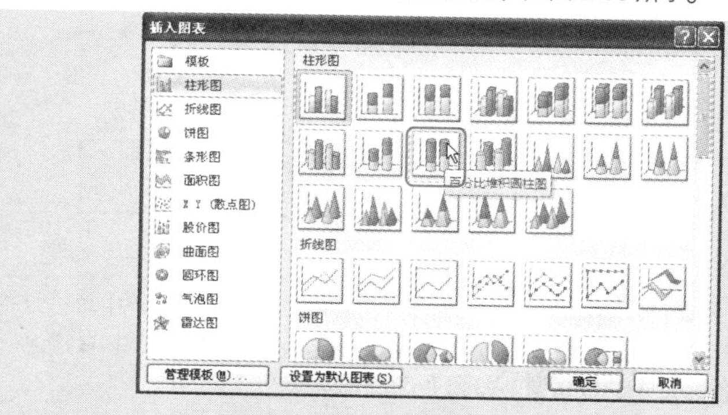

图8-63

❷ 单击“确定”按钮，在弹出 Excel 的工作簿中输入图表数据源，也可以直接从其他统计表格中复制数据，如图 8-64 所示。

❸ 由于需要在本图表中的最后显示出百分比数据标签，所以需要先计算出各商品的销售金额分别占总销售金额的百分比。分别在 G12:G15、H10:K11 单元格区域中建立相同的行列标识，然后选中 H12 单元格，在公式编辑栏中输入公式“=B12/B$16”，得出“北京地区”中“三元”的“包装奶”占总销售金额的百分比，如图 8-65 所示。选中 H12 单元格，向右复制公式到 K12 单元格中，再同时选中 H12:K12 单元格区域，向下拖动复制公式到 K15 单元格中，得到批量的计算结果，如图 8-66 所示。

	系列 1	系列 2	系列 3
类别 1	4.3	2.4	2
类别 2	2.5	4.4	2
类别 3	3.5	1.8	3
类别 4	4.5	2.8	5

若要调整图表数据区域的大小，请拖拽区域的右下角。

	北京地区		上海地区	
	包装奶	酸奶	包装奶	酸奶
三元	61.2	32.2	12.5	50.6
光明	15.2	19.7	55.4	11.2
卡夫	8.6	7.8	11.3	13.5
优诺	6.8	5.5	7.8	6.6
合计	91.8	65.2	87	81.9

图 8-64

H12 =B12/B$16

若要调整图表数据区域的大小，请拖拽区域的右下角。

	北京地区		上海地区	
	包装奶	酸奶	包装奶	酸奶
三元	61.2	32.2	12.5	50.6
光明	15.2	19.7	55.4	11.2
卡夫	8.6	7.8	11.3	13.5
优诺	6.8	5.5	7.8	6.6
合计	91.8	65.2	87	81.9

	北京地区		上海地区	
	包装奶	酸奶	包装奶	酸奶
三元	66.7%			
光明				
卡夫				
优诺				

图 8-65

若要调整图表数据区域的大小，请拖拽区域的右下角。

	北京地区		上海地区	
	包装奶	酸奶	包装奶	酸奶
三元	61.2	32.2	12.5	50.6
光明	15.2	19.7	55.4	11.2
卡夫	8.6	7.8	11.3	13.5
优诺	6.8	5.5	7.8	6.6
合计	91.8	65.2	87	81.9

	北京地区		上海地区	
	包装奶	酸奶	包装奶	酸奶
三元	66.7%	49.4%	14.4%	61.8%
光明	16.6%	30.2%	63.7%	13.7%
卡夫	9.4%	12.0%	13.0%	16.5%
优诺	7.4%	8.4%	9.0%	8.1%

得到批量计算结果

图 8-66

❹ 选中图表，在“图表工具”→“设计”→“数据”选项组中单击“选择数据”按钮，打开“选择数据源”对话框，然后在 Excel 表格中选中 G10:K15 单元格区域作为图表的数据源，如图 8-67 所示。

❺ 建立的图表如图 8-68 所示。在“图表工具”→“设计”→“数据”

选项组中单击“切换行/列”按钮，即可得出如图 8-69 所示的图表。

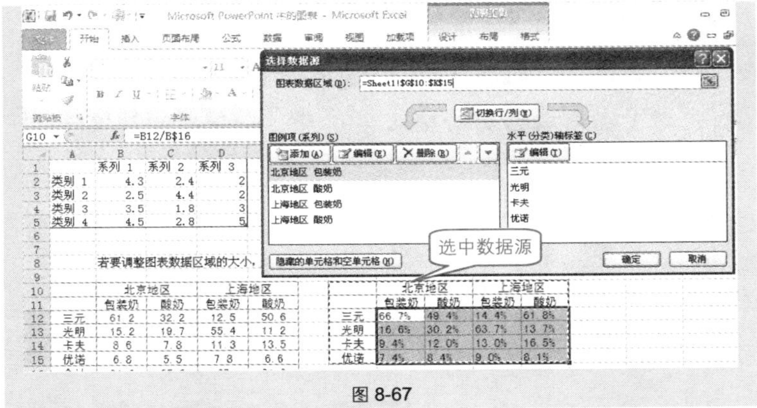

图 8-67

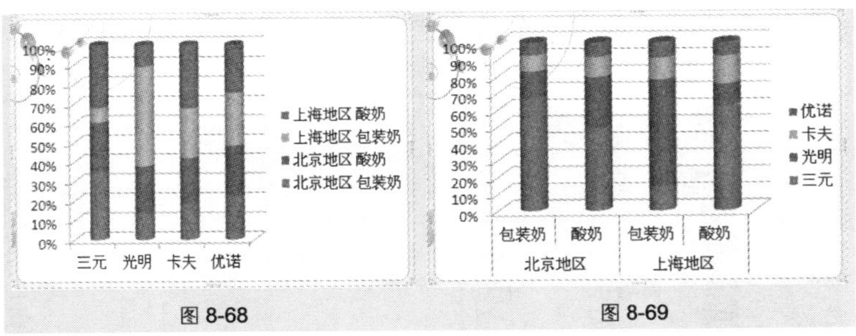

图 8-68　　图 8-69

❻ 选中图表，在“图表工具”→“设计”→“图表布局”选项组中单击按钮，在下拉列表中选择“布局 2”布局样式，图表更改后如图 8-70 所示。

❼ 选中图表，在“开始”→“字体”选项组中设置图表中的文字格式（选中整个图表设置时，所设置的文字格式应用于图表中的所有文字），如图 8-71 所示。

❽ 然后将图表中的标题、水平轴标签、基底全部删除（选中后按 Delete 键即可）。选中“三元”系列，单击鼠标右键，选择“设置数据系列格式”命令（如图 8-72 所示），打开“设置数据系列格式”对话框，在左侧选择“填充”选项，在右侧选中“渐变填充”单选按钮，设置“渐变光圈”为“蓝色，浅蓝，蓝色”，如图 8-73 所示。

Note

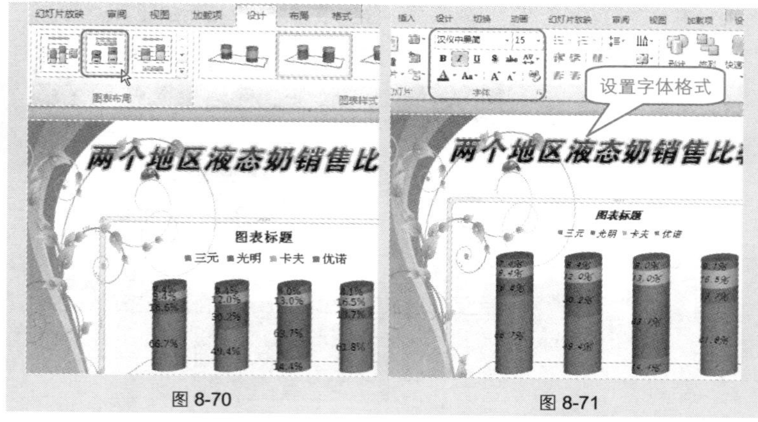

图 8-70　　　　图 8-71

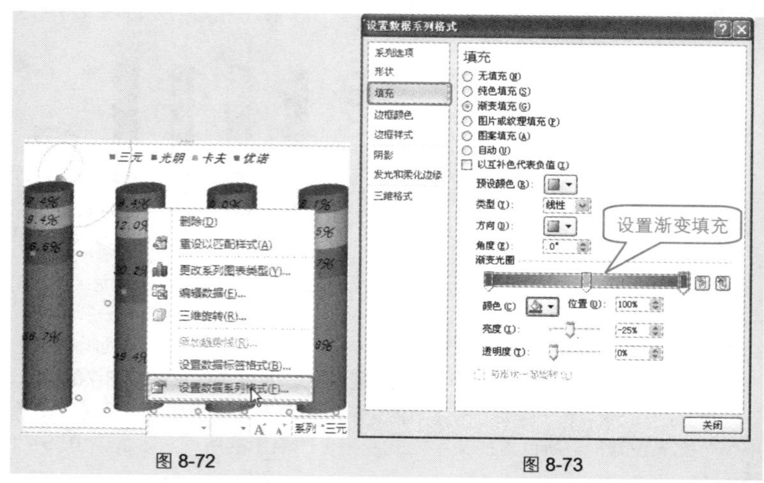

图 8-72　　　　图 8-73

❾ 按相同的方法设置其他系列的“渐变填充”效果。设置“光明”数据系列的“渐变光圈”为“橙色，浅橙，橙色”；设置“卡夫”数据系列的“渐变光圈”为“绿色，浅绿，绿色”；设置“优诺”数据系列的“渐变光圈”为“黄色，浅黄，黄色”，设置后图表效果如图 8-74 所示。

❿ 在 4 个柱状下面分别绘制文本框，输入文字，如图 8-75 所示。接着在前两个文本框下面绘制指引线条，并在下面绘制椭圆形状。选中椭圆形状，

在“图表工具”→“格式”→“形状样式”选项组中单击“形状效果”下拉按钮，在下拉列表中选择“预设 1”效果。复制两条指引线条与椭圆形状到后两个文本框下。分别设置两个椭圆形状为“紫色”和“橙色”，并输入“北京地区”和“上海地区”，效果如图 8-76 所示。

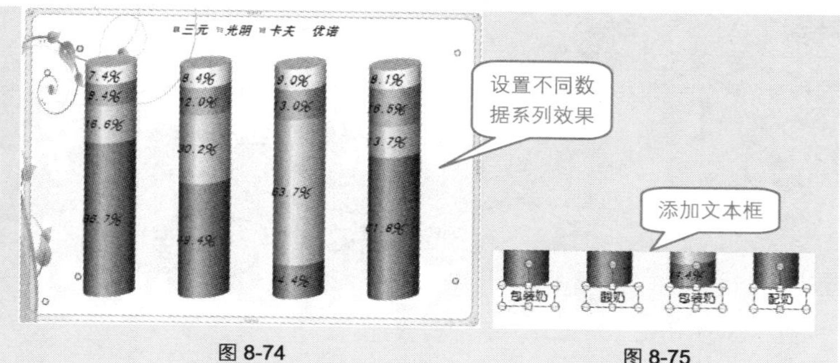

图 8-74　　图 8-75

⑪ 最后可以设置图表区的图案填充，以达到如图 8-77 所示的效果。

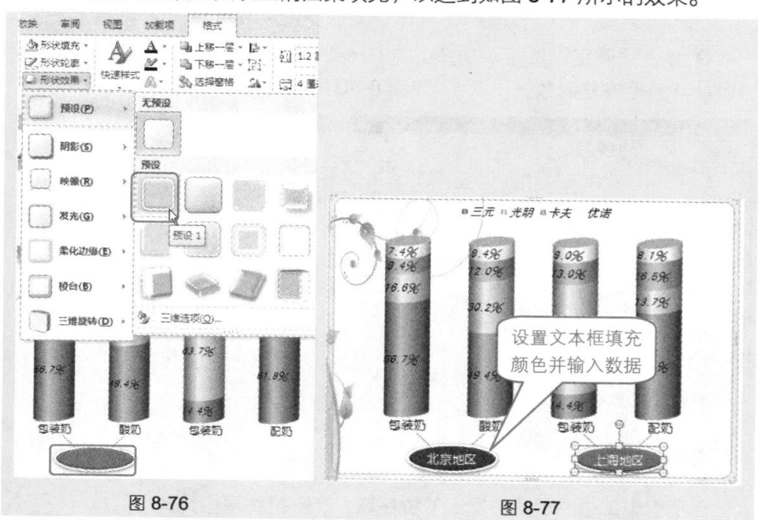

图 8-76　　图 8-77

技巧 165 折线图的应用范例

折线图可以显示随时间而变化的连续数据，因此非常适用于显示在相等时间间隔下数据的变化趋势。如图 8-78 所示，即使用带数据标记的折线图显示了华翔公司与其他两个公司在各个季度所创价值的对比情况。

❶ 选中幻灯片，在“插入”→“插图”选项组中单击“图表”按钮，打开“插入图表”对话框，选中“带数据标记的折线图”图表类型，如图 8-79 所示。

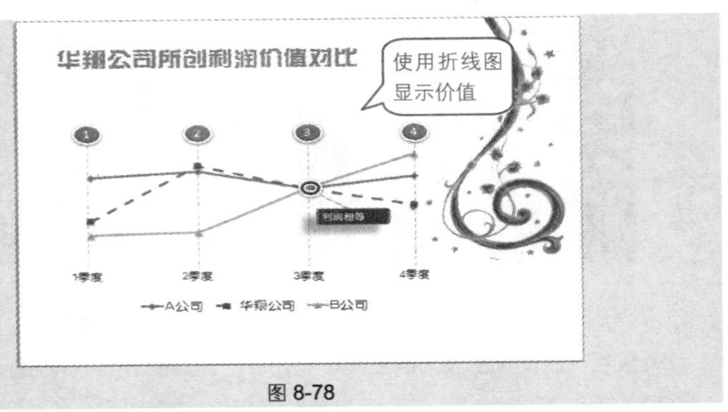

图 8-78

❷ 单击“确定”按钮，在弹出的 Excel 工作簿中输入图表的数据源（也可以从其他地方复制数据到此），如图 8-80 所示。

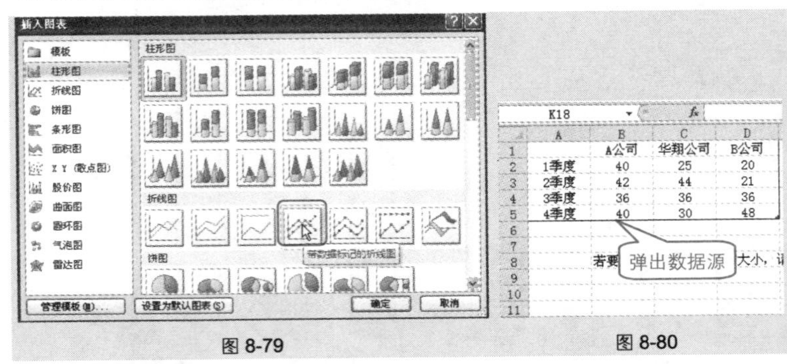

	A	B	C	D
1		A公司	华翔公司	B公司
2	1季度	40	25	20
3	2季度	42	44	21
4	3季度	36	36	36
5	4季度	40	30	48

图 8-79　　图 8-80

❸ 选中“华翔公司”数据系列，在“图表工具”→“格式”→“形状样式”选项组中单击“形状轮廓”下拉按钮，在下拉列表中选择“虚线”→“短划线”样式，如图 8-81 所示。

❹ 选中图表，在“图表工具”→“布局”→“标签”选项组中单击“图例”下拉按钮，在下拉列表中选择“在底部显示图例”选项，如图 8-82 所示。

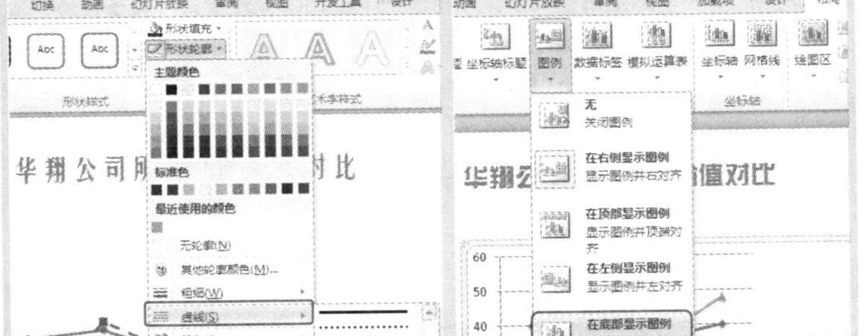

图 8-81　　　　图 8-82

❺ 此时图表的图例项显示在底部，删除垂直轴与水平轴，并将网格线也删除，效果如图 8-83 所示。

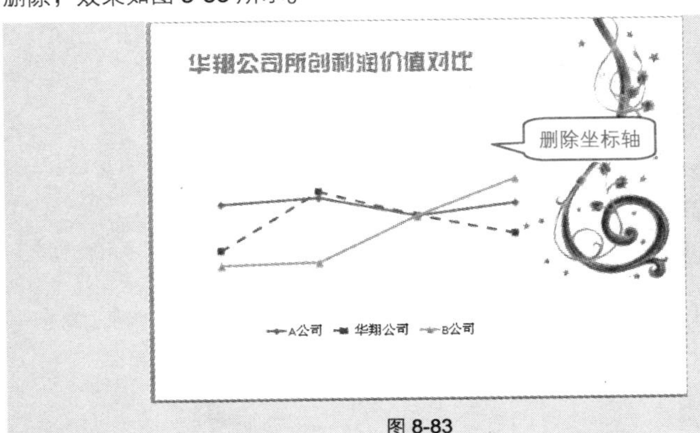

图 8-83

❻ 在“插入”→“插图”选项组中单击“形状”下拉按钮，在下拉列表中选择“直线”形状，在数据标记点绘制 4 条直线，并设置线条颜色为橙色，线型设置为“方点”，效果如图 8-84 所示。

❼ 在“插入”→“插图”选项组中单击“形状”下拉按钮，在下拉列表中选择“椭圆”形状，在幻灯片中绘制椭圆（高 1cm，宽 1.2cm），并复制 3 个，分别放置在直线的上方。按住 **Ctrl** 键依次选中椭圆，在“绘图工具”→“格式”

Note

→“形状样式”选项组中单击“形状效果”下拉按钮，在下拉列表中选择“预设”→“预设 1”样式，如图 8-85 所示。

❽ 在椭圆中输入数字，并设置 2、4 椭圆填充颜色为“绿色”，如图 8-86 所示。

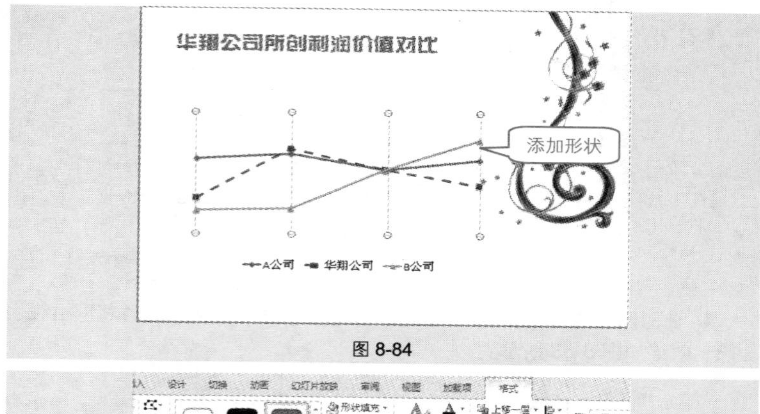

图 8-84

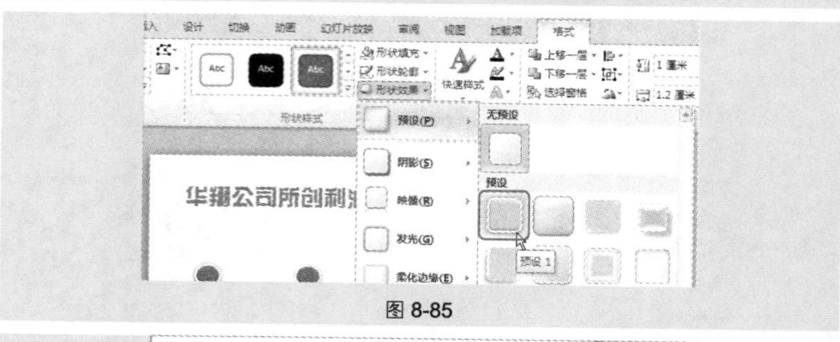

图 8-85

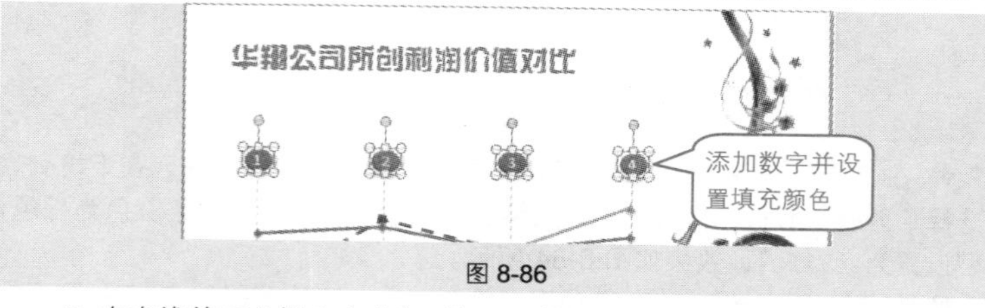

图 8-86

❾ 在直线的下方插入文本框，输入 X 轴上的文本，并可以设置文字的格式。按住 Ctrl 键依次选中文本框，在“绘图工具格式”→“排列”选项组中单击“对

齐”下拉按钮，在下拉列表中选择“底端对齐”方式，如图 8-87 所示。

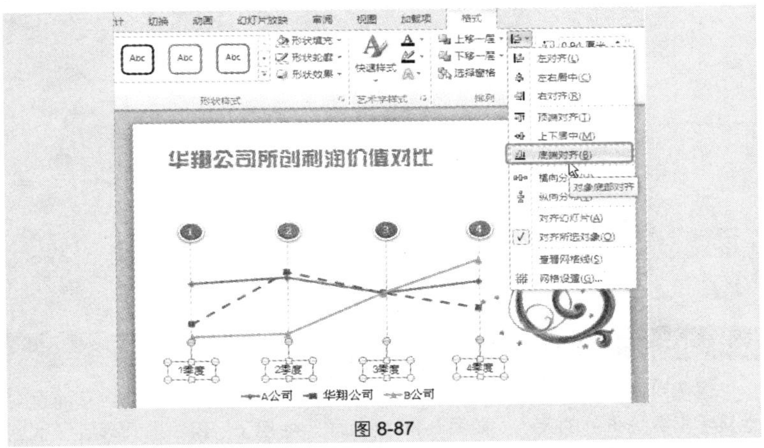

图 8-87

⑩ 通过图表可以看到第 3 季度各个公司利润价值相同，选择“同心圆”形状，在交汇点处绘制一个直径为 0.8cm 的同心圆，并将其填充颜色设置为“红色填充、无轮廓颜色”。然后选中同心圆，在“图表工具”→“格式”→“形状样式”选项组中单击“形状效果”下拉按钮，在下拉列表中选择“预设 1”效果，如图 8-88 所示。

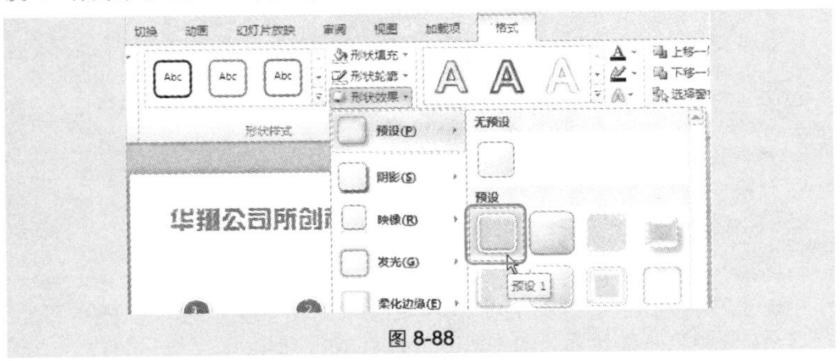

图 8-88

⑪ 在同心圆的下方绘制一条直线和一个圆角矩形，在圆角矩形中输入“利润相等”文字，并设置矩形填充颜色为红色。选中矩形，在“图表工具”→“格式”→“形状样式”选项组中单击“形状效果”下拉按钮，在下拉列表中选择“预设 5”效果，即可完成设置，如图 8-89 所示。

Note

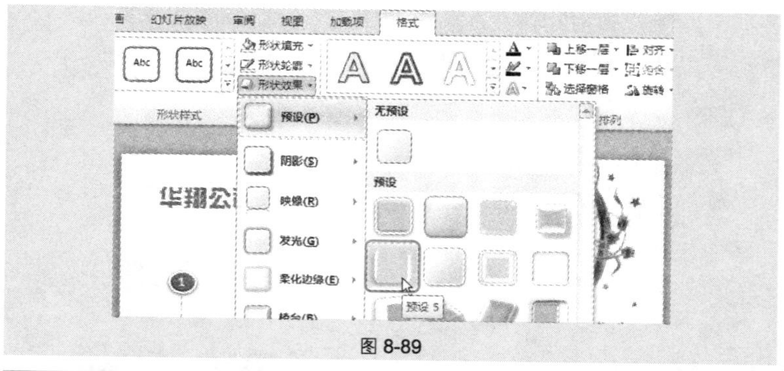

图 8-89

技巧 166　饼图的应用范例

饼图可以快速显示出各个数据系列占整个数据的百分比情况，从而直观地显示出数据系列的大小。如图 8-90 所示即为使用了三维饼图加椭圆形状创建的企业各项费用支出占比情况的立体图表。

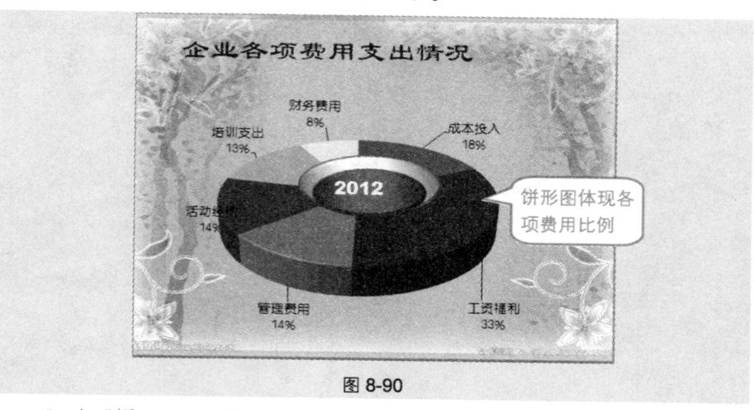

图 8-90

❶ 在“插入”→“插图”选项组中单击“图表”按钮，打开“插入图表”对话框，选中“三维饼图”图表类型，如图 8-91 所示。

❷ 单击“确定”按钮，在弹出的 Excel 工作簿中输入图表的数据源（也可以从其他地方复制数据到此），如图 8-92 所示。

❸ 删除图表中的标题和图例项，选中“工资福利”数据系列，在“图表工具”→“设计”→“形状样式”选项组中单击“形状填充”下拉按钮，在

下拉列表中选择“红色”，如图 8-93 所示。

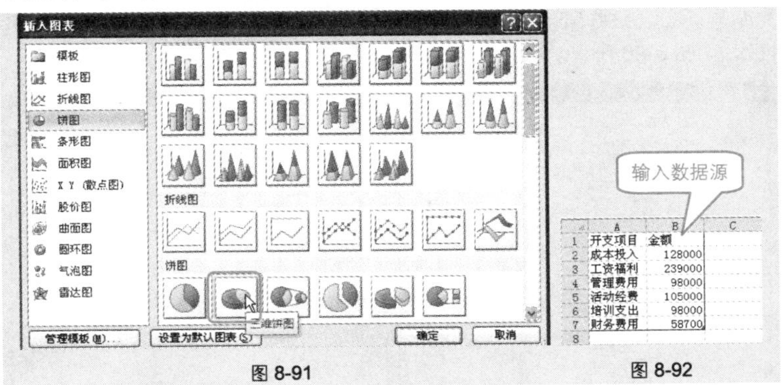

	A	B	C
1	开支项目	金额	
2	成本投入	128000	
3	工资福利	239000	
4	管理费用	98000	
5	活动经费	105000	
6	培训支出	98000	
7	财务费用	58700	
8			

图 8-91　　图 8-92

❹ 按照相同的方法为其他几个数据系列设置填充颜色。选中图表，在“图表工具”→“格式”→“形状样式”选项组中单击“形状效果”下拉按钮，在下拉列表中选择“棱台”→“圆”效果，如图 8-94 所示。

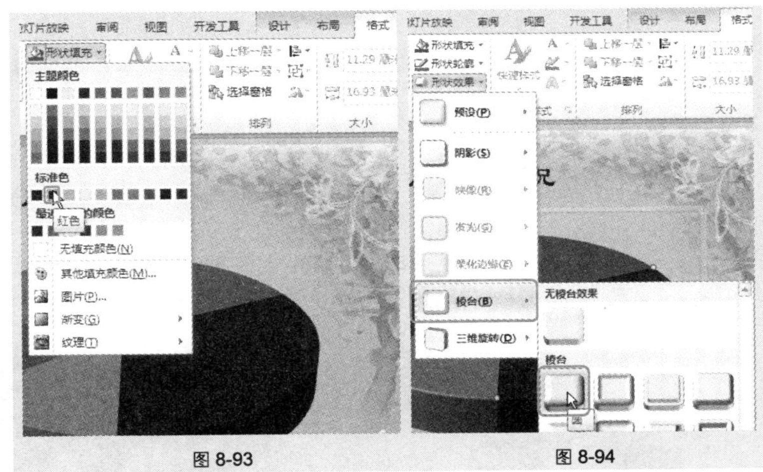

图 8-93　　图 8-94

❺ 在“插入”→“插图”选项组中单击“形状”下拉按钮，在下拉列表中选择“椭圆”形状，然后在幻灯片中绘制一个高 2.6cm、宽 6.3cm 的椭圆。选中椭圆，在右键菜单中选择“设置形状格式”命令，打开“设置形状格式”

对话框，在左侧选择“填充”选项，选中“渐变填充”单选按钮，并设置填充颜色，如图 8-95 所示；在左侧选择“三维格式”选项，设置棱台效果为“角度”，如图 8-96 所示。

图 8-95

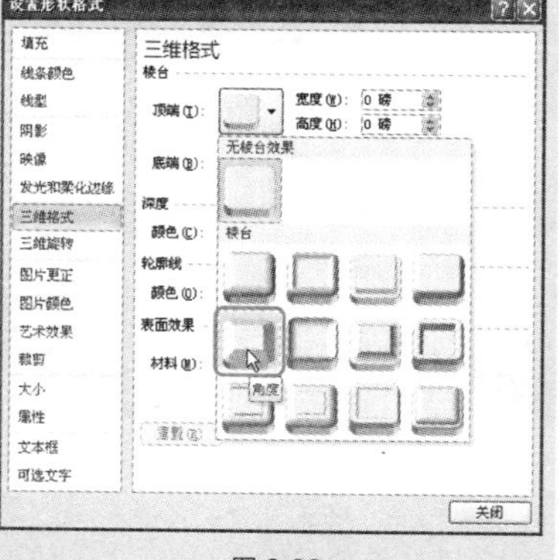

图 8-96

专家点拨

在渐变填充界面设置第 1 个和第 3 个“渐变光圈”颜色为“红色 112，绿色 103，蓝色 175”，设置第 2 个“渐变光圈”颜色为“红色 255，绿色 255，蓝色 255”。

❻ 单击“确定”按钮，绘制的椭圆效果如图 8-97 所示。

❼ 复制椭圆，等比例缩放为高 2.06cm、宽 5cm，打开“设置形状格式”对话框，在左侧选择“填充”选项，选中“渐变填充”单选按钮，设置第 1 个、第 3 个“渐变光圈”颜色为“红色 52，绿色 48，蓝色 81”，设置第 2 个“渐变光圈”颜色为“红色 112，绿色 103，蓝色 175”。单击“确定”按钮，返回到图表中，组合两个椭圆，效果如图 8-98 所示。

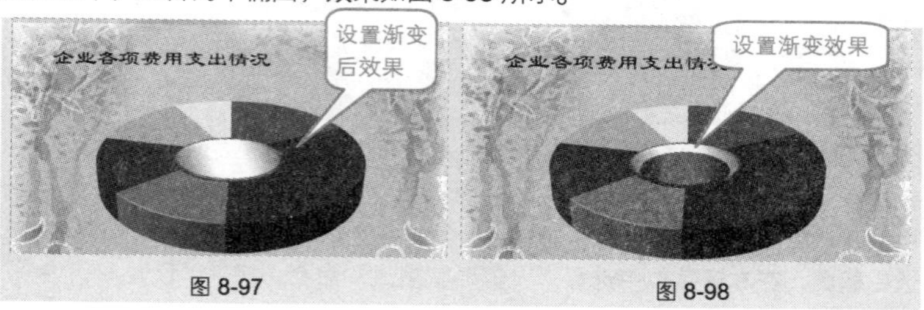

图 8-97　　图 8-98

❽ 选中小椭圆，在右键菜单中选择“编辑文字”命令，在形状中输入“2012”，设置字体格式为“Arial Black、28 号”，效果如图 8-99 所示。

图 8-99

❾ 选中图表，在“图表工具”→“布局”→“标签”选项组中单击“数据标签”下拉按钮，在下拉列表中选择“其他数据标签选项”命令，打开“设置数据标签格式”对话框。

❿ 选中“类别名称”和“百分比”复选框，取消选中“值”复选框，接着选中“最佳匹配”单选按钮，如图 8-100 所示。单击“关闭”按钮，即可完成设置。

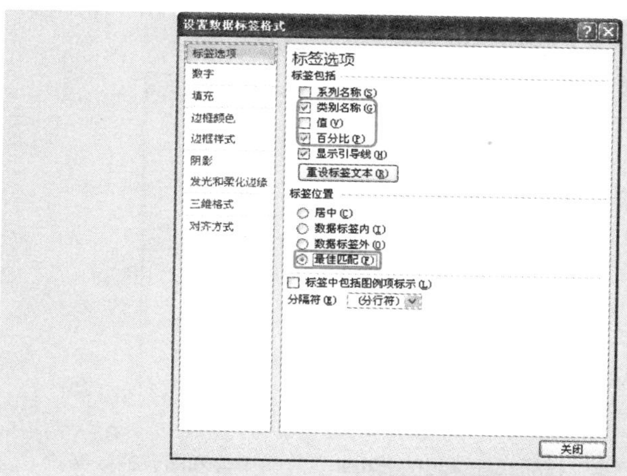

图 8-100

技巧 167 直方图的应用范例

直方图是一种统计报告图，由一系列高度不等的条纹或线段表示数据分布的情况，它是利用条形图创建而成的。如图 8-101 所示即为使用条形图创建的直方图，用来反映企业投资某种产品后得到的收益情况，从图中可以直观地分析出应该投资哪些产品，以及放弃哪些产品。

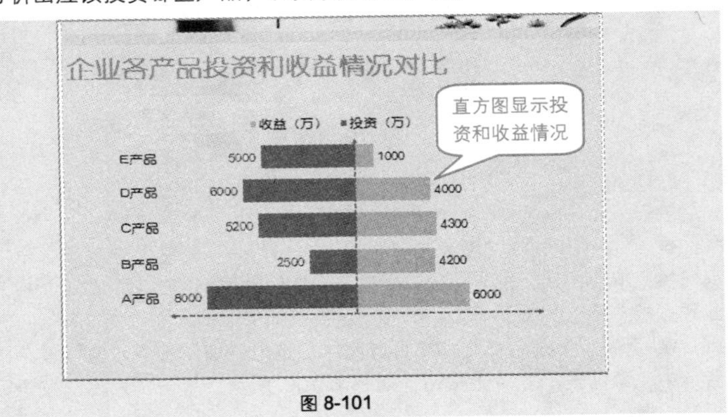

图 8-101

❶ 在“插入”→“插图”选项组中单击“图表”按钮，打开“插入图表”对话框，选中“簇状条形图”图表类型，如图 8-102 所示。

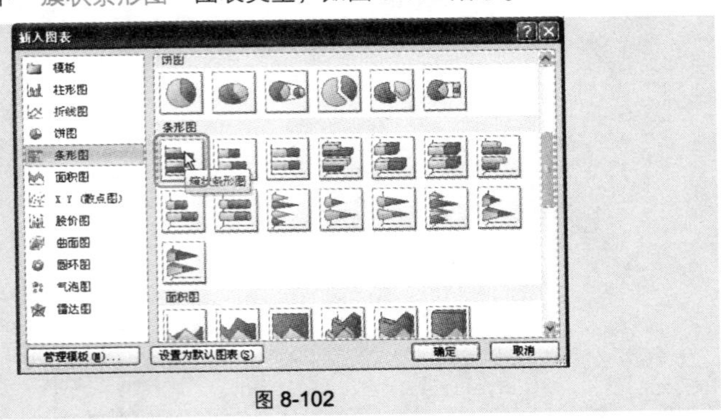

图 8-102

❷ 单击“确定”按钮，在弹出的 Excel 工作簿中输入图表的数据源（也可以从其他地方复制数据到此），如图 8-103 所示。

❸ 选中 B2:B6 单元格区域，在“开始”→“数字”选项组中单击按钮，打开“设置单元格格式”对话框，在左侧选择“数值”选项，在右侧列表框中选择负数类型，并设置“小数位数”为“0”，如图 8-104 所示。

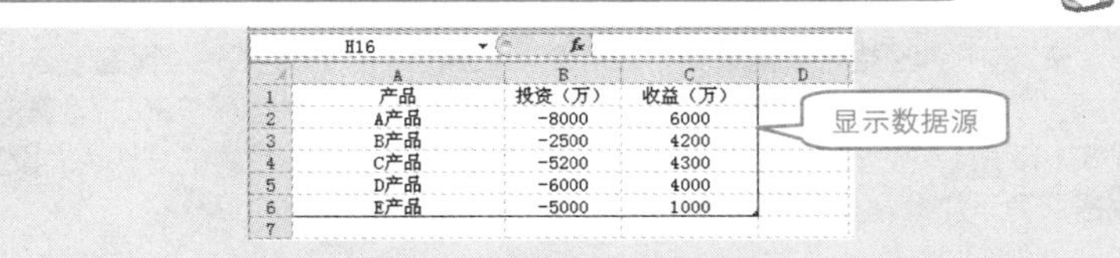

	A	B	C	D
1	产品	投资（万）	收益（万）	
2	A产品	-8000	6000	
3	B产品	-2500	4200	
4	C产品	-5200	4300	
5	D产品	-6000	4000	
6	E产品	-5000	1000	
7				

图 8-103

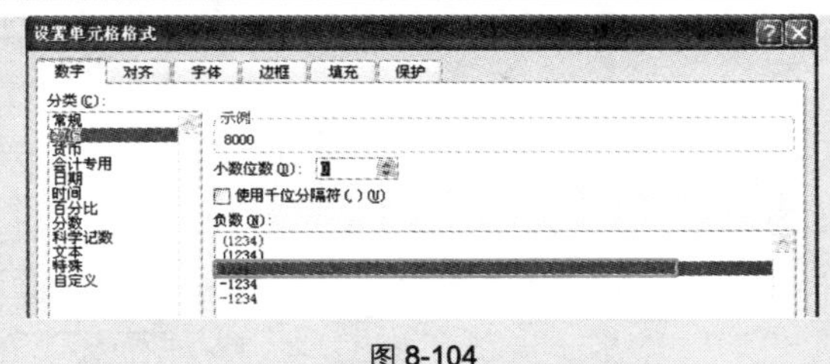

图 8-104

❹ 在幻灯片中选中纵坐标轴，在右键菜单中选择“设置坐标轴格式”命令，如图 8-105 所示。

❺ 打开“设置坐标轴格式”对话框，设置“主要刻度线类型”为“内部”，“横坐标轴交叉”为“低”，如图 8-106 所示。

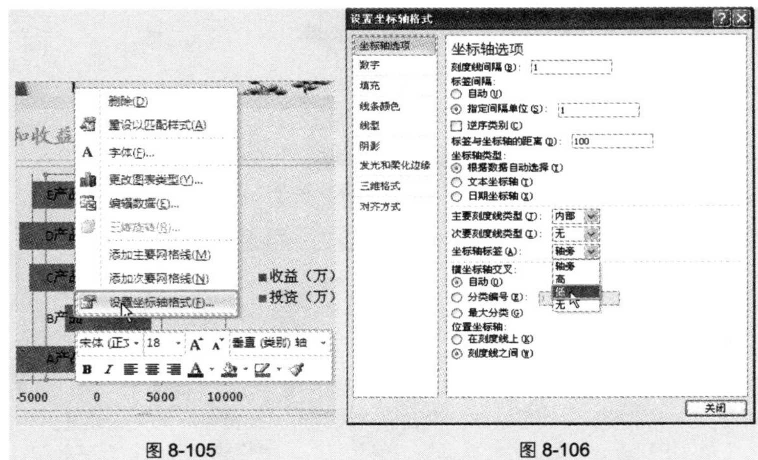

图 8-105　　图 8-106

❻ 选中图表，在“图表工具”→“布局”→“标签”选项组中单击“图例”下拉按钮，在下拉列表中选择“在顶部显示图例”选项，如图 8-107 所示。

❼ 选中"收益"数据系列，在"图表工具"→"布局"→"标签"选项组中单击"数据标签"下拉按钮，在下拉列表中选择"数据标签外"选项（如图 8-108 所示），可以看到"收益"数据标签为红色。按照相同的方法为"投资"数据系列添加数据标签，设置后效果如图 8-109 所示。

Note

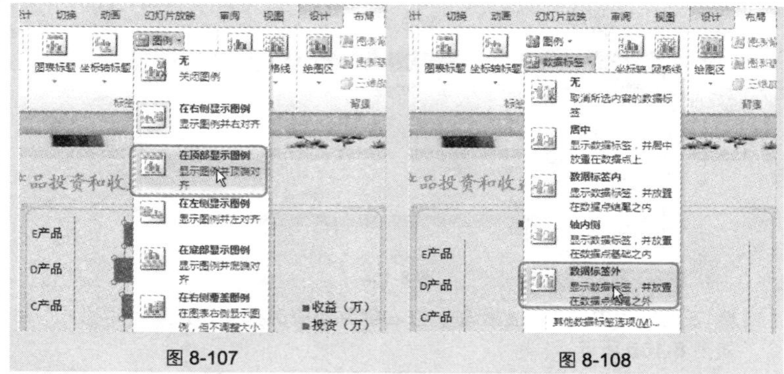

图 8-107　　图 8-108

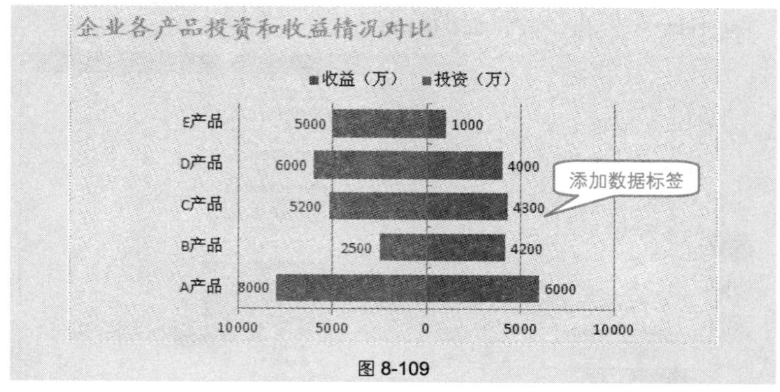

图 8-109

❽ 选中"收益"数据系列，在"图表工具"→"格式"→"形状样式"选项组中单击"形状填充"下拉按钮，在下拉列表中选择"绿色"，如图 8-110 所示。选中"投资"数据系列，设置填充颜色为"土黄色"即完成设置。

❾ 由于图表中添加了数据标签，因此可以将水平轴上的数据标签隐藏，同时也可以设置坐标轴线条的格式。选中水平轴并单击鼠标右键，在弹出的快捷菜单中选择"设置坐标轴格式"命令，打开"设置坐标轴格式"对话框。分别

设置“主要刻度线类型”和“坐标轴标签”都为“无”，如图 8-111 所示。

⑩ 在对话框左侧选择“线型”选项，设置“宽度”为“3 磅”、“短划线类型”为“方点”“前端类型”为如图 8-112 所示的箭头类型。按相同方法也可以设置垂直轴的线条样式。

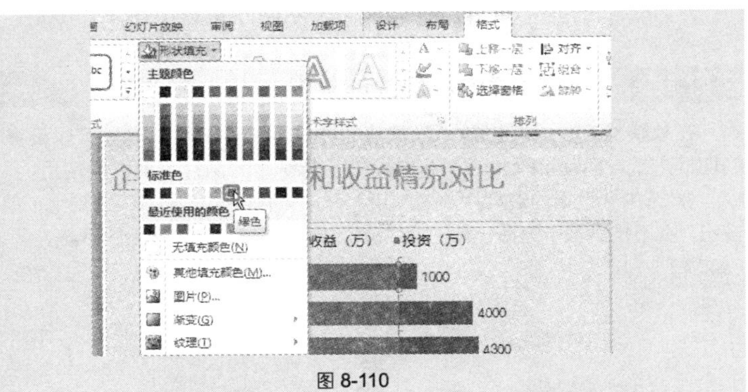

图 8-110

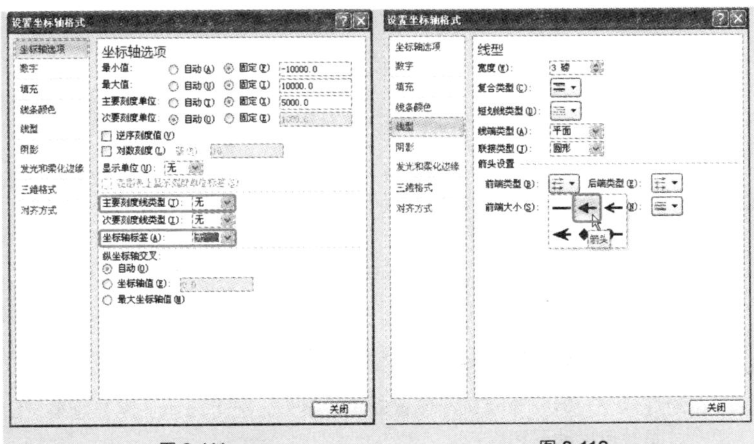

图 8-111　　图 8-112

第 9 章　自定义幻灯片中对象的动画效果

9.1　设置幻灯片的切片动画

技巧 168　为幻灯片添加切片的效果

在放映幻灯片时，当前一张放映完并进入下一张放映时，可以设置不同的切换方式。PowerPoint 2010 中提供了非常多的切片效果以供使用。

❶ 选中要设置的幻灯片，在“切换”→“切换到此幻灯片”选项组中单击▾按钮，在下拉列表中选择一种切换效果，如“分割”，如图 9-1 所示。

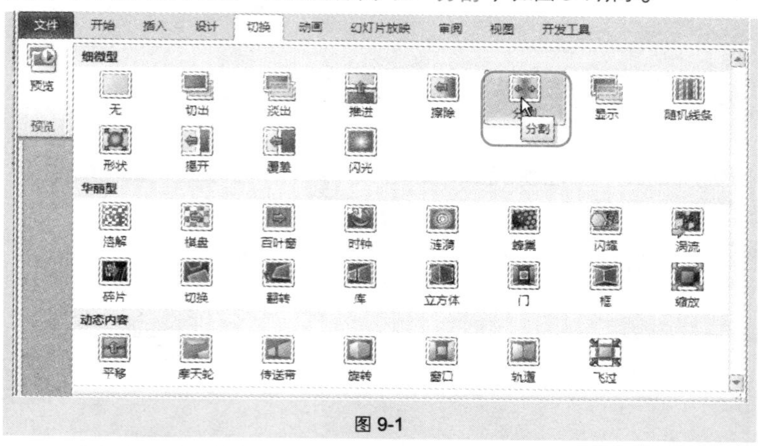

图 9-1

❷ 设置完成后，当在播放幻灯片时即可在幻灯片切换时使用“分割”效果。

技巧 169　切换时声音效果的添加

在幻灯片切片时，除了可以设置动画效果外，还可以添加声音效果，即在切换时同时包含动画和声音。

❶ 选中需要设置切换效果的幻灯片，在“切换”→“切换到此幻灯片”选项组中单击▾按钮，在下拉列表中选择“涟漪”切换方式，如图 9-2 所示。

❷ 在“切换”→“计时”选项组中单击“声音”下拉按钮，在下拉列表中选择“鼓掌”声音类型，如图 9-3 所示。

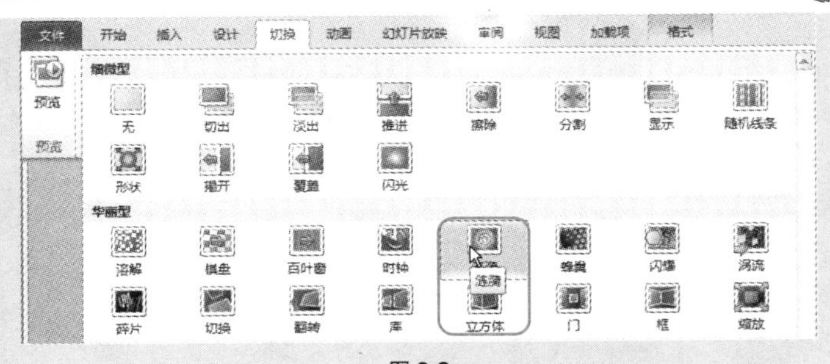

图 9-2

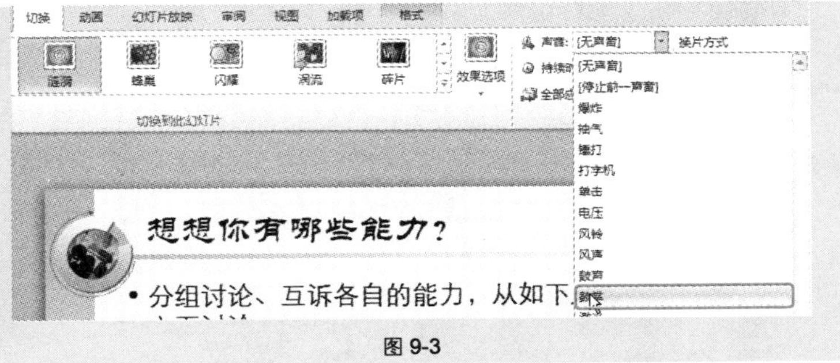

图 9-3

❸ 单击“预览”按钮，即可为该幻灯片添加切换声音。

应用扩展

在播放幻灯片时，每个动作的进入都是通过单击鼠标来实现的，为了配合演示的需求，可以设置自动切换的时间（在“计时”选项组中选中“设置自动换片时间”复选框，并在后面的文本框中自定义时间，如图 9-4 所示），以实现间隔指定时间后自动换片，而不需要通过单击鼠标。

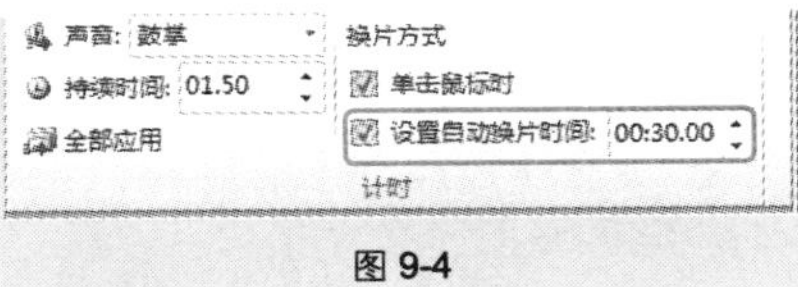

图 9-4

技巧 170　让所有幻灯片使用同一切片效果

为幻灯片设置切片动画或切片声音时，默认只应用于当前幻灯片。为了提高工作效率，可以在设置好切片动画和切片声音后，一次性应用到所有幻灯片中。

❶ 选中需要设置切换效果的幻灯片，在“切换”→“切换到此幻灯片”选项组中单击▼按钮，在下拉列表中选择“旋转”切换方式，如图 9-5 所示。

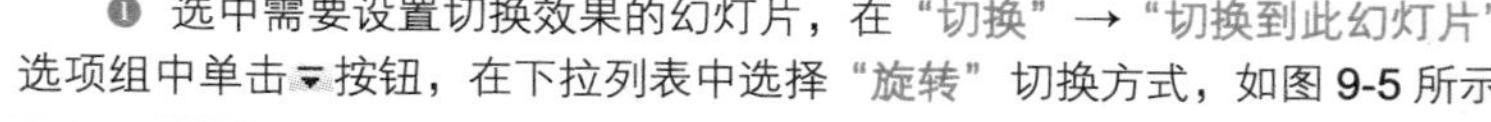

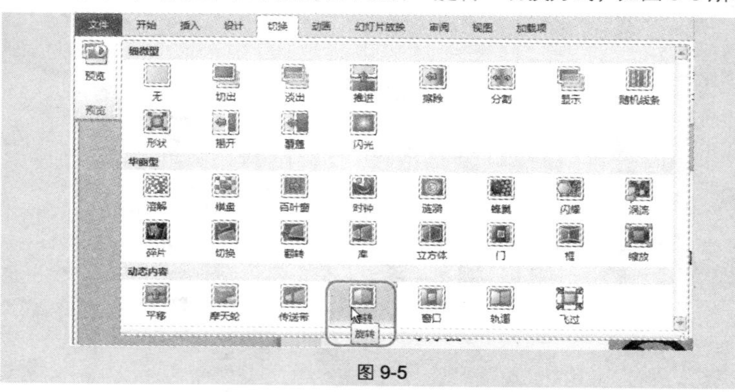

图 9-5

❷ 在“切换”→“计时”选项组中单击“声音”下拉按钮，在下拉列表中选择“风铃”切换声音，如图 9-6 所示。

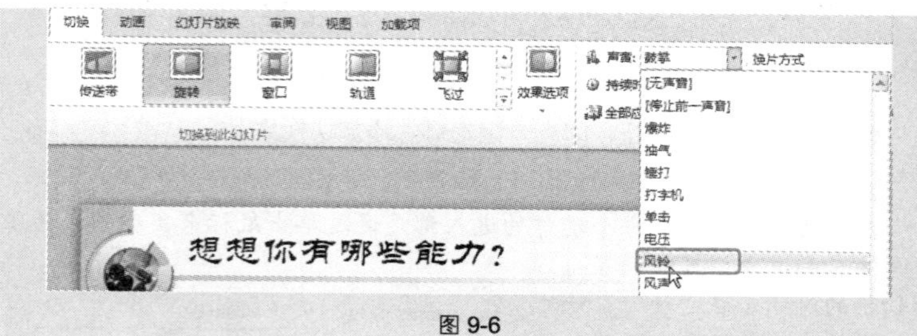

图 9-6

❸ 设置完成后在“计时”选项组中单击“全部应用”按钮，即可将为该幻灯片设置的切换效果添加到每一张幻灯片中，如图 9-7 所示。

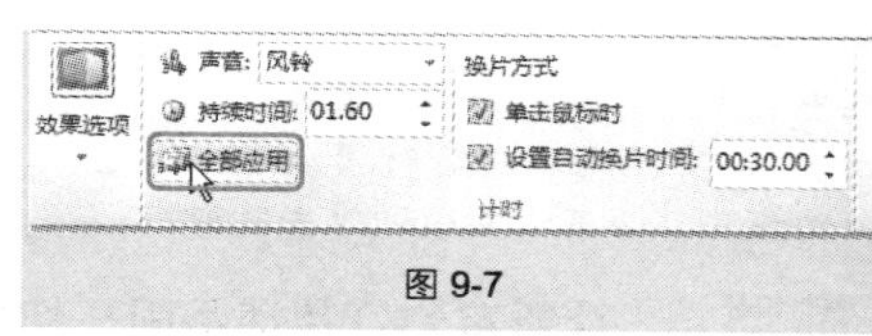

图 9-7

应用扩展

除了以上操作方法外，还可以在幻灯片母版视图中一次性为所有幻灯片添加动画与声音的切换效果。

Note

9.2　自定义动画的技巧

技巧 171　将幻灯片标题设置为“翻转式由远及近”效果

当为幻灯片添加动画效果后，会在加入的效果旁用数字标识出来。如图 9-8 所示，即为“低碳环保”文本添加了动画效果，选择“动画”选项卡，可以在“动画”选项组看到添加的动画为“空翻”。

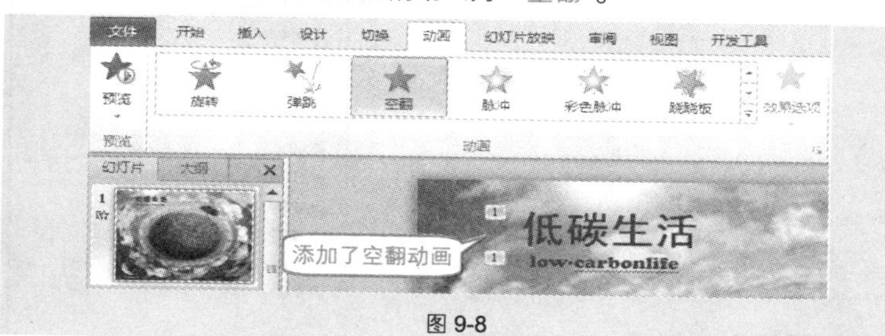

图 9-8

❶ 选中要设置动画的文字，在“动画”→“动画”选项组中单击▼按钮，在其下拉列表中选择“翻转式由远及近”动画样式（如图 9-9 所示），即可为文字添加该动画效果。

❷ 在“预览”选项组中单击“预览”按钮，可以自动演示动画效果。

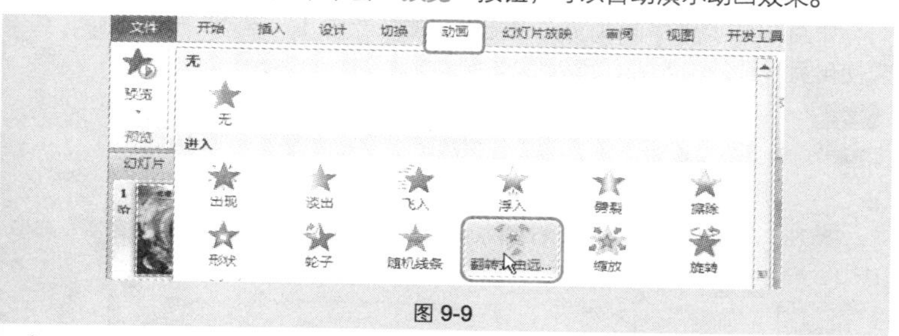

图 9-9

应用扩展

如果菜单中的动画效果不能够满足要求，还可以选择更多的效果。

❶ 在“动画”→“动画”选项组中单击▼按钮，在其下拉列表中选择“更多进入效果”命令，如图 9-10 所示。

❷ 打开“更改进入效果”对话框，即可查看并应用更多动画样式，如

图 9-11 所示。

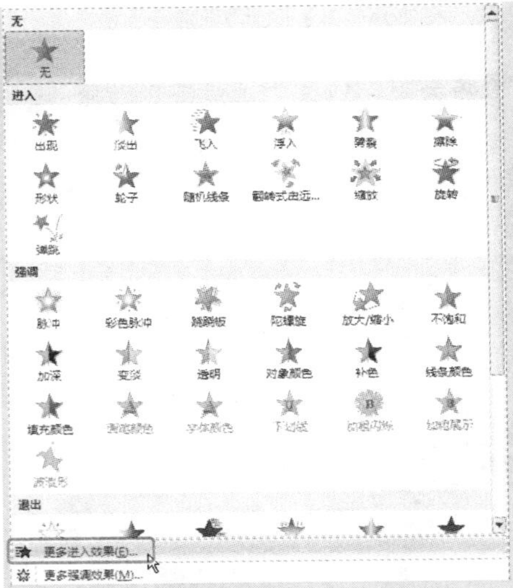

图 9-10

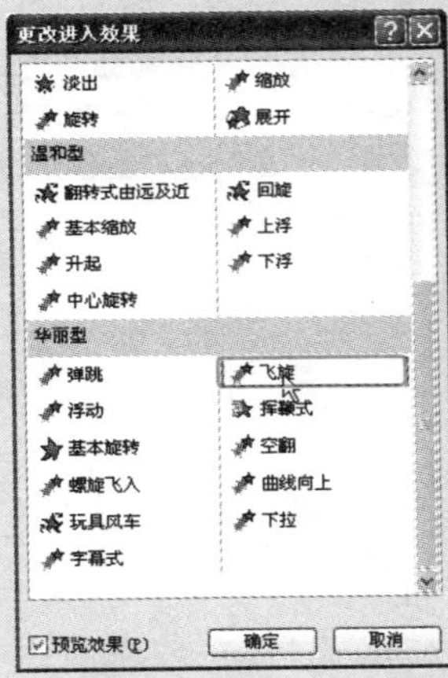

图 9-11

技巧 172 重新修改动画效果为“缩放”进入

如图 9-12 所示，当前为“业务员素质”添加了“浮入”动画效果，如果想使用另一种动画效果，可以更改原动画效果。

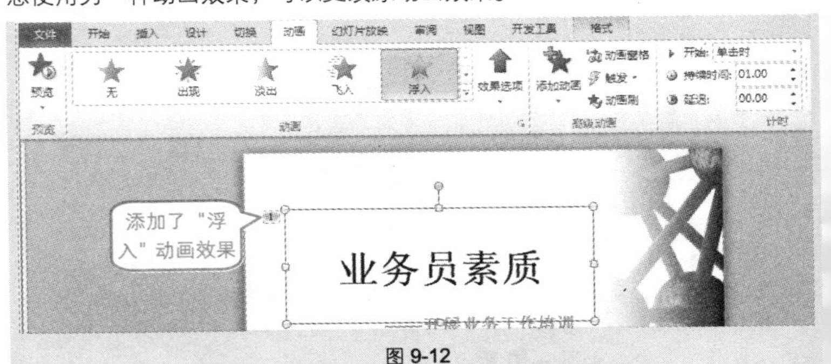

图 9-12

❶ 在幻灯片中选中添加了动画的对象，在“动画”→“动画”选项组中

单击 ▾ 按钮，打开下拉列表，如图 9-13 所示。

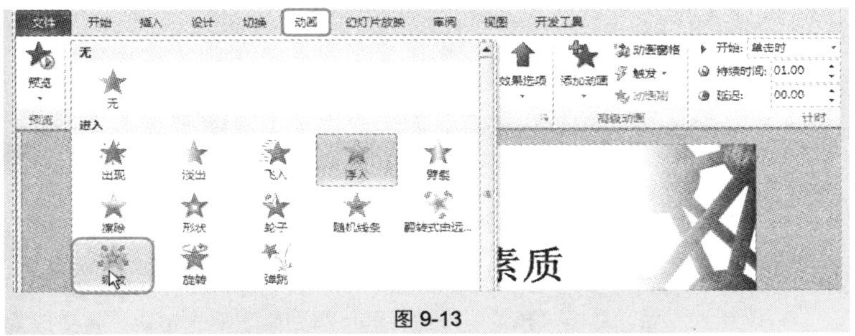

图 9-13

❷ 在需要使用的动画效果上直接单击鼠标左键即可快速将原动画更改为新的动画效果。

技巧 173　为文本内容设置变色效果

幻灯片中文字播放时显示为默认的颜色，通过动画的设置还可以实现文本的变色效果。

❶ 选中文字，在“动画”→“动画”选项组中单击 ▾ 按钮，在下拉列表中的“强调”栏中选择“画笔颜色”强调效果，如图 9-14 所示。

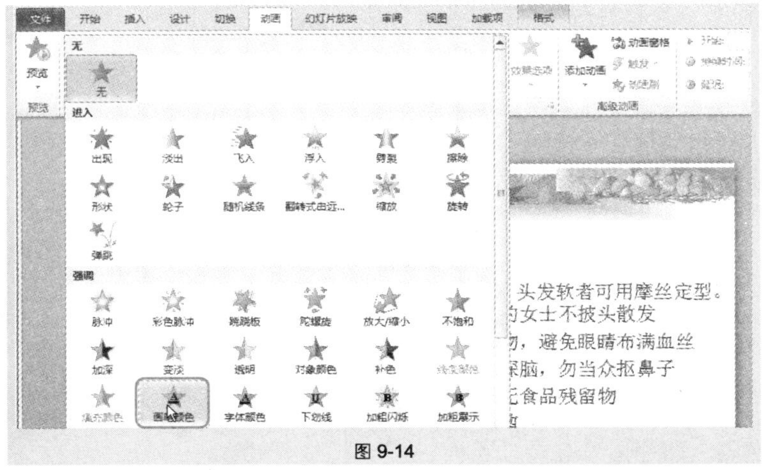

图 9-14

❷ 单击“效果选项”下拉按钮，在下拉列表中选择“紫色”，如图 9-15

所示。

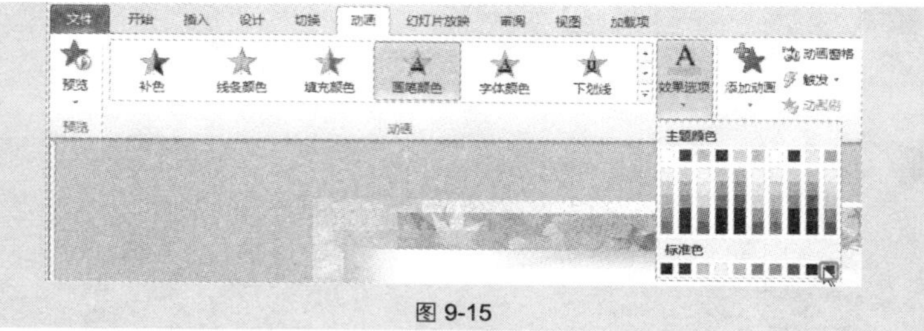

图 9-15

❸ 设置完成后，单击“预览”按钮，即可看到文字逐一出现，并变成紫色的动画效果。

技巧 174 对单一对象指定多种动画效果

对于需要重点突出显示的对象，可以对其设置多个动画效果，这样可以达到更好的表达效果。如图 9-16 所示，即为“今天你低碳了吗”设置了“缩放”的进入效果和“波浪形”强调效果（对象前面有两个动画编号）。

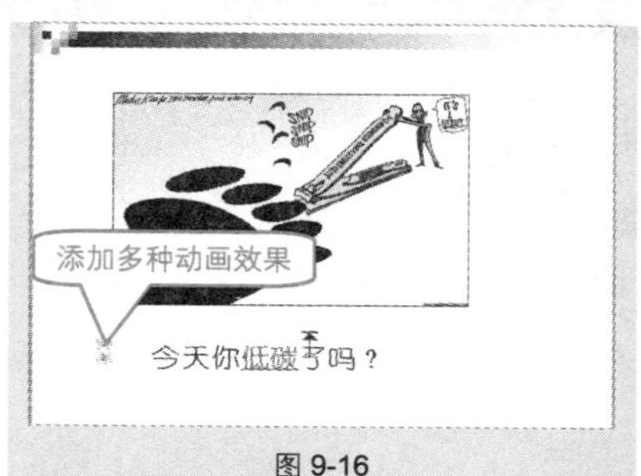

图 9-16

❶ 选中文字，在“动画”→“高级动画”选项组中单击“添加动画”下拉按钮，在其下拉列表的“进入”栏中选择“缩放”动画样式，如图 9-17 所示。

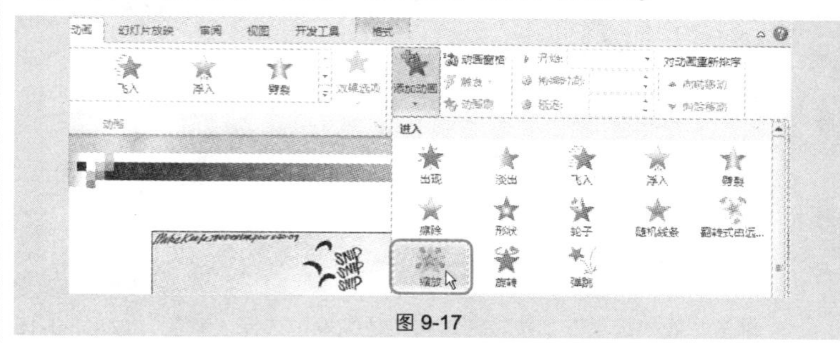

图 9-17

❷ 此时文字前出现一个“1”。再次单击“添加动画”下拉按钮，在其下拉列表中选择“更多强调效果”命令，如图 9-18 所示。

❸ 打开“添加强调效果”对话框，在“华丽型”栏中选择“波浪形”动画效果，如图 9-19 所示。

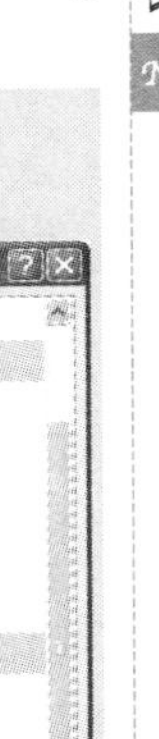

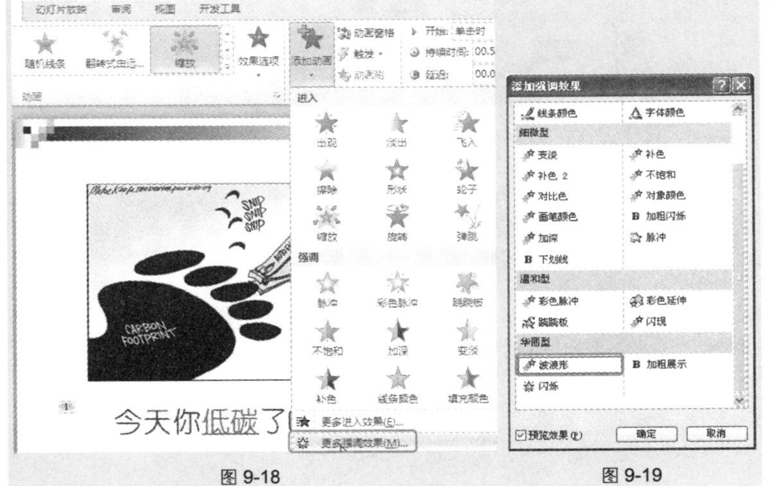

图 9-18　　　　　　　　　　　　图 9-19

❹ 单击“确定”按钮，即可为文字添加两种动画效果。单击“预览”按钮，即可预览动画。

专家点拨

为对象添加动画效果时，不仅能添加“进入”和“强调”两种效果，还可以同时为对象添加“退出”效果。

技巧 175　让对象按路径进行运动

路径动画是一种非常奇妙的效果，通过路径设置可以让对象进行上下、左右移动或沿着星形、圆形等各种图案路径进行移动。这种一般只能在 Flash 中实现的特殊效果，也可以在幻灯片的动画效果设置中实现。如图 9-20 所示即为图片添加各种路径动画后的效果。

❶ 选中耳环图片，在“动画”→“动画”选项组中单击▾按钮，在下拉列表中选择“其他动作路径”命令，如图 9-21 所示。

❷ 打开“更改动作路径”对话框，在“直线和曲线”栏中选中“对角线

向右下”路径，如图 9-22 所示。

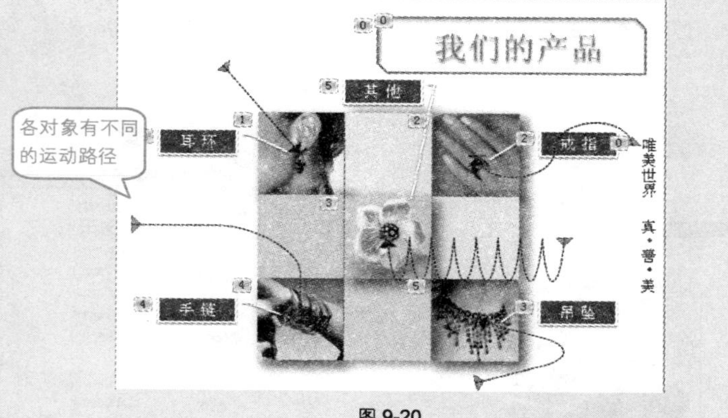

图 9-20

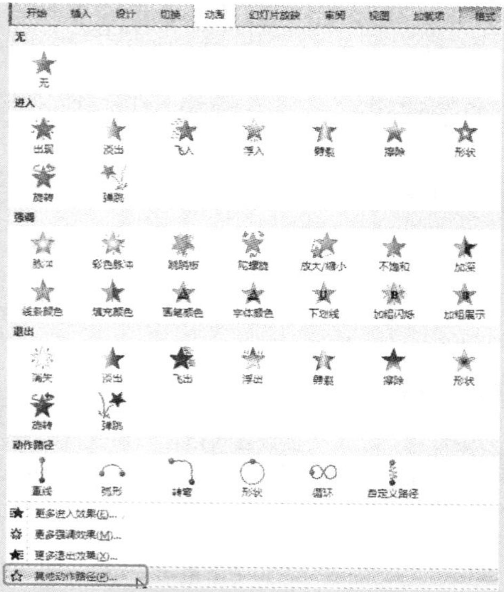

图 9-21

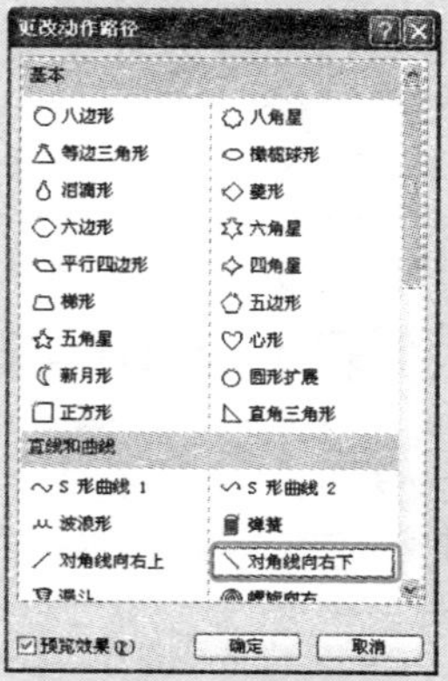

图 9-22

❸ 单击“确定”按钮，即可添加动作路径，如图 9-23 所示。在幻灯片

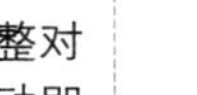

中可以将光标定位于绿色箭头中的小圆圈上，按住鼠标左键拖动即可调整对象的起始位置；将光标定位于红色箭头中的小圆圈上，按住鼠标左键拖动即可调整对象运动的结束位置。

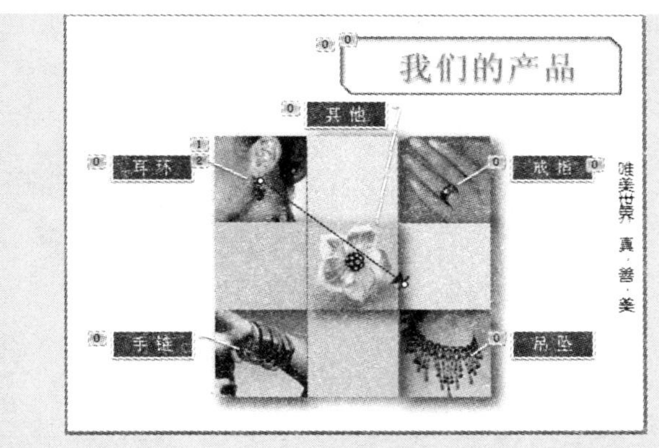

图 9-23

❹ 选中第 2 张图片，打开“更改动作路径”对话框，在“直线和曲线”栏中选中“S 形曲线 2”路径（如图 9-24 所示），效果如图 9-25 所示。也可以重新对起始与结束位置进行调整。

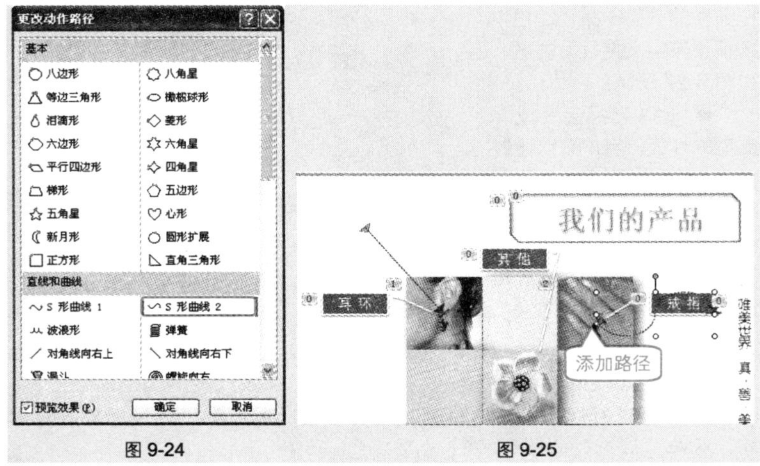

图 9-24　　图 9-25

❺ 按相同的方法可以为多个对象添加动作路径。

技巧 176　手动绘制动画的路径

如果动画默认的运动路径不能满足需要，可以手动绘制运动路径，使对象按照设置的路径运动，如图 9-26 所示即为图片对象绘制了动画路径。

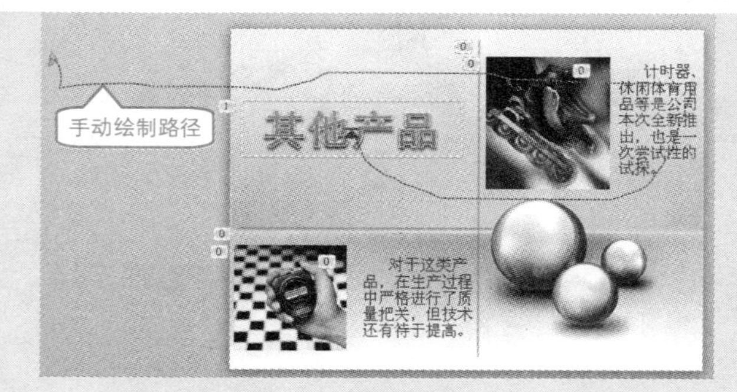

图 9-26

❶ 选中要设置路径的对象，在“动画”→“动画”选项组中单击▾按钮，在下拉列表的“动作路径”栏中选择“自定义路径”方式，如图 9-27 所示。

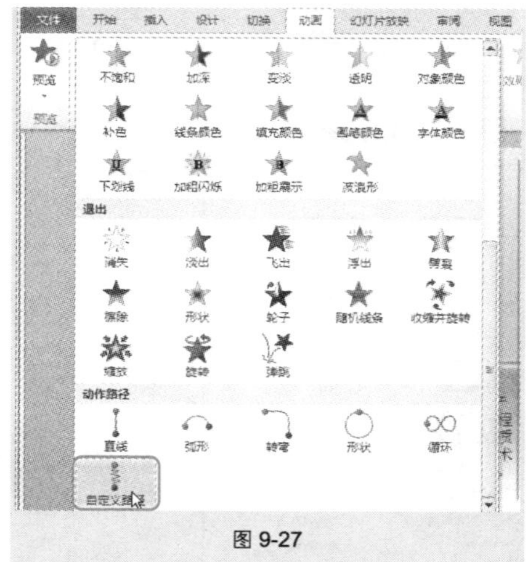

图 9-27

❷ 此时光标会变成一支笔的样式，用户可以通过拖动鼠标在幻灯片上绘制路径，如图 9-28 所示。

❸ 绘制完成后按 **Enter** 键，即可为选中的对象应用绘制的路径。

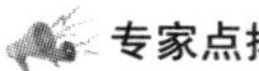

专家点拨

在绘制路径时，可以将路径绘制到幻灯片以外的位置，这样在播放时即可达到运动到屏幕以外，从而“消失”的效果。

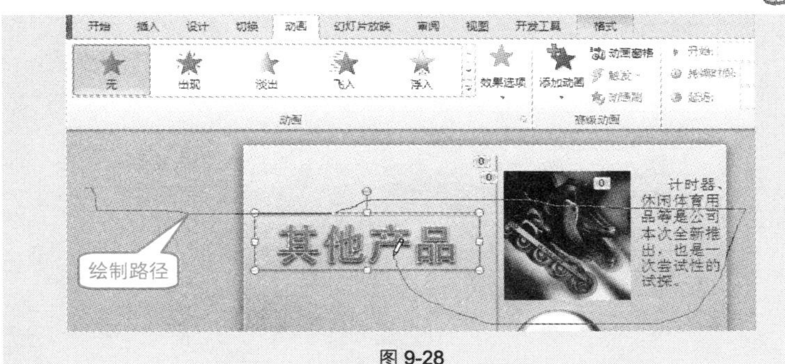

图 9-28

技巧 177　重新调整动画的播放顺序

在放映幻灯片时，默认情况下动画的播放顺序是按照设置动画时的先后顺序进行的。在完成所有动画的添加后，如果在预览时发现播放顺序不满意，可以进行调整，而不必重新设置。

如图 9-29 所示，从动画窗格中可以看到本例中所设置的动画是先播放文字，再播放图片。而我们想实现的效果是产品名称与图片一一对应的效果，即出现产品名称后，接着出现产品的图片。方法如下：

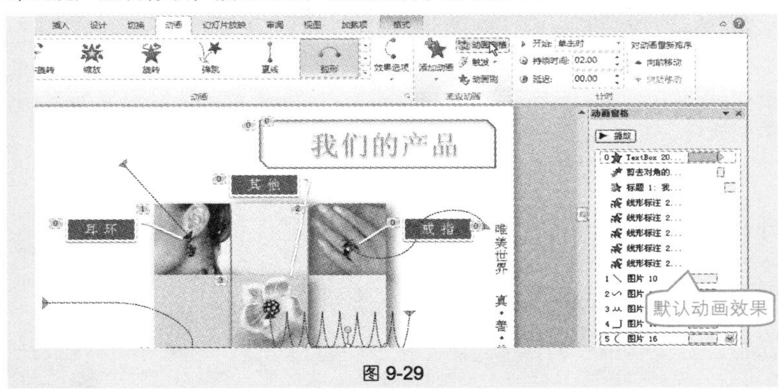

图 9-29

❶ 在动画窗格中选中“图片 10”动画，单击“向上移动”按钮，将其调整到“标题 1”动画下面，如图 9-30 所示。

❷ 接着选中“图片 11”动画，单击“向上移动”按钮，将其调整到“线形标注 2”动画下面，如图 9-31 所示。

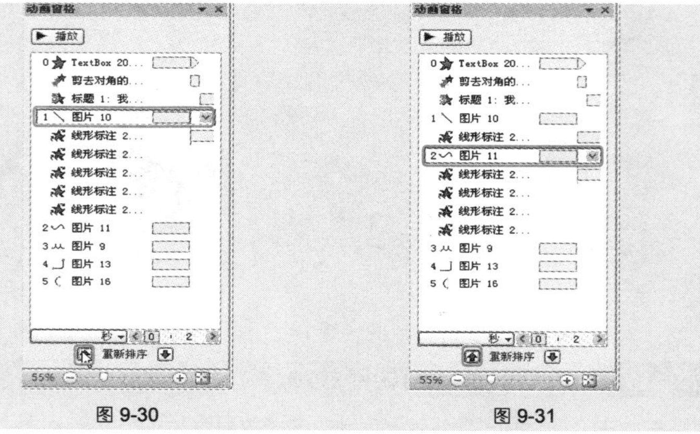

图 9-30　　　　图 9-31

❸ 按照相同的方法，调整其他图片的动画顺序，即可完成设置。

应用扩展

在“动画窗格”中除了使用和按钮调整动画顺序外，还可以直接选中动画，按住鼠标左键不放，将其拖动至需要的位置上后释放鼠标即可。

技巧 178　为每张幻灯片添加相同的动作按钮

动作按钮是将制作好的幻灯片用于转到下一张、上一张、第一张和最后一张幻灯片，或者用于播放声音、视频等的一个符号。如图 9-32 所示的图表中，即为每张幻灯片应用了相同的动作按钮。

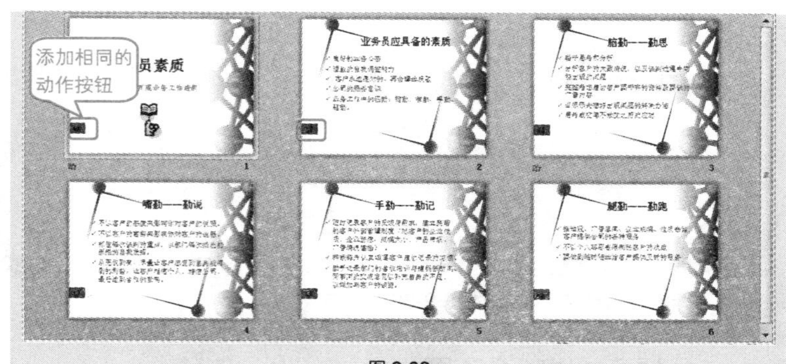

图 9-32

具体的操作步骤如下。

❶ 在“视图”→“母版”选项组中单击“幻灯片母版”按钮，即可进入幻灯片母版视图。

❷ 在“插入”→“插图”选项组中单击“形状”下拉按钮，在弹出的下拉列表的“动作按钮”栏中选中“上一张”动作按钮，如图 9-33 所示。

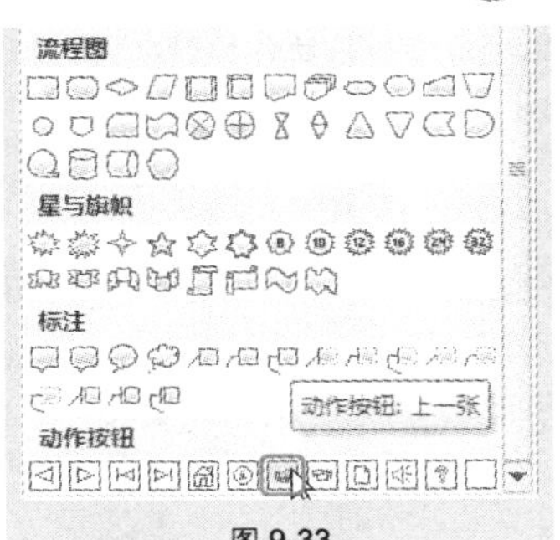

图 9-33

❸ 此时光标变成十字箭头形状，拖动鼠标在幻灯片适合位置绘制出一个大小适合的“上一张”动作按钮，释放鼠标即可弹出“动作设置”对话框。选中“超链接到”单选按钮，然后在下拉列表框中选择“上一张幻灯片”选项，如图 9-34 所示。

❹ 选中“播放声音”复选框，在下拉列表框中选择“风铃”声音效果，如图 9-35 所示。

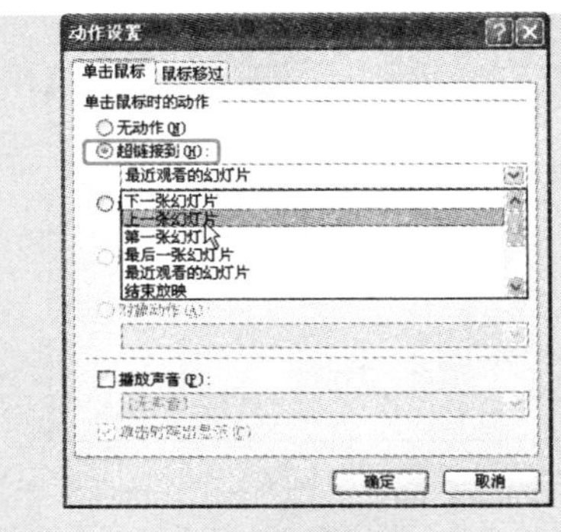

图 9-34

图 9-35

❺ 单击“确定”按钮，即可为幻灯片添加动作按钮。

❻ 在“关闭”选项组中单击“关闭母版视图”按钮，接着在“演示文稿视图”选项组中单击“幻灯片浏览”按钮，即可看到为每张幻灯片添加的动作按钮。

专家点拨

在模板中添加动作按钮时，如果演示文稿中应用了多个幻灯片母版，则需要在每个模板中都添加一个相同的动作按钮，才能使每张幻灯片中都显示出添加的动作按钮。

9.3 动画播放效果设置技巧

技巧 179 让幻灯片标题始终是运动的

在制作幻灯片时，动画的播放次序默认是一次，为了突出显示某一主题，是否可以一直不间断地播放某个主题呢？这种效果是可以实现的。例如下面要设置让幻灯片的标题连续不断地播放，即整张幻灯片在播放过程中，标题始终是运动的。

❶ 选中标题文字，如果未添加动画，可以先添加动画。本例中已经设置了标题为“画笔颜色”动画。

❷ 在动画窗格单击动画右侧的下拉按钮，在下拉列表中选择“效果选项”命令，打开“画笔颜色”对话框，如图 9-36 所示。

❸ 选择“计时”选项卡，在“重复”下拉列表框中选择“直到幻灯片末尾”选项，如图 9-37 所示。

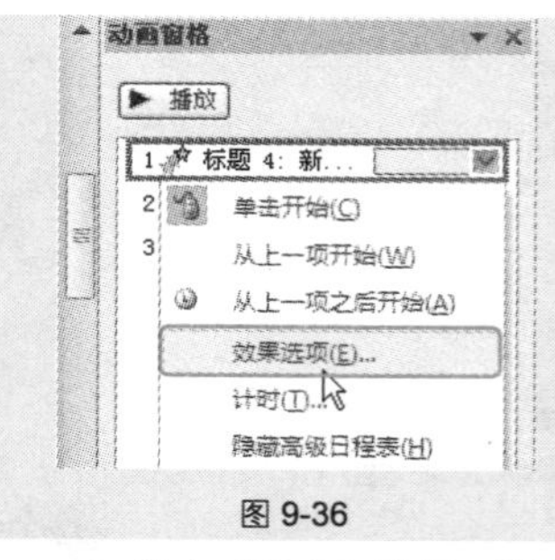

图 9-36

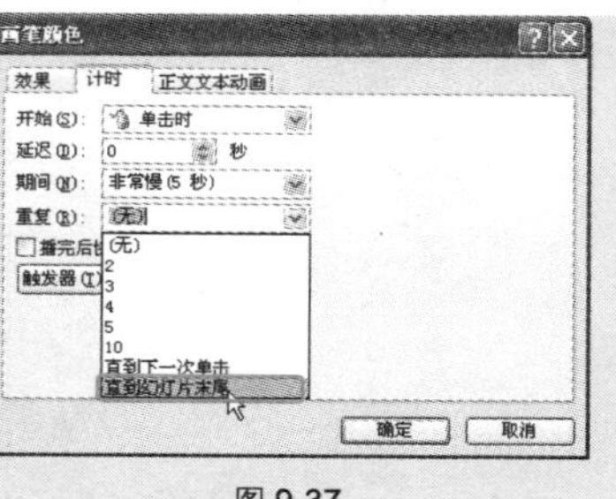

图 9-37

❹ 单击“确定”按钮，当在幻灯片放映时标题文字会一直重复“画笔颜色”的动画效果，直到整张幻灯片放映结束。

技巧 180 精确设置动画播放时间（如设置播放 10 秒）

在 PowerPoint 2010 中，自定义动画的播放时间只有非常慢、慢、中、快和非常快 5 种选择。当这些选择都不满足需要时，可以自定义设置动画的播放时间。

❶ 在动画窗格单击“动画 1”右侧的下拉按钮，在弹出的下拉列表中选择“计时”命令，如图 9-38 所示。

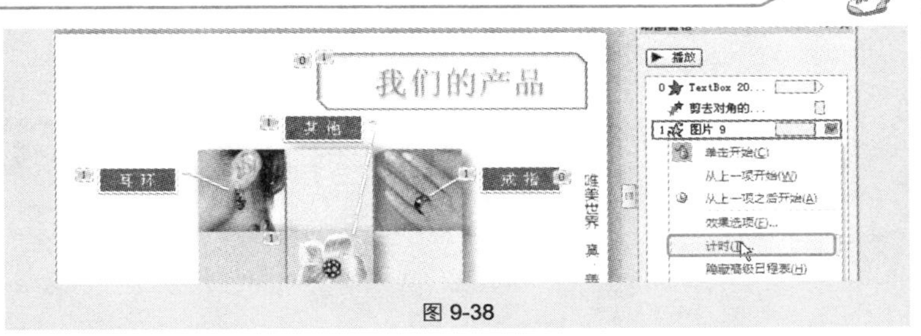

图 9-38

❷ 打开“陀螺旋”对话框，直接在“期间”文本框中输入“10 秒”，如图 9-39 所示。

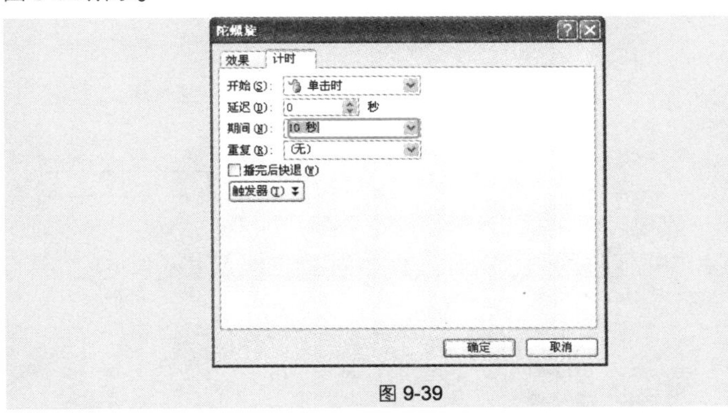

图 9-39

❸ 单击“确定”按钮，即可将“陀螺旋”动画设置为播放 10 秒。

技巧 181 让对象在动画播放后自动隐藏

在为对象设置动画后，根据需要可以将对象在播放动画效果后自动隐藏起来。如图 9-40 所示即为文字设置了进入动画，在播放完成后实现将文字自动隐藏，如图 9-41 所示。

❶ 在动画窗格中选中文字动画，并单击右侧的下拉按钮，在下拉列表中选择“效果选项”命令，如图 9-42 所示。

❷ 打开“飞入”对话框，在“动画播放后”下拉列表框中选择“播放动画后隐藏”选项，如图 9-43 所示。

❸ 单击“确定”按钮，然后预览播放效果，即可看到文字播放完成后就自动隐藏起来。

Note

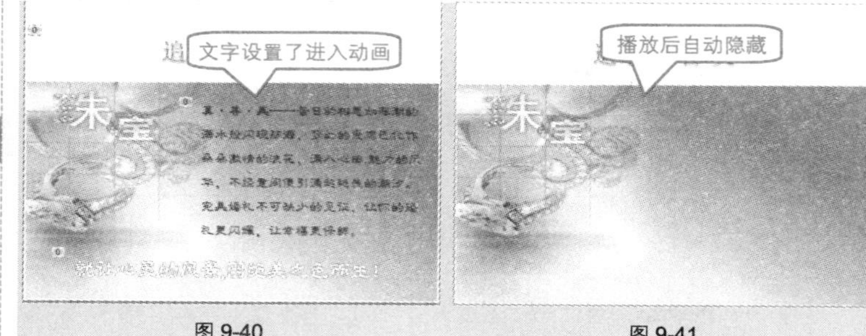

图 9-40　　　　图 9-41

图 9-42

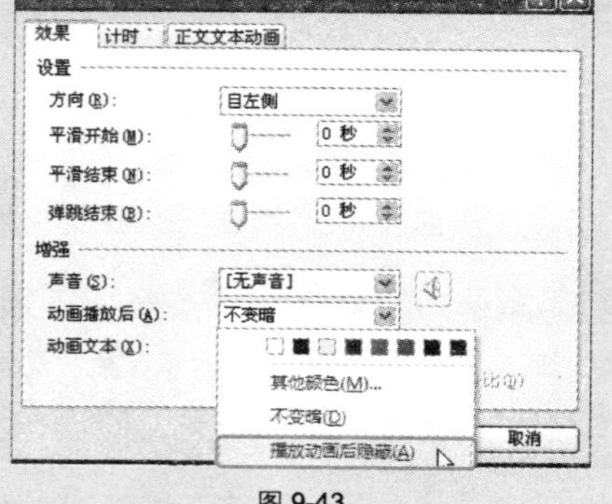

图 9-43

技巧 182　播放动画时按字、词显示

在为一段文字添加动画后，系统默认是将一段文字作为一个整体来播放，在动画播放时整段文字同时出现，如图 **9-44** 所示。通过设置可以实现让文字按字、词播放，效果如图 **9-45** 所示。

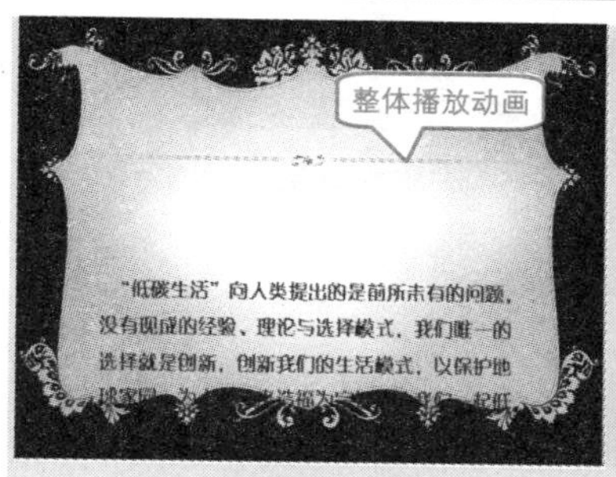

图 9-44

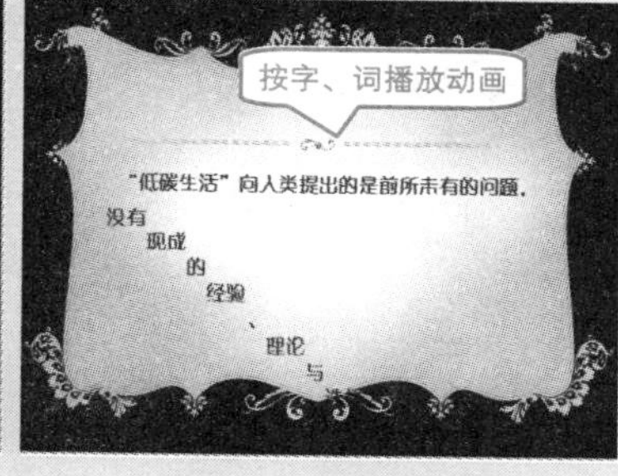

图 9-45

❶ 在动画窗格单击动画右侧的下拉按钮，在下拉列表中选择"效果选项"命令，如图 9-46 所示。

❷ 打开"飞入"对话框，在"动画文本"下拉列表框中选择"按字/词"选项，如图 9-47 所示。

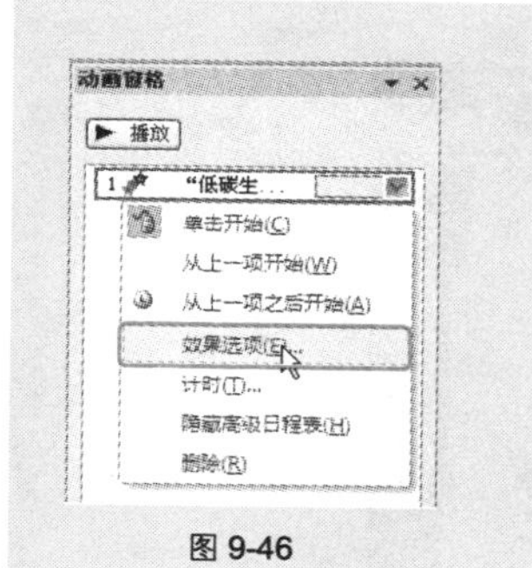

图 9-46

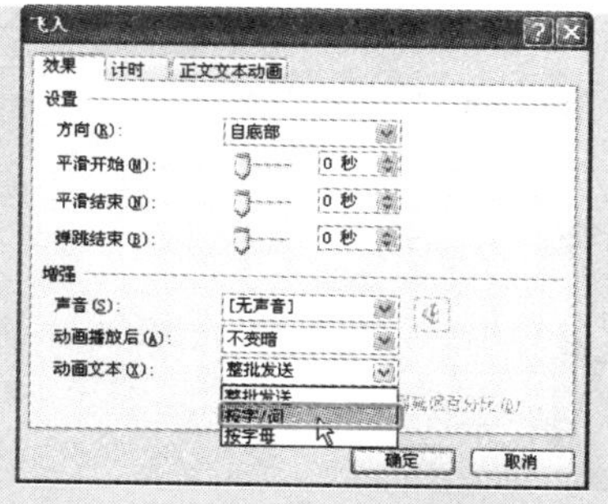

图 9-47

❸ 单击"确定"按钮，返回幻灯片中，即可在播放动画时按字、词来显示文字。

技巧 183　播放动画时让文字逐行显示

对文字设置动作后，如果想实现让文字逐行显示，需要按如下方法进行操作。

❶ 在动画窗格中单击动画右侧的下拉按钮，在下拉列表中选择"效果选项"命令，如图 9-48 所示。

❷ 打开"飞入"对话框，选择"正文文本动画"选项卡，在"组合文本"

Note

下拉列表框中选择“按第一级段落”选项，如图 9-49 所示。

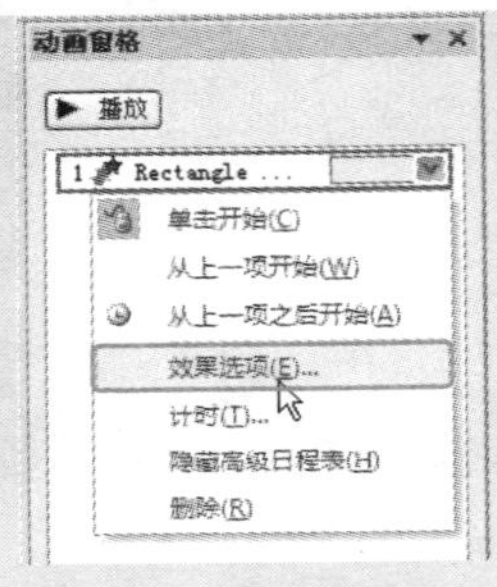

图 9-48

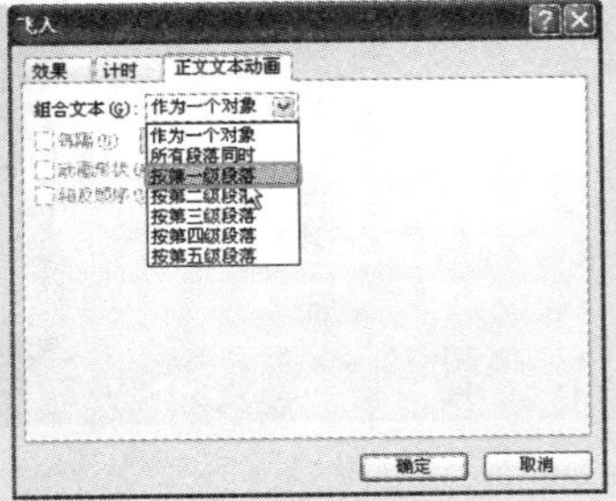

图 9-49

❸ 单击“确定”按钮回到幻灯片中。依次将光标定位到需要逐行显示的最后一个字的后面，按下 Enter 键将每一行都分段显示，可以看到以每一行为一个对象都添加了一个动画效果，动画窗格中也显示了多个动画，如图 9-50 所示。

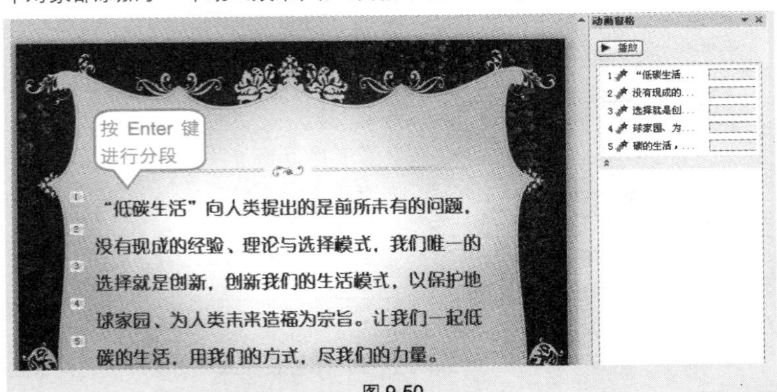

图 9-50

技巧 184 让播放后的文本换一种颜色显示

通过如下技巧的操作，可以实现让文字完成动画后换另一种字体颜色显示。如图 9-51 所示，第一行文字动作完成后，换成了红色字体，第二行文字正在播放中。

❶ 为文字设置按段落飞入的动画效果。打开动画窗格，单击动画右侧的下拉按钮，在下拉列表中选择“效果选项”命令，如图 9-52 所示。

图 9-51

❷ 打开“飞入”对话框，在“增强”栏中的“动画播放后”下拉列表框中选择“其他颜色”命令，如图 9-53 所示。

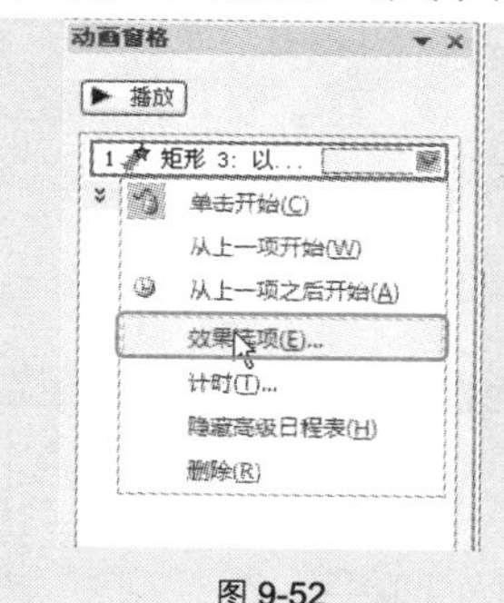

图 9-52

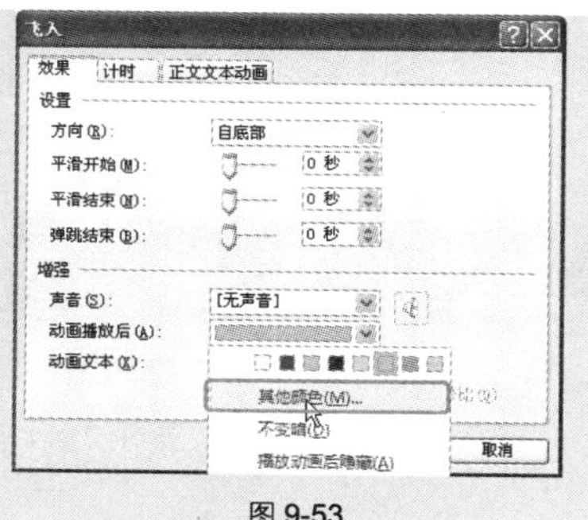

图 9-53

❸ 打开“颜色”对话框，在“颜色”栏中选中“粉红色”颜色，如图 9-54 所示。

❹ 单击“确定”按钮，返回到“飞入”对话框，可以看到设置的颜色，如图 9-55 所示。

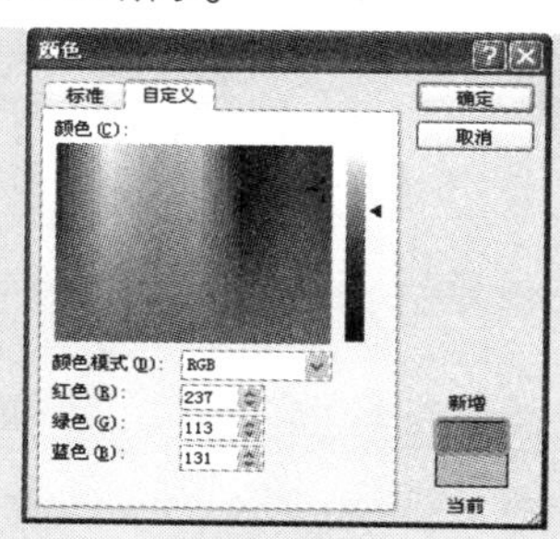

图 9-54

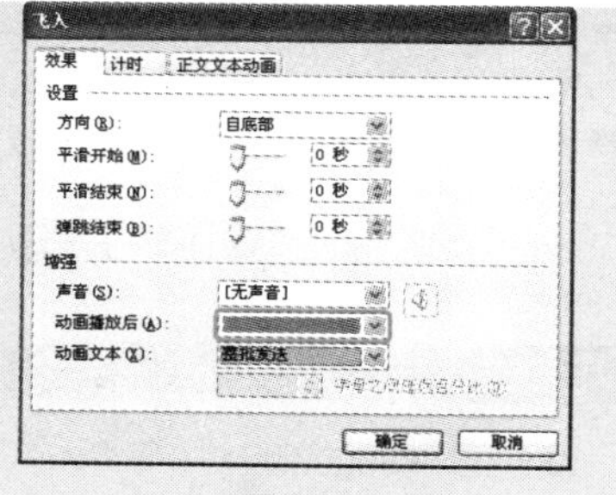

图 9-55

❺ 单击“确定”按钮即可完成设置。

技巧 185　在显示产品图片的同时伴随拍照声音

在为幻灯片添加动画后，放映时是没有声音的。如果想要为某个动画配上拍照的声音，例如当产品以动画的形式出现的同时伴随着拍照的声音，可以增添幻灯片的整体表达效果。

❶ 选中产品图片（设置动画后的），在“动画”→“动画”选项组中单击按钮，如图 9-56 所示。

❷ 打开“圆形扩展”对话框，在“声音”下拉列表框中选择“照相机”选项，如图 9-57 所示。

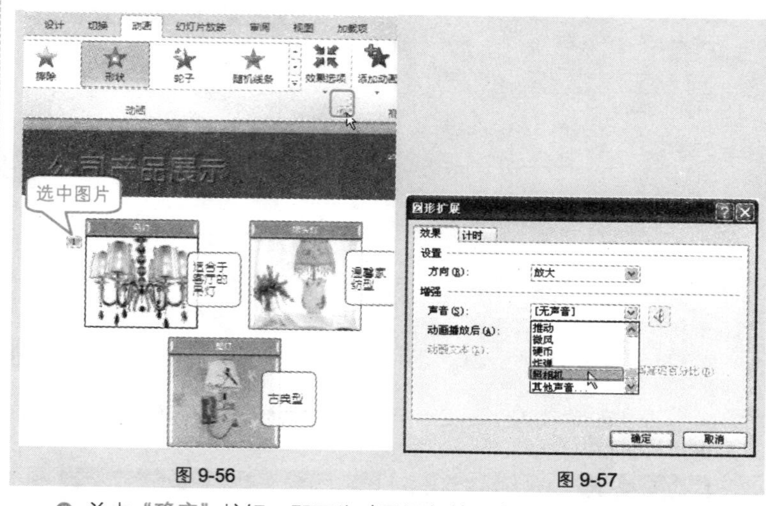

图 9-56　　图 9-57

❸ 单击“确定”按钮，即可为动画添加拍照声音，在播放动画的同时也会播放声音。

9.4　动画范例剖析

技巧 186　拉幕片头的效果设计

对于一些喜庆的幻灯片，在开始放映幻灯片之前可以为幻灯片添加幕布，当开始放映时，幕布向左右缓缓退去，显示出幻灯片内容，效果如图 9-58 所示。

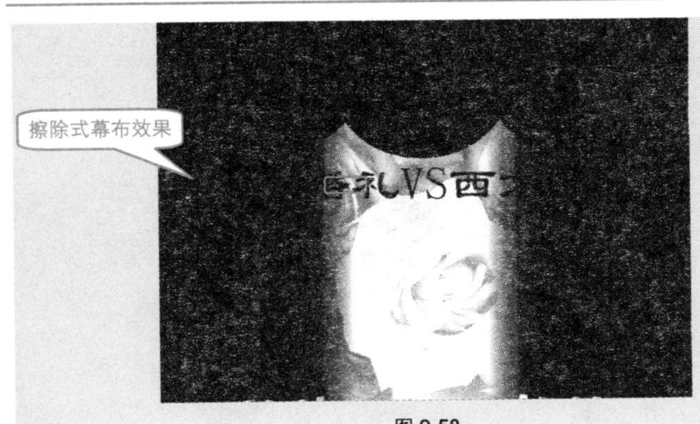

图 9-58

❶ 单击第一张幻灯片，在“插入”→“图像”选项组中单击“图片”按钮，打开“插入图片”对话框。找到幕布图片的保存路径并选中图片（可以一次选中多张一起插入），如图 9-59 所示。

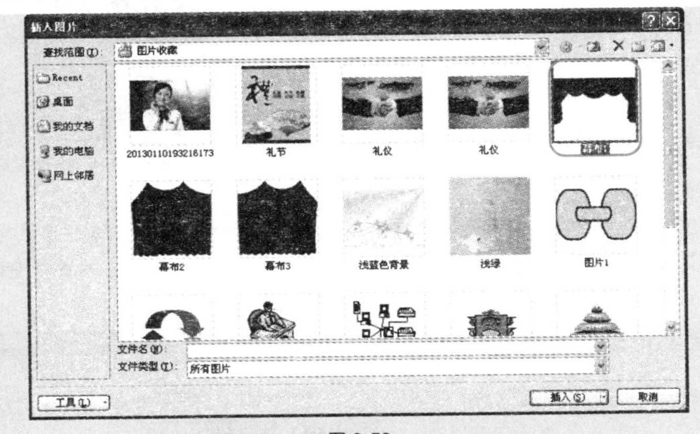

图 9-59

❷ 单击“插入”按钮插入图片，将 3 张图片调整放置好，如图 9-60 所示。

❸ 同时选中左右两块幕布，在“动画”→“动画”选项组中单击▾按钮，在下拉列表的“退出”栏中选择“擦除”动画，如图 9-61 所示。

❹ 在动画窗格单击“动画 1”右侧的下拉按钮，在下拉列表中选择“效果”命令。

Note

添加图片并
摆放好位置

图 9-60

图 9-61

❺ 打开“擦除”对话框，在“方向”下拉列表框中选择“自右侧”选项（如图 9-62 所示）；切换到“计时”选项卡，在“期间”下拉列表框中选择“非常慢（5 秒）”选项，如图 9-63 所示。

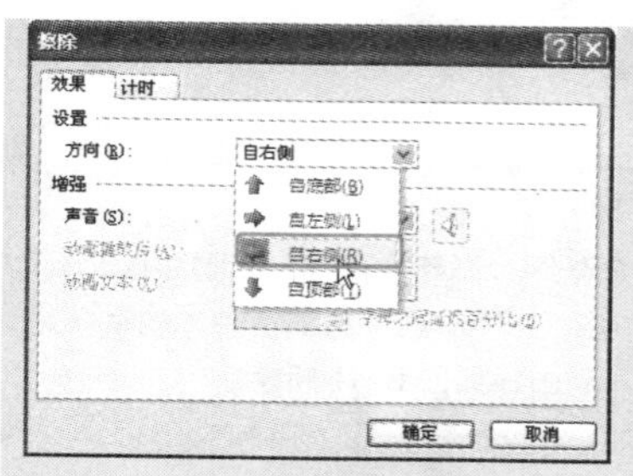

图 9-62

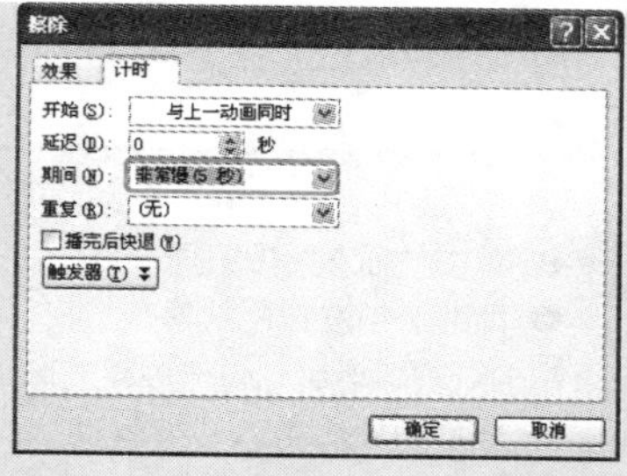

图 9-63

❻ 设置完成后，单击“确定”按钮，按相同的方法单击“动画 2”右侧的下拉按钮，在下拉列表中选择“效果”命令。

❼ 打开“擦除”对话框，在“方向”下拉列表框中选择“自左侧”选项（如图 9-64 所示）；切换到“计时”选项卡，在“期间”下拉列表框中选择“非常慢（5 秒）”选项，如图 9-65 所示。

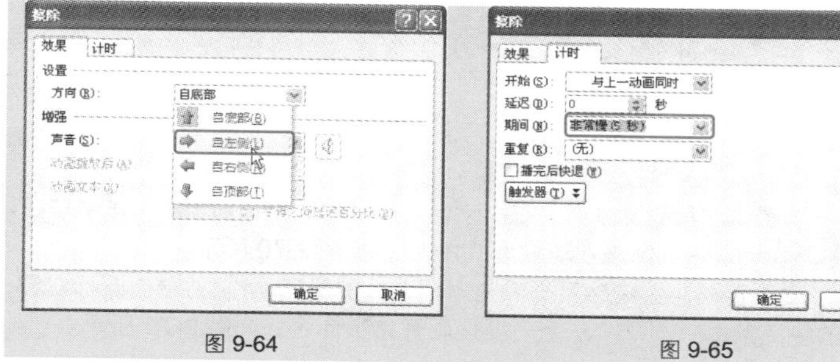

图 9-64　　图 9-65

❽ 单击“确定”按钮，即可完成全部设置。

技巧 187　弹跳文字效果

在幻灯片中可以为文字添加各种动画效果，如弹跳动画效果，如图 9-66 和图 9-67 所示，文字会以逐一弹跳的动画方式出现。

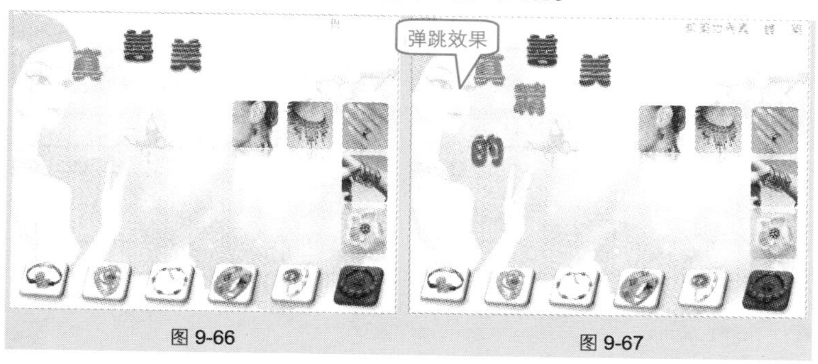

图 9-66　　图 9-67

❶ 绘制文本框后输入第一个文字，并设置好文字格式，也可以使用艺术字等效果，如图 9-68 所示。

❷ 复制多个文本框，修改文字，也可以根据不同的设计宗旨重新设置文字的字体格式，然后将文字排列好，如图 9-69 所示。

Note

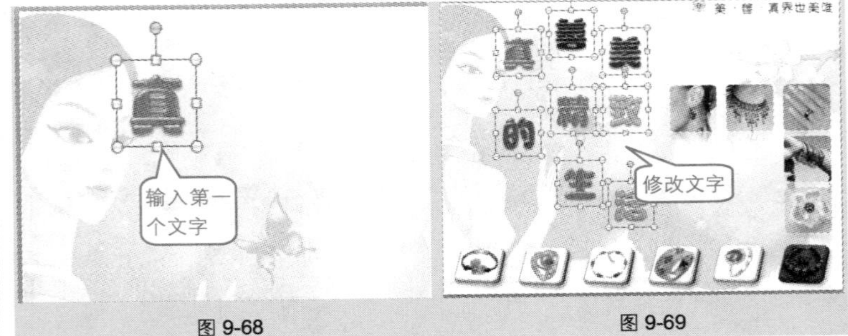

图 9-68　　图 9-69

❸ 一次性选中所有文本框，在“动画”→“动画”选项组中单击▾按钮，在展开的下拉列表中选择进入动画为“弹跳”，如图 9-70 所示。

❹ 在动画窗格中选中除第一个文本框之外的所有动作，并单击鼠标右键，在弹出的快捷菜单中选择“从上一项之后开始”命令，如图 9-71 所示。

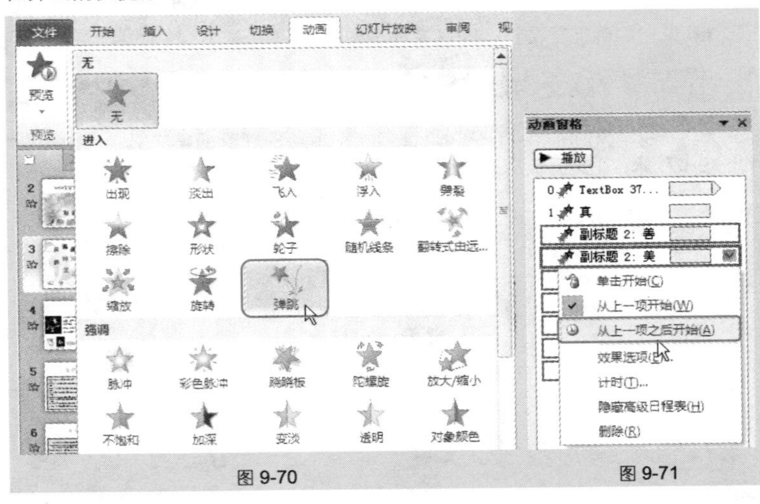

图 9-70　　图 9-71

专家点拨

当一次性选中多个对象添加相同动画时，它们默认是同时播放的，即它们的开始时间都是“从上一项开始”。为了达到逐一弹跳出现的效果，所以将每个动作的开始时间都设置为了“从上一项之后开始”

技巧 188　图片滚动效果

在展示性的幻灯片中经常要使用到图片滚动的效果，例如多张产品图片展示、多种设计效果展示等。如图 9-72 和图 9-73 所示，即为幻灯片底部的产品图片设置了循环滚动。

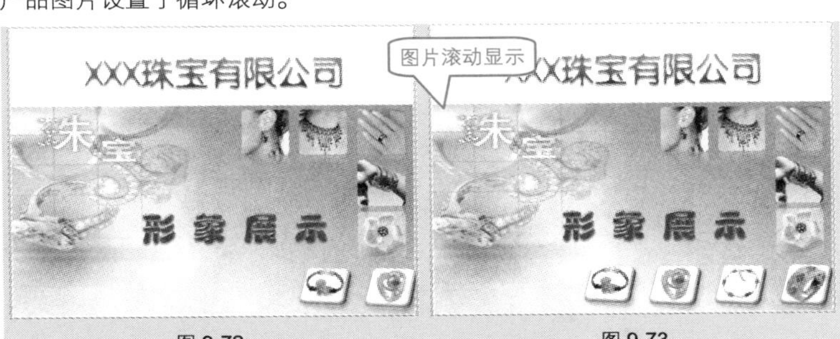

图 9-72　　图 9-73

❶ 将多张图片插入到幻灯片中后，按住 Ctrl 键依次选中所有图片，在右键菜单中选择“组合”→“组合”命令，如图 9-74 所示。

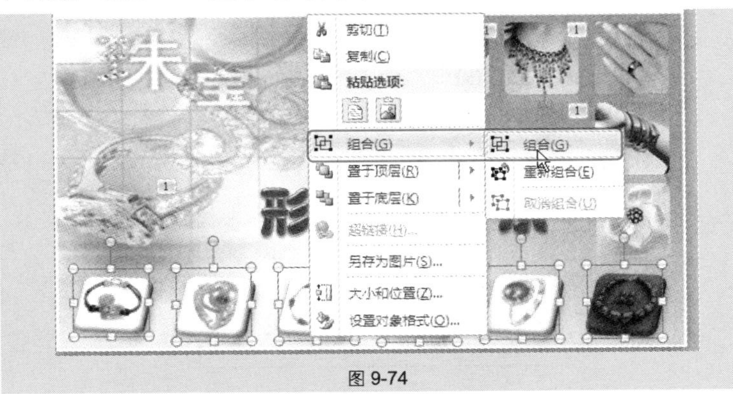

图 9-74

❷ 选中组合后的对象，在“动画”→“动画”选项组中选择“飞入”动画，单击“效果选项”按钮，选择方向为“自右侧”，如图 9-75 所示。

❸ 打开动画窗格，选中刚刚建立的动画，单击右侧的下拉按钮，选择“计时”命令（如图 9-76 所示），打开“飞入”对话框。

❹ 在“开始”下拉列表框中选择“与上一动画同时”选项，在“期间”

文本框中输入“15 秒”，在“重复”下拉列表框中选择“直到幻灯片末尾”选项，如图 9-77 所示。

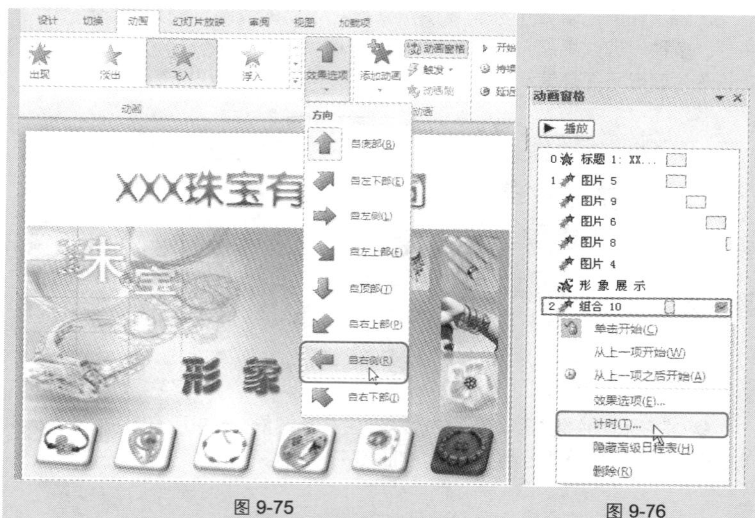

图 9-75　　图 9-76

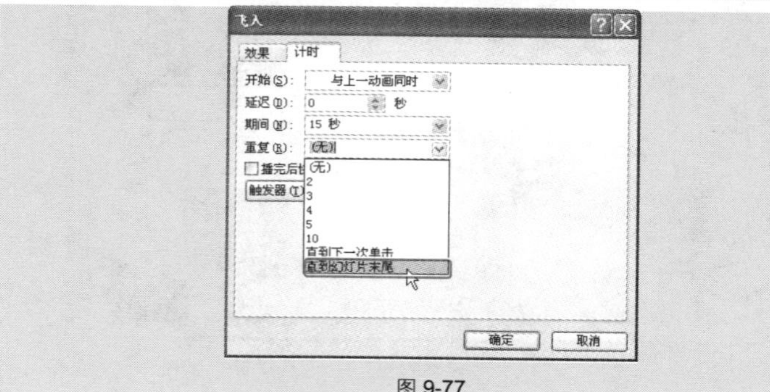

图 9-77

❺ 单击“确定”按钮即可完成设置。

技巧 189　让图表中每个图形都运动起来

在幻灯片中插入 SmartArt 图形后，在放映时也可以让 SmartArt 图形以动

Note

态的效果展示。如图 9-78 和图 9-79 所示为正在播放动画的效果。

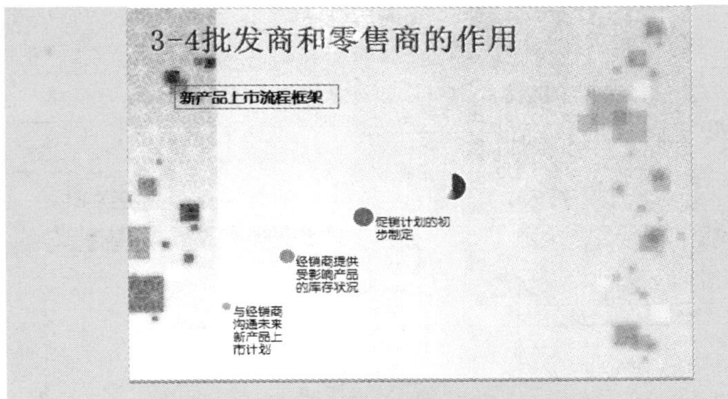

图 9-78

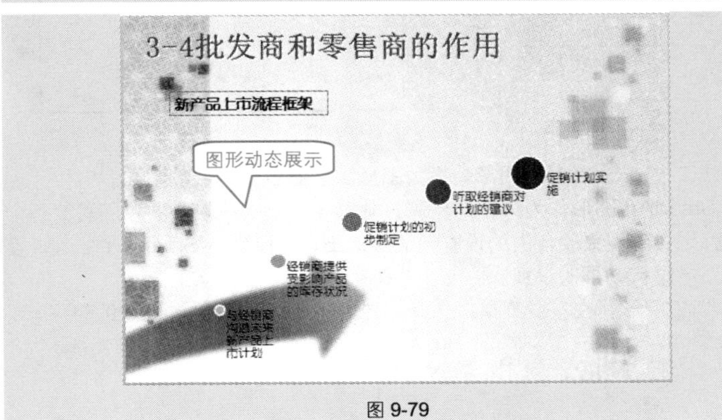

图 9-79

方法一：将 SmartArt 图形作为一个对象来设置动画。

❶ 选中图形，在“动画”→“动画”选项组中选择“飞入”动画，单击“效果选项”按钮，选择方向为“自左下部”，如图 9-80 所示。然后接着在下面的“序列”栏中选择“逐个”选项，如图 9-81 所示。

❷ 打开动画窗格，选中刚刚建立的动画，单击右侧的下拉按钮，选择“计时”命令（如图 9-82 所示），打开“飞入”对话框，在“期间”下拉列表框中选择“慢速（3 秒）”选项，如图 9-83 所示。

❸ 单击“确定”按钮完成设置。

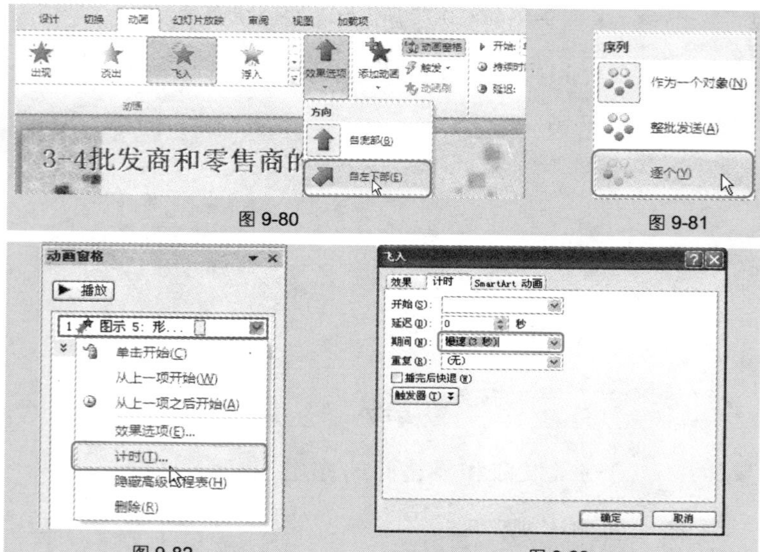

图 9-80　　图 9-81

图 9-82　　图 9-83

方法二：将 SmartArt 图形转换为图形后设置各个对象的动画。

将 SmartArt 图形作为一个对象来设置动画，只能按默认的顺序播放各个对象。如果想实现更改自由的设置并播放动画，可以先将 SmartArt 图形转换为图形后再进行动画的设置。

❶ 选中图形，在右键菜单中选择“转换为形状”命令，如图 9-84 所示。

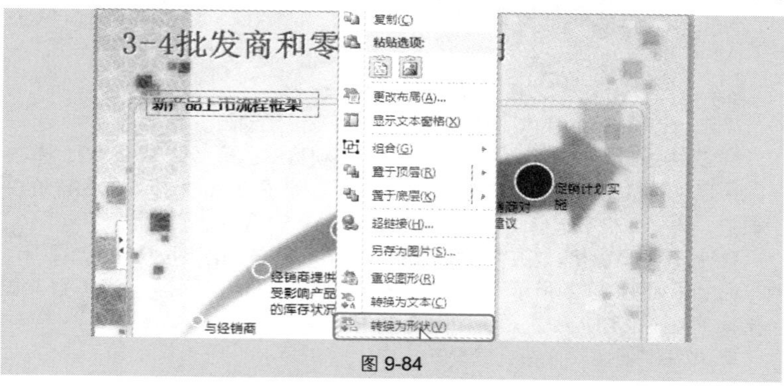

图 9-84

❷ 选中转换后的图形，在右键菜单中选择“组合”→“取消组合”命令，如图 9-85 所示。

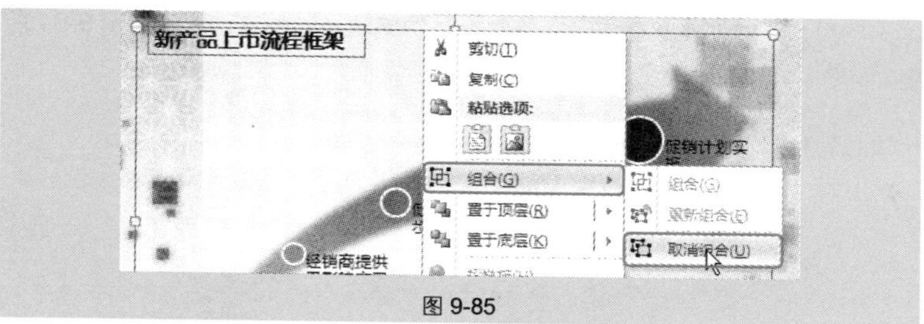

图 9-85

❸ 取消组合后，可以看到图示是由多个对象组成的（如图 9-86 所示）。同时选中几个圆圈图形，设置其动画效果为“轮子”，如图 9-87 所示。

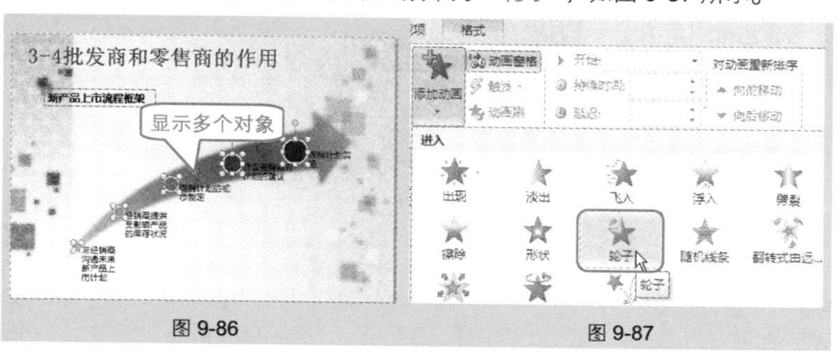

图 9-86　　图 9-87

❹ 同时选中几个文本框（如图 9-88 所示），设置其动画效果为“浮入”，如图 9-89 所示。

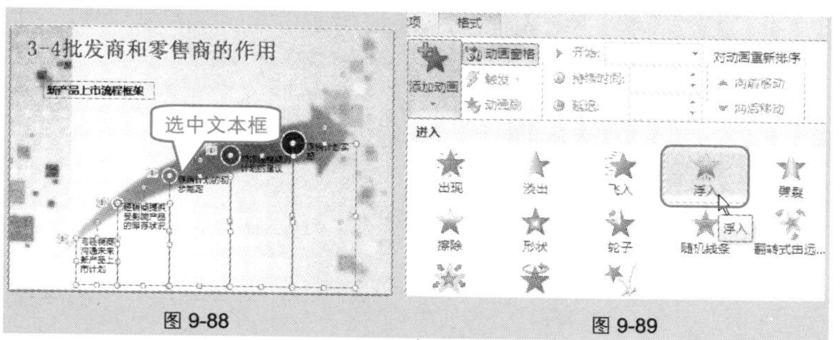

图 9-88　　图 9-89

Note

❺ 打开动画窗格，可以看到所设置的各个动画，如图 9-90 所示。

❻ 为了实现出现圆圈图形就出现对象的文字的效果，需要将圆圈图形的动作与文本框的动作交替显示，依次拖动调整动画的顺序，达到如图 9-91 所示的效果。

❼ 一次性选中除第一个动画之外的所有动画，在右键菜单中选择“从上一项之后开始”命令，如图 9-92 所示。

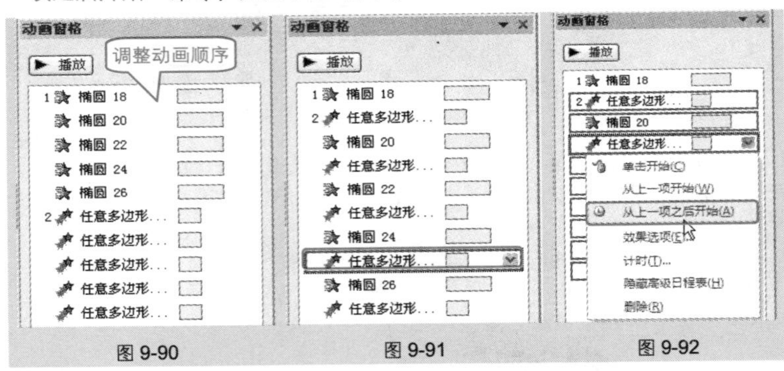

图 9-90　图 9-91　图 9-92

❽ 选中箭头形状，设置“动画”为“飞入”，“方向”为“自左下部”，如图 9-93 所示。

❾ 在动画窗格中选中箭头的动作，单击右侧的下拉按钮，选择“计时”命令，打开“飞入”对话框。在“开始”下拉列表框中选择“与上一动画同时”选项，设置“期间”为“慢速（3 秒）”，如图 9-94 所示。

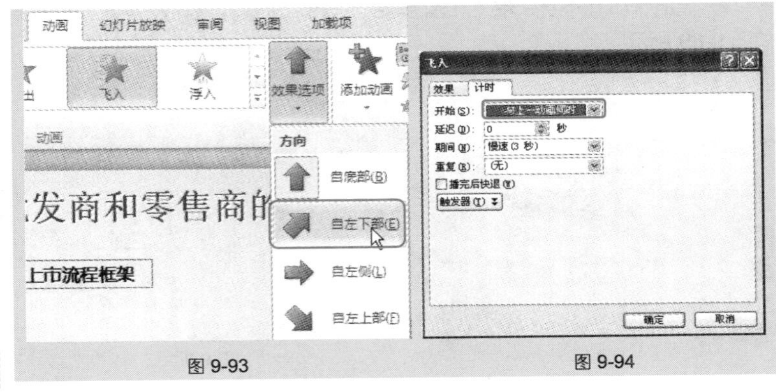

图 9-93　图 9-94

⑩ 单击“确定”按钮即可完成设置。

技巧 190 图表演示时的动画效果设置

在幻灯片中创建图表后，在进行演示时为了达到突出显示和强调的效果，也可以为图片建立动画播放的效果。

如图 9-95 和图 9-96 所示为正在播放动画的效果。

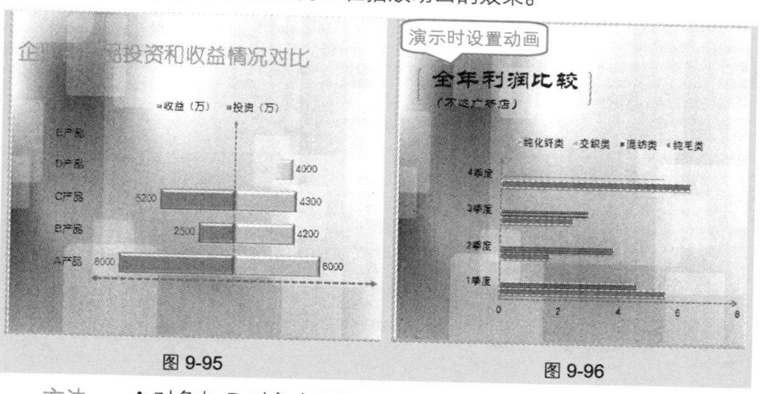

图 9-95

图 9-96

方法一：A 对象与 B 对象交互显示。

将两方数据交互显示，即显示 A 后显示 B，接着按相同顺序显示下一个分类。

❶ 选中图形，在“动画”→“高级动画”选项组中单击“添加动画”按钮，选择“擦除”动画，如图 9-97 所示。

❷ 在“计时”选项组中设置“持续时间”为“2 秒”，单击“效果选项”按钮，在“序列”栏中选择“按类别”选项，如图 9-98 所示。

❸ 单击“确定”按钮回到幻灯片中，按 F5 键即可查看播放效果。

方法二：先显示 A 对象再显示 B 对象。

当图表包含多个系列时，实现先显示第一个系列，接着显示第二个系列，依次向下显示。

❶ 选中图形，在“动画”→“高级动画”选项组中单击“添加动画”按钮，选择“随机线条”动画，如图 9-99 所示。

❷ 在“计时”选项组中设置“持续时间”为“2 秒”，单击“效果选项”按钮，在“序列”栏中选择“按系列”选项，如图 9-100 所示。

Note

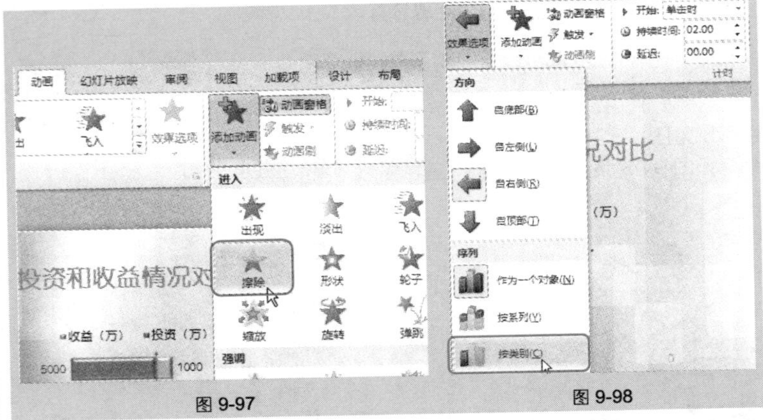

图 9-97　　图 9-98

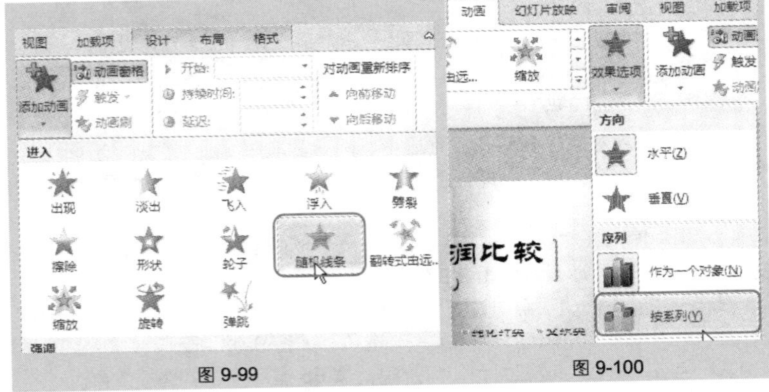

图 9-99　　图 9-100

❸ 单击“确定”按钮回到幻灯片中，按 **F5** 键即可查看播放效果。

第 10 章　幻灯片中音频和视频的使用技巧

10.1　声音的处理技巧

技巧 191　为幻灯片添加背景音乐

在放映演示文稿时，如果幻灯片中包含背景音乐，可以增添现场气氛。并且还可以设置每张幻灯片有不同的背景音乐，在播放时逐一切换幻灯片，背景音乐自动更换。

❶ 单击第一张幻灯片，在“插入”→“媒体”选项组中单击“音频”下拉按钮，在下拉列表中选择“文件中的音频”命令，如图 10-1 所示。

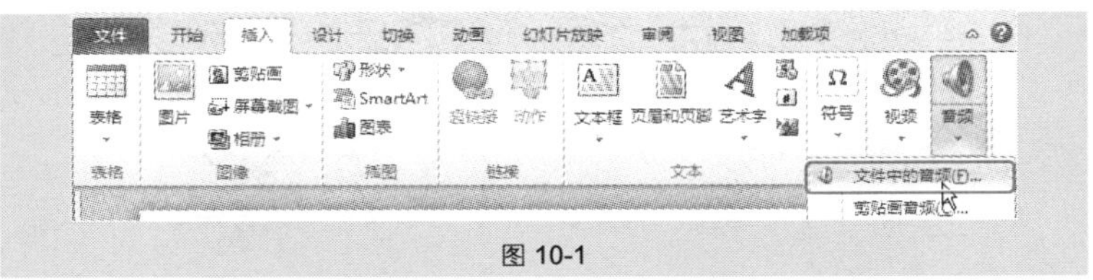

图 10-1

❷ 打开“插入音频”对话框，找到要使用音乐的保存路径并选中音乐，如图 10-2 所示。

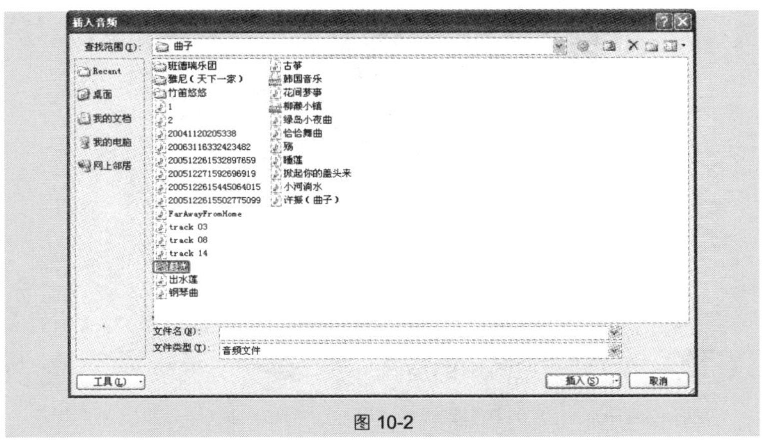

图 10-2

❸ 单击“插入”按钮，返回到幻灯片中，即可看到幻灯片中出现一个小喇叭图标，在其下方会出现一个工具条，单击▶按钮即可播放插入的音乐，如图 10-3 所示。

❹ 选中小喇叭图标，在“音频工具”→“播放”→“音频选项”选项组的“开始”下拉列表框中选择“自动”选项，如图 10-4 所示，即可实现让演示文稿进入到这一张时就可以自动播放音乐。

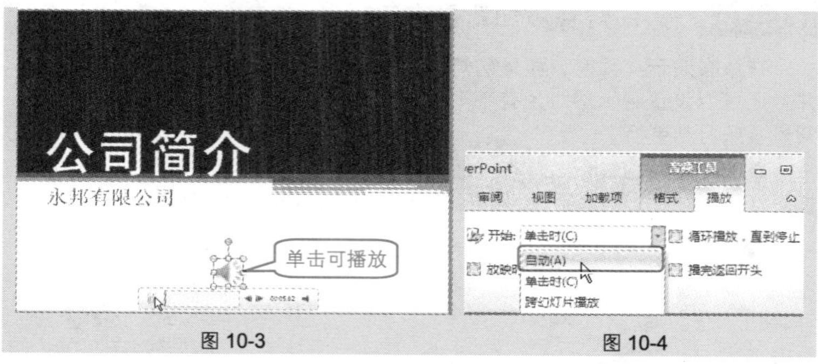

图 10-3　　图 10-4

❺ 当其他幻灯片需要插入背景音乐时，可以按相同的方法添加并设置。

应用扩展

如果插入的音乐声音过大或者过小，可以将光标移动到🔊图标上，此时光标变成一只手的样式，上下拖动即可调节声音大小，如图 10-5 所示。

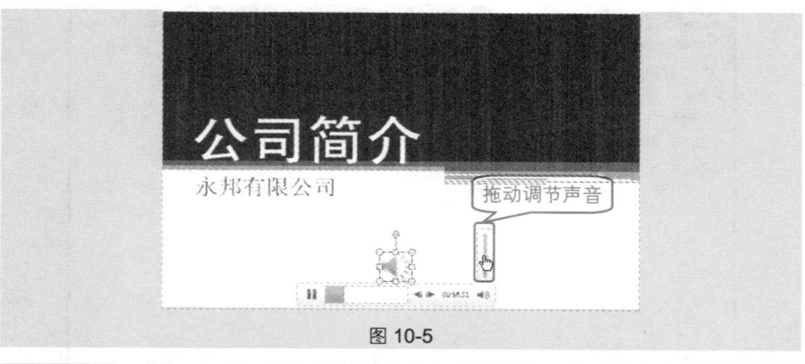

图 10-5

技巧 192　预览剪贴画中的声音

在 PowerPoint 2010 中的剪辑管理器中，提供了系统自带的几种声音，

用户可以预览剪贴画中的声音，看其是否符合 PPT 整体的风格，再决定是否添加到幻灯片中。

❶ 选中幻灯片，在“插入”→“媒体”选项组中单击“音频”下拉按钮，在弹出的下拉列表中选择“剪贴画音频”命令，打开“剪贴画”窗格。

❷ 将光标移动到某个声音文件上，单击右侧的下拉按钮，在下拉菜单中选择“预览/属性”命令，如图 10-6 所示。

❸ 打开“预览/属性”对话框，查看声音的属性，单击“播放”按钮，即可预览选择的声音文件，如图 10-7 所示。

❹ 如果音频可以使用，在“剪贴画”窗格中单击声音文件的图标，即可将其插入到幻灯片中。

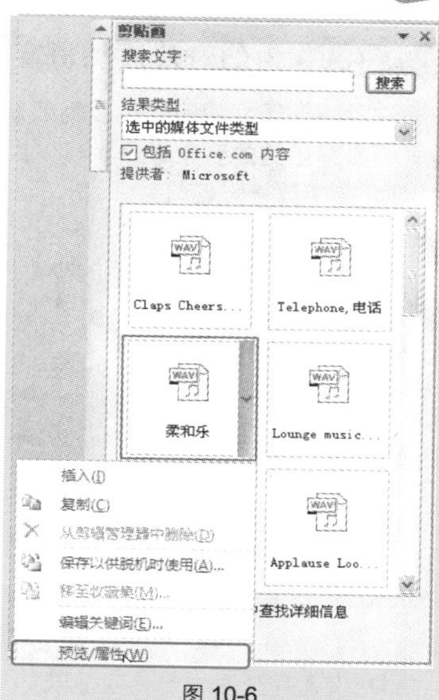

图 10-6

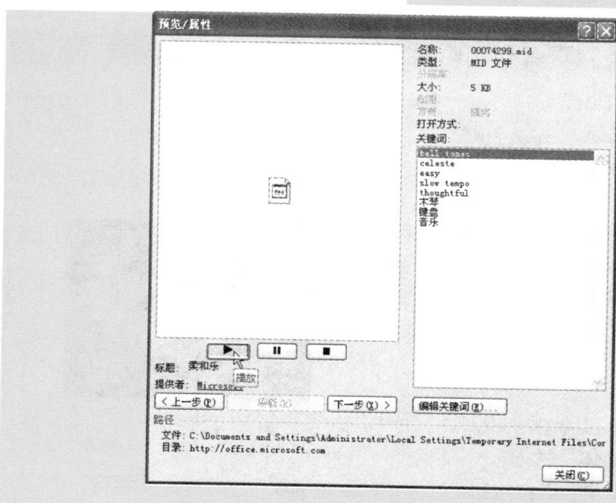

图 10-7

Note

技巧 193　为幻灯片添加贯穿始终的背景音乐

在放映演示文稿时，可以为演示文稿添加背景音乐，而且还可以将音乐设置为贯穿始终的背景音乐，具体操作方法如下。

❶ 选中第一张幻灯片，在“插入”→“媒体”选项组中单击“音频”下拉按钮，为其添加音频。

❷ 选中插入音频后显示的小喇叭图标，在“音频工具”→“播放”→“音频选项”选项组中选中“循环播放，直到停止”复选框，在“开始”下拉列表框中选择“跨幻灯片播放”选项，如图 10-8 所示。

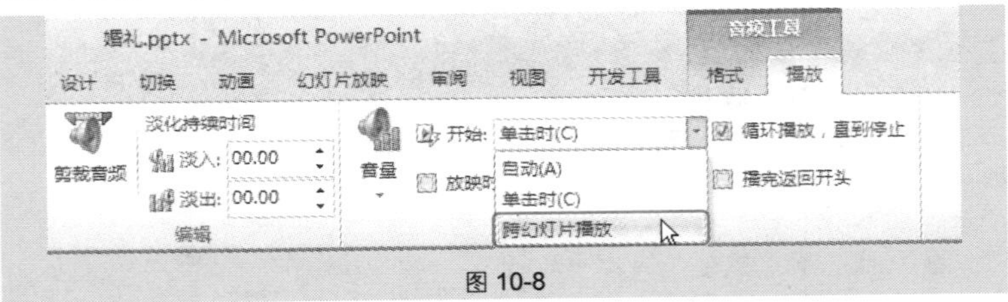

图 10-8

❸ 设置完成后，当再次放映幻灯片时，无论切换到哪一张幻灯片都会自动播放设置的音频文件。

技巧 194　录制声音到幻灯片中

在制作 **PPT** 时，可以将自己的声音添加到 **PPT** 中，也可以将其他媒体中的声音录制到 **PPT** 中。例如在制作婚礼 **PPT** 时，可以将中国传统旧式婚礼的拜堂仪式的宣读声音录制到 **PPT** 中，以增强效果，如图 **10-9** 所示。

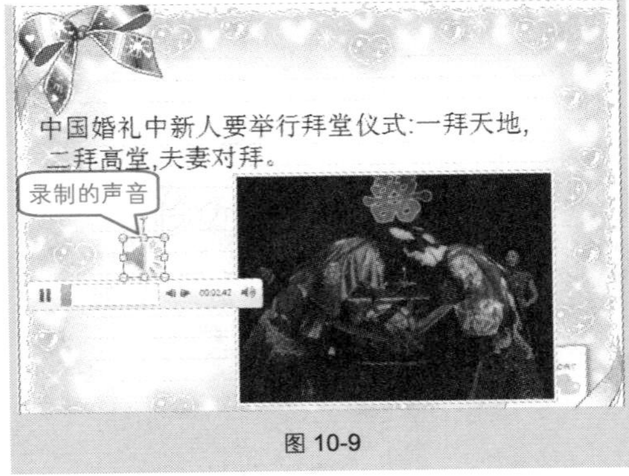

图 10-9

❶ 选中幻灯片，在“插入”→“媒体”选项组中单击“音频”下拉按钮，在弹出的下拉列表中选择“录制声音”命令，打开“录音”对话框。在“名称”文本框中输入“拜天地”，如图 **10-10** 所示。

❷ 单击“录制”按钮后，即可使用麦克风进行录制，录制完成后单击“停止”按钮，如图 10-11 所示。

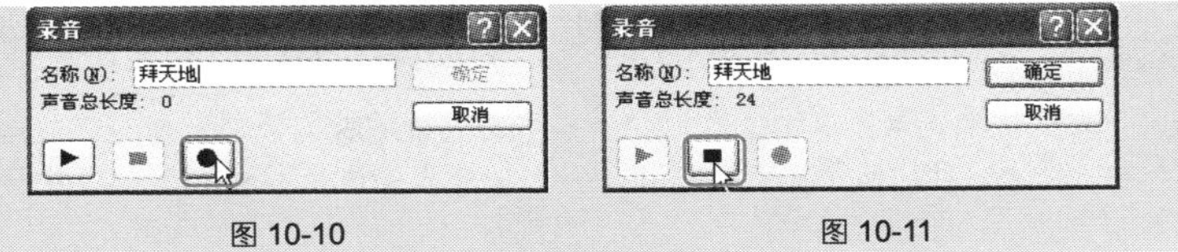

图 10-10　　图 10-11

❸ 单击“确定”按钮，即可将录制的声音添加到指定的幻灯片中。

专家点拨

在录制声音之前，要准备好一个麦克风，并且要确保麦克风和电脑连接正常，能正常地录制声音。

技巧 195　录制音频后快速裁剪无用部分

在录制音频后，如果对音频的部分地方不满意，可以对其进行裁剪，然后保留整个音频中有用的部分。

❶ 选中录制的声音，在“音频工具”→“播放”→“编辑”选项组中单击“裁剪音频”按钮，打开“裁剪音频”对话框。

❷ 单击▶按钮预览音频，接着拖动进度条上的两个“标尺”确定裁剪的位置（两个标尺中间的部分是保留部分，其他部分会被裁剪掉），如图 10-12 所示。

图 10-12

❸ 裁剪完成后，再次单击“播放”按钮预览截取的声音，如果截取声音不符合要求，可以再按相同的方法进行裁剪。

❹ 确定了裁剪的位置后，单击“确定”按钮即可完成音频的裁剪。

专家点拨

裁剪音频功能是 PowerPoint 2010 中音频功能的一个亮点。

在截取音频后，如果想恢复原有音频的长度，可以按照相同的方法打开“裁剪音频”对话框，使用鼠标将两个标尺拖至进度条两端即可。

技巧 196 设置幻灯片播放时的画外音效果

在制作幻灯片时，还可以为幻灯片录制旁白。添加旁白效果可以为幻灯片起到讲解、提示的作用。

❶ 切换到要录制旁白的幻灯片，在“幻灯片放映”→“设置”选项组中单击“录制幻灯片演示”下拉按钮，在下拉列表中选择“从当前幻灯片开始录制”命令，如图 10-13 所示。

❷ 打开“录制幻灯片演示”对话框，取消选中“幻灯片和动画计时”复选框，单击“开始录制”按钮，如图 10-14 所示。

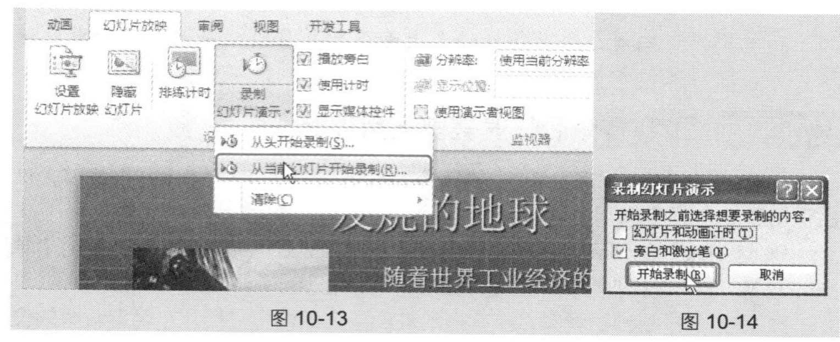

图 10-13　　　　图 10-14

❸ 此时幻灯片将切换到放映状态，并显示“录制”对话框，提示正在录制，如图 10-15 所示。

❹ 单击“下一项”按钮，可以切换到下一个动画，根据需要继续进行录制，如图 10-16 所示。

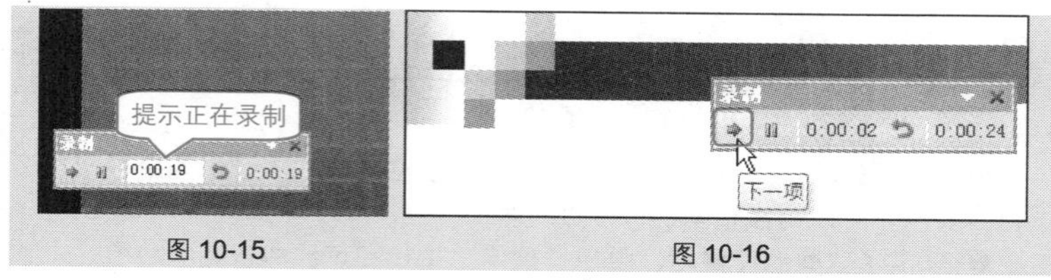

图 10-15　　　　图 10-16

❺ 录制完成后，单击“录制”对话框中的“关闭”按钮即可关闭旁白录制。

技巧 197 设计小喇叭图标的按钮效果

如图 10-17 所示，插入音频后显示出小喇叭图标。对于插入的小喇叭图

标，也可以对其进行格式设置，如图 10-18 所示即为设置了按钮式小喇叭图标之后的效果。

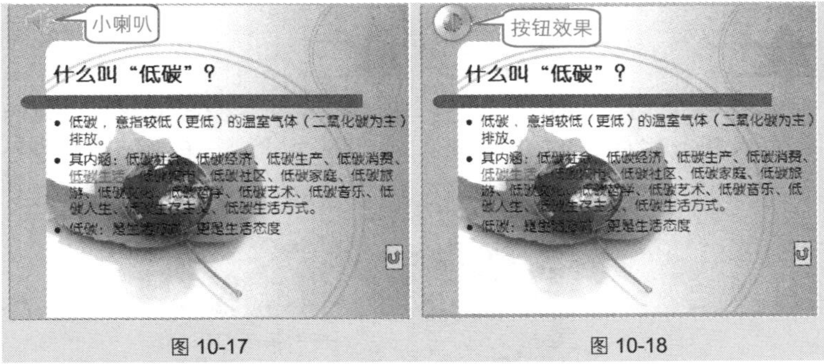

图 10-17　　图 10-18

❶ 在“音频工具”→“格式”→“图片样式”选项组中单击按钮，在下拉列表中选择“金属椭圆”样式，如图 10-19 所示。

❷ 接着单击“图片效果”下拉按钮，在下拉列表中选择“棱台”→“角度”棱台效果即可，如图 10-20 所示。

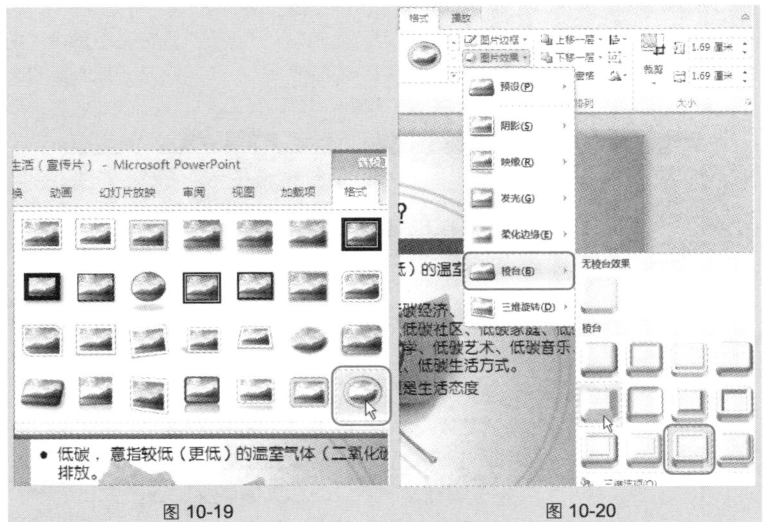

图 10-19　　图 10-20

10.2 视频的处理技巧

技巧 198 插入影片文件

如果需要在 PPT 中插入影片文件，可以事先将文件下载到电脑上，然后再将其插入到幻灯片中，如图 10-21 所示插入了影片到幻灯片中，单击即可播放。

图 10-21

❶ 切换到要插入影片的幻灯片，在“插入”→“媒体”选项组中单击“视频”下拉按钮，在下拉列表中选择“文件中的视频”命令，打开“插入视频文件”对话框，找到视频所在路径并选中视频，如图 10-22 所示。

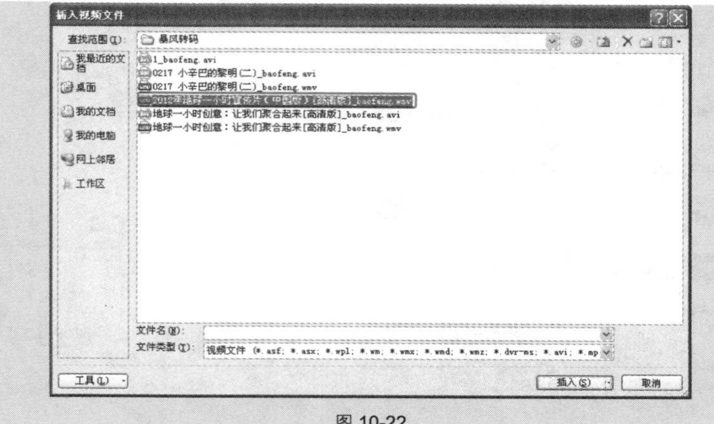

图 10-22

❷ 单击“插入”按钮，即可将选中的视频插入到幻灯片中，如图 10-23 所示。

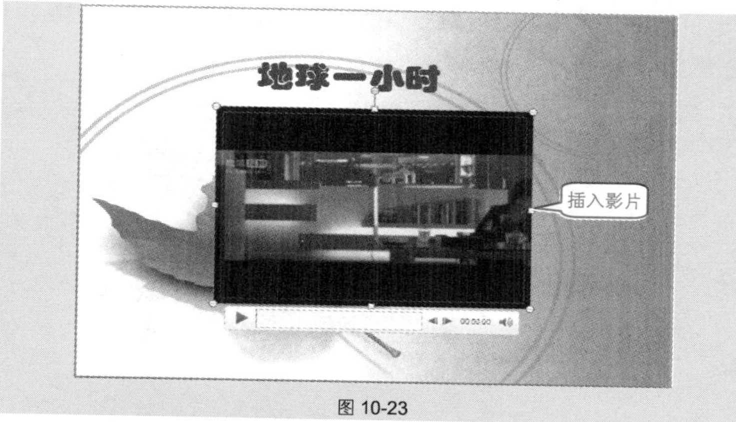

图 10-23

技巧 199 当幻灯片不能识别视频格式时使用暴风影音转换

PowerPoint 中插入的视频格式必须是 PPT 能识别的格式，如 avi、mpeg、mpg、wmv 等，如果插入的视频格式不正确，就会弹出如图 10-24 所示的提示。

图 10-24

如果想使用某个视频，而该视频又不是 PPT 能识别的格式，用户就可以使用暴风解码的方式将视频转换成 wma 格式，然后插入到幻灯片中。

❶ 使用暴风影音打开下载的视频，在播放窗口单击鼠标右键，在弹出的快捷菜单中选择“视频转码/截取”→“格式转换”命令，如图 10-25 所示。

❷ 打开“暴风转码”对话框，显示要转换的文件，单击“输入设置/详细参数”栏中的默认模式“苹果 Touch1/2”，如图 10-26 所示。

❸ 打开“输出格式”对话框，在“输出类型”下拉列表框中选择“自定义参数”选项，如图 10-27 所示。

Note

图 10-25

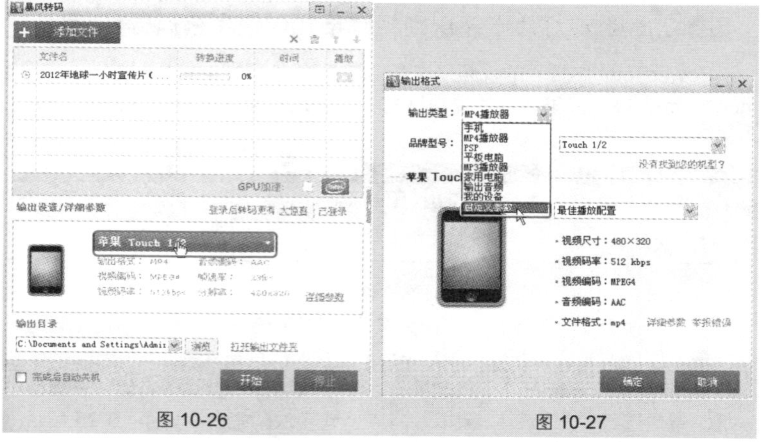

图 10-26　　　图 10-27

❹ 在“格式”下拉列表框中选择“**wmv**”选项，如图 10-28 所示。

❺ 单击“确定”按钮，返回“暴风转码”对话框，并设置转换后的影片的保存路径，如图 10-29 所示。

❻ 单击“开始”按钮，即可对音频格式进行转换。转换完成后，系统会自动将影片保存在刚才所设置的位置。

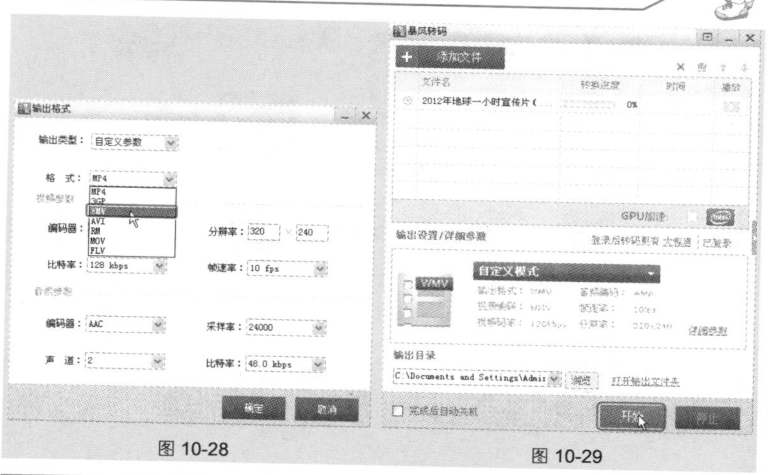

图 10-28　　　　图 10-29

技巧 200　不让观众在播放前看到视频内容

在幻灯片中插入视频后，显示的是视频本身的图像，这样观众就可以大概了解视频的内容。如果不想让观众在放映前就知道影片的相关内容，可以为视频插入如图 10-30 所示的标牌框架。

❶ 选中视频，在“视频工具”→“格式”→“调整”选项组中单击“标牌框架”下拉按钮，在下拉列表中选择“文件中的图像”命令，如图 10-31 所示。

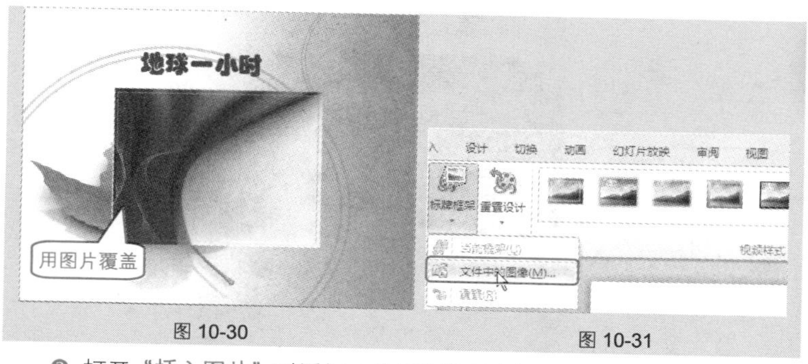

图 10-30　　　　图 10-31

❷ 打开“插入图片”对话框，找到要设置为标牌框架的图片所在的路径并选中图片，如图 10-32 所示。

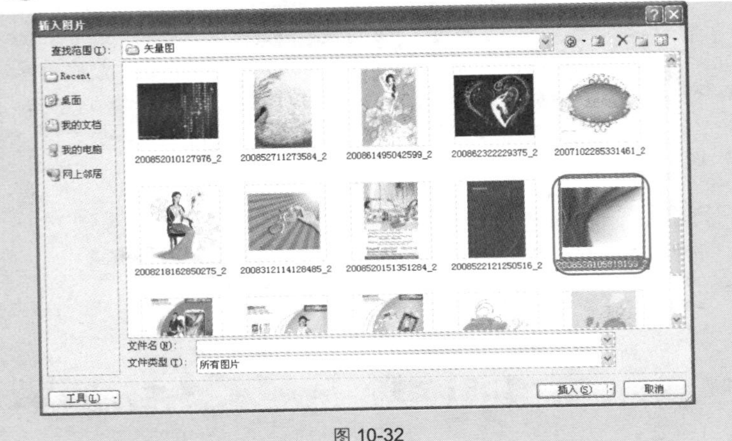

图 10-32

❸ 单击“插入”按钮，即可在视频上覆盖插入的图片。单击“播放”按钮，即可进入视频播放模式，这里的标牌框架只是起到一个遮盖、保密的作用。

技巧 201 自定义视频的播放“屏幕”的外观

系统默认播放插入视频的窗口是长方形的，可以设置个性化的播放窗口(如图 10-33 所示，将播放窗口更改成“多文档”播放模式)，具体操作方法如下。

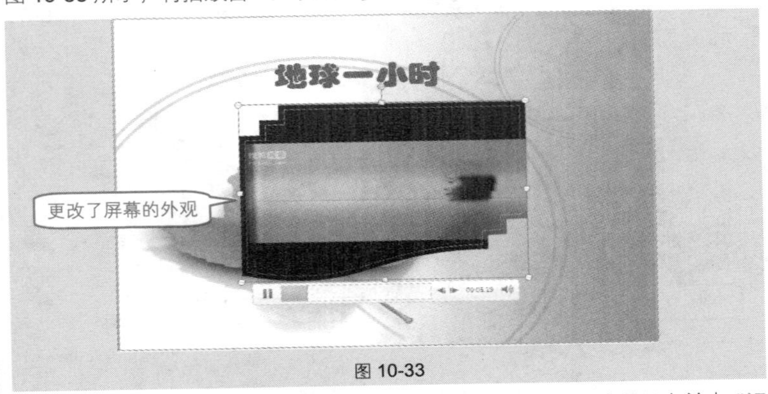

图 10-33

❶ 选中视频，在“视频工具”→“格式”→“视频样式”选项组中单击“视频形状”下拉按钮，在下拉列表中选择“多文档”图形，如图 10-34 所示。

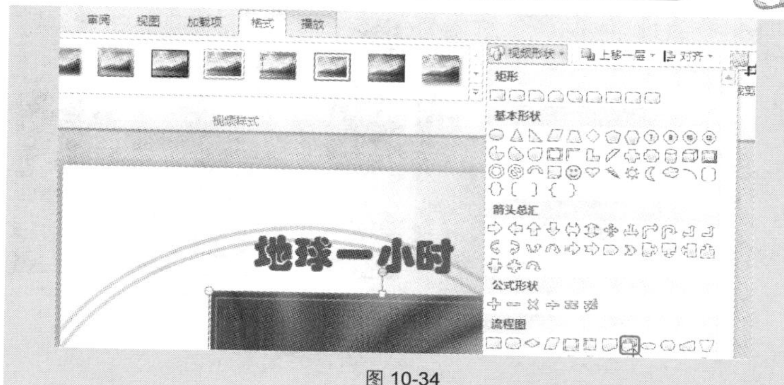

图 10-34

❷ 程序自动根据选择的形状更改视频的窗口形状，如图 10-35 所示。

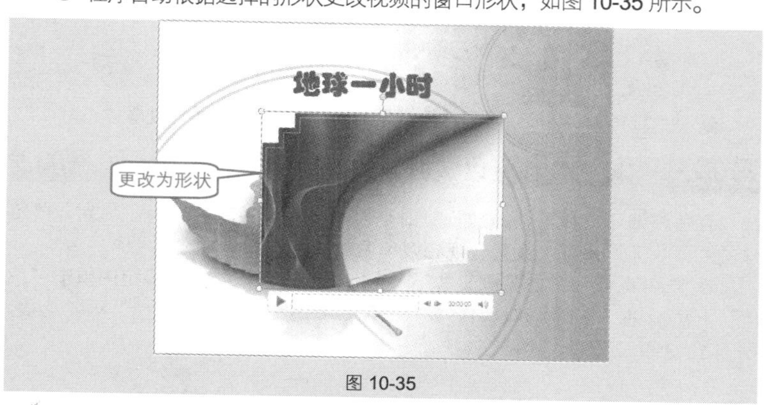

图 10-35

专家点拨

在幻灯片中，用户还可以根据需要为视频的播放窗口添加格式效果，如阴影、发光等，其操作方法与图片的操作方法相同。

技巧 202　让视频在幻灯片放映时全屏播放

在幻灯片中插入了视频后，当在放映幻灯片时，视频只在默认的窗口中播放，如图 10-36 所示。通过设置可以实现全屏播放效果，如图 10-37 所示。

❶ 在“视频工具”→“播放”→“视频选项”选项组中选中“全屏播放”复选框，如图 10-38 所示。

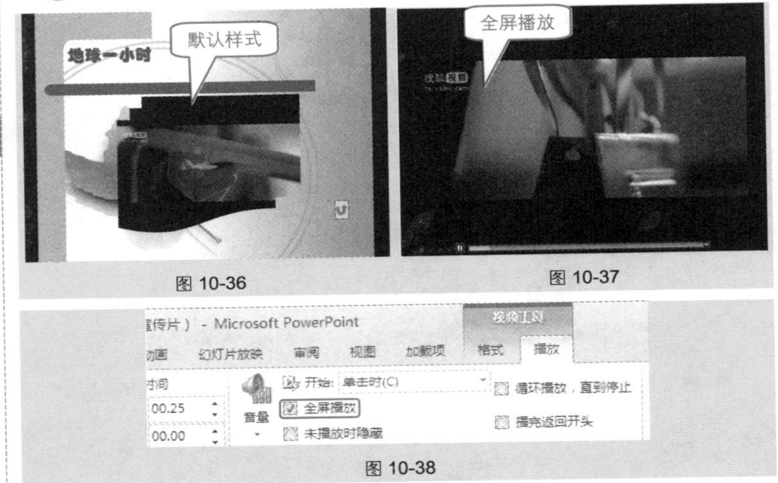

图 10-36　　图 10-37

图 10-38

❷ 在放映幻灯片时，单击“播放”按钮，即可全屏播放视频。

技巧 203　设置让视频以黑白效果放映

在放映演示文稿时，播放视频时是以彩色效果放映的，为了达到一些特殊的画面效果，还可以设置让视频以黑白效果放映。

❶ 选中视频，在“视频工具”→“格式”→“调整”选项组中单击“颜色”下拉按钮，在下拉列表中选择“白色，强调文字颜色 3 深色”颜色选项，如图 10-39 所示。

图 10-39

❷ 在播放幻灯片时即可以黑白效果放映。

专家点拨

按相同的方法还可以选择多种色彩来播放视频，以达到一些特殊的效果，例如旧电影的效果、朦胧效果等。

技巧 204 调整播放画面的色彩

插入视频文件后，还可以像调整图片色彩一样对视频的色彩进行调整，如增加亮度等。如果视频的拍摄效果不是很好，使用这种处理方式可以使得视频达到满意的显示效果。方法如下：

在“视频工具”→“格式”→“调整”选项组中单击“更正”下拉按钮，在下拉列表中选择一种效果即可，如图 10-40 所示。

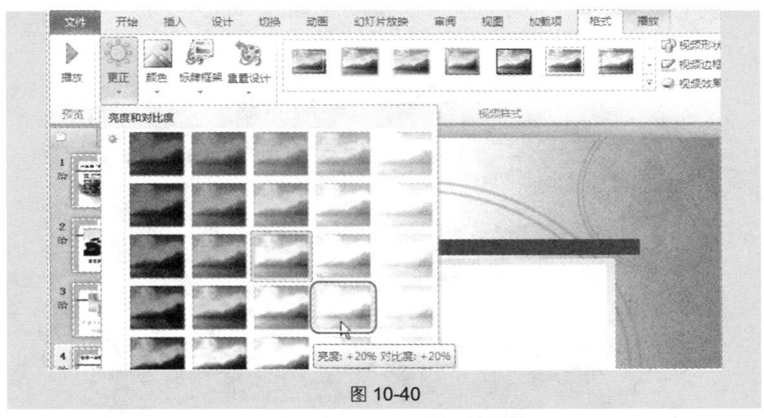

图 10-40

技巧 205 插入网站中的 Flash 动画

Flash 动画是一种交互式动画设计工具，使用它可以将音乐、声效、动画以及富有新意的界面融合在一起，以制作出高品质的网页动态效果。用户也可以将网站上的 Flash 动画添加到幻灯片中，如图 10-41 所示。

❶ 找到网站中的幻灯片，当放映完成后，在“直接复制”区域中单击“html 代码”按钮，如图 10-42 所示。

❷ 切换到要插入 Flash 动画的幻灯片，在“插入”→“媒体”选项组中单击“视频“下拉按钮，在下拉列表中选择“来自网站的视频”命令，如图 10-43 所示。

Note

图 10-41

图 10-42

❸ 打开“从网站插入视频”对话框，在右键菜单中选择“粘贴”命令，将复制的 html 代码粘贴到文本框中，如图 10-44 所示。

❹ 单击“插入”按钮，即可将网站中的 Flash 动画添加到幻灯片中，如图 10-45 所示。

❺ 在“视频工具”→“格式”→“预览”选项组中单击“播放”按钮，即可启动 Flash 程序，如图 10-46 所示。

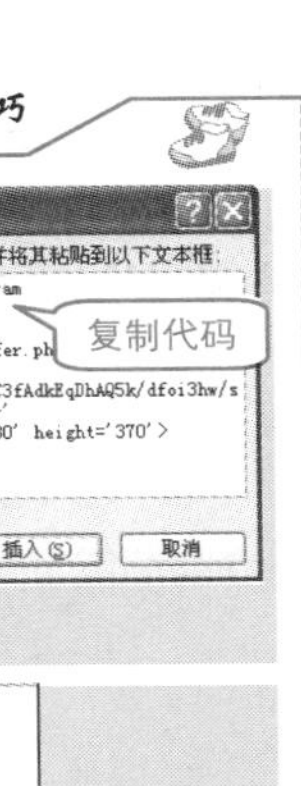

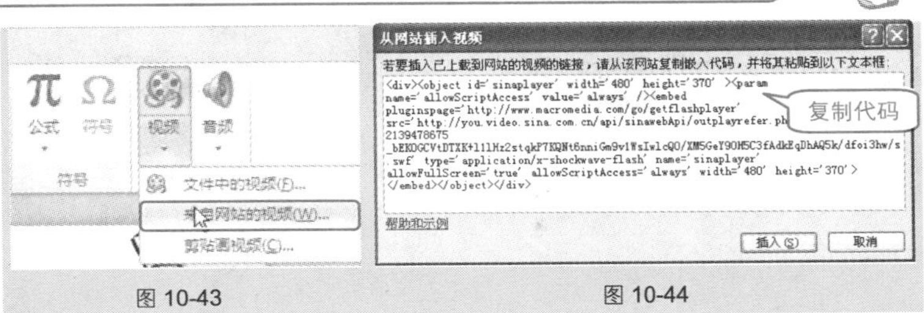

图 10-43　　　　图 10-44

图 10-45

图 10-46

⑥ 单击 Flash 窗口中的播放按钮，即可播放 Flash 动画。

技巧 206 添加 GIF 动态图片

GIF 动画的动态图片相对于很多静态图片来说要生动很多，用户也可以根据需要在幻灯片中使用动态 GIF 图片。如图 10-47 所示为插入了动态的地球变迁图片。

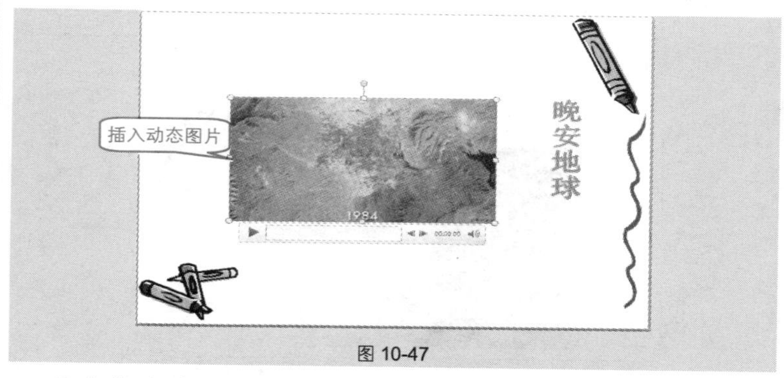

图 10-47

❶ 切换到要插入动态图片的幻灯片，在“插入”→“媒体”选项组中单击“视频”下拉按钮，然后在下拉列表中选择“文件中的视频”命令。

❷ 打开“插入视频文件”对话框，在“文件类型”下拉列表框中选择“所有文件”选项，然后找到动态图片保存的路径并选中动态图片，如图 10-48 所示。

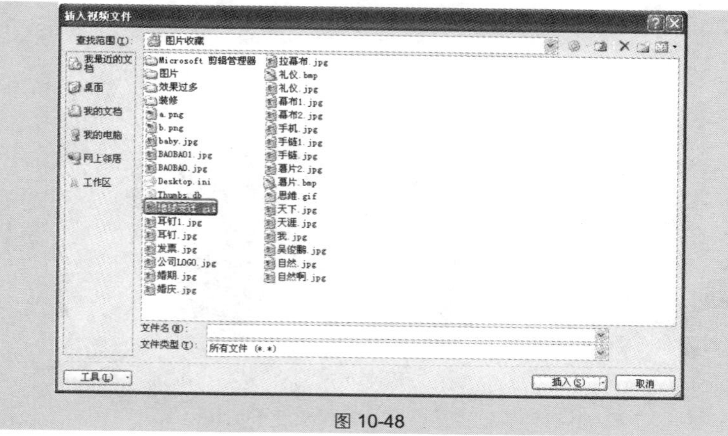

图 10-48

❸ 单击“插入”按钮，即可将动态图片插入到幻灯片中。单击“播放”按钮，即可播放动态的图片效果。

Note

10.3　控件设置技巧

技巧 207　启用宏保障幻灯片中影片畅通播放

在播放 PowerPoint 幻灯片时，如果幻灯片中含有 Flash 影片的超链接，就会出现一个病毒提示，还会伴随着响亮的声音，本技巧将介绍如何避免出现病毒提示。

❶ 选择“文件”→“选项”命令，打开“**PowerPoint** 选项”对话框，在左侧选择“信任中心”选项，在右侧单击“信任中心设置”按钮，如图 10-49 所示。

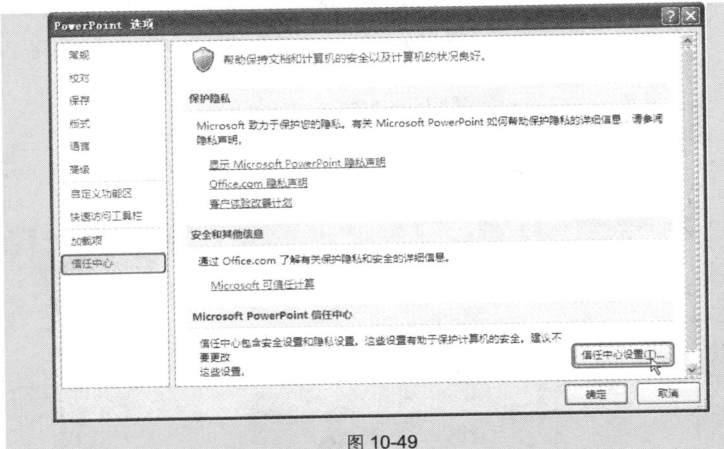

图 10-49

❷ 打开“信任中心”对话框，在左侧选择“宏设置”选项，在右侧选中“启用所有宏”单选按钮，如图 10-50 所示。

❸ 依次单击“确定”按钮即可完成设置。

专家点拨

“启用所有宏”所带来的风险也是显而易见的，所以除非有特殊需要，一般情况下并不建议这样的设置。

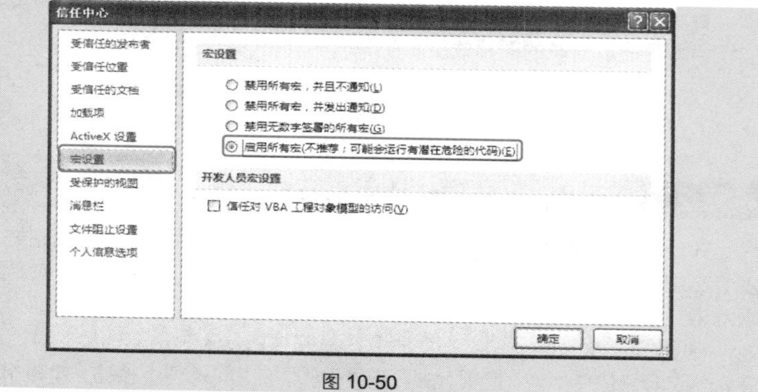

图 10-50

技巧 208　通过控件自由播放教学视频

采用 PowerPoint 中的 Windows Media Player 控件，可以自由控制视频的播放进度，利用播放器的控制栏，可以随意调整视频的进度、声音的大小等，其实际就是添加了一个 Windows Media Player 的播放器。

❶ 选择“文件”→“选项”命令，打开“PowerPoint 选项”对话框。选择“自定义功能区”选项，在“自定义功能区”下面的列表框中选择“开发工具”选项，如图 10-51 所示。

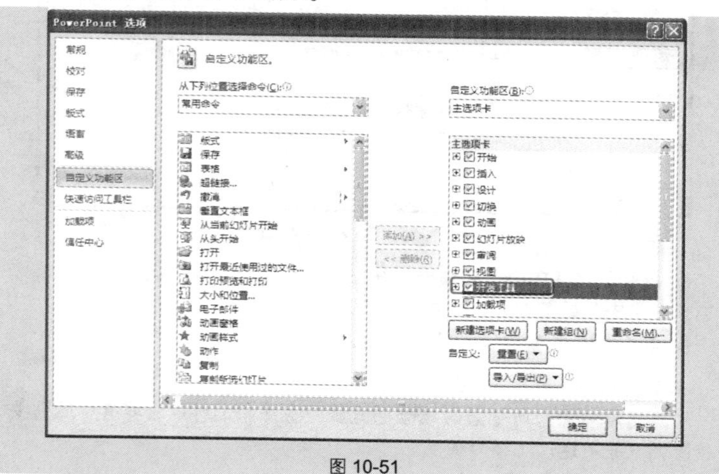

图 10-51

❷ 单击“确定”按钮，返回到演示文稿中。在“开发工具”→“控件”选项组中单击“其他控件”按钮，如图 10-52 所示。

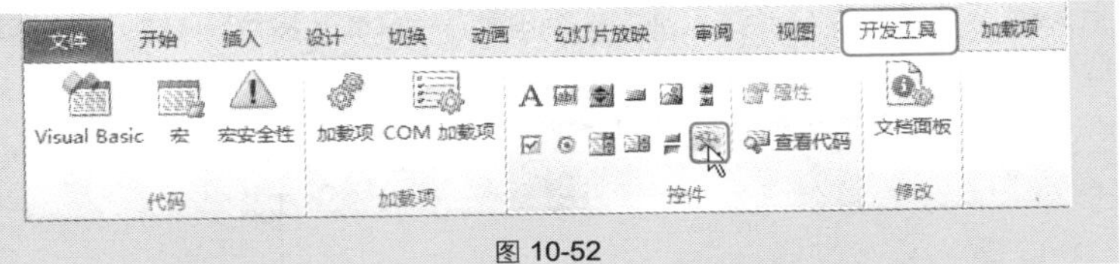

图 10-52

❸ 打开“其他控件”对话框，选中“Windows Media Player”选项，如图 10-53 所示。

❹ 单击“确定”按钮，即可在幻灯片中添加控件。在控件上单击鼠标右键，在弹出的快捷菜单中选择“属性”命令，如图 10-54 所示。

❺ 打开“属性”对话框，在“URL”文本框中可以输入视频的名称，如图 10-55 所示。

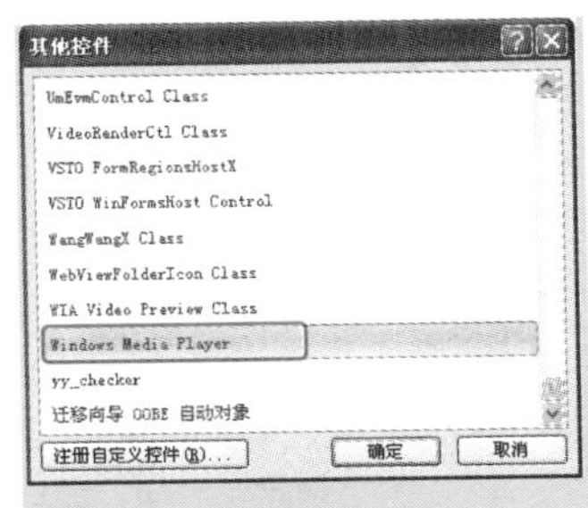

图 10-53

❻ 设置完成后，关闭“属性”对话框，按 F5 键进行播放即可。

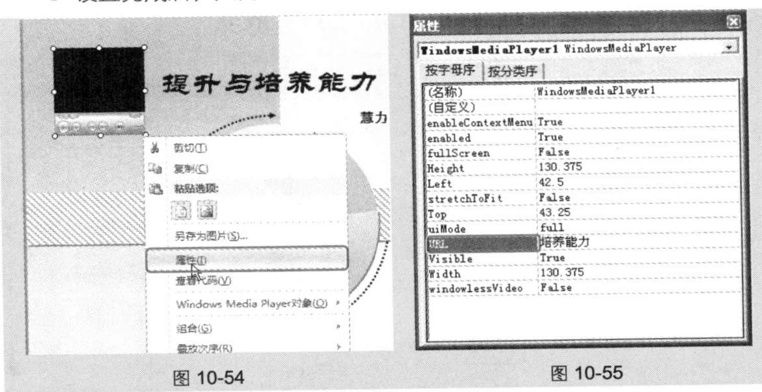

图 10-54　　　　图 10-55

技巧 209　通过控件也能插入 Flash

利用 Flash ActiveX 控件在 PowerPoint 中整合 Flash 动画，可以为课件

添加矢量动画和互动效果，而且插入的 Flash 动画能够保持其功能不变，从而可以使用户的 PowerPoint 课件兼备 Flash 动画的优点，增加其表现力。

❶ 在“开发工具”→“控件”选项组中单击“其他控件”按钮，打开“其他控件”对话框。

❷ 选中“Shockwave Flash Object”选项，如图 10-56 所示。

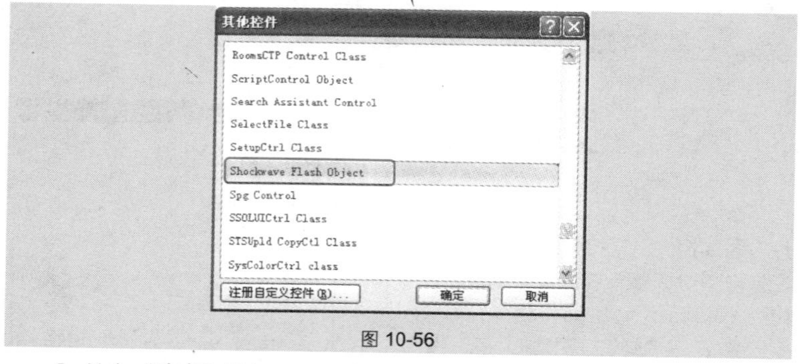

图 10-56

❸ 单击“确定”按钮，即可在幻灯片中添加控件，在控件上单击鼠标右键，在弹出的快捷菜单中选择“属性”命令，如图 10-57 所示。

❹ 打开“属性”对话框，在“Movie”文本框中可以输入 Flash 动画的名称，并设置“Playing”的值为“True”，如图 10-58 所示。

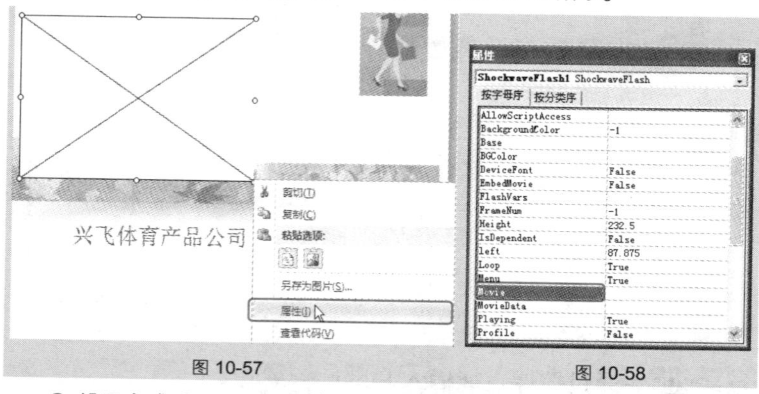

图 10-57

图 10-58

❺ 设置完成后，关闭“属性”对话框，按 F5 键进行播放即可。

第 11 章　灵活放映演示文稿的技巧

11.1　演示文稿的放映设置技巧

技巧 210　设置从第 2 张幻灯片开始放映

播放幻灯片时在默认情况下会自动从第一张幻灯片开始播放，如果用户想从第 2 张开始播放，可以按如下方法来设置。

❶ 在“幻灯片放映”→“设置”选项组中单击“设置幻灯片放映”按钮，打开“设置放映方式”对话框。

❷ 在“放映幻灯片”栏中选中“从…到…”单选按钮，接着在“从”数值框中输入“2”，在“到”数值框中输入“9”，如图 11-1 所示。

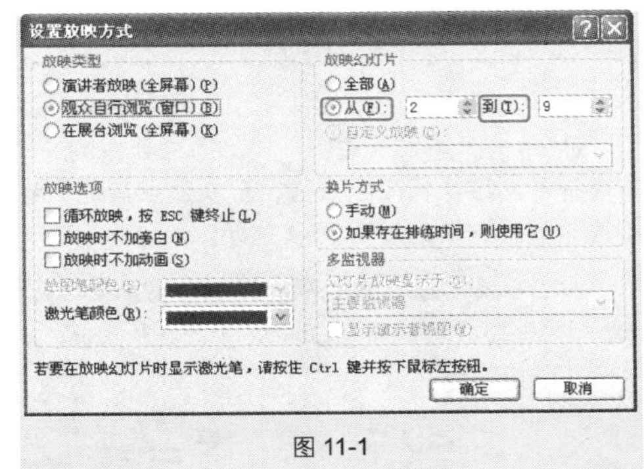

图 11-1

❸ 单击“确定”按钮完成设置，再次单击“从头开始放映”按钮时，第 1 张和第 10 张之后的幻灯片将不再播放。

技巧 211　只播放整篇演示文稿中的部分幻灯片

如果要播放的幻灯片不是连续的，并且只需要播放演示文稿中的部分幻灯片，则需要使用“自定义放映”功能来添加需要放映的幻灯片。

❶ 在“幻灯片放映”→“开始放映幻灯片”选项组中单击“自定义幻灯片放映”下拉按钮，在下拉列表中选择“自定义放映”命令，打开“自定义放映”对话框，如图 11-2 所示。

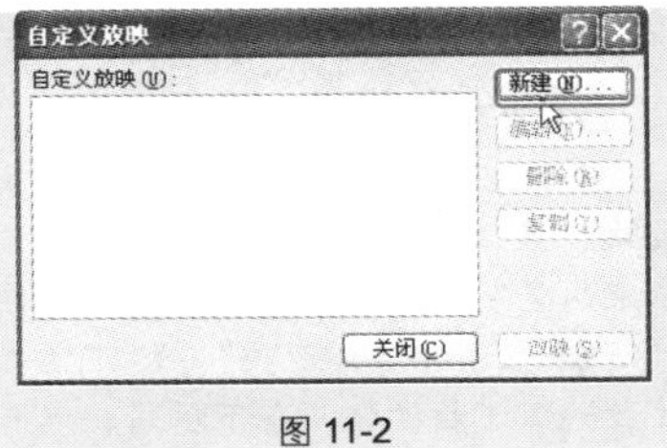

图 11-2

❷ 单击“新建”按钮，打开“定

义自定义放映"对话框。在"幻灯片放映名称"文本框中输入名称"分析报告"，在"在演示文稿中的幻灯片"列表框中选中要放映的第一张幻灯片，如图 11-3 所示。

Note

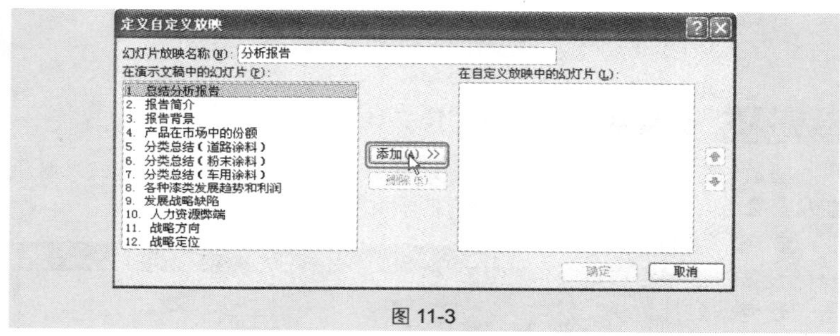

图 11-3

❸ 单击"添加"按钮，将其添加到右侧的"在自定义放映中的幻灯片"列表框中。按照相同的方法，依次添加其他幻灯片到"在自定义放映中的幻灯片"列表框中，如图 11-4 所示。

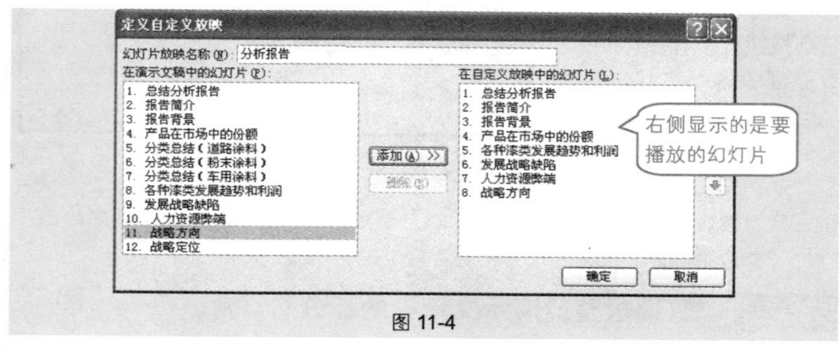

图 11-4

❹ 添加完成后单击"确定"按钮，返回"自定义放映"对话框，单击"放映"按钮，即可只播放指定的幻灯片。

应用扩展

如果已经设置了自定义放映，由于实际情况发生变化，又需要重新定义放映，且需要重新定义的放映与之前定义的放映只有个别地方不同，此时可以采用复制之前定义的放映，然后再做修改。

❶ 在"幻灯片放映"→"开始放映幻灯片"选项组中单击"自定义幻灯片放映"下拉按钮，在下拉列表中选择"自定义放映"命令。

❷ 打开“自定义放映”对话框，选中之前定义的自定义放映，单击“复制”按钮（如图 11-5 所示），得到“（复件）分析报告”，如图 11-6 所示。

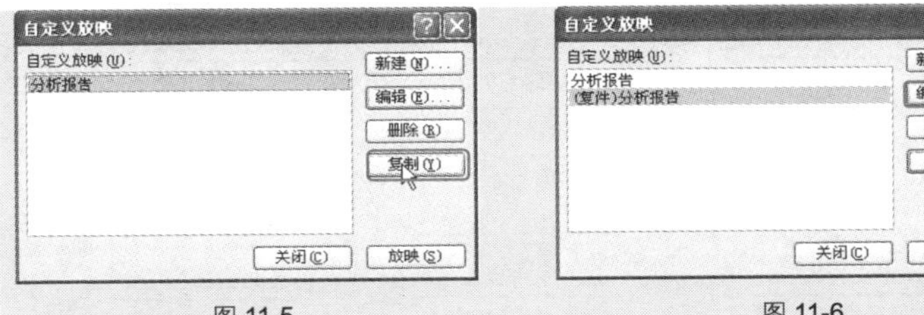

图 11-5　　图 11-6

❸ 选中复制的自定义放映，单击“编辑”按钮，打开“定义自定义放映”对话框。在“幻灯片放映名称”文本框中输入名称“分析报告 2”，然后按相同的方法重新调整需要自定义放映的幻灯片，或单击⬆按钮调整放映的顺序，如图 11-7 所示。

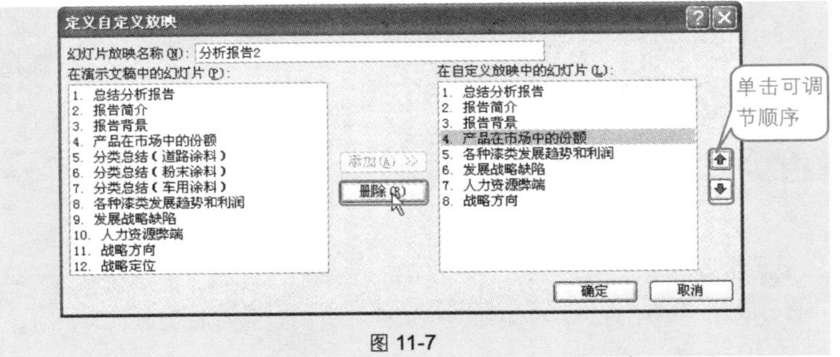

图 11-7

技巧 212　让每张幻灯片播放指定时长后自动进入下一张幻灯片中

在放映幻灯片时，一般需要通过单击鼠标才能进入下一个动画或者下一张幻灯片。通过排练计时的设置可以实现自动播放整个演示文稿，每张幻灯片的播放时间还可以根据排练计时所设置的时间来放映。

如图 **11-8** 所示即为演示文稿设置了排练计时（每张幻灯片下显示了各自的播放时间）。

❶ 切换到第一张幻灯片，在“幻灯片放映”→“设置”选项组中单击“排练计时”按钮，此时会切换到幻灯片放映状态，并在屏幕左上角出现一个“录

Note

Note

制”对话框，其中显示出时间，如图 11-9 所示。

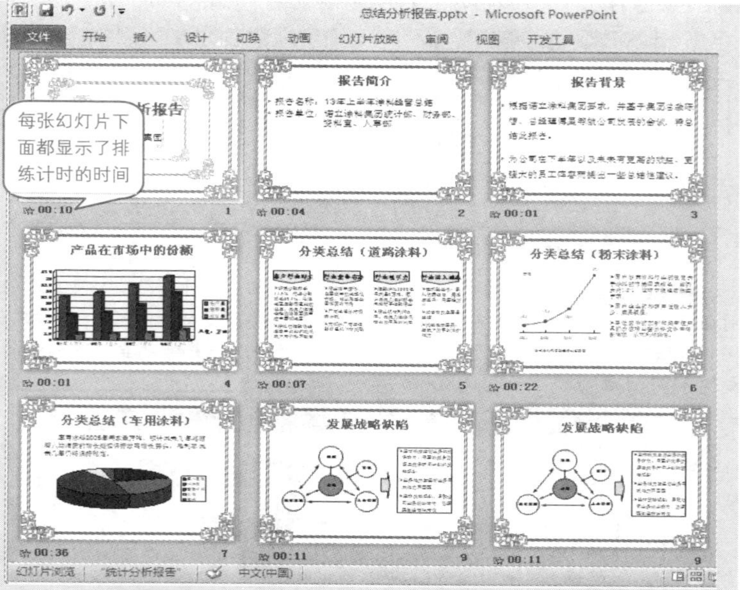

图 11-8

❷ 当时间达到预定的时间后，单击“下一项”按钮，即可切换到下一个动画或者下一张幻灯片，开始对下一项进行计时，并在右侧显示总计时，如图 11-10 所示。

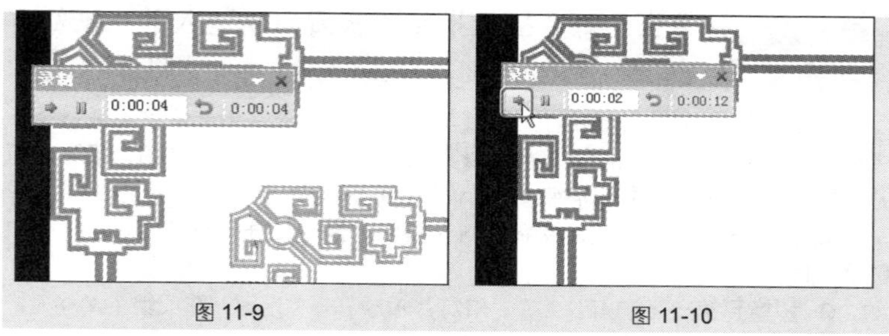

图 11-9　　图 11-10

❸ 依次单击“下一项”按钮，直到幻灯片结束，按 **Esc** 键退出播放，系

统自动弹出提示，询问是否保留新的幻灯片排练时间，如图 11-11 所示。

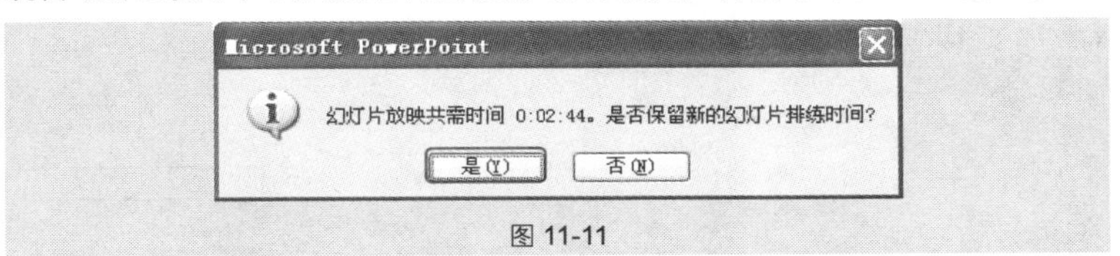

图 11-11

❹ 单击“是”按钮，演示文稿自动切换到幻灯片浏览视图，显示出每张幻灯片的排练时间。

❺ 进入幻灯片放映时，即可按自动排练设置的时间进行播放，而无须使用鼠标单击。

应用扩展

如果不再需要演示文稿中的排练时间设置，可以将其删除。方法如下：

在“幻灯片放映”→“设置”选项组中单击“录制幻灯片演示”下拉按钮，在下拉列表中选择“清除”→“清除所有幻灯片中的计时”命令（如图 11-12 所示），即可清除添加的排练计时。

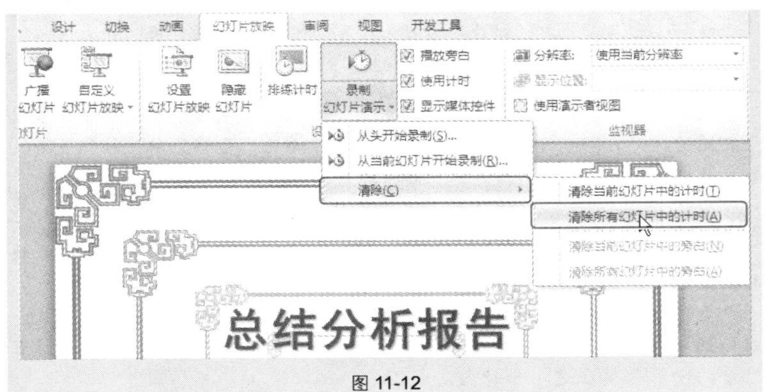

图 11-12

技巧 213 设置幻灯片放映时自动换片

在放映演示文稿时，要实现自动放映幻灯片，而不采用鼠标单击的方式，除了通过建立排练时间外，还可以设置让幻灯片在指定时间后就自动切换至下一张幻灯片。

❶ 打开演示文稿，选中第一张幻灯片，在“切换”→“计时”选项组中

Note

选中“设置自动换片时间”复选框，单击右侧数值框的微调按钮设置换片时间，如图 11-13 所示。

图 11-13

❷ 选中第 2 张幻灯片，按照相同的方法进行设置。

❸ 依次选中后面的幻灯片，根据需要播放的时长来设置切换时间。

应用扩展

设置好任意一张幻灯片的换片时间后，如果想要快速为整个演示文稿设置相同的换片时间，直接在“计时”选项组中单击“全部应用”按钮即可。或者在设置前选中所有幻灯片，然后再进行相关设置。

专家点拨

设置排练计时实现幻灯片自动放映与幻灯片自动切片实现自动放映的区别在于：排练计时是以一个动作为单位的，例如幻灯片中的一个动画、一个音频等都是一个对象，可以分别设置它们的播放时间。而自动切片是以一张幻灯片为单位，例如设置的切片时间为 1 分钟，那么幻灯中的所有对象的动作都要在这 1 分钟内完成。

技巧 214　在文件夹中预览幻灯片

通过 PowerPoint 2010 程序打开文件需要花费一定的时间，用户如果希望能够快速查看演示文稿中的内容，可以按如下技巧实现不启动 PowerPoint 程序而自动快速预览幻灯片。

❶ 打开“我的电脑”窗口，找到演示文稿所在的文件夹。

❷ 选中需要预览的幻灯片并单击鼠标右键，在弹出的快捷菜单中选择“显示”命令，如图 11-14 所示。

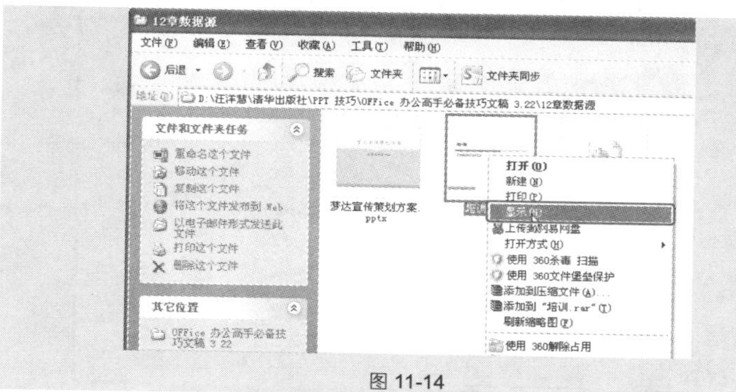

图 11-14

❸ 此时即可进入放映模式来预览幻灯片，但并没有启动 PowerPoint 2010 程序，如图 11-15 所示。

图 11-15

❹ 浏览后，按 Esc 键退出即可。

技巧 215 实现在文件夹中双击演示文稿即进入播放状态

如果演示文稿全部编辑完成并无须再修改，可以将其保存为放映模式，从而实现当进入保存文件夹下双击演示文稿就能进行播放。

❶ 选择“文件”→“另存为”命令，打开“另存为”对话框。设置文件保存路径，在“保存类型”下拉列表框中选择“PowerPoint 放映”选项，如

图 11-16 所示。

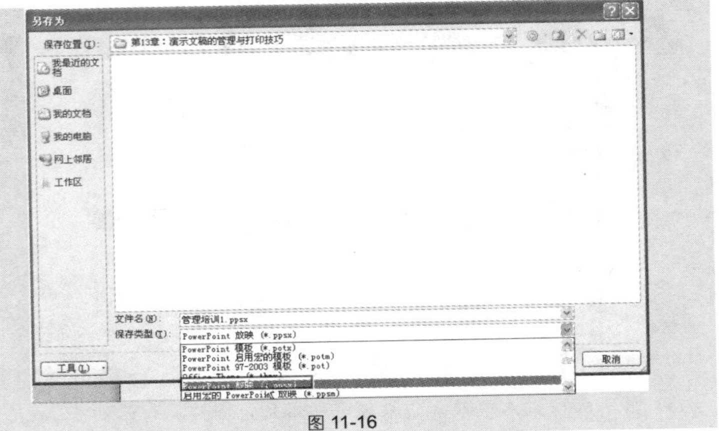

图 11-16

❷ 单击“保存”按钮，即可将演示文稿以“PowerPoint 放映”类型保存，保存后效果如图 11-17 所示。

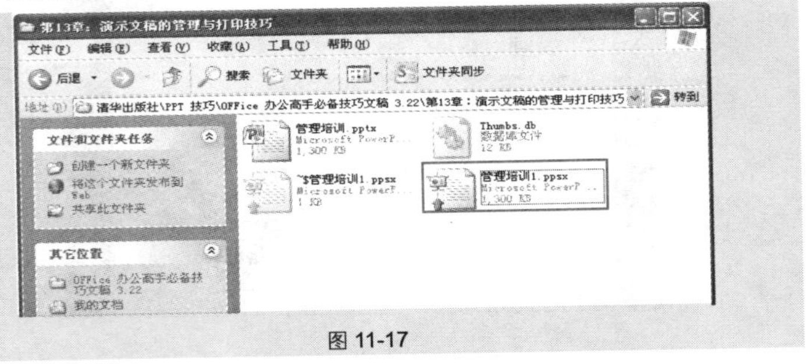

图 11-17

❸ 当需要放映此演示文稿时，直接进入该目录下并双击演示文稿即可。

技巧 216　远程同步观看幻灯片放映

在制作完成 PPT 后，可以邀请其他人对演示文稿进行同步查看以及对演示文稿放映设置的交流，此时可以使用演示文稿的“广播幻灯片”功能。用户自己在播放幻灯片的同时，其他人可以通过网络同步查看放映情况。如图 11-18 所示，即为网络同步查看情况。

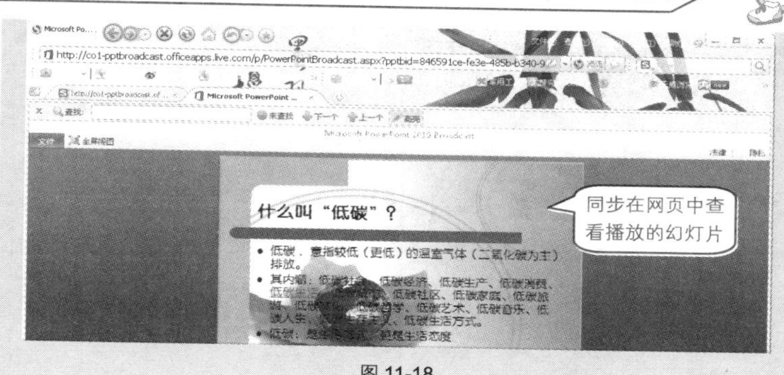

图 11-18

❶ 在“幻灯片设置”→“开始放映幻灯片”选项组中单击“广播幻灯片”按钮，打开“广播幻灯片”对话框，如图 11-19 所示。

❷ 单击“启动广播”按钮，系统显示正在连接到服务器，如图 11-20 所示。

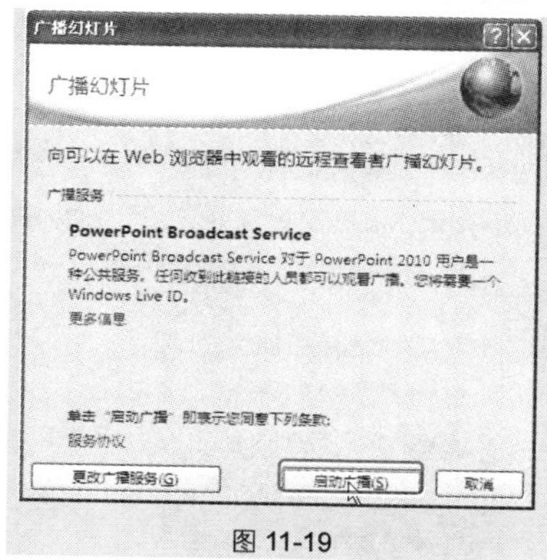

图 11-19

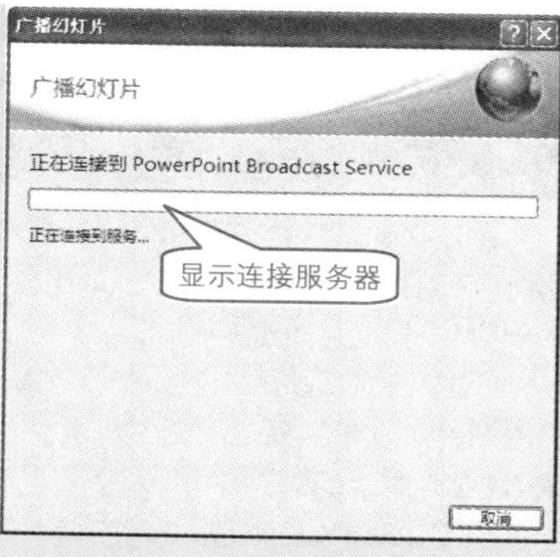

图 11-20

❸ 连接到服务器，系统提示输入 Windows Live ID 凭证，输入邮箱地址和密码，如图 11-21 所示。

❹ 单击“确定”按钮，系统将幻灯片连接到 PowerPoint Broadcast Service 中。连接完成后，会显示远程连接的地址，复制该地址给需要同步查看的用户，如图 11-22 所示。

❺ 将复制的链接地址粘贴到浏览器的地址栏中，单击“转到”按钮，此时在“广播幻灯片”对话框中单击“开始放映幻灯片”按钮，即可多人同步查看该演示文稿。

Note

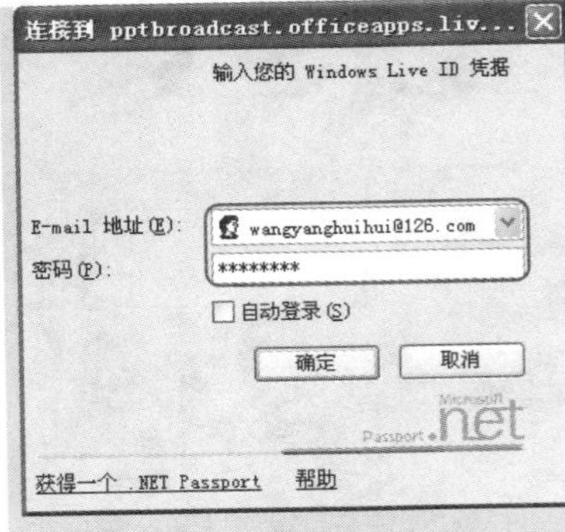

图 11-21

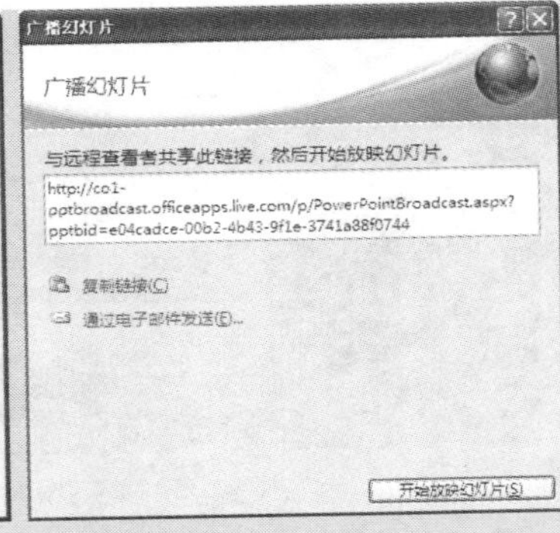

图 11-22

专家点拨

同步查看演示文稿要求制作演示文稿的人有 Windows Live ID 邮箱，同步查看的人如果有邮箱，还可以单击“通过电子邮件发送”方式，然后将演示文稿发送到对方的邮箱里，即可同步进行查看。

技巧 217 实现在幻灯片中单独播放多张图片

通过在幻灯中添加“**Microsoft PowerPoint 97-2003** 演示文稿”对象的功能，可以在播放幻灯片时达到类似于嵌套播放的效果，即在播放幻灯片时，其中的图片可以单独播放。如图 **11-23** 所示幻灯片中包含多个图片对象，在播放时单击图片即可单独播放，如图 **11-24** 所示。

图 11-23

❶ 打开演示文稿，在“插入”→“文本”选项组中单击“对象”按钮，打开“插入对象”对话框。

❷ 在“对象类型”列表框中选中“**Microsoft PowerPoint 97-2003** 演示文稿”选项，如图 **11-25** 所示。

图 11-24

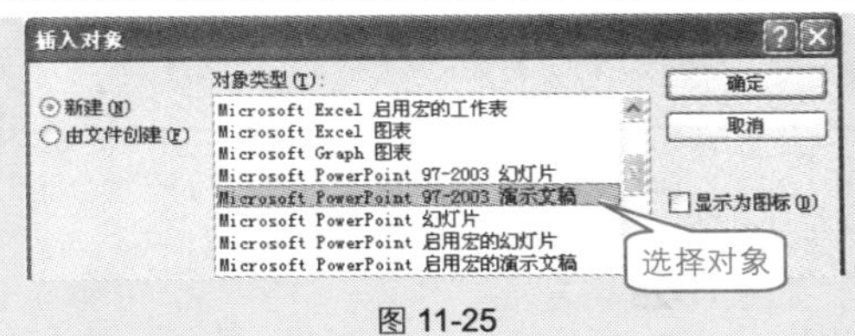

图 11-25

❸ 单击“确定”按钮，插入一个演示文稿对象，如图 11-26 所示。

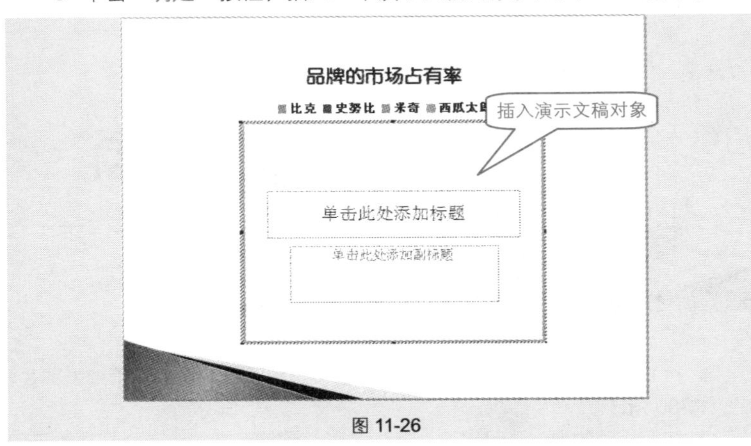

图 11-26

❹ 在“插入”→“图像”选项组中单击“图片”按钮，打开“插入图片”

对话框，打开图片保存的路径并选中需要插入的图片，如图 11-27 所示。

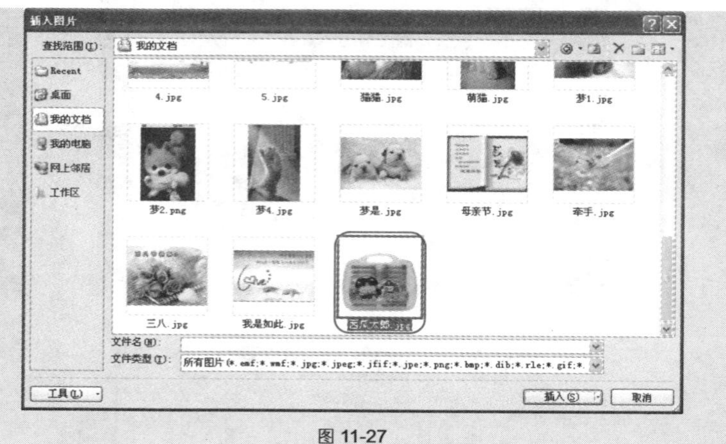

图 11-27

❺ 单击“插入”按钮，这样图片就被插入到演示文稿对象中，可以适当调节图片大小，如图 11-28 所示。

❻ 调节对象的窗口并将其放置于合适的位置上，然后复制一个对象，如图 11-29 所示。

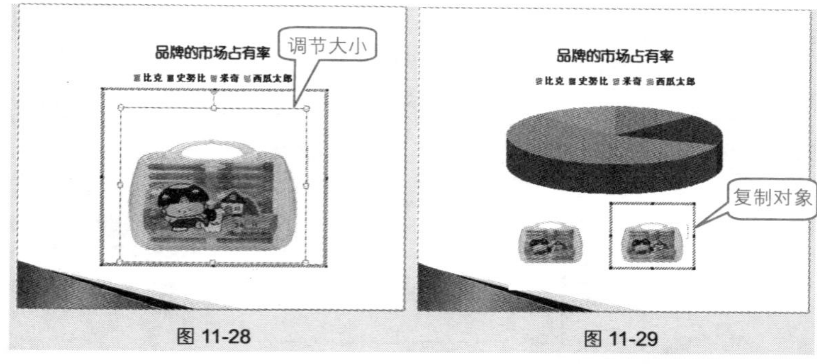

图 11-28　　图 11-29

❼ 按 Delete 键删除其中的图片，然后按照相同的方法插入第二张图片，如图 11-30 所示。

❽ 按照相同的方法，可以添加其他的图片到演示文稿中。当在播放该幻灯片时，在图片对象上直接单击即可单独播放。

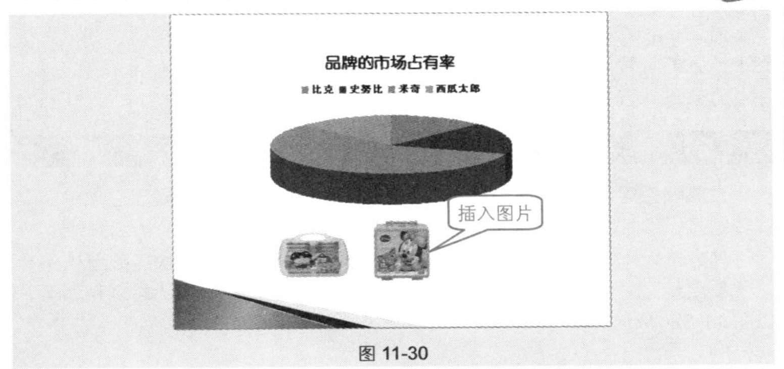

图 11-30

11.2 演示文稿的放映技巧

技巧 218 放映中返回到上一张幻灯片

在播放幻灯片过程中，若需要重新返回到上一张幻灯片中查看内容，有很多种方法可以实现，下面介绍几种方法。

方法一：在播放幻灯片时，单击鼠标右键，在弹出的快捷菜单中选择“上一张”命令，如图 **11-31** 所示。

图 11-31

方法二：在播放幻灯片时，单击幻灯片页面左下角的 按钮，即可跳转到上一张幻灯片。

方法三：直接按键盘上的向上箭头。

技巧 219 放映时快速切换到其他幻灯片

在放映幻灯片时，是按顺序播放每张幻灯片的，如果在播放过程中需要跳转到某张幻灯片，可以通过相关设置来实现。

其方法为：在播放幻灯片时，单击鼠标右键，在弹出的快捷菜单中选择“定位至幻灯片”命令，在弹出的子菜单中选择需要切换到的幻灯片即可，如图 **11-32** 所示。

图 11-32

技巧 220 放映幻灯片时隐藏光标

如图 **11-33** 所示，在放映幻灯片时，移动鼠标可以在屏幕上看到鼠标标识，如果影响到用户的演讲，则可以将光标隐藏起来。

进入幻灯片放映状态，在屏幕上单击鼠标右键，在弹出的快捷菜单中选择“指针选项”→“箭头选项”→“永远隐藏”命令，如图 **11-34** 所示。

图 11-33

图 11-34

技巧 221　播放幻灯片对重要内容做标记

当在放映演示文稿的过程中需要讲解时，还可以将光标变成笔的形状，在幻灯片上直接做标记。

❶ 进入幻灯片放映状态，在屏幕上单击鼠标右键，在弹出的快捷菜单中

选择“指针选项”→“笔”命令，如图 11-35 所示。

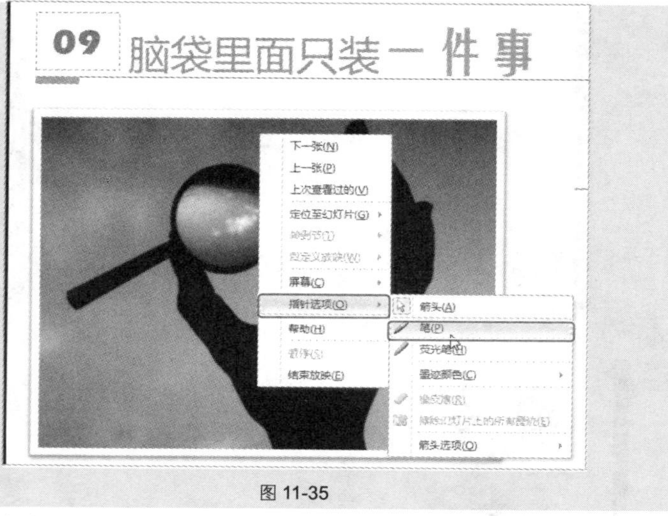

图 11-35

❷ 此时鼠标变成一个红点，拖动鼠标即可在屏幕上划上标记，如图 11-36 所示。

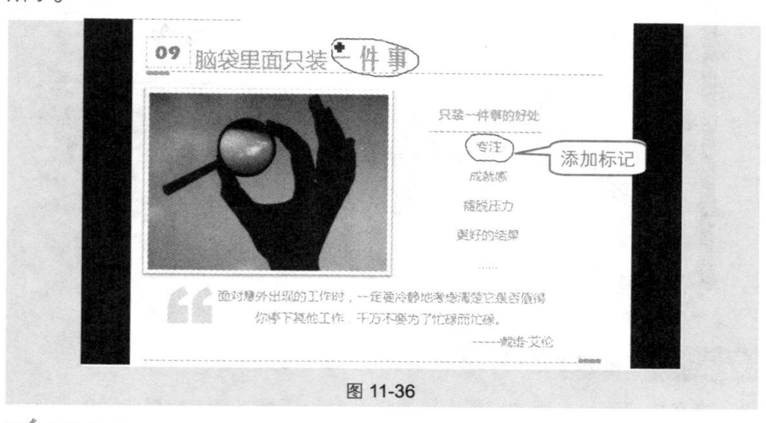

图 11-36

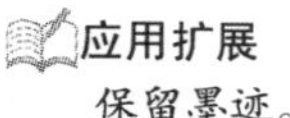
应用扩展

保留墨迹。

❶ 按 Esc 键退出演示文稿放映时，系统会弹出一个提示框，提示是否保留墨迹，如图 11-37 所示。

❷ 单击“保留”按钮，返回到演示文稿中，即可看到保留的墨迹，此时的墨迹是以文本框形式存在的，如图 11-38 所示，按 Delete 键即可将其清除。

图 11-37　　图 11-38

专家点拨

在放映幻灯片时，可以选择笔、荧光笔和箭头 3 种方法显示光标，用户可以根据需要进行选择。

技巧 222　更换标记笔的颜色

系统默认绘图笔颜色是红色的，用户可以根据需要重新更改绘图笔的颜色。

❶ 打开演示文稿，在“幻灯片放映”→“设置”选项组中单击“设置幻灯片放映”按钮，打开“设置放映方式”对话框。

❷ 在“绘图笔颜色”下拉列表框中选择“其他颜色”命令，如图 11-39 所示。

❸ 打开“颜色”对话框，在“颜色”栏中选中需要设置的颜色，如图 11-40 所示。

❹ 单击“确定”按钮，即可设置绘图笔的颜色。

应用扩展

也可以在幻灯片放映时单击鼠标右键，在弹出的快捷菜单中选择“指针选项”→“墨迹颜色”命令，在弹出的颜色列表中选择需要的颜色。

Note

图 11-39

图 11-40

技巧 223　在放映时屏蔽幻灯片内容

PowerPoint 提供了多种灵活的幻灯片切换控制操作，在播放幻灯片时，若用户希望暂时屏蔽当前内容，可以将屏幕切换为黑屏样式。

❶ 在放映幻灯片时单击鼠标右键，在弹出的快捷菜单中选择“屏幕”→“黑屏”命令，如图 11-41 所示。

❷ 选择“黑屏”命令后，整个界面会变成黑色。如果想要取消黑屏操作，只需在右键菜单中选择“屏幕”→“屏幕还原”命令即可。

图 11-41

技巧 224　放映过程中应用其他程序

若在放映幻灯片时，发现需要调用其他程序（如启动淘宝浏览器）对演示文稿中的内容进行辅助说明或查询相关资料，则可以按如下方法来操作。

❶ 在放映幻灯片时，单击鼠标右键，在弹出的快捷菜单中选择“屏幕”→“切换程序”命令，如图 11-42 所示。

❷ 此时会出现电脑的任务栏，选择“开始”→“淘宝浏览器”命令（如图 11-43 所示），即可打开淘宝浏览器。

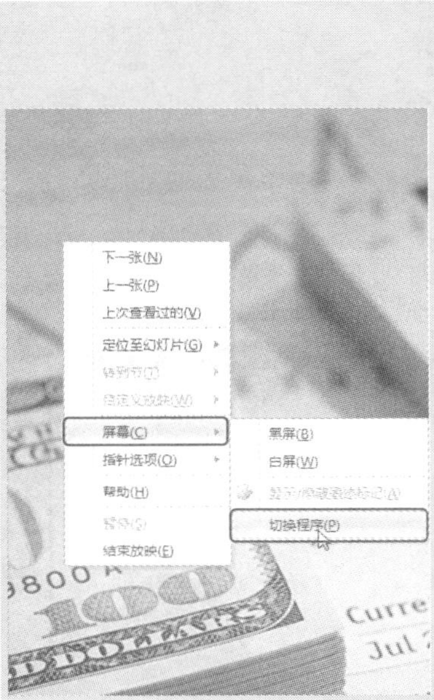

图 11-42 　　　　图 11-43

第 12 章　演示文稿输出、打印与发布技巧

12.1　演示文稿的输出技巧

技巧 225　将演示文稿保存为模板

如果日后想要创建与当前演示文稿相类似的演示文稿，可以将当前演示文稿直接保存为模板。当下次创建时，可以进入“我的模板”中直接套用该模板来创建演示文稿，如图 12-1 所示。

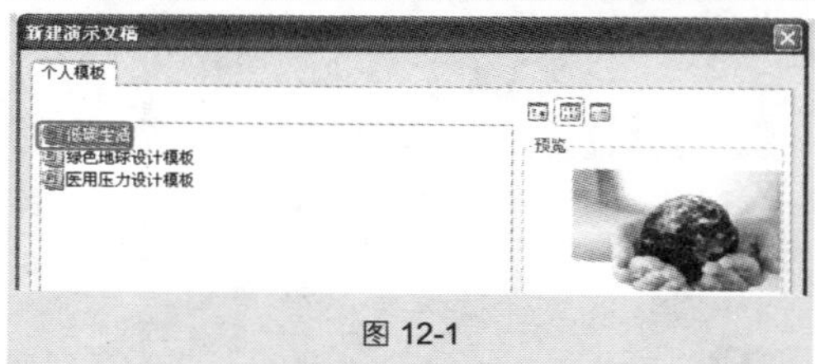

图 12-1

❶ 选择“文件”→“另存为”命令，打开“另存为”对话框。在“保存类型”下拉列表框中选择“PowerPoint 模板”，如图 12-2 所示。

图 12-2

❷ 单击“保存”按钮，程序自动将演示文稿保存到模板库中。

❸ 当下次需要以此模板新建演示文稿时，选择“文件”→“新建”命令，单击“我的模板”按钮（如图 12-3 所示），即可打开“新建演示文稿”对话

框，在“个人模板”下可以选择之前保存的模板来创建演示文稿。

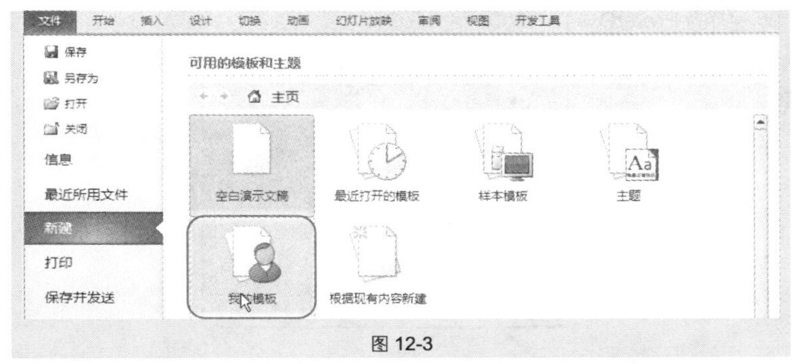

图 12-3

技巧 226 将演示文稿保存为 PowerPoint 97-2003 的兼容格式

由于兼容性问题，如果需要在安装了较早版本的 PowerPoint（如 PowerPoint 2003）中打开 PowerPoint 2010 演示文稿，需要将 PowerPoint 2010 演示文稿保存为 PowerPoint 97-2003 格式。

❶ 选择“文件”→“另存为”命令，打开“另存为”对话框。设置演示文稿要保存的路径，在“保存类型”下拉列表框中选择“**PowerPoint 97-2003 演示文稿（*.ppt）**”类型，如图 12-4 所示。

图 12-4

❷ 单击“确定”按钮，如果演示文稿中应用了新功能，会弹出提示框，提示保存为 PowerPoint 97-2003 格式后会降级或者丢失，如图 12-5 所示。

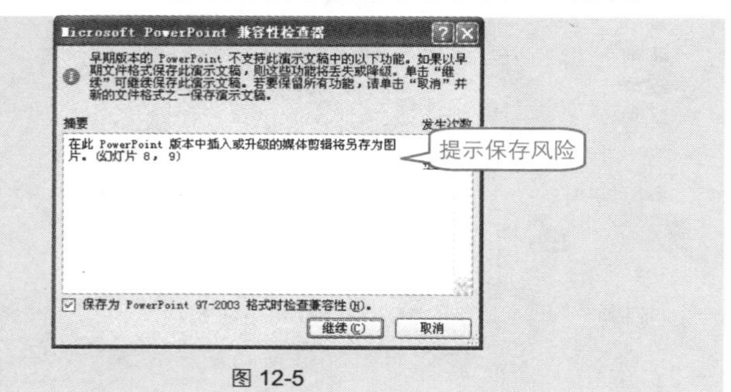

图 12-5

❸ 单击“继续”按钮，即可将演示文稿保存为 PowerPoint 97-2003 格式。

技巧 227 将演示文稿保存为图片

PowerPoint 2010 中自带了快速将演示文稿保存为图片的功能。如图 12-6 所示，即为将演示文稿保存为图片后的效果。

图 12-6

❶ 选择“文件”→“另存为”命令，打开“另存为”对话框。设置好保

存路径后在“保存类型”下拉列表框中选择“JPEG 文件交换格式（*.jpg）”，如图 12-7 所示。

图 12-7

❷ 单击“保存”按钮，系统会弹出对话框提示需要保存的哪些幻灯片为图片，如图 12-8 所示。

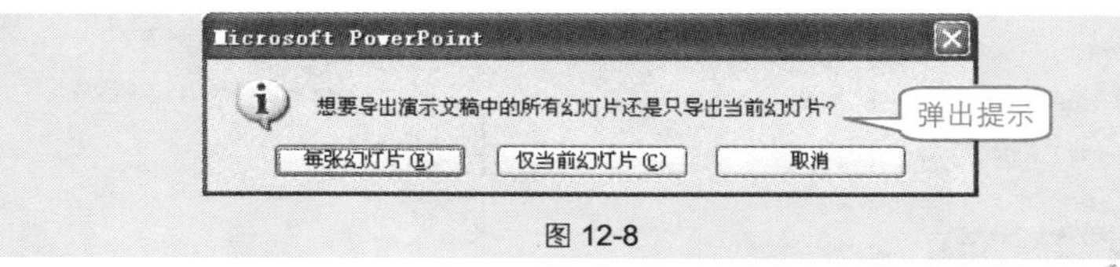

图 12-8

❸ 单击“每张幻灯片”按钮，即可将演示文稿中的每张幻灯片都保存为图片，并弹出对话框，提示每张幻灯片都以独立文件的方式保存到指定路径，单击“确定”按钮即可，如图 12-9 所示。

图 12-9

技巧 228 将演示文稿打包成 CD

许多用户都有过这样的经历，在自己电脑中放映顺利的演示文稿，当复制到其他电脑中进行播放时，原来插入的声音和视频都不能播放了。要解决这样的问题，可以使用 PowerPoint 2010 的打包功能，将演示文稿中用到的素材打包到一个文件夹中。如图 12-10 所示即为打包好的素材。

Note

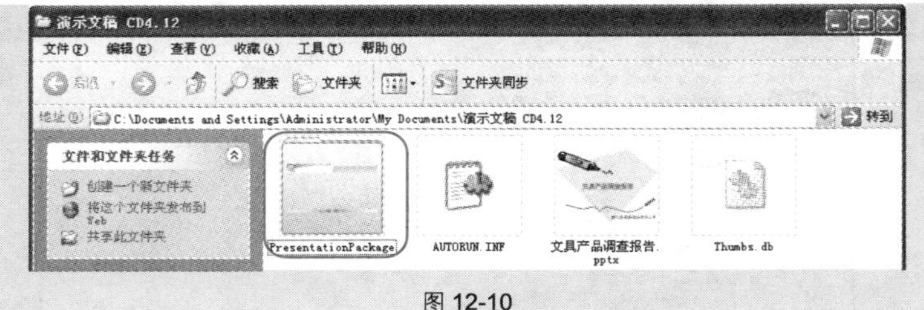

图 12-10

❶ 选择"文件"→"保存并发送"命令，在右侧单击"将演示文稿打包成 CD"选项，然后单击"打包成 CD"按钮，如图 12-11 所示。

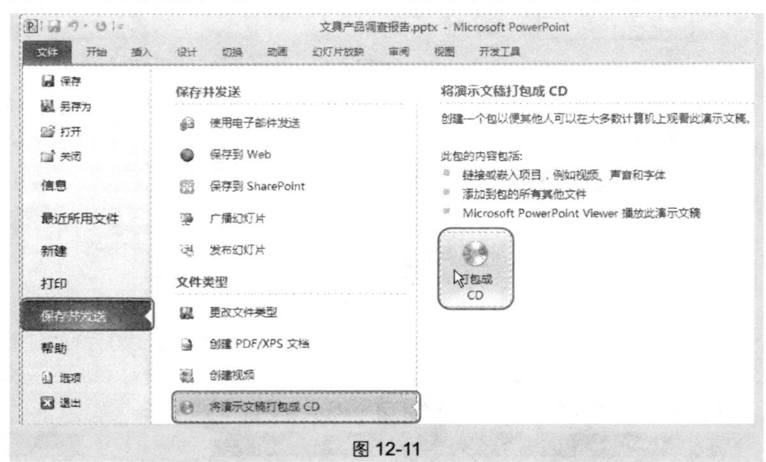

图 12-11

❷ 打开"打包成 CD"对话框，单击"复制到文件夹"按钮，如图 12-12 所示。

❸ 打开"复制到文件夹"对话框，在"文件夹名称"文本框中输入名称，并设置保存路径，如图 12-13 所示。

❹ 单击"确定"按钮，弹出提示框询问是否要在包中包含链接文件，如图 12-14 所示。单击"是"按钮，即可复制文件到文件夹中，如图 12-10

所示。

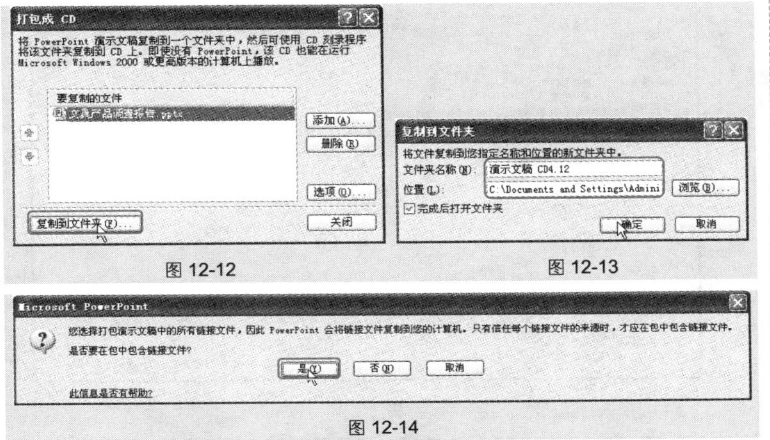

图 12-12　　图 12-13

图 12-14

技巧 229 一次性打包多篇演示文稿并加密

在对幻灯片进行打包时，默认情况下是将当前演示文稿打包。假如某个项目需要使用多篇演示文稿，则可以一次性将多篇演示文稿同时打包。

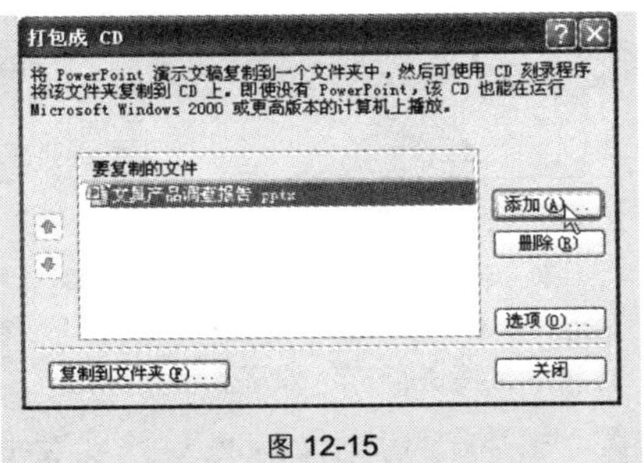

图 12-15

❶ 选择"文件"→"保存并发送"命令，在右侧单击"将演示文稿打包成 CD"选项，然后单击"打包成 CD"按钮，打开"打包成 CD"对话框，如图 12-15 所示。

❷ 单击"添加"按钮，打开"添加文件"对话框，找到需要一次性打包的演示文稿所在的路径，并按 Ctrl 键依次选中，如图 12-16 所示。

❸ 单击"添加"按钮，返回"打包成 CD"对话框，可以看到列表中显示了多篇演示文稿，如图 12-17 所示。

❹ 单击"选项"按钮，打开"选项"对话框，分别设置打开密码与修改时所需要使用的密码，如图 12-18 所示。

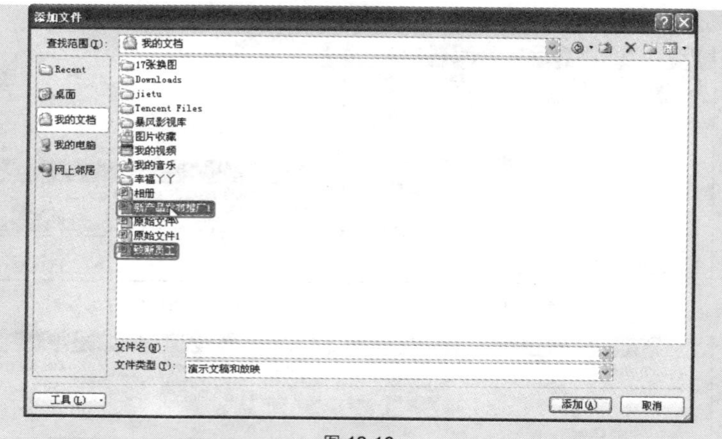

图 12-16

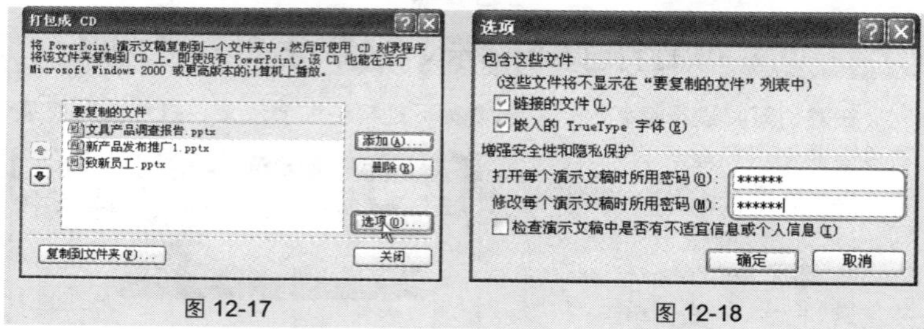

图 12-17　　图 12-18

❺ 单击“确定”按钮，弹出“确认密码”对话框，依次完成密码的确认后返回“打包成 **CD**”对话框。单击“复制到文件夹”按钮，设置名称和路径，对演示文稿进行打包即可。

技巧 230　以电子邮件发送演示文稿

制作好演示文稿后，如果需要发送给其他人预览，我们可以利用网络，以电子邮件的形式进行发送。

❶ 选择“文件”→“保存并发送”命令，在右侧单击“使用电子邮件发送”选项，如图 **12-19** 所示。

❷ 单击“作为附件发送”按钮，打开“总结分析报告**.pptx-**邮件”窗口，如图 **12-20** 所示。输入邮件正文后正确设置好收件人地址即可进行发送。

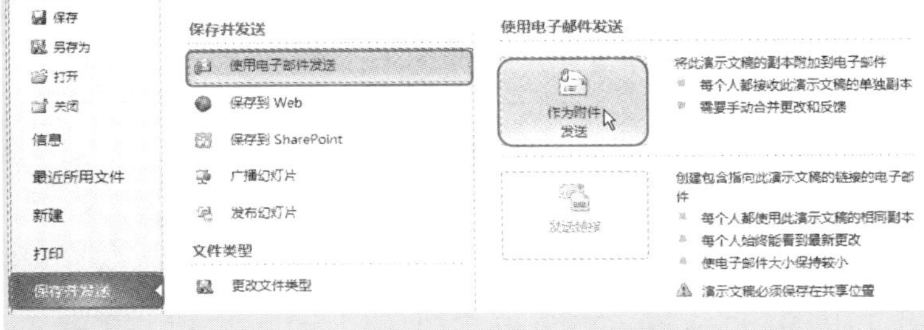

图 12-19

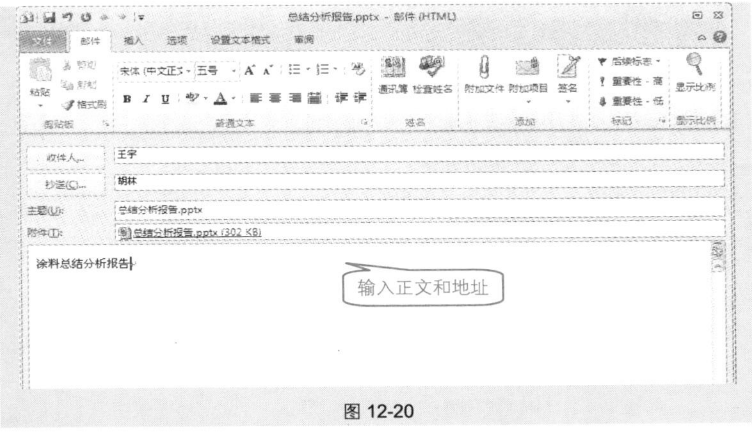

图 12-20

专家点拨

在邮件发送前，需要启动 Microsoft Outlook 2010 程序，并配置账户，否则无法执行“使用电子邮件发送”操作。

技巧 231 以讲义的方式将幻灯片插入到 Word 文档中

在保存演示文稿时，可以将其以讲义的方式插入 Word 文档中，且每张幻灯片都以图片的形式显示出来，效果如图 12-21 所示。

❶ 选择“文件”→“保存并发送”命令，在右侧单击“创建讲义”选项，然后单击“创建讲义”按钮，如图 12-22 所示。

Note

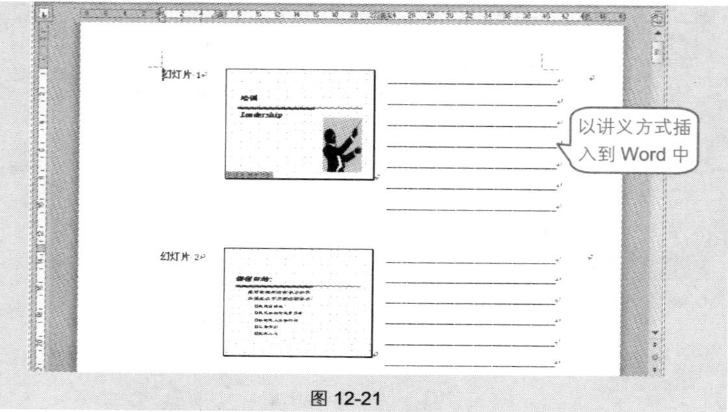

图 12-21

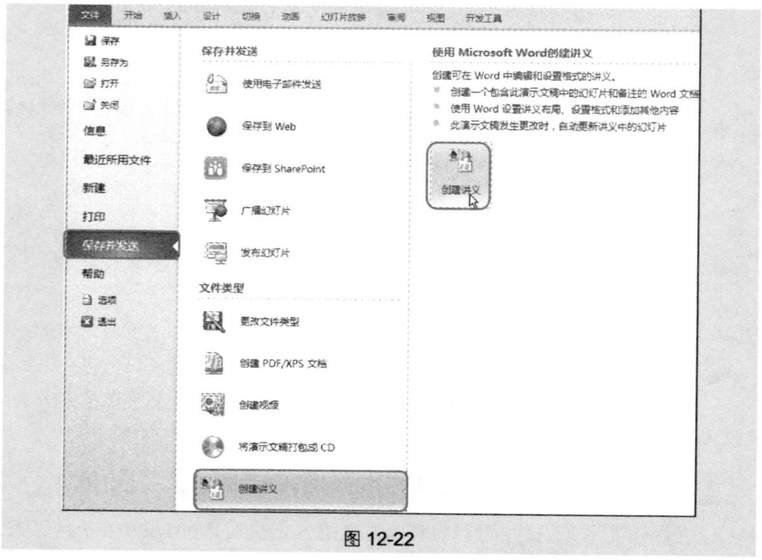

图 12-22

❷ 打开“发送到 Microsoft Word”对话框，在列表中选择一种版式，如图 12-23 所示。

❸ 单击“确定”按钮，即可将演示文稿以讲义的方式发送到 Word 文档中，以实现数据的相互引用。

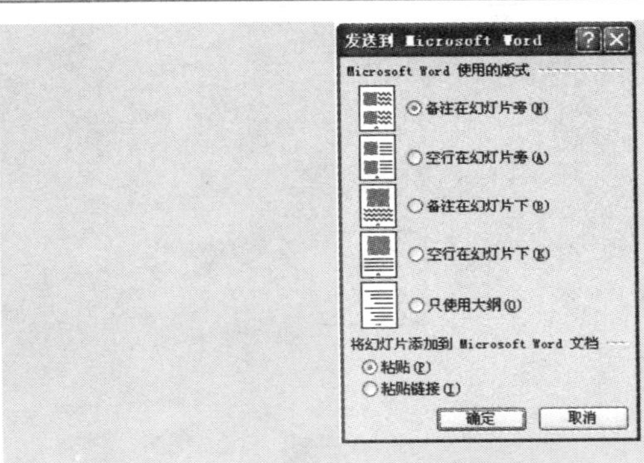

图 12-23

技巧 232　保存为 PDF 文件

PDF 文件是以 PostScript 语言图像模型为基础，无论在哪种打印机上都可确保以很好的效果打印出来，即 PDF 会忠实地再现原稿的每一个字符、颜色以及图像。创建完成的演示文稿也可以保存为 PDF 格式，如图 12-24 所示。

图 12-24

❶ 选择“文件”→“保存并发送”命令，在右侧单击“创建 PDF/XPS 文档”选项，然后单击“创建 PDF/XPS”按钮，如图 12-25 所示。

❷ 打开“发布为 PDF 或 XPS”对话框，设置 PDF 文件保存的路径，如图 12-26 所示。

Note

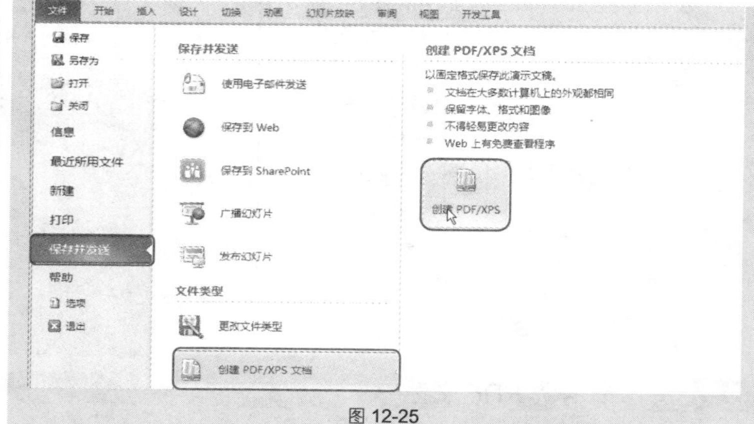

图 12-25

图 12-26

❸ 单击“发布”按钮，系统弹出对话框，提示正在发布，如图 12-27 所示。发布完成后，即可将演示文稿保存为 PDF 格式。

图 12-27

应用扩展

将演示文稿发布成 PDF/XPS 文档时，可以有选择地选取需要发布的幻灯片。其方法为，在“发布为 PDF 或 XPS”对话框中单击“选项”按钮，打开“选项”对话框，在“范围”栏中可以选择需要发布的幻灯片，如图 12-28 所示。

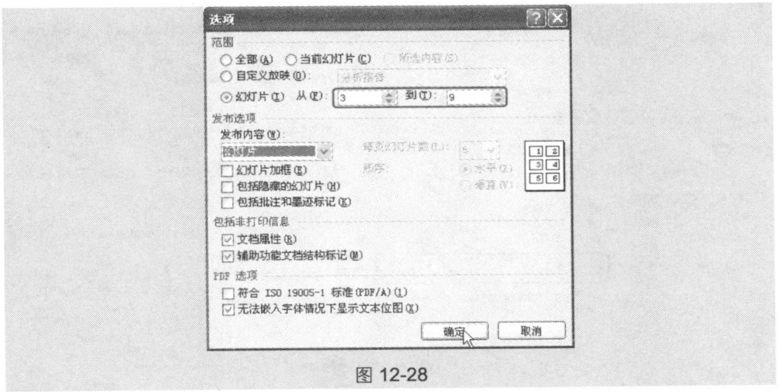

图 12-28

技巧 233　将演示文稿创建为视频文件

对于制作好的演示文稿，可不可以在视频工具中以幻灯片的方式播放呢？答案是肯定的，而且为幻灯片设置的每个动画效果、音频效果等都可以播放出来。

如图 12-29 所示是正在使用暴风影音播放演示文稿。要达到这一效果需要将演示文稿保存为视频文件。

图 12-29

Note

❶ 选择“文件”→“保存并发送”命令，在右侧单击“创建视频”选项，然后单击“创建视频”按钮，如图 12-30 所示。

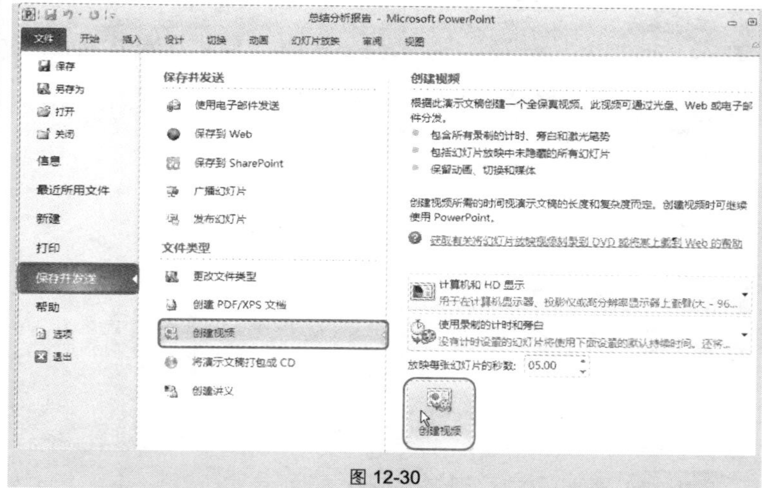

图 12-30

❷ 打开“另存为”对话框，设置视频文件保存的路径与保存名称，如图 12-31 所示。

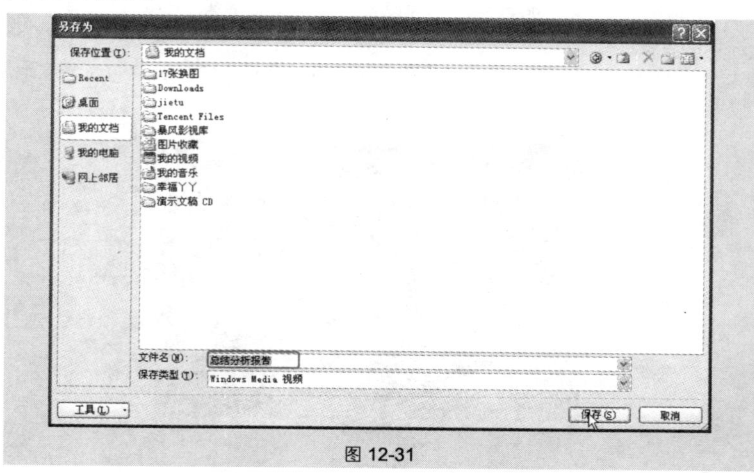

图 12-31

❸ 单击“保存”按钮，可以在演示文稿下方看到正在制作视频的提示。制作完成后，即可将演示文稿添加到视频播放软件中进行播放。

Note

12.2 演示文稿打印与发布技巧

技巧 234 快速更改打印色彩模式

幻灯片在设计时均以彩色模式显示，但是一般打印机不支持彩色打印，当用户不需要进行彩色打印时，可以设置幻灯片为灰色打印效果。

❶ 选择“文件”→“打印”命令，单击右侧“设置”栏中的“颜色”下列按钮，在下拉列表中选择“灰度”选项，如图 12-32 所示。

图 12-32

❷ 设置后执行打印即可。

技巧 235 打印备注页和大纲

演示文稿中包含了大纲和备注，在打印时可以选择只打印出大纲或者让打印的各张幻灯片中包含备注信息。

❶ 选择“文件”→“打印”命令，在右侧“设置”栏中单击“整页幻灯片”下拉按钮，在下拉列表中选择“大纲”打印版式，如图 12-33 所示。执行“打印”命令，即可实现只打印演示文稿的大纲。

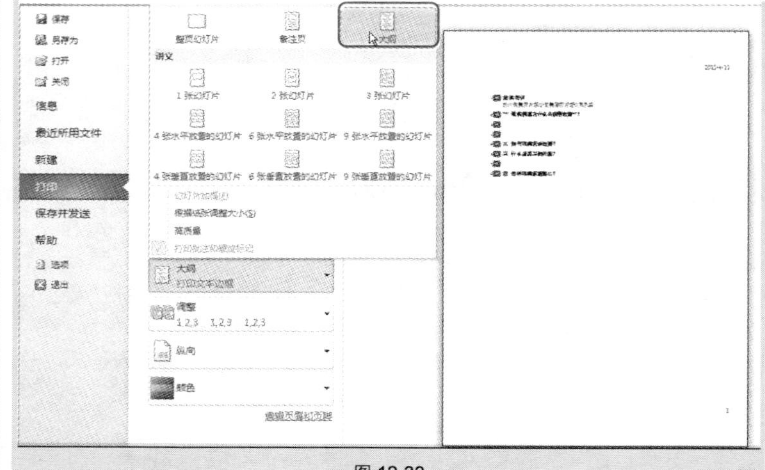

图 12-33

❷ 单击“整页幻灯片”下拉按钮，在下拉菜单中选择“备注页”打印版式，如图 12-34 所示。单击“打印”按钮，即可让打印出的幻灯片包含备注页。

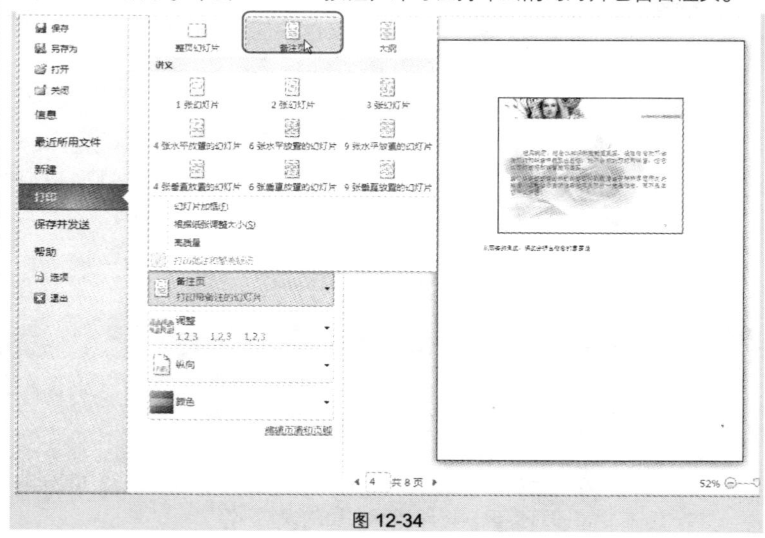

图 12-34

专家点拨

只有在默认的占位符（标题占位符、文本占位符）中输入的文本才会显示在大纲中，以文本框形式插入的文本不能显示在大纲中。

技巧 236 自定义每页打印幻灯片张数

讲义是指一页演示文稿中有 1 张、2 张、3 张、4 张、6 张或 9 张幻灯片，这样观众既可以看到相应的文稿，还可以用来作为以后的参考。如图 12-35 所示，即设置了在每页中显示 3 张幻灯片。

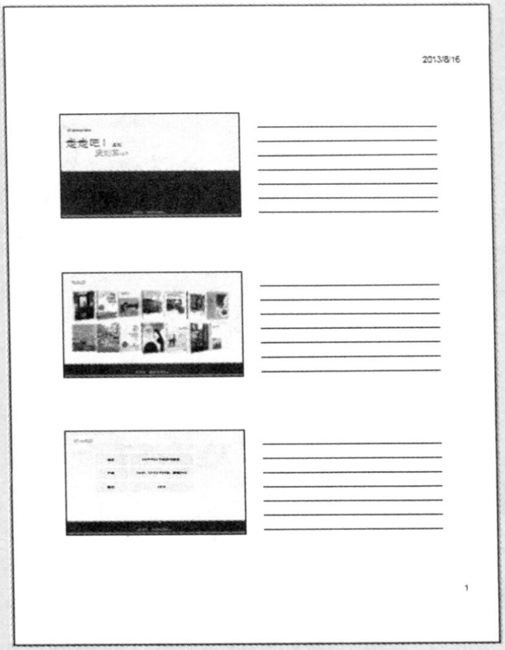

图 12-35

❶ 选择“文件”→“打印”命令，在右侧“设置”栏中单击“整页幻灯片”下拉按钮，在下拉列表中选择“3 张幻灯片”打印版式，如图 12-36 所示。

❷ 此时在右侧“打印预览”区域中显示了 3 张幻灯片，打印张数也被更

Note

改为“共3页”(每页3张幻灯片，共3页)，如图12-37所示。

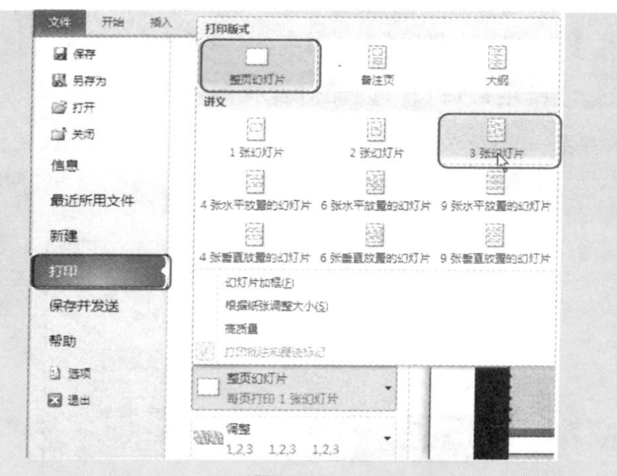

图 12-36

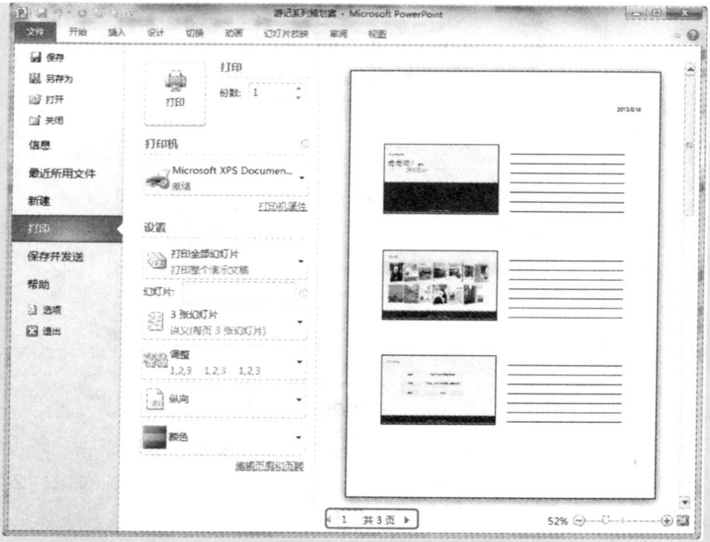

图 12-37

Note

技巧 237 打印出隐藏的幻灯片

如图 12-38 所示的演示文稿中隐藏了第 12 张幻灯片“介绍礼仪”。

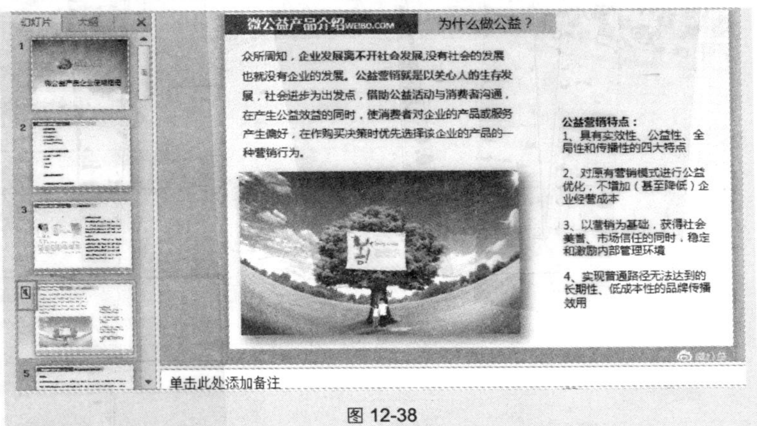

图 12-38

在打印幻灯片时，系统不会打印隐藏的幻灯片，如果想要打印出隐藏的幻灯片，需要按如下方法操作。

❶ 选择“文件”→“打印”命令，在右侧“设置”栏中单击“打印全部幻灯片”下拉按钮，在下拉列表中选择“打印隐藏幻灯片”选项即可，如图 12-39 所示。

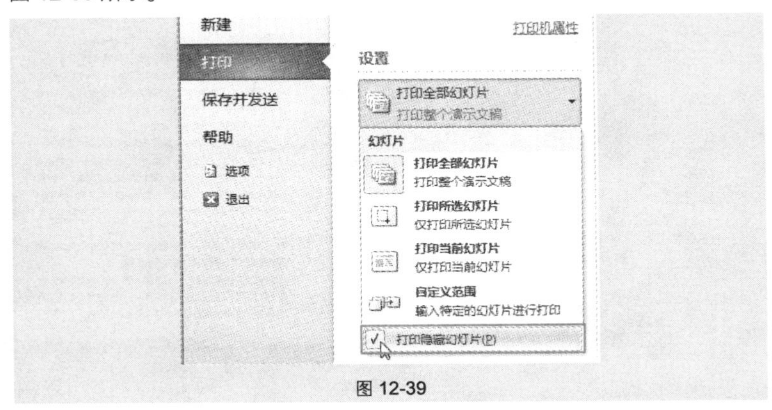

图 12-39

❷ 此时在“打印预览”区域显示出隐藏的第 12 张幻灯片，如图 12-40 所示。

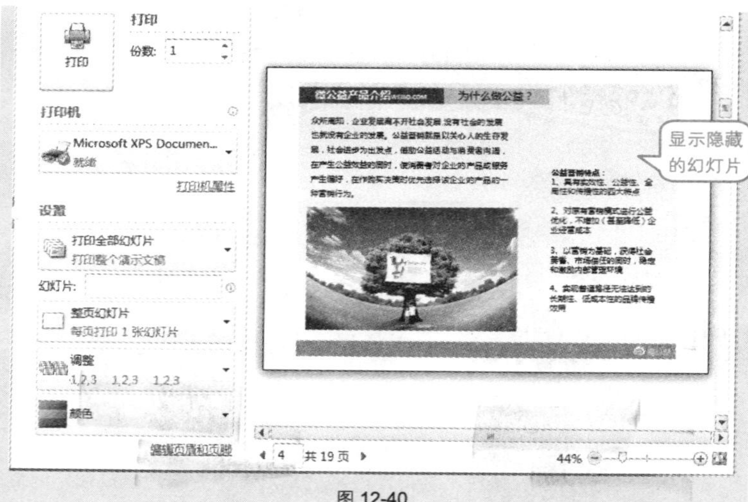

图 12-40

技巧 238　将批注和墨迹一起打印出来

如图 12-41 所示，在放映幻灯片后保留了在幻灯片 3 中添加的墨迹。

图 12-41

在打印幻灯片时，系统默认不会打印保留的墨迹，如果想要显示出保留的墨迹，可以按如下步骤操作。

选择“文件”→“打印”命令，在右侧“设置”栏中单击“整页幻灯片”下拉按钮，在下拉列表中选择“打印批注和墨迹标记”选项，此时在右侧“打印预览”区域中即可显示出墨迹，如图 12-42 所示。

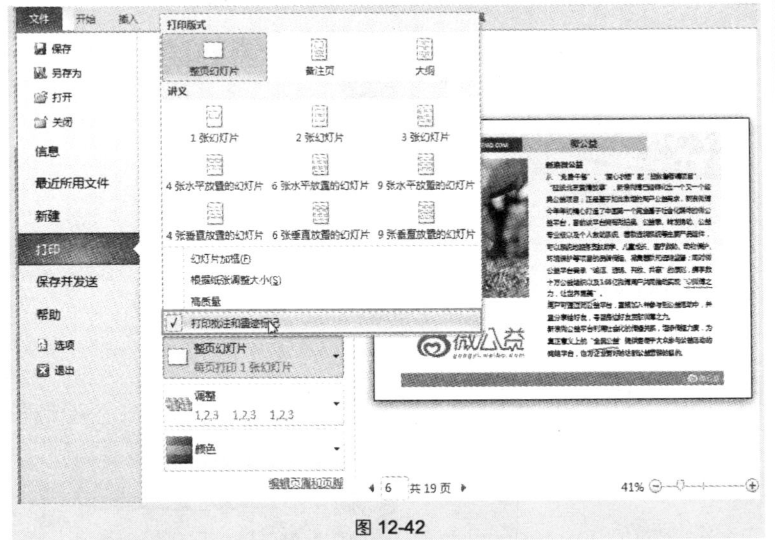

图 12-42

技巧 239 任意打印整篇演示文稿中的部分幻灯片

当前演示文稿中包含 15 张幻灯片，现在需要打印演示文稿中的 1-7 和 9-15 张幻灯片，而不打印出第 8 张幻灯片，除了将第 8 张幻灯片隐藏起来，还可以采用如下操作方法。

❶ 选择“文件”→“打印”命令，在右侧“设置”栏中单击“打印全部幻灯片”下拉按钮，在下拉列表中选择“自定义范围”选项，然后在下面的“幻灯片”文本框中输入“1-7,9-15”，如图 12-43 所示。

❷ 设置完成后，右侧打印预览区域中第 8 张幻灯片即显示为演示文稿中的第 9 张幻灯片，并且总共要打印的幻灯片张数被更改为 14 张，如图 12-44 所示。

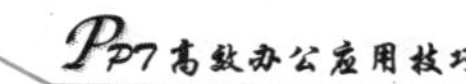

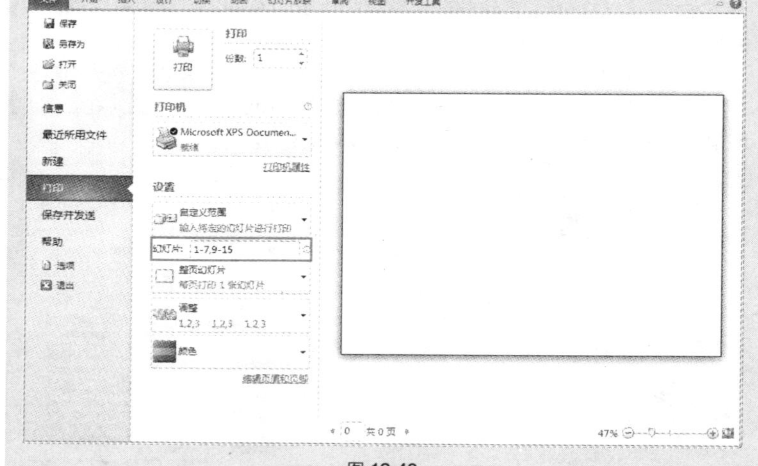

图 12-43

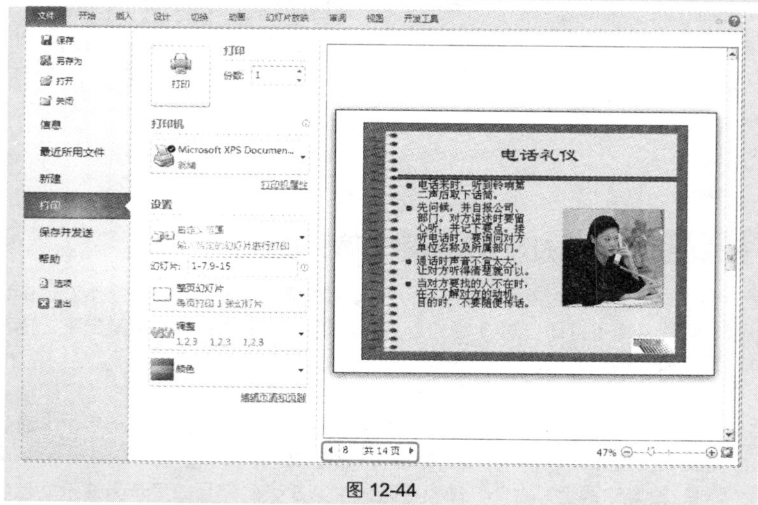

图 12-44

技巧 240 快速设置打印幻灯片页面大小

默认打印机的打印纸张是 A4，默认幻灯片打印预览效果如图 12-45 所示。

如果想要在 A3 纸张上打印幻灯片（如图 12-46 所示），该如何设置呢?

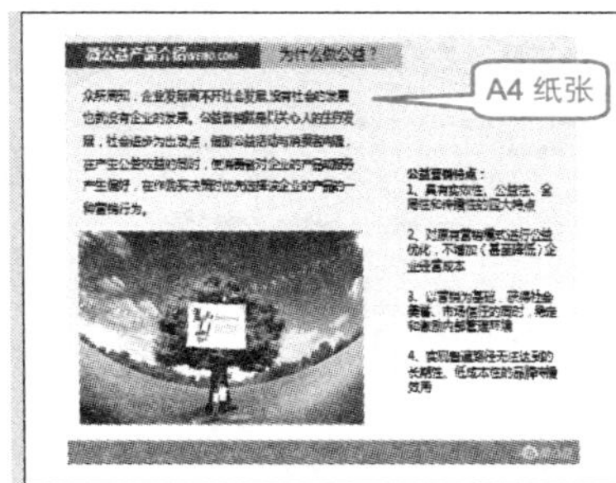

图 12-45

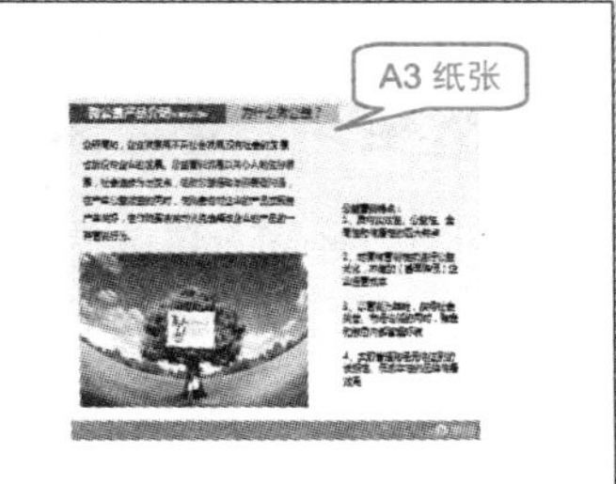

图 12-46

❶ 选择“文件”→“打印”命令，在右侧“打印机”栏中单击“打印机属性”按钮，打开“属性”对话框，如图 12-47 所示。

❷ 单击“高级”按钮，打开“高级选项”对话框，在“纸张规格”下拉列表框中选择“A3”纸张，如图 12-48 所示。

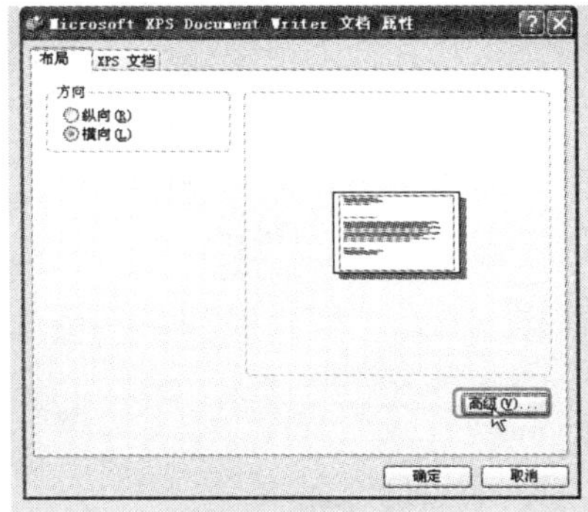

图 12-47

图 12-48

❸ 依次单击“确定”按钮，在打印机纸盒中装入 A3 纸张，即可将演示文稿打印到 A3 纸张上。

技巧 241 设置幻灯片纵向打印

如图 12-49 所示，系统默认为横向打印幻灯片。但通常打印机中的纸张都是纵向摆放的，通过设置也可以像打印文档一般实现纵向打印幻灯片，以

达到如图 12-50 所示的效果。

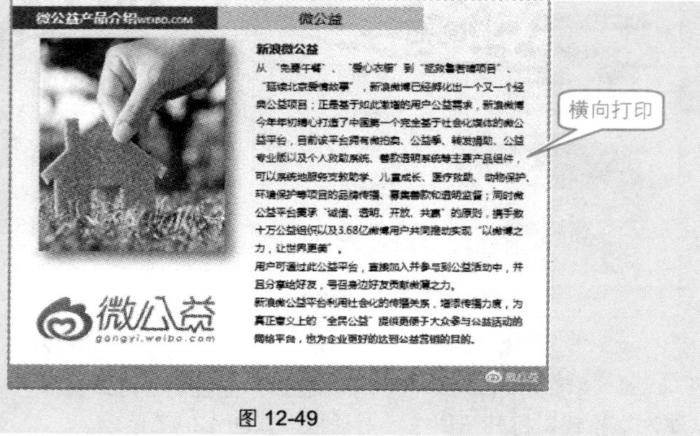

图 12-49

图 12-50

❶ 在“设计”→“页面设置”选项组中单击“幻灯片方向”下拉按钮，在下拉列表中选择“纵向”选项，如图 12-51 所示。

❷ 选择“文件”→“打印”命令，在右侧“打印预览”区域可以看到纵向打印的预览效果。

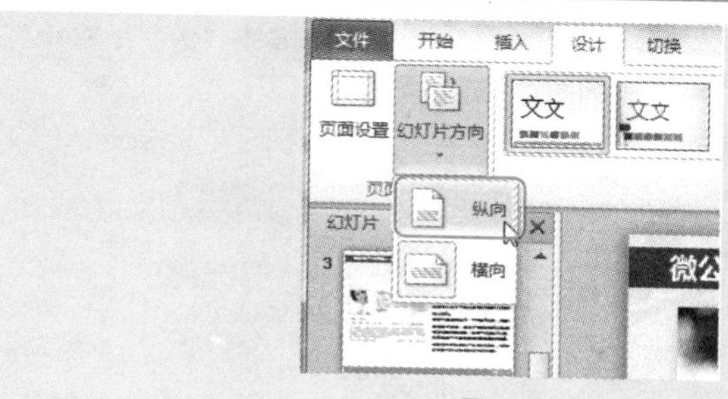

图 12-51

技巧 242 将演示文稿保存到 Web

制作好演示文稿后，如果想要与他人共享演示文稿，可以将其保存到 Microsoft SkyDrive 的共享文件夹中，这样登录到 Microsoft SkyDrive 的人就都可以在网页中打开演示文稿，如图 12-52 所示。

图 12-52

❶ 选择“文件”→“保存并发送”命令，在右侧单击“保存到 Web”选项，然后单击“登录”按钮，如图 12-53 所示。

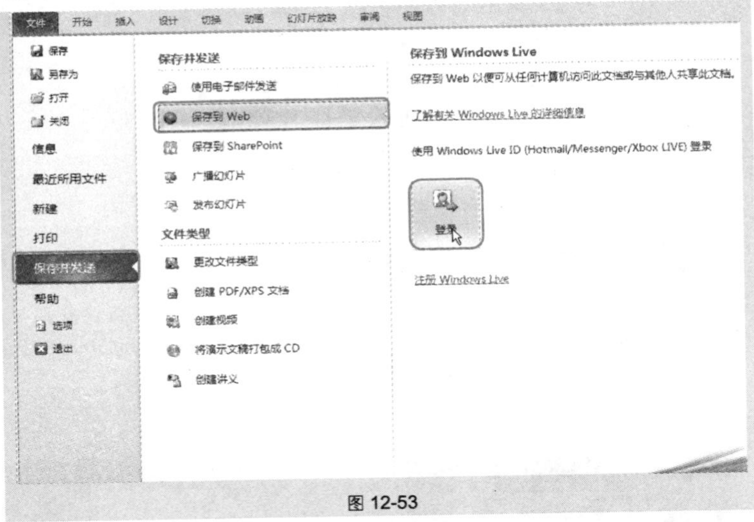

图 12-53

❷ 打开“连接到 docs.live.net”对话框，输入 E-mail 地址和密码，单击“确定”按钮，如图 12-54 所示。

❸ 此时系统会自动连接服务器，并弹出提示框，如图 12-55 所示。

图 12-54　　图 12-55

❹ 登录到 Microsoft SkyDrive 后，选中“公开”文件夹，并单击“另存为”按钮，如图 12-56 所示。

图 12-56

❺ 打开“另存为”对话框，系统会为其指定保存路径，单击“保存”按钮，即可将演示文稿发布到 Web 上，如图 12-57 所示。

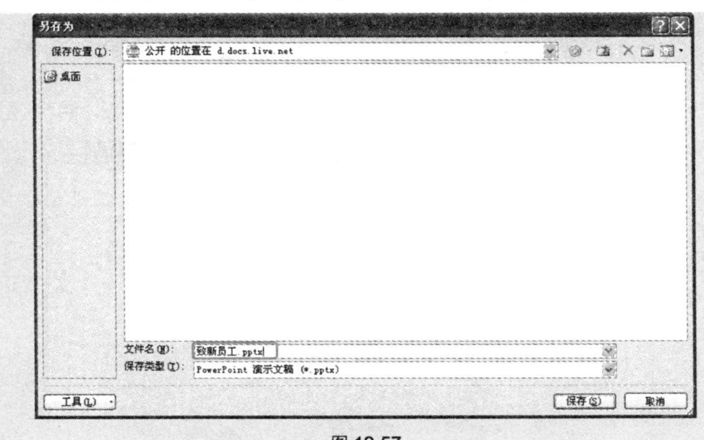

图 12-57

第 13 章　PowerPoint 日常办公操作常见问题集

技巧 243　同时打开了多个演示文稿，可以一次性将它们都关闭吗

如果同时打开了多个 PowerPoint 演示文稿，当全部使用完后，可以一次性将它们关闭以便提高工作效率。

按 **Alt+F4** 组合键，关闭所有的 PowerPoint 窗口。

按 **Ctrl+F4** 组合键，关闭当前的 PowerPoint 文件窗口。

技巧 244　撤销操作的次数可以更改吗

在制作演示文稿时，可以使用 按钮快速撤销所做的操作，回到未操作前的状态。这一功能为我们的误操作后的恢复提供了很大的便利。默认的可撤销次数为 20 次，这一默认值还可进行更改，以实现更多的撤销次数。

❶ 选择“文件”→“选项”命令，打开“PowerPoint 选项”对话框。

❷ 在左侧选择“高级”选项，在右侧的“最多可取消操作数”文本框中输入可以撤销的次数，如图 13-1 所示。

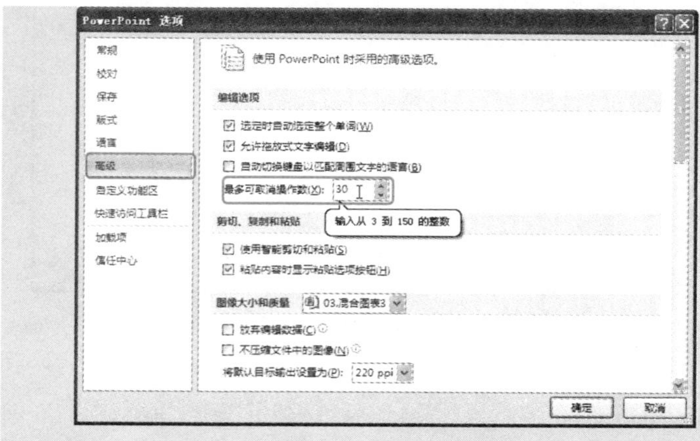

图 13-1

技巧 245 程序自动输入相同内容怎么办

当需要输入大量相同的内容时，使用自动更正功能可以大大提高工作效率，并有效降低错误发生的几率，但有时不需要输入相同内容时，程序也会自动输入，此时可以将这一功能关闭。

❶ 选择“文件”→“选项”命令，打开“PowerPoint 选项”对话框。

❷ 在左侧选择“校对”选项，在右侧单击“自动更正选项”按钮，如图 13-2 所示。

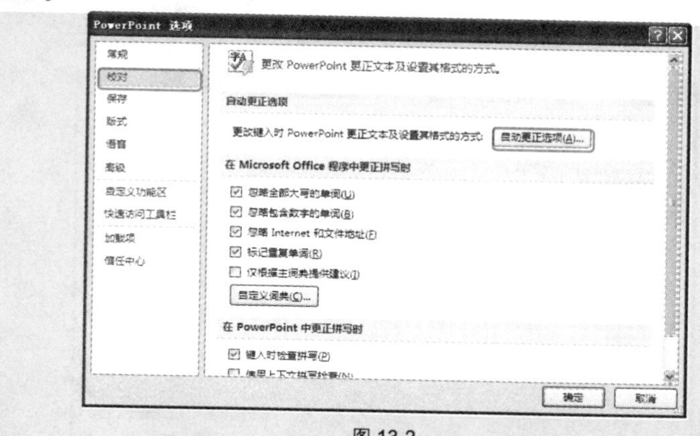

图 13-2

❸ 打开“自动更正”对话框，取消选中“键入时自动替换”复选框，如图 13-3 所示。

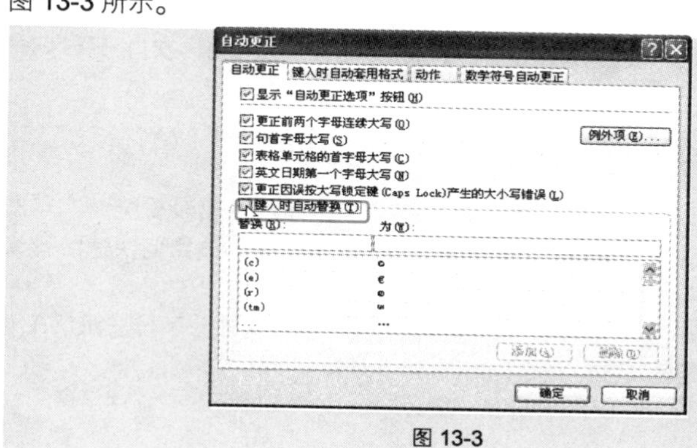

图 13-3

❹ 单击“确定”按钮，关闭“PowerPoint 选项”对话框，即可关闭自动更正功能。

技巧 246　如何抢救丢失的文稿

在编辑文稿时，由于死机或停电，常常会造成文稿的丢失，能不能抢救回来呢?

❶ 选择“文件”→“选项”命令，打开“PowerPoint 选项”对话框。

❷ 在左侧选择“保存”选项，在右侧选中“保存自动恢复信息时间间隔”复选框，接着在数值框中输入间隔时间，如“2 分钟”，如图 13-4 所示。

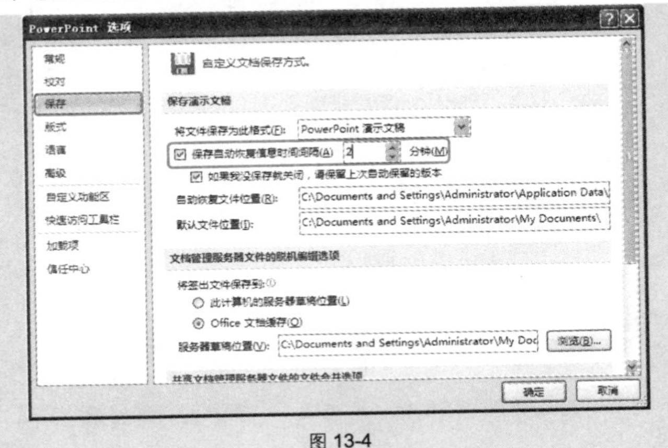

图 13-4

❸ 单击“确定”按钮。当遇到异常情况关闭程序后，当再次打开程序时，即可快速恢复到 2 分钟前的编辑状态。

技巧 247　演示文稿的段落数和字数怎么统计

在 Word 中，通过功能区的“字数统计”按钮，可以轻松统计文本的段落和字数。但是在 PowerPoint 中，并没有该按钮，该如何快速统计演示文稿中的字数和段落数呢?

❶ 选择“文件”→“信息”命令，在右侧单击“属性”下拉按钮，在下拉列表中选择“高级属性”命令，如图 13-5 所示。

❷ 打开“属性”对话框，选择“统计”选项卡，即可在“统计信息”栏

Note

中看到幻灯片的张数、段落数，以及字数统计，如图 13-6 所示。

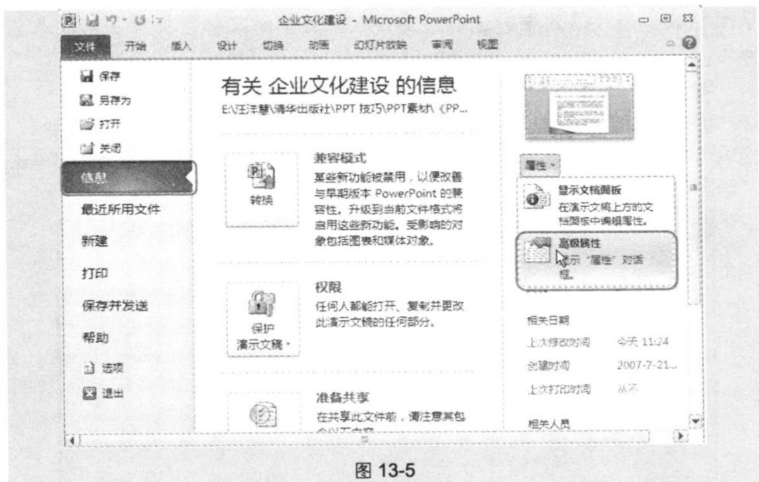

图 13-5

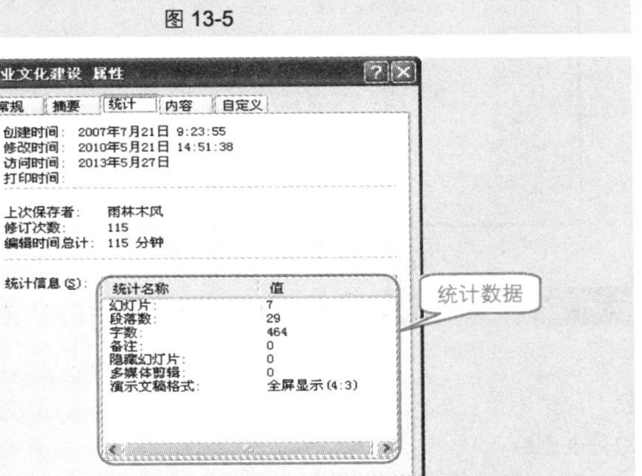

图 13-6

技巧 248 要想在别的电脑上使用自己的字体怎么办

在一台电脑上制作好的演示文稿，当拿到另一台电脑上播放时，可能

Note

由于两台电脑安装的字体不同，导致原演示文稿中的字体都发生了变化，从而影响了最终的效果，这时就需要在保存演示文稿时就将字体嵌入文件中。

❶ 选择“文件”→“选项”命令，打开“PowerPoint 选项”对话框。

❷ 在左侧选择“保存”选项，在右侧选中“将字体嵌入文件”复选框，接着选中“仅嵌入演示文稿中使用的字符”单选按钮，如图 13-7 所示，单击“确定”按钮即可。

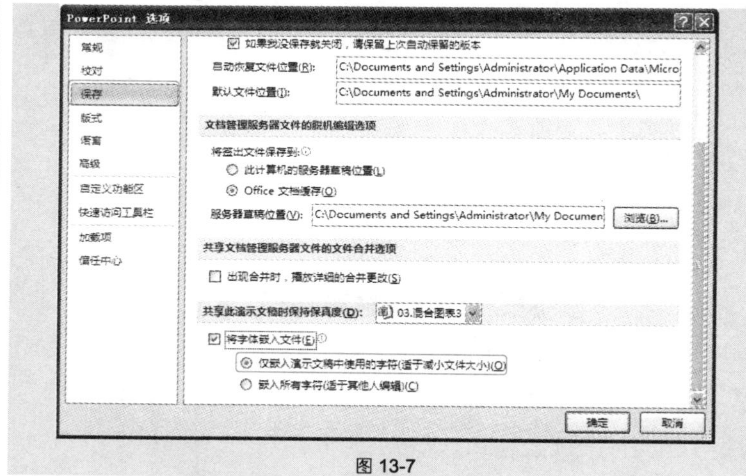

图 13-7

技巧 249 不想让其他用户从“最近使用的文档”查看个人隐私

在“文件”→“最近使用的文档”列表中可以显示出最近使用的文件列表，如果不想让其他用户在此处查看到最近使用了哪些文件，则可以将此处的列表删除。

❶ 选择“文件”→“选项”命令，打开“PowerPoint 选项”对话框。在左侧选择“高级”选项，在“显示”栏中将“显示此数目的‘最近使用的文档’”的数目更改为“0”，如图 13-8 所示。

❷ 单击“确定”按钮完成设置。再次选择“文件”→“最近使用的文档”命令，可以看到列表被清空，如图 13-9 所示。

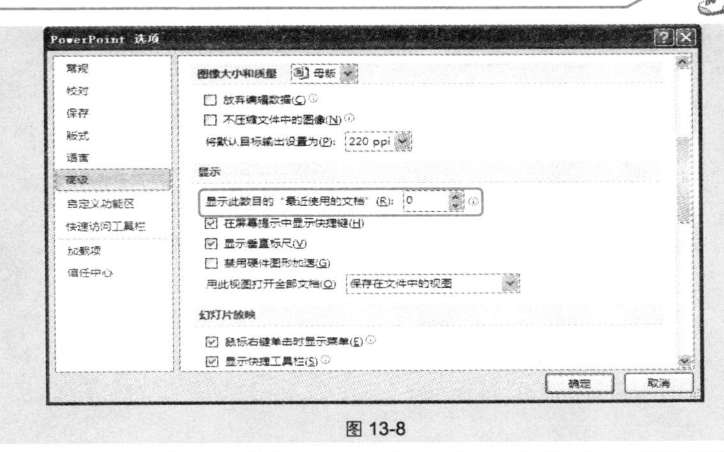

图 13-8

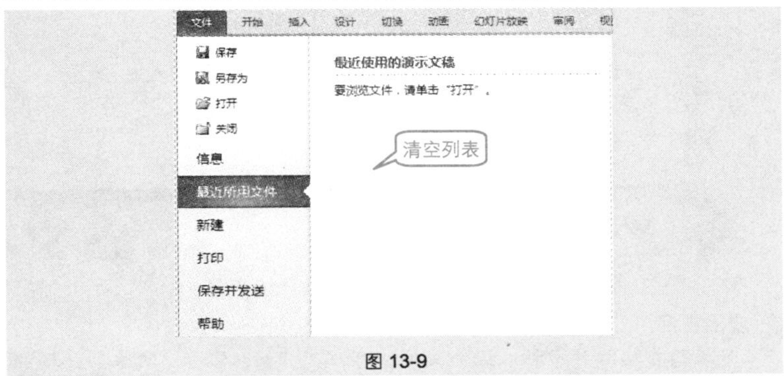

图 13-9

技巧 250 横排、竖排文本框可以互相变换吗

当在幻灯片中插入横排文本框并输入文字后，即便在"开始"→"段落"选项组中单击"文字方向"下拉按钮，在下拉列表中选择"竖排"选项，文字也不会变成竖排文字，如图 13-10 所示。那么有什么简单的方法可以快速将横排文字方向更改为纵向吗？

❶ 选中横排文本框，将光标定位到右下角的控制点上，向左下方拖动鼠标，使得文本框变为"竖排"文本框，如图 13-11 所示。

❷ 释放鼠标后，即可看到文字自动调整为纵向，如图 13-12 所示。

Note

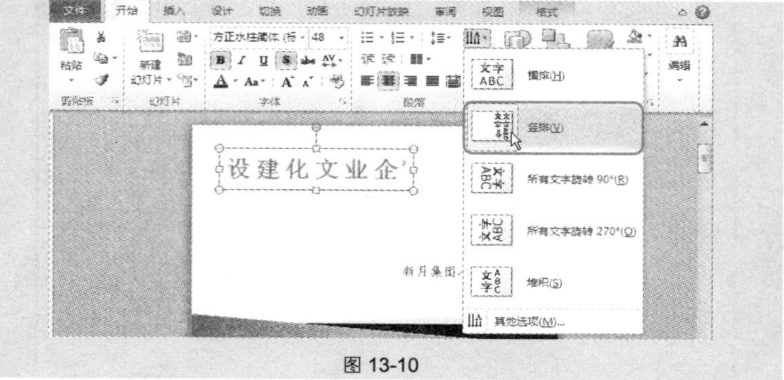

图 13-10

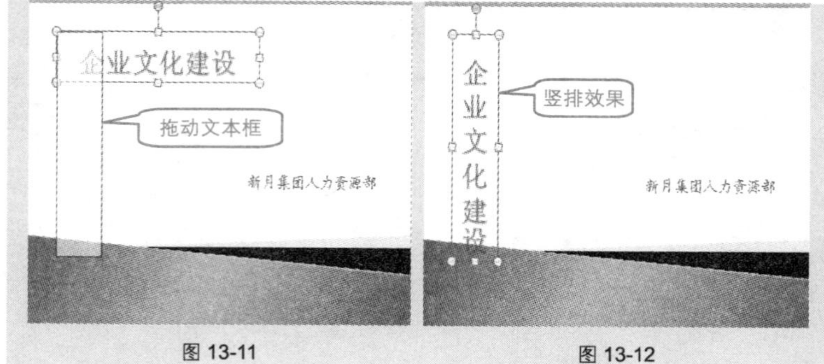

图 13-11 图 13-12

应用扩展

如果想在幻灯片中插入纵向文字，可以在“插入”→“文本”选项组中单击“文本框”下拉按钮，在下拉列表中选择“垂直文本框”选项，如图 13-13 所示，直接在文本框中输入文字，即可显示为纵向文字。

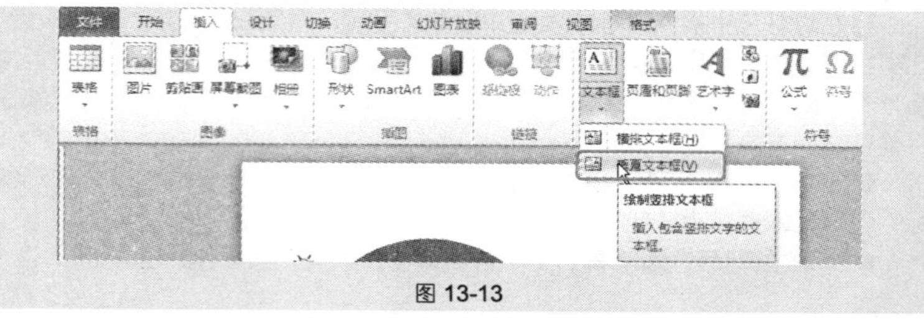

图 13-13

技巧 251 解决文本框的文字溢出的问题

在文本框中输入较多文本时，有时会出现文字溢出文本框的情况，如图 13-14 所示。

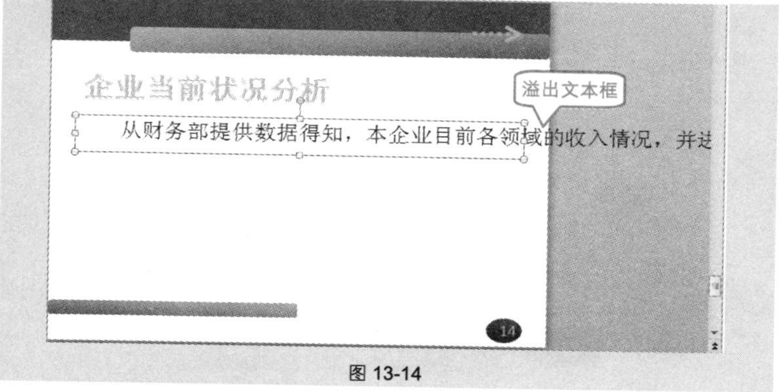

图 13-14

此时可以通过如下设置解决这一问题。

❶ 选中文字所在文本框，在“开始”→“段落”选项组中单击“对齐文本”下拉按钮，在下拉列表中选择“其他选项”命令，如图 13-15 所示。

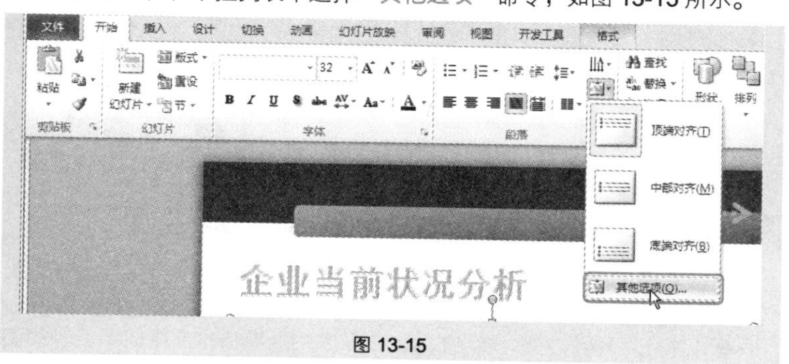

图 13-15

❷ 打开“设置文本效果格式”对话框，选中“形状中的文字自动换行”复选框，如图 13-16 所示。

❸ 单击“确定”按钮，即可实现文字输入到达文本框边缘时就自动换行，如图 13-17 所示。

Note

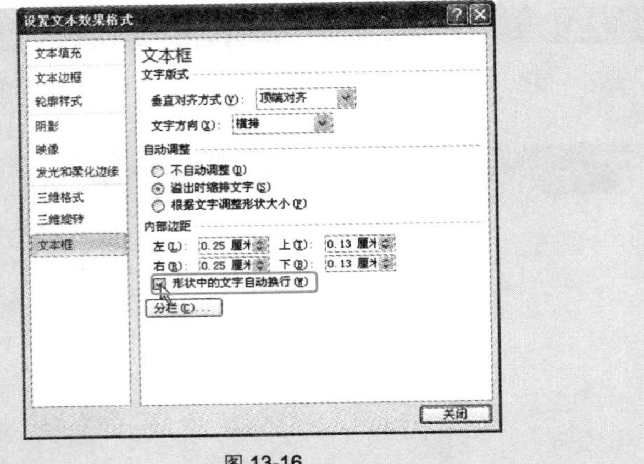

图 13-16

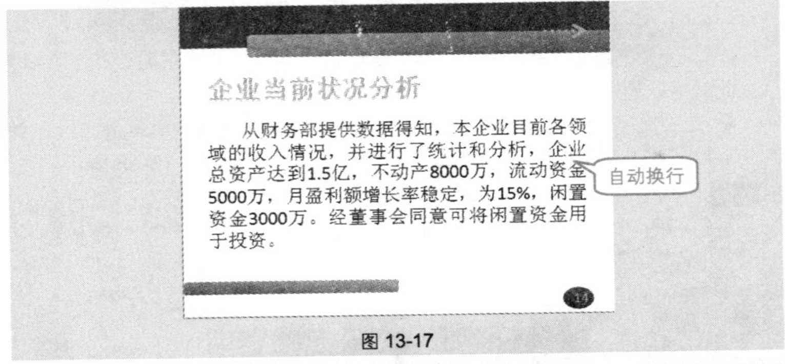

图 13-17

技巧 252　可以将幻灯片复制到其他演示文稿中去吗

当用户需要借用已经制作好的一篇演示文稿中的某一张（或多张）幻灯片时，就可以按如下方法复制。

❶ 打开已经制作好的演示文稿，在“大纲”窗格中选中需要复制的幻灯片，在“开始”→“剪贴板”选项组中单击“复制”按钮，如图 13-18 所示。

❷ 切换到需要粘贴的演示文稿中，在“开始”→“剪贴板”选项组中单击“粘贴”按钮，如图 13-19 所示。

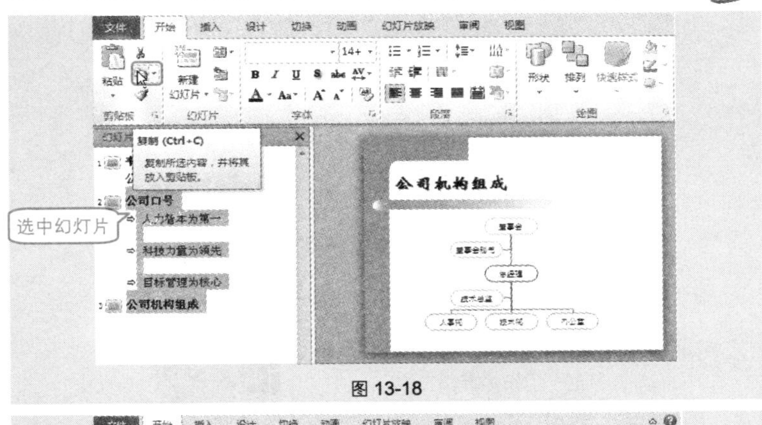

图 13-18

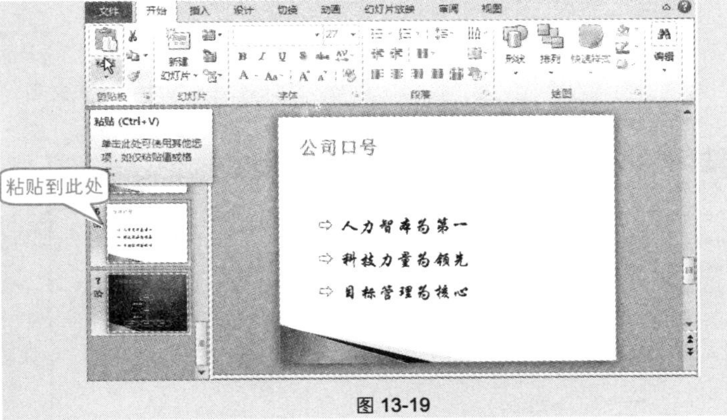

图 13-19

专家点拨

在复制幻灯片时，原演示文稿所使用的“母版”不会被复制过来，而是使用了当前演示文稿的“母版”。

技巧 253 演示文稿中插入的图片可以单独保存吗

当用户打开别人制作的演示文稿后，如果想要保存其幻灯片中的图片，以便下次使用，则可以使用如下方法。

❶ 选中图片，在右键菜单中选择“另存为图片”命令，如图 13-20 所示。

Note

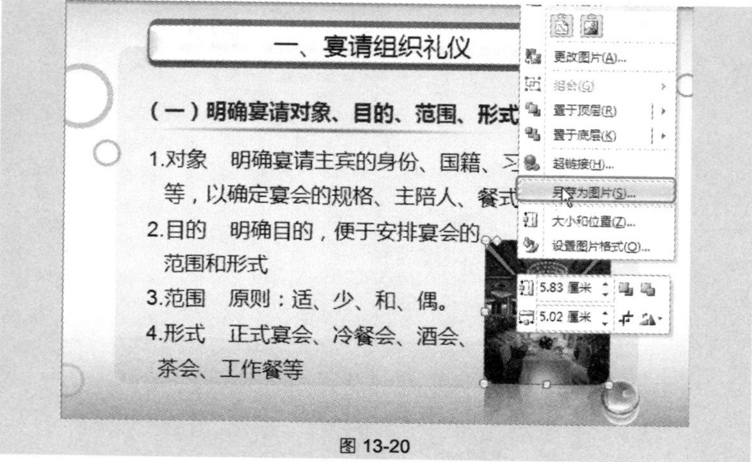

图 13-20

❷ 打开“另存为图片”对话框，设置图片的保存路径并为图片重命名，单击“保存”按钮即可，如图 13-21 所示。

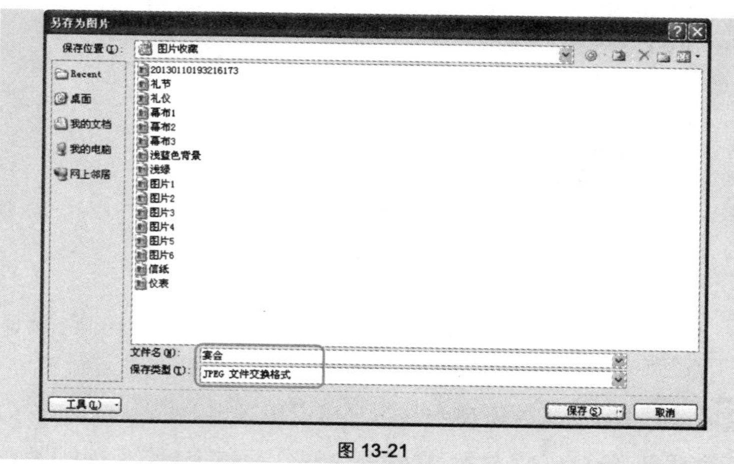

图 13-21

技巧 254　更换图片时能应用原图片本来的样式吗

如图 13-22 所示，在文档中插入图片并设置好图片的格式后，发现图片

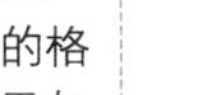

不符合幻灯片文本，如果删除图片重新插入，还需要再次重新设置图片的格式。此时可以按如下操作实现更换图片，但仍然保持原图片样式，效果如图 13-23 所示。

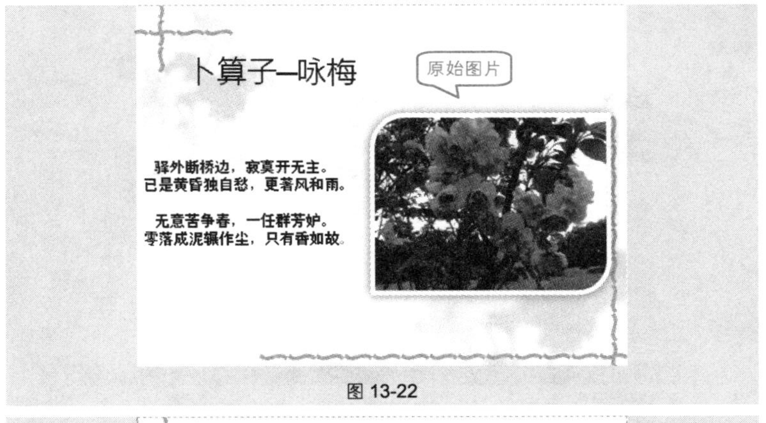

图 13-22

图 13-23

❶ 选中图片，在右键菜单中选择“更改图片”命令，如图 13-24 所示。

❷ 打开“插入图片”对话框，找到图片保存的路径并选中图片，如图 13-25 所示。

❸ 单击“插入”按钮，此时即可将图片插入到原图片的位置，并应用了原图片的样式。

Note

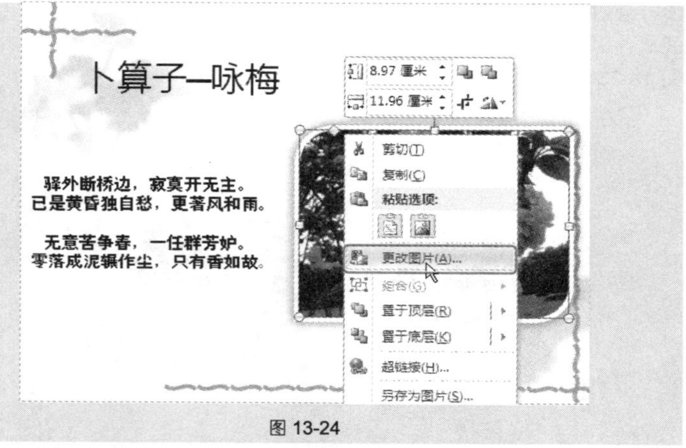

图 13-24

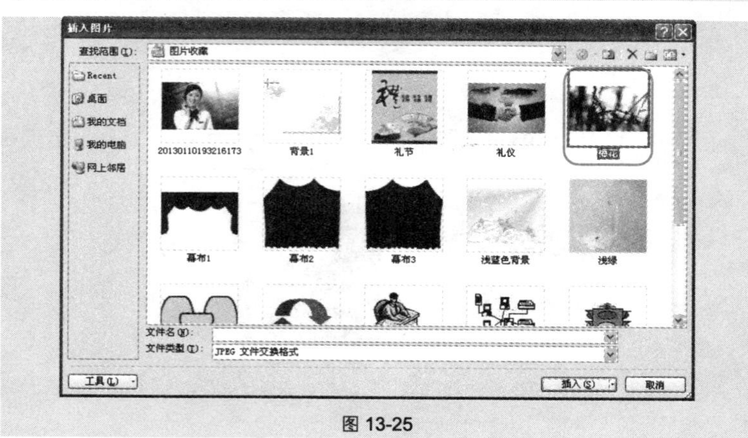

图 13-25

技巧 255 加入音频文件后，可以将其设置为背景音乐循环播放吗

在某张幻灯片中添加音频后，在放映幻灯片时，只会在放映当前幻灯片时显示音频，如果想要将插入的音频文件变为背景音乐循环播放，该如何操作？

❶ 在“动画”→“高级动画”选项组中单击“动画窗格”按钮，显示

出动画窗格。选中音乐动画并单击下拉按钮，在下拉列表中选择“效果选项”选项，如图 13-26 所示。

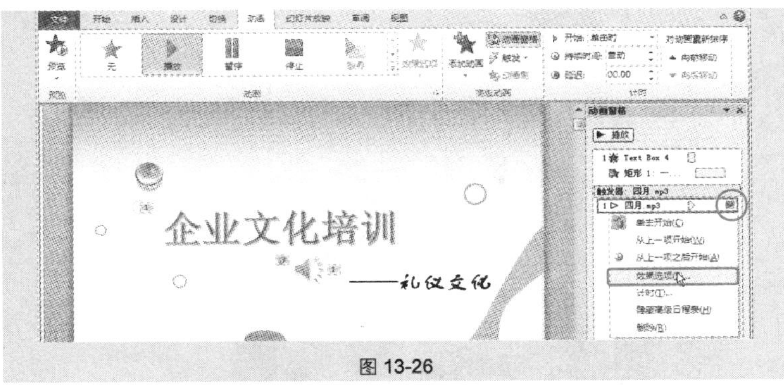

图 13-26

❷ 打开“播放音频”对话框，在“停止播放”栏中选中“在…张幻灯片后”单选按钮，并在数值框中输入演示文稿最后一张幻灯片的张数，如当前演示文稿有 40 张，即输入“40”，如图 13-27 所示。

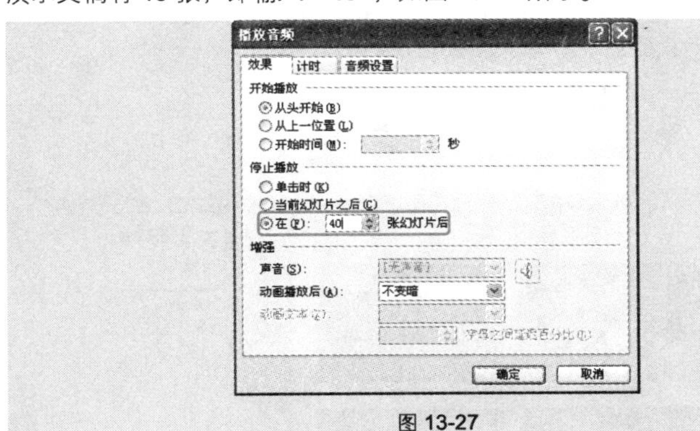

图 13-27

❸ 单击“确定”按钮完成设置。

技巧 256 可以对动画效果进行复制吗

当幻灯片中有多个对象时，需要逐一为多个对象设置动画效果，如果多个对象需要设置的动画效果是相同的，则可以利用复制动画的方法快速设置。

Note

❶ 先为第一个对象设置好动画，然后选中对象，在“动画”→“高级动画”选项组中双击“动画刷”按钮，如图 13-28 所示。

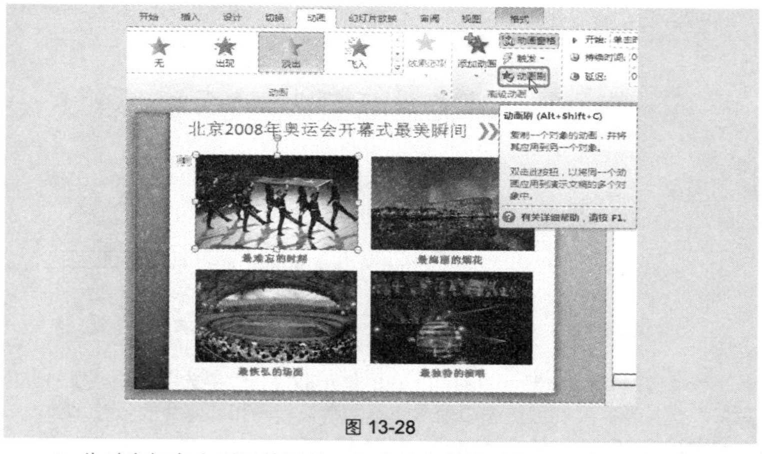

图 13-28

❷ 此时光标变为刷子的形状，依次单击其他对象。从动画窗格中可以看到分别为其他对象添加了动画，如图 13-29 所示。

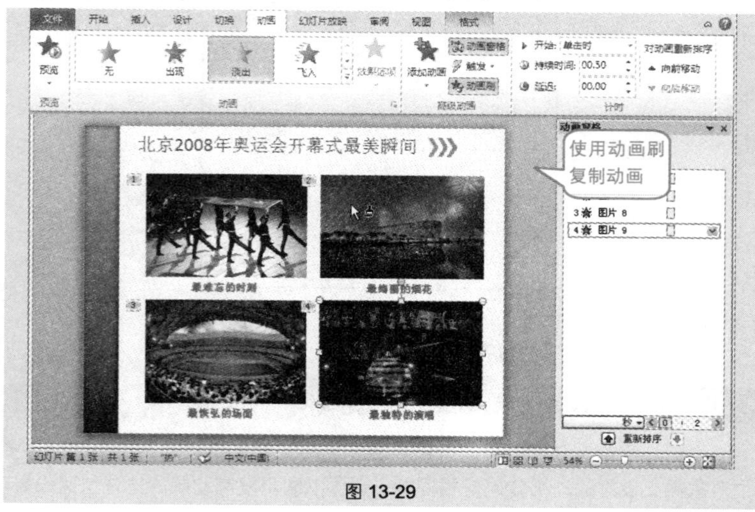

图 13-29

专家点拨

如果单击一次“动画刷”按钮，只能对一个对象进行复制动画。当双击“动画刷”按钮后，光标一直显示为刷子的样式，可以对多个对象复制动画。使用完成后再次单击“动画刷”按钮即可退出。

技巧 257 不启动 PowerPoint 程序能播放幻灯片吗

如果要对幻灯片进行放映，需要打开演示文稿，在“幻灯片放映”→“开始放映幻灯片”选项组中放映幻灯片，可不可以在不打开演示文稿的情况下直接放映幻灯片呢？

❶ 找到演示文稿的保存路径，选中演示文稿，在右键菜单中选择“显示”命令，如图 13-30 所示，即可放映演示文稿。

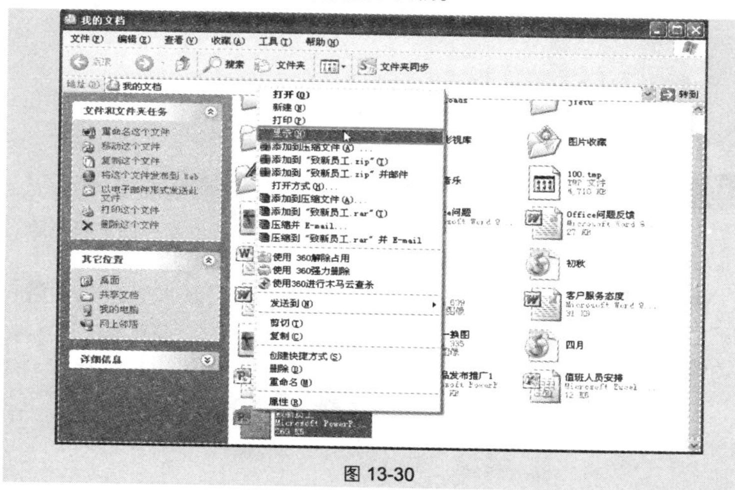

图 13-30

❷ 如果在放映过程中按 Esc 键，即可退出放映状态，并关闭演示文稿。

技巧 258 幻灯片放映窗口可以随意调节吗

通常情况下 PPT 是以全屏方式播放演示文稿的，如果想切换到另外一个窗口中进行某些操作，就必须将播放窗口最小化，非常不便。那么该如何解决这个问题呢？其方法如下：

打开需要播放的文稿，按住 Alt 键不放，再依次按 D、V 字母键，也可以进入播放状态，此时是按“观众自行浏览窗口”模式播放的，用户可以调节播放窗口大小，如图 13-31 所示。

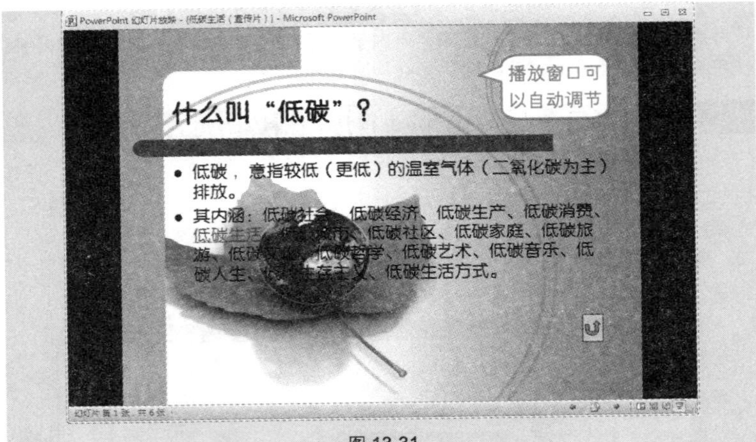

图 13-31

技巧 259　怎样在播放时不显示演示文稿的旁白

在对幻灯片录制旁白后，如果发现旁白有问题，可以对旁白进行删除。如果不想删除旁白，可以按如下设置实现不播放旁白内容。

❶ 在“幻灯片放映”→“设置”选项组中单击“设置幻灯片放映”按钮，打开“设置放映方式”对话框。在“放映选项”栏中选中“放映时不加旁白”复选框，如图 13-32 所示。

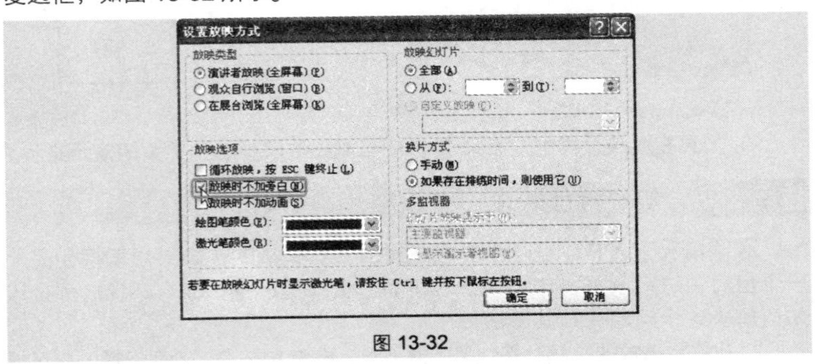

图 13-32

❷ 单击“确定”按钮，即可在放映时不播放录制的旁白内容。

技巧 260 打印预览时发现幻灯片不能完全显示在纸张中怎么办

有时幻灯片的尺寸设置得比较大，当对幻灯片进行打印预览时，会出现幻灯片不能完全地在纸张中显示出来（如图 13-33 所示幻灯片的边框就没有完全显示出来）。那么在不重新设置幻灯片页面的情况下，能否完整地打印出幻灯片呢？此时可以设置根据纸张大小自动调整幻灯片。如图 13-34 所示为调整后的预览效果。

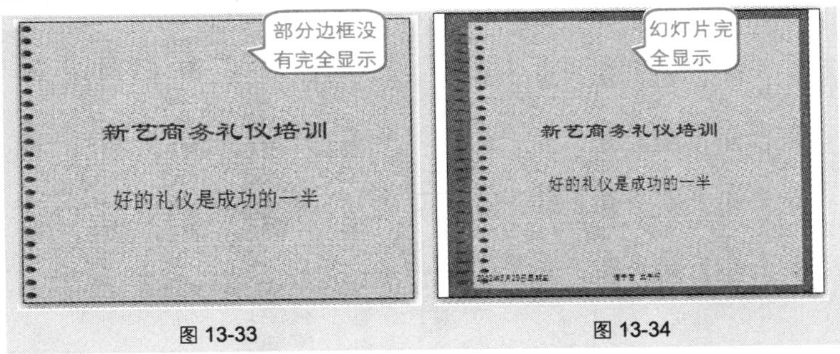

图 13-33　　图 13-34

❶ 选择“文件”→“打印”命令，在右侧“设置”栏中单击“整页幻灯片”下拉按钮，在下拉列表中选择“根据纸张调整大小”选项，如图 13-35 所示。

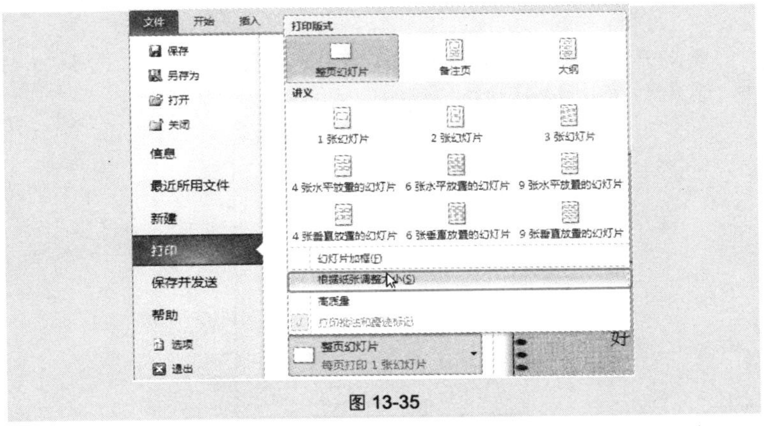

图 13-35

❷ 此时系统会根据打印机的纸张自动调整要打印幻灯片的大小。

技巧 261 有办法在脱机时也能使用 OfficeOline 上的剪贴画吗

在搜索 office.com 上的剪贴画时，电脑需要联网，如果想要在脱机时使用 office.com 中的剪贴画，可以按如下方法操作。

❶ 在正常联机时找到需要使用的剪贴画，选中并单击鼠标右键，在弹出的快捷菜单中选择"保存以供脱机时使用"命令，如图 13-36 所示。

图 13-36

❷ 打开"复制到收藏集"对话框，双击"收藏集"文件夹，选择"剪贴画"文件夹，如图 13-37 所示。

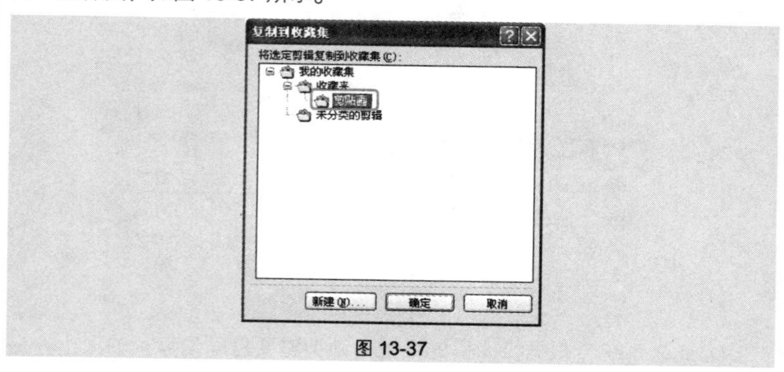

图 13-37

❸ 单击“确定”按钮，即可将剪贴画保存到指定的收藏集中。取消选中“包含 Office.com 内容”复选框，单击“搜索”按钮，系统只显示保存到本地的剪贴画，之前所保存下来的剪贴画也可以被搜索出来，如图 13-38 所示。

图 13-38

技巧 262　放映幻灯片时如何将小喇叭图标隐藏起来

在幻灯片中添加了音频后，会出现一个如图 13-39 所示的喇叭图标，该图标在幻灯片放映时也会出现在幻灯片中，影响了幻灯片的最终效果，此时可以通过如下方法将其隐藏起来。

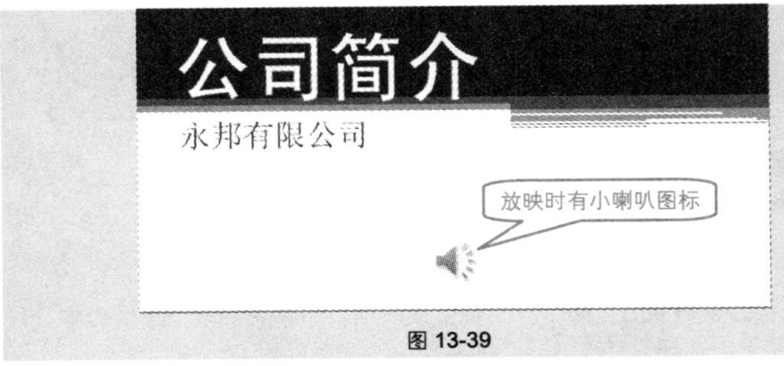

图 13-39

选中要隐藏的喇叭图标，在"音频工具"→"播放"→"音频选项"选项组中选中"放映时隐藏"复选框即可，如图 13-40 所示。

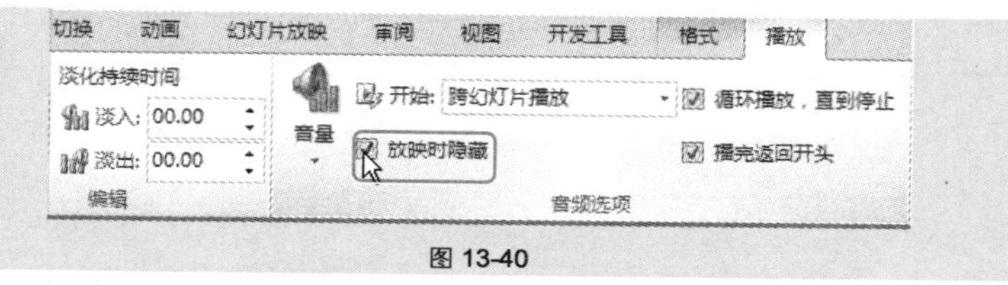

图 13-40

技巧 263 放映时要想隐藏幻灯片内容怎么办

PowerPoint 提供了多种灵活的幻灯片切换控制操作，在播放幻灯片时，若用户希望暂时屏蔽当前内容，可以将屏幕切换为黑屏样式。

❶ 在放映幻灯片时单击鼠标右键，在弹出的快捷菜单中选择"屏幕"→"黑屏"命令，如图 13-41 所示。

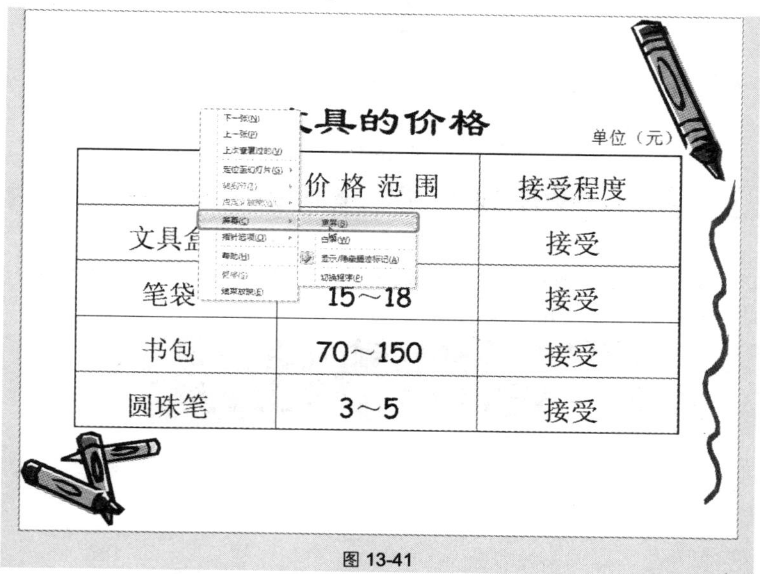

图 13-41

❷ 执行上述命令后，整个界面会变成黑色。如果想要取消黑屏操作，只需在右键菜单中选择"屏幕"→"屏幕还原"命令即可。